机械专业卓越工程师教育培养精品教材系列

工程有限元与数值计算

陈雪峰　李　兵　杨志勃　孙　瑜　编著

科 学 出 版 社

北　京

内 容 简 介

本书主要内容为有限元方法的基本原理和工程实例，讲述了有限元方法入门基础、杆梁有限元单元、平面与三维实体有限元单元、等参数单元、薄板弯曲有限元等经典有限元内容以及基本的数值计算方法；同时，为了拓展思路，介绍了新型小波有限元方法；并利用有限元软件 ANSYS，结合汽车驱动桥、高速主轴、海流发电装备、铁路转辙机等工程结构，说明了有限元分析流程。本书满足机械类工程教育专业认证标准。

本书可作为工科院校机械类本科生和研究生的教材，也可供相关专业工程设计和研究人员学习参考。

图书在版编目(CIP)数据

工程有限元与数值计算 / 陈雪峰等编著. —北京：科学出版社，2017.8
机械专业卓越工程师教育培养精品教材系列
ISBN 978-7-03-054124-6

Ⅰ.①工… Ⅱ.①陈… Ⅲ.①有限元法-应用-工程技术-教材 ②数值计算-应用-工程技术-教材 Ⅳ.①TB115

中国版本图书馆 CIP 数据核字(2017)第 191558 号

责任编辑：毛 莹 朱晓颖 / 责任校对：郭瑞芝
责任印制：张 伟 / 封面设计：迷底书装

科学出版社 出版
北京东黄城根北街 16 号
邮政编码：100717
http://www.sciencep.com
北京凌奇印刷有限责任公司 印刷
科学出版社发行 各地新华书店经销
*
2017 年 8 月第 一 版 开本：787×1092 1/16
2022 年 1 月第七次印刷 印张：16 1/4
字数：413 000

定价：59.00 元

(如有印装质量问题，我社负责调换)

前　　言

2016 年 6 月 2 日，国际工程联盟(International Engineering Alliance，IEA)会议全票通过中国科协代表我国正式加入《华盛顿协议》，掀开了我国工程教育新篇章。

中国工程教育专业认证协会机械类分委员会在机械类专业《自评报告》补充说明中明确提出了在机械类专业开设计算方法课程。事实上，西安交通大学机械类专业在 2003 版培养方案中就开设了“机械工程计算方法”课程。之后由于种种原因，将该课程并入了有限元课程中。在 2010 版培养方案中，该课程演化为“有限元分析及工程应用”，成为了机械类专业模块必修课。

西安交通大学机械类专业 2012 年通过《华盛顿协议》认证，美国 ASME 工程认证委员会主席 Mary 等专家参加了该次认证评估。针对六年后再次认证中计算方法环节的教学要求，作者不禁从两个维度思考这一问题：从微观方面来说，有限元课程对于机械专业至关重要，计算方法是其重要基础之一，例如如果不讲数值积分则难以深刻讲述有限元单刚阵的积分；从宏观方面来说，在 2005 年作者参与丁汉教授牵头的“数字化制造基础研究”973 项目申报中，钟掘院士、熊有伦院士与李培根院士提出数字化制造内涵，其中就涉及数字化、离散化、制造过程与系统的建模能力等，而计算方法正是培养这种能力。

随着“中国制造 2025”“科技创新 2030”等国家战略的提出，该门课程在本科生中开设的重要性就更加突出，但是如果简单地移植理科学生开设的计算方法课程，不一定是最佳方式。通过多次研讨，本内容在 2015 版培养方案中确定为“工程有限元与数值计算”课程。

本书前身为《有限元方法及及其工程案例》，于 2014 年 1 月出版发行，至今已经过去了 4 年。《有限元方法及及其工程案例》结合作者八年连续开设课程的教学经验，对于尚未先修结构力学、弹性力学、计算方法的本科生，如何讲好这门课程，让学生不要望而却步，作者在本书中尽量从材料力学等基本知识入手，深入浅出，让学生抓住有限元方法的本质。同时为了让学生不要对有限元浅尝辄止，在《有限元方法及及其工程案例》编写中，作者结合历年有限元分析经历，撰写了几个典型工程案例，在教学中期望结合工程案例，让学生身临其境、学用结合；并且结合作者主持的国家杰出青年科学基金等项目，撰写了一章新型有限元方法，使学生开阔思路、学以创新。

本书根据中国工程教育专业认证协会机械类分委员会认证要求，在《有限元方法及其工程案例》基础上，结合工程认证对计算方法内容及最新的工程案例，进行了完善补充。计算方法的内容主要包括三方面：数值逼近、数值代数和微积分方程求解。本书重点讲解插值原理与方法、迭代求解法、有限元基本理论及复杂工程案例，同时设置多个工程案例实践。

本书出版欣逢“新工科”概念提出，相信在工程专业认证新要求下出版的这本教材，将为制造强国的中国梦提供人才培养支撑。

本书的具体编写分工如下：第 1、4、5、7 章由陈雪峰撰写，第 2 章由孙瑜主要撰写，第 3、6、10 章由杨志勃撰写，第 8、9、11 章由李兵撰写。郭艳婕在本书撰写、文字与图表编排过程中付出了大量劳动。杨立娟、薛晓峰、王亚楠、左浩等在文字编排过程中完成了很多工作，在此表示感谢！

作　者

2017 年夏于西安

目　　录

前言
第1章　绪论 …… 1
1.1　有限元方法的提出 …… 1
1.1.1　有限元概念 …… 1
1.1.2　有限元概念的提出 …… 1
1.1.3　有限元发展 …… 2
1.1.4　国内有限元的发展 …… 3
1.2　有限元的工程应用 …… 5
1.3　新型有限元方法概述 …… 6
1.4　数值计算方法简介 …… 12
习题 …… 13
第2章　有限元及数值计算基础 …… 14
2.1　矩阵基础知识 …… 14
2.2　线性代数方程组的求解 …… 16
2.2.1　直接法 …… 16
2.2.2　迭代法 …… 22
2.3　有限元对弹簧系统的分析 …… 25
习题 …… 29
第3章　连续系统的数学模型与插值方法 …… 31
3.1　连续系统的数学模型 …… 31
3.1.1　微分形式 …… 31
3.1.2　变分形式 …… 33
3.2　连续系统的数学模型的求解方法 …… 34
3.2.1　加权余量法 …… 34
3.2.2　Ritz法 …… 36
3.2.3　从Ritz法到有限元法 …… 37
3.2.4　插值方法与插值函数 …… 38
3.2.5　插值误差分析 …… 40
习题 …… 42
第4章　杆梁有限元单元 …… 43
4.1　杆结构的有限元方法 …… 43
4.1.1　杆的应变与应力 …… 43
4.1.2　杆单元的力学分析 …… 44

4.1.3　单元刚度矩阵变换 …… 48
4.1.4　刚度矩阵的存储 …… 50
4.1.5　有限元计算步骤 …… 52
4.2　梁结构的有限元方法 …… 55
4.2.1　梁结构材料力学基本知识 …… 56
4.2.2　梁结构有限元分析 …… 57
习题 …… 66
第5章　平面与三维实体有限元单元 …… 67
5.1　弹性力学基础 …… 67
5.1.1　弹性力学基础知识 …… 67
5.1.2　弹性力学有限元分析 …… 69
5.1.3　弹性力学中平面问题 …… 70
5.2　三角形单元 …… 72
5.3　四边形单元 …… 83
5.4　其他二维平面单元 …… 89
5.4.1　六节点三角形单元 …… 89
5.4.2　八节点矩形单元 …… 89
5.5　三维实体单元 …… 90
5.5.1　八节点六面体单元 …… 90
5.5.2　二十节点六面体单元 …… 92
习题 …… 93
第6章　数值微分与数值积分方法 …… 94
6.1　数值微分 …… 94
6.1.1　直接数值微分法:以差分法为例 …… 94
6.1.2　谱微分法:以傅里叶微分法为例 …… 95
6.1.3　伪谱微分法:以切比雪夫微分法为例 …… 98
6.2　数值积分 …… 101
6.2.1　牛顿-柯特斯积分 …… 102
6.2.2　高斯积分 …… 103
习题 …… 105
第7章　等参数单元 …… 106
7.1　等参数单元基本格式 …… 106
7.2　等参数单元的数值积分 …… 109
7.3　八节点四边形等参数单元 …… 113
7.3.1　基本形式 …… 113
7.3.2　积分选择 …… 113
习题 …… 116

第8章　薄板弯曲有限元 …… 117
8.1　经典薄板弯曲的力学基本方程 …… 117
8.1.1　基本假设条件 …… 117
8.1.2　经典薄板弯曲的力学基本方程 …… 117
8.2　经典薄板弯曲的有限元分析 …… 120
8.3　中厚板与平面壳体单元 …… 123
8.3.1　Mindlin 平板单元 …… 124
8.3.2　平面壳体单元 …… 125
习题 …… 128
第9章　有限元的多场分析 …… 129
9.1　热传导有限元分析 …… 129
9.1.1　传热学基础 …… 129
9.1.2　稳态热分析有限元方程 …… 130
9.1.3　瞬态热分析有限元方程 …… 130
9.1.4　分析实例 …… 130
9.2　流体有限元分析 …… 132
9.2.1　计算流体力学(CFD)工程意义 …… 132
9.2.2　理想流体基本方程 …… 132
9.2.3　二维理想流体的有限元分析 …… 133
9.3　电磁有限元分析 …… 134
9.3.1　电磁场理论基础 …… 134
9.3.2　电磁场分析平台 …… 135
9.3.3　分析实例 …… 136
9.4　耦合分析 …… 139
9.4.1　耦合分析基础 …… 139
9.4.2　分析实例 …… 141
习题 …… 142
第10章　新型小波有限元方法 …… 143
10.1　基本原理和提出思路 …… 143
10.2　小波有限元基本理论 …… 143
10.2.1　小波分析与有限元空间 …… 143
10.2.2　小波梁单元构造 …… 144
10.2.3　小波矩形薄板单元构造 …… 146
10.2.4　薄板自由振动固有频率分析 …… 148
10.3　基于小波有限元模型的裂纹故障诊断原理 …… 149
10.3.1　正问题:裂纹数值建模 …… 150
10.3.2　反问题:裂纹故障诊断 …… 151
10.4　转子系统裂纹定量诊断仿真分析 …… 152

10.5 基于小波有限元模型的应力波传播仿真分析 …… 153
10.5.1 梁类结构的应力波传播仿真分析 …… 154
10.5.2 板类结构的应力波传播仿真分析 …… 155
习题 …… 157
第11章 工程案例 …… 158
11.1 承载支架强度校核 …… 158
11.1.1 工程背景 …… 158
11.1.2 分析关键 …… 159
11.1.3 分析步骤 …… 160
11.2 高速主轴模态分析 …… 169
11.2.1 工程背景 …… 169
11.2.2 分析步骤 …… 170
11.3 水力透平流固耦合分析 …… 176
11.3.1 流固耦合分析基础 …… 176
11.3.2 透平流固耦合分析 …… 177
11.4 铁路转辙机底壳有限元分析 …… 199
11.4.1 铁路转辙机底壳静力学分析 …… 199
11.4.2 铁路转辙机底壳模态分析 …… 211
11.4.3 铁路转辙机底壳谐响应分析 …… 215
11.4.4 铁路转辙机内部流场分析 …… 218
11.4.5 铁路转辙机底壳疲劳分析 …… 231
11.4.6 转辙机底壳的模态测试 …… 233
11.4.7 转辙机底壳的扫频实验 …… 238
11.4.8 转辙机两轴试验平台 …… 242
参考文献 …… 244

第1章 绪　论

1.1 有限元方法的提出

1.1.1 有限元概念

有限元方法的基本思想是将结构离散化,用有限个容易分析的单元来表示复杂对象,单元之间通过有限个节点相互连接,然后根据变形协调条件综合求解。由于单元数目是有限的,节点数目也是有限的,所以称为有限元方法[1](Finite Element Method,FEM)。

单元按不同联结方式进行组合,且单元本身可以有不同形状,因此可以模型化几何形状复杂的求解域。有限元方法利用每个单元内的近似函数来分片表示全求解域上待求的未知场函数,近似函数由未知场函数在单元各个结点的数值和其插值函数来表达。这样在有限元分析中未知场函数在各个结点上的数值就成为新的未知量,从而使一个连续无限自由度问题变成离散有限自由度问题。通过插值函数计算出各个单元内场函数的近似值,从而得到整个求解域上的近似解。显然随着单元数目的增加即单元尺寸的缩小,或者随着单元自由度的增加及插值函数精度的提高,解的近似程度将不断改进,如果单元是满足收敛要求的,近似解最后将收敛于精确解。

1.1.2 有限元概念的提出

有限元思想最早可以追溯到远古时代,在几个世纪前就得到了应用,如用多边形(有限个直线单元)逼近圆来求圆的周长。17世纪,牛顿和莱布尼茨发明了积分法,在牛顿之后约一百年,学者高斯提出了加权残值法及线性代数方程组的解法。这两项成果的前者被用来将微分方程改写为积分表达式,后者被用来求解有限元方法所得出的代数方程组。18世纪,学者拉格朗日提出了泛函分析,这种方法是将偏微分方程改写为积分表达式的一种方法。19世纪末20世纪初,学者瑞利和里兹首先提出可对全定义域运用展开函数来表达定义域上的未知函数。1915年,学者伽辽金提出了选择展开函数中形函数的伽辽金法,该方法后来被广泛地用于有限元。1943年,Courant在论文中取定义在三角形域上分片连续函数,利用最小势能原理研究St Venant扭转问题[2],这实际上就是有限元的做法。

有限元方法的概念是由Turner与Clough最早提出的[3],1952年美加州大学伯克利分校的学者Clough与波音公司结构振动分析专家Turner共同开展了对三角形机翼结构的分析,在经历了运用传统一维梁分析失败后,1953年,Clough运用直接刚度位移法成功地给出了用三角单元求得平面应力问题的正确答案[4,5],所获得的结果于1956年公开发表[3],这篇文章通常被认为是有限元提出的标志。1960年Clough进一步研究了弹性问题的应力分析,并首次使用“有限元(Finite element)”这一术语[1],他选择这一术语主要是为了与虚功原理等经典分析方法在计算结构位移时考虑外力无限小的贡献相区分。

1.1.3　有限元发展

有限元方法从1943年产生至今大致可分为三个阶段：1943年，Courant提出定义在三角形域上分片连续函数[2]；1960年，Cough首次提到有限元的名称[1]；1970年以后，随着计算机和软件的发展，有限元发展起来并在近年来不断得到蓬勃发展。

1. Zienkiewicz对有限元的贡献

在有限元的发展过程中，Zienkiewicz是需要被提到的一位学者，他是英国威尔士(Wales)大学土木工程学院教授，担任联合国教科文组织工程数值计算委员会主席，在等参元、板壳元列式、简缩积分、罚函数格式、误差估计、自适应有限元方面做出了卓越贡献，这些贡献主要体现在他的593篇论文与13部专著中。1965年10月，Zienkiewicz和香港大学的Cheung在文中第一次使用极小位能原理系统地实现了有限元方法对边界场问题的求解[6]，但极小位能原理在处理流体力学中的某些问题时遇到了困难，于是虚功原理被引入了。1964年，Zienkiewicz和Cheung首次使用虚功原理导出有限元方法[7]。1969年，另一位有限元大师Oden首先论述了利用虚功原理求解流体力学中非自伴问题的可能性[8]，1973年，Taylor和Hood第一次用虚功原理得到了非自伴问题的实用解[9]，从此流体力学中的非自伴问题就可以用有限元方法来解了。不久，数学家发现虚功原理只是加权残值法的一种特殊形式，因此到60年代末，加权残值法也用来导出有限元方法。Zienkiewicz的有限元专著从最早(1967年)与Cheung合著的《结构力学中的有限元方法》[10]，到最近(2008年)与加州大学伯克利分校Taylor合著的《有限元方法基础理论(第六版)》[11]，被译为包括中文在内的多种语言，这些专著以及他1968年创办的杂志*International Journal for Numerical Methods in Engineering*有力地推动了有限元在工程计算中的应用，为此，Zienkiewicz获得了包括美国机械工程学会颁发的Timoshenko勋章在内的多项荣誉，当时关于有限元方法的研究论文几乎按指数规律增加，公开发表近8000篇，内部报告就更多。有限元这一术语的出现意味着可以直接用离散系统的标准研究方法来研究有限元，在概念上使我们对方法的理解得到改善，在计算上可对各种问题应用统一的方法并研制出标准的计算程序。

20世纪60年代中期，有限元方法有了坚实的数学和工程学基础后，其应用范围也随之扩大。到现在，几乎所有能应用偏微分方程模型的领域都可以使用有限元方法，它“可能在20世纪的所有逼近方法中对数值方法的理论和实践产生的影响最大”[12]。由于极小位能原理和虚功原理的引入使有限元方法在实践中可以解决许多困难的问题，实现了有限元方法应用范围的扩大，再加上1967年Zienkiewicz出版了第一本推广有限元方法的教程《结构力学中的有限元法》，所以60年代晚期70年代早期，有限元方法在工程界逐渐流行起来。

2. 曲边单元的提出

随着有限元方法在工程中的推广，在很多情况下要处理边界条件为曲线(或曲面)的区域，如果用直边单元去逼近曲线边界，为了达到一定的精度，就需要在边界上充分细分单元。这样就会使单元增多，从而导致有限元方程中的变量数量增加，有时超出了当时计算机的能力。比如1968年，Zienkiewicz在英国的斯旺西大学用线性直边单元分析拱形坝的受力情况时，形成的有限元方程有几千变量。当时英国最好的计算机是阿特拉斯(Atlas)，它处理这么多变量需要几小时，但它每运行约 20min 就会产生一个随机错误，所以使用直边单元在当时条件下无法解决这个问题[13]。为了克服这类困难，学者们创造了曲边单元来逼近曲边定义域。

使用曲边单元的基本思想是将曲边单元映射成常用的直边单元，然后使用直边单元理论，这就要用到等参映射的技术。等参映射可以将规则的形状映射成不规则的形状，也可以将不规则的形状映射成规则的形状。1961 年，Taig 在他的报告《通过矩阵位移方法的结构分析》(Structural analysis by the matrix displacement method)中首次成功地将长方形映射成了一般四边形。后来，Irons 在 Zienkiewicz 的建议下开始研究这个课题。1966 年，他将 Taig 的方法作了推广，将直边单元映射成曲边单元，这样曲边单元被引入了有限元方法中。20 世纪 60 年代晚期，Zienkiewicz、Irons 和 Scott 等在 1966 年的基础上进一步提升了等参映射技术，并且把它应用到了二维和三维问题中。

3. 对有限元收敛性的研究

关于有限元方法收敛性的研究，在 20 世纪 60 年代早期，根据极小位能原理，学者们很容易给出了有限元方法收敛的准则，现在我们把这个准则叫形状函数的完备性和协调性。它第一次正式出现是在 1964 年 1 月斯旺西举行的一个学术会议上。1965 年，Zienkiewicz 和 Holister 将这次学术会议中的论文集合起来，以《应力分析》(Stress analysis)为题目正式出版。

在 1965 年戴顿(Dayton)举行的学术会议上，Bazeley、Cheung、Trons 和 Zienkiewicz 展示了非协调元[14]，这种单元表现要比协调元好，但因为它不符合有限元方法收敛准则中的协调性，所以收敛性得不到保证。针对这种情况，Bazeley 等提出了保证非协调元收敛的准则——分片试验。虽然分片试验原来是针对非协调元的，但人们很快发现它可以用于所有的单元。经过Taylor、Zienkiewicz、Sim、Chan 对分片试验的提升[15]，它现在已经成了所有有限元形式收敛的充分必要条件。

收敛性保证的是极限状况下有限元方法的有效性，但在实践中不可能真正将定义域无限细分，所以通常得到的解是近似解。对近似解做误差估计是由另一位有限元大师 Babuška 和 Rheinboldt 提出的，他们不仅指出了估计误差的可能性，而且描述了如何通过恰当的网格改进来达到所要求的精度[16,17]。为了得到较好的误差估计，1992 年，Zienkiewicz 和 Zhu 提出了著名的超收敛分片恢复算法(Superconvergent patch recovery)[18,19]。这个算法指出，有限元解在某些点上的值与精确解的值十分接近，这些点称为超收敛点。超收敛分片恢复算法的核心思想是利用超收敛点上的值来得到比较精确的解。此后，越来越多的力学家、工程师、数学家投入到有限元方法的研究与应用中。在近半个世纪里，为有限元这一博大精深理论体系做出过卓越贡献的人挂一漏万、不胜枚举。

1.1.4 国内有限元的发展

从有限元方法的早期发展可以看出，国外有限元方法的产生在很大程度上是出于工程技术的需要。在我国社会主义建设的过程中也有大量需要有限元方法解决的实际问题，我国在 20 世纪 60 年代比较封闭，不了解国外科技的最新进展。在这种情况下有一位学者独立于西方创造了有限元方法，他就是冯康教授。冯康于 1957 年调入中国科学院计算技术研究所，1978 年任中国科学院计算中心主任，1980 年当选中国科学院学部委员(院士)，1987 年起任计算中心名誉主任。曾任全国计算数学会理事长，《计算数学》、《数值计算与计算机应用》、*J.*

Comp. Math.、*Chinese J. Numer. Math. Appl.* 等四刊主编，国家攀登计划项目“大规模科学工程计算的方法与理论”首席科学家等职。丘成桐教授评价说，“中国近代数学能够超越西方或与之并驾齐驱的主要原因有三个，主要是讲能够在数学历史上很出名的有三个：一个是陈省身教授在示性类方面的工作，一个是华罗庚在多复变函数方面的工作，一个是冯康在有限元计算方面的工作”。足见冯康教授之与有限元、之与国家之贡献。

冯康教授于 1964 年独立于西方创立了数值求解偏微分方程的有限元方法，形成了标准的算法形态，编制了通用的计算程序，是数学机械化思想的一种生动体现[20]，部分地做到了一切问题数学化，一切数学问题代数化，一切代数问题化为代数方程求解，并及时地解决了当时我国最大的刘家峡水坝的应力分析问题[21]。1965 年在《应用数学与计算数学》上发表了“基于变分原理的差分格式”一文，在极其广泛的条件下证明了方法的收敛性和稳定性，给出了误差估计，从而建立了有限元方法严格的数学理论基础，为其实际应用提供了可靠的理论保证。这篇论文的发表是我国学者独立于西方创始有限元方法的标志。

冯康把有限元方法要点归纳为“化整为零、截弯取直、以简驭繁、化难于易”，其内容主要分两个方面：一是变分原理，二是剖分插值。从第一方面看，它是传统的能量法的一种变形；从第二方面看，则是差分方法的一种变形。它具有很广的适应性，特别适合于几何、物理条件比较复杂的问题而且便于程序的标准化。由于该方法对有限与无限、连续与离散、局部与整体、简单与复杂、理论与实际、人与机器等各种矛盾的处理都比较得当，因此在解题能力、处理效率和理论保证诸方面都远远超过传统的方法。在有限元方法创始之初，冯康就认识到它的内在潜力，并估计这一方法将使固体力学和其他一些领域中提出的椭圆型方程计算问题得到实际的解决，这一点现在已被实践所证实。

20 世纪 70 年代中后期，在经典的连续有限元即协调元取得成功的基础上，冯康注意到了间断有限元，包括非协调有限元的理论还处在不甚令人满意的状态，及时开展了相关研究。他在 1979 年建立了间断函数类的庞加莱(Poincare)型不等式、间断有限元函数空间的嵌入定理及间断有限元的一般收敛性定理[22]。这些成果正是后来得到系统发展的非协调有限元理论研究的先导。冯康还将椭圆方程的经典理论推广到具有不同维数的组合流形，即由不同维数子流形组成的几何结构，这在国际上为首创。他提供了严密的数学基础，解决了有限元方法对组合结构的收敛性[23]，并将此项成果向工程界讲授，颇受欢迎。国外直到 20 世纪 80 年代中期才有这方面的工作。近年来，由于诸如机器人及空间站等高度复杂的结构的出现，这一方向已显示出极大的发展前景。

有限元方法的创立是计算数学发展的一个重要里程碑。冯康独立于西方创始有限元方法，并先于西方建立了极其严密的理论基础，对计算数学的发展作出了历史性的贡献。冯康创始有限元方法的学术观点和学术道路与西方迥然不同，这使得他能在比西方远为落后的计算机设备条件下做出领先于西方的工作。有限元方法的创立对数学学科本身也有重要意义，它的出现使得微分方程的数值解法及其理论分析的面貌大为改观，对数学、力学、工程科学和计算机科学学科之间交流渗透起到了极大的促进作用，其基本方法和理论因其意义重大且已定型成熟而成为经典，被写进教科书，并被多数理工科大学列为必修课程。冯康对有限元方法的重大贡献今天已得到国内外公认和重视，冯康的论文被后来的多数国内同行反复引用，被视为有限元方法的创始工作。外国科学家在事过 10 余年了解到冯康的工作后也都一致对这一工作的历史地位和作用予以充分肯定，公正承认冯康教授在创始有限元方法中做出的贡献。法国科学院院士 Lions 在 70 年代末就已对此给出了很高的评价，他说："有限元方法意义重大，中国学者在对外隔绝的环境下独立创造了有限元方法，在国际上属最早之列，今天这一贡献已为全人类所共享"。美国著名学者 Lax 院士曾写道："冯康的声望是国际性的，我们记得他瘦小的身材，散发着活力的智慧的眼睛以及充满灵感的脸孔，整个数学界及他众多的朋友都将深深怀念他"。

继冯康教授之后，石钟慈院士在有限元研究中也做出了非常杰出的贡献。20 世纪 70 年代末，石钟慈在多年与工程人员合作推广应用有限元方法的基础上，创造性地提出了样条有限元，将样条逼近与有限元巧妙结合，得到了完整的误差分析。此法解决了众多工程设计的实际问题，从 20 世纪 80 年代开始，他转向非协调有限元研究，取得了一系列系统深入的重大成果。他否定了当时国际上流行的判别非协调元收敛性的 Irons 准则，揭示了工程直观和数学严密之间的矛盾；首次证明非协调元的收敛性强烈依赖于网格剖分方式，并发现了一系列错向收敛现象；提出了一种新的判别非协调元收敛性的准则，既可靠又方便，这是非协调元收敛性研究的一项重大进展，为实际应用提供了强有力的工具；同时应西方有限元创始人德国的 Argyris 教授要求证明了一种非标准元(TRUNC)的收敛性，近年来他又从事非协调有限元多重网格技术研究，特别在瀑布型多重网格研究中取得了重要成果，首次论证了有限元方法的可靠性，给出了有限元近似解收敛性分析与最优误差估计[24]。

此外还需要提及林群、陈传淼、朱起定、吕涛、龙驭球教授等自 20 世纪 70 年代后期起在有限元超收敛、后处理与高精度算法研究中做出的许多重要工作，他们的工作引起国际同行长期的关注和重视[21]。

1.2 有限元的工程应用

有限元方法在国民经济建设中发挥了重大作用，其应用领域的广度和深度的不断发展，目前有限元法的应用已由弹性力学平面问题扩展到空间问题、板壳问题，由静力平衡问题扩展到稳定问题、动力问题和波动问题。分析的对象从弹性材料扩展到塑性、黏弹性、黏塑性和复合材料等，从固体力学扩展到流体力学、传热学、电磁学、声学等连续介质领域。在工程分析中的作用已从分析和校核扩展到优化设计并和计算机辅助设计相结合，在短短的几十年里有限元方法已在航空航天、机械能源、土木建筑和汽车等国民经济支柱领域得到了广泛的应用。

1. 航空航天

航空航天一直以来都是各种先进技术应用的排头兵，有限元方法的应用也不例外。著名商用有限元软件中很多都有着航空航天的血统，如 NASTRAN 软件最早就源自美国宇航局(NASA)，目前波音、空客、洛克希德·马丁、达索等美欧各大飞机制造公司，在研发中无不例外的都采用有限元方法提高设计效率，降低产品成本。波音 777 是世界上第一款全部由数字技术设计完成的大型喷气式飞机，借助 CATIA＋ABAQUS 的 CAD 设计仿真模式，达索公司仅通过少量的投入即完成整个设计及改进任务[25]。EADS(欧洲宇航防务集团)采用 ABAQUS 软件，利用一系列自由度总数，达到将近 450000 的各种 ABAQUS 元素构建飞机襟翼支承结构模型，并运用 ABAQUS 隐式算法和后置处理法对若干种情况下的负荷承受能力进行了计算，简化了新型复合材料成型加工的几何复杂性，从而最大限度降低了制造成本[26]。

2. 机械能源

机械能源领域是有限元方法应用最为成功的领域之一，目前基于有限元方法开发的通用商业分析软件如 ANSYS、NASTRAN、ADINA、ABAQUS、ALGOR 等，已成功应用到包括产品零、部件和整机的刚度、强度、散热、振动和疲劳设计的各个环节。世界著名的工程机械设备供应商卡特皮勒(Caterpillar)公司在新一代 994 系列装载机设计中采用有限元 ANSYS 软件对底盘、臂架等关键零部件进行仿真分析，使这些产品在结构形式的合理性、先进性和安全性等方面都有了很大改进[27]。中国核动力研究设计院以反应堆压力容器、堆内构件、燃料组件、控制棒驱动机构及其支撑结构组成的反应堆系统为分析对象，利用 ANSYS 软件对秦山核电二期工程反应堆系统进行抗震分析，一方面为反应堆结构设计提供地震输入，另一方面又为抗震实验提供地震激励，取得了很好的效果[28]。

3. 土木建筑

土木建筑领域也是有限元方法应用较为成熟的领域，桥梁、摩天大楼、大型网架、索膜结构、大坝等设计中要综合考虑环境对建筑物的影响，需要利用有限元方法进行抗震、抗风、抗碰撞等数值分析。太原理工大学土木系在李珠教授领导下的课题组采用 ANSYS 软件成功地对我国国家大剧院进行了结构分析[29]，开展了静力分析、多种载荷组合工况下的变形、结构抗震分析(响应谱分析、时间历程分析)并验证结构设计的合理性与可靠性，计算结果为工程设计及优化提供了可靠的理论依据。清华大学机械工程系曾攀教授在 ANSYS 平台上，进行了各种新型结构的方案设计和修改，创造性地设计了新型的双向拉索结构形式的悬索桥[30]，新型结构系统较传统结构系统在静力和动力特征方面都有很大的改善，新型双向拉索悬索桥主塔内的最大弯矩较传统结构系统有显著的降低，桥面内飘浮固有振型自振频率较传统结构系统有很大的提高。

4. 汽车

汽车领域中有限元应用具有明显的多物理场特点：在结构分析中，有车身、曲轴等关键汽车零部件变形和应力分析；在热计算中，有发动机外壳、涡轮增压器蜗壳温度场求解；在流场计算中，有汽车外流场、排气管流道设计等；在耦合场计算中，有噪声振动总成 NVH、散热片热应力分析等。从 2010 年至今，国际知名期刊用有限元方法对汽车优化分析的文章多达 2000 多篇，主要涉及汽车减重、安全性校核、新型材料的使用等[31]。

1.3　新型有限元方法概述

正如文献[32]中提到：传统有限元理论成熟，原理简单，并且有强大的商业软件支持，在工程问题的数值模拟中占据着重要地位。在许多大型工程建设中有限元数值分析发挥了至关重要的作用，随着各种问题研究的不断深入，传统有限元方法在精度及收敛性上逐渐体现出不足，因此对传统有限元方法的每一点成功改进都将会产生深远的现实意义。近年来提出的新型有限元方法主要有以下几种。

1. 广义协调元

广义协调元是龙驭球院士于1987年首创的新型有限元单元[33]。传统协调元在构造中要求太严，而非协调元又对单元间连接性放得太宽，龙驭球院士以追求平均意义上保证单元间的位移协调为目标，创造性地提出了广义协调元的概念。后经众多学者多年的不懈努力，广义协调元已发展出包括薄板、厚板、薄壳、等参四大类，数十种新单元[34]。他还构造了克服剪切自锁的新型广义协调四边形厚板元[35]及克服薄膜自锁的广义协调四边形薄膜元[36]，以及厚薄通用的三角形三节点平板壳元[37]，利用解析试函数法构造一个带旋转自由度广义协调超基膜元[38]。数值算例表明，该类单元精度高、对网格畸变不敏感，显示出良好的性能，这一系列广义协调单元因适应性强而得到广泛的使用。对于困扰工程界的裂纹分析问题，龙驭球院士等利用构造的广义协调单元对平面切口问题进行了深入的分析[39]，推导了V形切口尖端的应力场基本解析式，对含切口解析单元的单元尺寸和应力项数等因素对分析结果的影响进行了系统的讨论。此外，他融入面积坐标及谱方法等技术，一些崭新的广义协调元方法也正在研究和讨论之中[40]。

2. 基于理性有限元哲理的复合单元法

有限元是工程与科学计算中的一项伟大创造，它取得了很大的成功同时也遗留下了不少问题。传统有限元技术发源于基本弹性力学问题求解，而在传统的弹性力学问题中，由于偏微分方程组解析解难以得到，研究者们通常利用凑配法求解，常用的有限元法也受到凑配法的深刻影响，对求解问题的解析部分特点的忽略，因此经常面对一些矛盾，如不可压缩材料的体积自锁、板壳弯曲单元的剪切自锁、薄膜自锁等问题。相对于有限元，边界元法采用解析解可以很容易地解决这些问题，但边界元求解软件难以商业化，也给边界元研究带来了瓶颈。受到边界元的启发并考虑到问题的解析性，钟万勰院士于1996年提出了理性有限元概念[41]，认为有限元方法论是只顾数学方便，仿佛只要采用完全低幂次多项式就可以，而对于力学要求则放在从属地位，以等参元为代表的常规有限元列式，强调了数学逼近与坐标变换的方便，缺乏力学概念的理性引导；理性有限元则以弹性力学方程的解为引导，直接在物理面内列式，再令以数学方法的逼近，可以取得很大的改善。曾攀教授在此基础上，研究了如何在单元内把一个经典解析位移场有效地嵌入到常规有限元位移场中，发展了一种新的单元技术——复合单元[42,43]，既具有常规有限元的灵活性又不丢失经典力学具有的高精度，从而大大地提高了数值分析精度，如今理性有限元已渐渐得到了广泛的应用[44-46]。

3. 样条有限元

20世纪70年代初，样条函数理论在国际上迅速发展起来，它在计算物理、最优控制、计算机辅助设计以及计算力学领域中，得到了推广应用。样条函数具有显示表达式，可以促进积分和微分系数的计算。实际应用中样条函数的分段方法可以像传统有限元一样简化计算，局部逼近和尺度优势使得该方法可以用于更高模态的分析。Tanaka等[47]根据小波伽辽金方法使用B样条小波求解结构力学问题。样条有限元法是样条函数与有限元相结合的产物，一般样条有限元法中均采用B样条函数。1974年，Antes提出了应用截断式三次B样条插值函数来构造位移场函数，求解了薄板弯曲问题[48]，但在一段时间内未得到进一步发展。直到1979

年,石钟慈院士应用截断三次、五次B样条插值函数来构造矩形板、斜板、弹性地基板的弯曲位移场函数,应用最小势能原理导出了样条有限元计算模型,并推广至梁板组合结构的计算问题,进而提出了样条有限元法[49]。华中科技大学徐长发等于1994年深入研究了半正交B样条小波有限元法的数值稳定性,为半正交B样条小波有限元法的构造提供了理论依据[50]。西安建筑科技大学黄义等基于样条小波构造三角形和四边形小波单元,分析了薄板与弹性地基板的静力变形特性,收敛快、精度高[51]。Chen等[52]在1995年提出了一种将有限元方法多功能性与样条函数逼近精度和小波多分辨分析相结合的样条小波有限元法用于框架结构振动分析,样条函数的"两尺度关系"和相应多分辨分析的小波通过构造有限元域约束下的两个变换矩阵来促使单元矩阵的操作。与其他分段多项式相比,样条函数具有许多优点:待定系数少,连续性强,逼近精度和计算效率高等,因此样条有限元法得到了迅速的发展。张佑启提出了样条有限条法[53],秦荣提出了样条有限点法和样条子域法[54-56],并将B样条函数推广至结构非线性、耦合体系分析中。沈鹏程在该领域内开展了一系列深入的研究[57-61],系统地阐述了将B样条函数引入力学问题求解中,构建有限元代数方程组,详细讨论了载荷的处理等问题,并将控制理论引入样条有限元方法中。龙驭球院士采用样条函数插值基进行分区插值的基础上,提出了样条单元法[34],构造了一系列的样条单元,成功求解了工程实践中的很多问题,取得了满意的效果。

在样条有限元的基础上,学者们进一步提出了样条小波有限元方法,Xiang等[62,63]基于区间B样条小波(BSWI)对一维杆梁结构进行了分析,使用二维张量积构造了C_0型板单元求解平面弹性力学和中厚板问题,用BSWI二维张量积尺度函数代替传统多项式插值函数去构造BSWI单元,结合传统有限元方法的多样性和B样条函数逼近性和基函数的高精度分析结构。随后,Xiang等[64]又使用BSWI分析了转子轴承系统的动态参数。Dong等[65]使用高精度模态参数识别方法和小波有限元模型对转子系统的裂纹深度和位置进行模拟,使用BSWI单元对转子系统建模,利用经验模式分解法和拉普拉斯小波获取高精度的模态参数。Oke等[66]使用BSWI单元利用欧拉伯努利梁和Timoshenko梁构造了相应的管单元,分析了复合管的自由振动问题。Han等[67]在2005年使用多变量小波有限元求解厚板弯曲问题,基于边界条件构造的插值小波函数用来代入厚板广义势能函数,多变量小波有限元的公式通过Hillinger-Reissner广义变分原理用两个独立的变量去推导而得。选择插值小波的尺度函数,是因为尺度函数的多尺度小波有着优良的分析和计算能力,插值小波对称并且计算精度比较高,构造插值小波的尺度函数可以满足厚板的边界条件要求。随后Zhang等[68]基于广义变量原理和区间B样条小波构造了多变量BSWI曲壳和柱壳单元,该单元位移和应力单元是两个独立的变量,避免了计算广义应力过程的微分和积分算法。Zhang等[69]还结合蒙特卡罗方法和BSWI单元构造了BSWI随机有限元方法,随机有限元处理了由材料属性、静态载荷幅值等各种不确定因素引起的结构响应的问题。尺度函数和小波函数代替传统的多项式插值用做有限元的形函数构造单元,优势是有显示表达式,所以刚度矩阵可以很方便地计算出来。B样条小波的良好的逼近性保证了BSWI单元逼近精确解的高精度特点。基于以上优势,近年来研究BSWI单元各种性能的学者也越来越多[70-73]。当然原始的样条函数是在整个实数区间,这种小波作为插值函数会带来不稳定问题,为了克服这种局限性,Quak构造了新的B样条函数,可以快速分解和快速重构[74]。

4. 数值流形法

20世纪90年代，留美博士石根华[75]等针对传统有限元在计算非线性大位移大变形问题的不足，发展了数值流形法，具有统一处理不连续介质和连续介质问题的能力，具有物理网格与数学网格两套网格，常选用有限元网格作为数学网格[76]，在文献[77]中，蔡永昌等构造了高精度四节点四边形流形单元，这种方法主要优势在于处理如岩体力学等大位移与大变形问题。针对岩土力学中的倾倒破坏问题要求精确模拟变形和应力、破坏面的发展、块体间的接触及块体的运动的特点，张国新等[78]提出使用数值流形法模拟岩石边坡的倾倒破坏，结合流形元结构计算的安全系数，得出了结构整体和单个块体的安全系数。苏海东等[79,80]则系统地研究了高阶流形法的应用，开发了高阶流形法的二维和三维静力分析程序，证明了高阶流形法的确能提高位移和应力的计算精度，也具备反映应力集中和应力奇异性的能力，其计算精度受到覆盖函数的阶次和数学网格划分的双重影响。

5. 无网格法

无网格法(Meshless)是采用一系列无网格节点信息及其局部支撑域上的权函数来实现局部化精确逼近，有效地克服了传统有限元网格划分在求解随时间变化的不连续和大变形时遇到的困难。无网格方法一般可分为两大类：一类是以拉格朗日方法为基础的粒子法(Particle method)[81,82]，如光滑粒子流体动力学(Smoothed particle hydrodynamics)法[83−85]和在其基础上发展的运动粒子半隐式(Moving particle semiimplicit)法等[86,87]；另一类是以欧拉方法为基础的无格子法(Gridless methods)[88]。美国西北大学工程力学系学者Belytschko在这方面开展了大量的研究[89]，Zienkiewicz等一批有限元学者对无网格法从不同角度开展了研究，已出现十多种形式[90]，如弥散单元法[91]、无单元伽辽金法[89,92]、无网格自由插值法[93]以及最近出现的无网格局部佩特罗夫伽辽金方法等[94]；但是无网格方法也有它的不足，如计算量大、难于施加本质边界条件等问题，因此在精度与效率方面还需要开展更多的研究[95]。

6. 云团法

云团法实际上是无网格方法的一类，但是传统的无网格方法除了以小波核为基础的方法以外，其余方法均缺少数学背景证明其可靠性，换言之，这些无网格方法缺少理性依据以确保它们的解是收敛于精确解的[96]。因此，在有限元大师Oden等的积极推动下，云团法以一种特殊无网格方法的形式出现。与无网格法类似，云团法以一系列散点对任意域进行求解计算，继承了无网格法的优势，但径向基函数则采取一系列变尺寸支撑的任意阶多项式，对结构的物理和数学性质进行充分的考虑，得到了一组较为精确的解答[97]。Mendonça等开展了云团法Timoshenko单元的研究[98]，Garcia等在Oden研究的基础上，提出了Mindlin板的云团法模型[99]，Duarte等则在云团法的基础上开展了自适应云团法的研究，大大提高了计算效率[100]。目前云团法已成为一种相对较为成熟的独立的无网格方法，被广泛地应用于奇异值问题以及其他工程难题当中[101,102]。

7. 等几何分析

等几何分析(Isogeometric Analysis)的概念是由美国有限元大师Hughes[103]提出并积极

倡导的，该方法是以有限元方法的等参元思想，并将计算机辅助设计中的各种样条（T 样条，B 样条）作为型函数，实现了 CAE 与 CAD 技术的无缝结合。使用 CAD 技术中常用的 NURBS 基函数，可以构造任意高阶连续的近似函数，克服了有限元分析方法通常仅有 C_0 连续性的弊端，使等几何分析方法可以方便地求解薄板壳等高阶问题。值得一提的是，等几何分析在近十年中发展极为迅速，Hughes 等在国际著名期刊上发表的大量研究已证明了该方法对静力[104]、动力[105]及多场耦合问题[106]的可靠性，由于其无须进行几何模型转换，单元细分简便且不损失几何精度，便于求解高阶连续问题。不仅如此，等几何分析方法也自然在结构优化中拥有了独到的优势，它可直接将几何模型的 NURBS 控制点作为优化对象，并根据优化后的控制点坐标和权值简便精确地得到优化后的形状，而且优化后的边界是光滑连续的 NURBS 曲线。目前 Hughes 等正在将等几何分析方法商业化，融入一些熟知的商业 CAD 软件，可以预见，在不久的将来 CAD 与 CAE 将融为一体。

8. 小波有限元

小波有限元主要是针对传统有限元在计算裂纹一类奇异性问题方面存在的不足而提出的。小波理论是一个最近发展起来的数学工具，作为一个新的数学分支小波理论已经获得了工程领域学者的关注，尤其是信号分析、图像处理、模式识别、语音识别等[107]。学者对信号处理中关于多频滤波技术和逼近理论的研究带来了小波和多分辨分析的快速发展[108]，小波变换函数可以用于插值函数发展小波有限元方法[109]。小波最大的长处是具有多尺度(Multiscale)、多分辨(Multiresolution)的特性，能够提供多种基函数作为有限元插值函数，由此构造的小波基函数可以根据实际需要任意改变分析尺度，使在变化梯度小的求解域用小的分析尺度，而变化梯度大的求解域则采用大的分析尺度。这是一种优于传统单元网格加密和阶次升高的自适应有限元算法，这种变尺度算法数值稳定性好、运算速度快、求解精度高。1992 年，Jaffard 和 Laurencot[110]研究了计算力学中小波和多分辨分析，证明了小波伽辽金方法理论上可以根据维数的条件数进行迭代求解，这跟有限元的 h 型方法中随着条件数增长求解的矩阵表达式是可以对比的。

小波研究的一个主要突破是 Daubechies 发现紧支基[111]，作为多分辨函数，基小波的伸缩和平移可以形成小波一个正交基[112]，Daubechies 小波具有紧支基、消失矩和正交性三个主要特点。Ko 等[113]在 1995 年提出一种满足二元细化方程的紧支基、平移不变函数有限元法，文献在无限域处理周期性偏微分方程并且求解了 Neumann 和 Dirichlet 的有限边界值问题，小波基函数是适合积分算子，使用小波伽辽金方法，通过推导张量积构造 Daubechies 小波有限元，这是第一篇小波有限元的文章。1996 年 Patton 等[114]利用 Daubechies 尺度函数作为插值函数，构造了一维小波有限元，小波单元在求解振动和波传播问题时可以减少计算时间和自由度，小波单元跟传统有限元单元相比，达到相同的精度只需要 1/5 的自由度数量和计算时间，小波有限元用少量的网格就可以达到比传统有限元更高的精度。Chen XF 等[115]构造了基于一维、二维 Daubechies 小波尺度函数的小波单元，给出了相应小波单元的自适应提升算法，具有多分辨分析功能的 Daubechies 尺度函数用作有限元的插值函数，可以获得多尺度有限元逼近基，良好的逼近求解功能，使得小波有限元相比于传统有限元在求解局部裂纹奇异性具有很大的优势。同年，Chen 等[116]使用 Daubechies 小波有限元计算联系系数、小波尺度函数或者微分算子积分，文献首次提出计算刚度矩阵和载荷向量的多尺度联系系数方法，提出了多尺度提升算法。Díaz 等[117]基于 Daubechies 小波良好的正交性和紧支性可以保证收敛性和逼近精度,使用 Daubechies 小波函数构造有限元方法,对欧拉梁和中厚板进行力学分析。Liu 等[118]使用 Daubechies 小波根据拉格朗日方法求解二维大变形问题,边界问题用拉格朗日乘子进行求解。Wang 等[119]使用 Daubechies 小波构造 Rayleigh 梁单元求解管道横向裂纹。Zhao 等[120]利用 Daubechies 小波有限元构造了完整和带裂纹的齿轮泵,识别了齿轮泵裂纹位置和大小。Daubechies 小波在求解域内逼近位移和载荷,未知的小波系数通过实施必要的边界条件来决定,Daubechies 小波有限元体现着局部性和适应性的特点,但是由于 Daubechies 小波有限元缺乏显示表达式需要计算联系系数,传统的数值积分例如高斯积分法无法得到令人满意精度[121],限制了 Daubechies 小波有限元在工程领域的应用。

第二代小波的一个显著特点是提升算法,这个算法包括三个步骤:分裂、预测和更新[122]。预测算子和更新算子在第二代小波变换中扮演着重要角色,尺度函数和小波函数可以根据预测算子和更新算子来计算。2007 年,He 等[123]基于插值小波变换和提升基构造的一个多分辨分析有限元,通过使用插值小波和区间提升基构造有限元插值函数,有限元方程可以消除所有单元刚度矩阵的耦合而解耦,粗尺度求解可以通过求解方程在粗尺度区间获得相应的解,通过添加细节函数可以获得相应细节空间的精确解。同年,He 等[124]基于第二代小波建立了多分辨分析的有限元方法构造了自适应算法,第二代小波克服了 Daubechies 小波无法解耦的特点,提出了提升算法,而提升算法不再使用傅里叶变换作为设计小波的工具,小波不再定位为一个固定函数的平移伸缩,提升算法的优势是自适应设计、不规则采样率等,可以根据问题的特点进行制定求解因而具有很大的灵活性。Wang 等[125,126]利用多尺度算法和提升算法解决了弹性板的问题,利用二代小波有限元求解了偏微分方程。Quraishi 等[127]提出一个二代小波有限元方法求解椭圆偏微分方程,根据求解的方程指定特定小波。

Hermitian 小波有限元的优点是通过二尺度方程直接更新尺度,使用提升算法在尺度和小波空间逼近精确解,有着优良阶数高精度的 Hermitian 小波紧支性可以用于分解和重构算法,多种基函数(双正交多小波)是对称和斜对称、紧支的。多分辨方案的离散性对非周期边界条件更容易求解,可以扩展到有限域的非均匀网络[128]。Xiang 等[129]通过使用 Hermitian 区间三次样条小波,构造了多尺度小波数值方法求解旋转轴的动态特性。Khulief 等[130]使用小波有限元方法,构造了增强纤维复合管弹性动力学模型,检查了壁厚对固有频率的影响,小波有限元使用新的 Hermitian 小波形函数,对增强纤维复合管壁厚不同深度和位置的广义特征值和固有频率进行了分析。Zhao[131]使用 Hermitian 小波有限元,对液化气在极端低温条件进行了分析,给定内积中小波具有正交性,Hermitian 小波多尺度方程使用提升算法可以实现尺度的部分解耦,使得刚度矩阵具有稀疏性[129]。Hermitian 小波有限元方法的尺度函数可以直接作为插值函数对精确解进行逼近,通过添加相应的小波函数可以直接提升尺度而不需要重新计算高阶尺度的尺度函数。Hermitian 小波有限元存在着边界问题不容易处理的难点,通常的做法是截断尺度函数和小波函数,并且复杂边界条件用拉格朗日乘子法来处理[132]。此外,还有 Han 等[133]提出基于随机小波有限元方法解决薄板的弯曲分析。Oruç 等[134]使用 Haar 小波有限元研究了一维修正 Burgers 方程的数值求解。Aslami M 等[135]使用有限元方法和离散 Haar 小波变换方法对平面板进行分析等。

小波有限元经过近几十年的发展,成绩斐然。算法构造方面,Daubechies 小波、样条小波、区间 B 样条小波、Haar 小波、多小波等众多小波基函数的介入,极大地丰富了小波单元库,为工程结构分析与应用提供了更多的选择。基于提升框架的自适应算法极大提高了算法在应用中的灵活性,可针对实际问题构造合适的小波基函数。西安交通大学何正嘉、陈雪峰综述了近年来小波数值方法的研究进展及其在大梯度温度场分析、裂纹奇异性问题分析及故障诊断等方面的应用,指出小波有限元是传统理论发展的新生长点,适宜于工程奇异性问题分析,可有效提高分析精度[136]。另一方面,国内清华大学对此领域也有着很深入的研究,Liu 等对 Daubechies 小波在二维弹性问题及塑性问题等的求解上给出了良好的解答[137,138],有效地拓展了小波数值方法的使用范围。工程应用方面,结构力学特性分析是最基础的,小波有限元算法在这方面作了很多应用,包括一维、二维、三维结构,以及复合材料、奇异性结构等,显示了小波有限元高精度、高效率等特性。打印机和复印机温度场分析、裂纹定量诊断研究等实际问题的分析,显示了小波有限元在奇异性问题分析中的优势。因此,小波有限元不管在数值计算方面,还是工程应用方面,都具有很大的研究价值与应用潜力。

1.4 数值计算方法简介

从广义的角度来看,包括边界元、有限元、谱元等常用的数值方法均属于数值计算方法的范畴,但本书所讲的数值计算方法并非如此,而仅限定为狭义的数值计算方法,即为求解一般矩阵方程、积分方程、数值微积分的一般性方法。

可能会出乎读者的意料,最早的数值计算方法可以追溯到古巴比伦人对于无理数 $\sqrt{2}$ 的计算。在当时的认知条件下,古巴比伦人使用了一个六十进制框架下定义的有理数对无理数进行逼近(因为他们尚未意识到有理数与无理数间的区别)。此外,古巴比伦人在公元前 1800 年即发现了勾股定理(早于古希腊的毕达哥拉斯与中国)。无疑,数值计算方法的出现和实际的生产劳动需求之间有着不可分割的联系,因为大多数工程问题往往无法求得其解析解,或其解无法用有理数进行表达,此时如何得到一个足够精确的近似解变得极其重要。在所有工程及科学的领域中都会用到数值计算方法,如天体力学研究中会用到常微分方程,最优化会用在资产组合管理中,数值线性代数是资料分析中重要的一部分,而随机微分方程及马尔可夫链是医药或生物学中生物细胞模拟的基础。在电脑发明之前,数值计算主要是依靠大型的函数表及人工的内插法,但在 20 世纪中被电脑的计算所取代,不过电脑的内插算法仍然是数值计算软件中重要的一部分。

数值分析内容涵盖面极广,难以通过参考文献综述的方式对其进行分类,在此,本书通过数值计算方法目标对其进行分类概述。

1. 函数求解及方程求解

函数求解是数值计算中最简单和基本的问题之一,即在已知函数表达式的情况下,求得其在某固定数值点的数值,最直观的方法无疑是将自变量代入函数中进行计算,但此类方法在一些特殊情况下效率往往不佳。例如,对于高次多项式函数的求值问题,秦九韶算法可以大大提高其解算效率;而对于计算机计算而言,如何在大量的浮点数迭代计算中舍入误差则是一个十分重要的问题,这些都是十分基础但重要的数值计算问题。方程求解问题表述为对一已知方程求其根问题,对于一些高次方程,缺乏有效的求根公式对其进行解析表达,因此往往使用数值方法进行求解,例如牛顿法、二分法、割线法等。

2. 内插、外推、拟合及回归

数值计算的另一类问题在于根据已知条件求解未知处的函数值或函数规律，内插、外推、拟合及回归都可广义地归为此类问题。内插法问题描述为有一未知函数在一些特定位置下的值，求未知函数在已知数值的点之间某一点的值，外推法类似内插法，但需要知道数值的点是在其他已知数值点的范围以外，一般而言外推法的误差会大于内插法。曲线拟合是在已知一些数据的条件下，找到一条曲线完全符合现有的数据，数据可能是一些特定位置及其对应的值，也可能是其他资料，例如角度或曲率等，回归分析类似曲线拟合，也是根据一些特定位置及其对应的值，要找到对应曲线。但回归分析考虑到数据可能有误差，因此所得的曲线不需要和数据完全符合，一般会使用最小方差法来进行回归分析。

3. 方程组求解

大型方程组的求解难以通过人工有效实现，因此方程组求解也是在数值计算方法范畴内的重要应用之一。方程组的求解方法目前主要可分为直接法与迭代法，直接法是将线性方程组的系数以矩阵来表示，再利用矩阵分解的方式求解，这些方法包括高斯消去法、LU 分解，对于对称矩阵(或 Hermite 矩阵)及正定矩阵可以用乔列斯基分解，非方阵的矩阵则可以使用 QR 分解。迭代法包括雅克比迭代、高斯-赛德尔迭代、逐次超松弛法及共轭梯度法等。

4. 微分与积分计算

微分与积分在高等数学中常通过解析求解得到，但实际工程问题所面对的微积分问题往往是无法精确求解其解析表达式的，即使可以使用解析积分/微分进行计算，其效率也是无法满足实时计算的，因此数值微积分也是一类重要的研究内容。数值积分的计算一般使用辛普森法、高斯积分等，而微分计算则包含了有限差分和谱微分等。

习 题

1. 查阅 Zienkiewicz 书籍，理解有限元的重要性及其发展历程。
2. 3～5 人组成一个小组，查阅 1～2 篇新型有限元英文期刊文章，进行简要讨论。
3. 了解吴文俊数学机械化思想。
4. 分组讨论数字化制造、工业 4.0、中国制造 2025 的内涵与本课程的关系。

第2章 有限元及数值计算基础

有限元方法体现了一切问题数学化、一切数学问题代数化、一切代数问题化为代数方程求解的“数学机械化”思想。无论在有限元理论推导中,还是在商业有限元软件使用中,都会涉及矩阵代数及其求解相关知识,在有限元运算的过程中包含着多种、大量的矩阵操作与性质运用,因此对矩阵的基础知识的阐述显得尤为重要。本节简单介绍矩阵相关知识[139]。

2.1 矩阵基础知识

由 $m\times n$ 个数 a_{ij} ($i=1,\cdots,m;j=1,\cdots,n$)排列的 m 行、n 列的矩阵数表:

$$\boldsymbol{A}=\begin{bmatrix} a_{11} & a_{12} & \cdots & a_{1n} \\ a_{21} & a_{22} & \cdots & a_{2n} \\ \vdots & \vdots & & \vdots \\ a_{m1} & a_{m2} & \cdots & a_{mn} \end{bmatrix}$$

称为一个 $m\times n$ 矩阵。其中 a_{ij} 为该矩阵的第 i 行第 j 列元素。

当 m 与 n 相等时,该矩阵也称为方阵,n 为该方阵的阶数。当矩阵中所有元素均为实数时,则称为实矩阵;若矩阵中出现复数元素,则称为复矩阵。

1. 单元矩阵

主对角线元素都是1,其他元素全部为0的方阵,即单元矩阵,也称为单元方阵,一般记为 $\boldsymbol{I}$, 若需要表示出该方阵的阶数 n, 记为 $\boldsymbol{I}_n$。

2. 转置矩阵

由 $m\times n$ 矩阵 $\boldsymbol{A}=(a_{ij})_{m\times n}$ 的行依次换为列(列依次换为行)所得到的 $n\times m$ 矩阵,即 $\boldsymbol{A}$ 的转置矩阵,记为 $\boldsymbol{A}^{\mathrm{T}}$, 即

$$\boldsymbol{A}^{\mathrm{T}}=\begin{bmatrix} a_{11} & a_{21} & \cdots & a_{m1} \\ a_{12} & a_{22} & \cdots & a_{m2} \\ \vdots & \vdots & & \vdots \\ a_{1n} & a_{2n} & \cdots & a_{mn} \end{bmatrix} \tag{2-1}$$

例如, $\begin{bmatrix} 2 & 1 \\ 3 & 2 \\ 4 & 5 \end{bmatrix}$ 的转置矩阵为 $\begin{bmatrix} 2 & 3 & 4 \\ 1 & 2 & 5 \end{bmatrix}$。

3. 逆矩阵

若 $\boldsymbol{A}$ 为 n 阶方阵,如果存在 n 阶方阵 $\boldsymbol{B}$, 使得 $\boldsymbol{AB}=\boldsymbol{BA}=\boldsymbol{I}$, 则称方阵 $\boldsymbol{A}$ 是可逆的,并称

方阵 $\boldsymbol{B}$ 为方阵 $\boldsymbol{A}$ 的逆矩阵，记为 $\boldsymbol{A}^{-1}$，即 $\boldsymbol{A}^{-1}=\boldsymbol{B}$。其中，$\boldsymbol{A}$ 的逆矩阵是唯一的，且并非所有的方阵都有逆矩阵。

4. 正交矩阵

如果实方阵 $\boldsymbol{A}$ 满足 $\boldsymbol{A}^{\mathrm{T}}\boldsymbol{A}=\boldsymbol{A}\boldsymbol{A}^{\mathrm{T}}=\boldsymbol{I}$，此时 $\boldsymbol{A}^{-1}=\boldsymbol{A}^{\mathrm{T}}$，$\boldsymbol{A}$ 为正交矩阵。

【例 2-1】 杆有限元中的坐标变换矩阵是正交矩阵。

对于空间中的桁架，有限元中常常需要将各个角度不同的杆单元乘以变换矩阵 $\boldsymbol{T}$ 以便于叠加，其坐标系变化如图 2-1 所示，公式表示为

$$\begin{bmatrix}\bar{x}\\ \bar{y}\end{bmatrix}=\begin{bmatrix}\cos\theta & \sin\theta\\ -\sin\theta & \cos\theta\end{bmatrix}\begin{bmatrix}x\\ y\end{bmatrix}=\boldsymbol{T}\begin{bmatrix}x\\ y\end{bmatrix} \tag{2-2}$$

式中，矩阵 $\boldsymbol{T}$ 就是一个典型的正交矩阵，可以证明

$$\boldsymbol{T}^{-1}=\begin{bmatrix}\cos\theta & -\sin\theta\\ \sin\theta & \cos\theta\end{bmatrix}=\boldsymbol{T}^{\mathrm{T}}$$

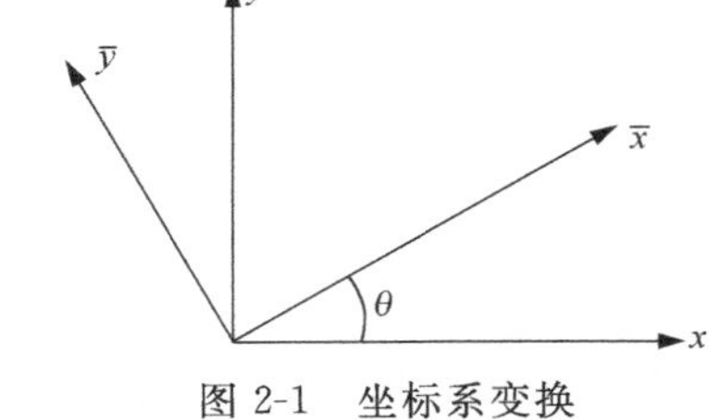

图 2-1　坐标系变换

5. 矩阵求逆

矩阵求逆多采用初等变换方法，矩阵共有三种初等行变换方式：

(1)交换第 i 行与第 j 行的位置；

(2)用非零数 k 乘以矩阵的第 i 行；

(3)把矩阵的第 i 行的 k 倍加到第 j 行上。

将上面三种变换方式中行均改为列，那么就是初等列变换。初等行变换与初等列变换合称为初等变换。利用矩阵初等变换求逆矩阵的方法：在 n 阶可逆矩阵 $\boldsymbol{A}$ 的右边拼加一个同阶单元矩阵 $\boldsymbol{I}$，得到一个 $n\times 2n$ 矩阵 $[\boldsymbol{A}\,\vdots\,\boldsymbol{I}]$，对它作一系列的初等行变换，直至把构建矩阵左边 n 行转为 $\boldsymbol{I}$，则右边 n 行转为 $\boldsymbol{A}^{-1}$，即

$$[\boldsymbol{A}\,\vdots\,\boldsymbol{I}]\xrightarrow{\text{初等行变换}}[\boldsymbol{I}\,\vdots\,\boldsymbol{A}^{-1}]$$

同样，可以利用初等列变换求逆矩阵的方法，即

$$\begin{bmatrix}\boldsymbol{A}\\ \cdots\\ \boldsymbol{I}\end{bmatrix}\xrightarrow{\text{初等列变换}}\begin{bmatrix}\boldsymbol{I}\\ \cdots\\ \boldsymbol{A}^{-1}\end{bmatrix}$$

【例 2-2】 求矩阵 $\boldsymbol{A}=\begin{bmatrix}2 & 2 & 1\\ 2 & 1 & 0\\ 1 & 1 & 1\end{bmatrix}$ 的逆矩阵。

解：用初等行变换求 $\boldsymbol{A}^{-1}$：

$$[\boldsymbol{A}\,\vdots\,\boldsymbol{I}]=\begin{bmatrix}2 & 2 & 1 & 1 & 0 & 0\\ 2 & 1 & 0 & 0 & 1 & 0\\ 1 & 1 & 1 & 0 & 0 & 1\end{bmatrix}\xrightarrow{2r_3-r_1}\begin{bmatrix}2 & 2 & 1 & 1 & 0 & 0\\ 2 & 1 & 0 & 0 & 1 & 0\\ 0 & 0 & 1 & -1 & 0 & 2\end{bmatrix}$$

$$\xrightarrow{r_1-r_3}\begin{bmatrix}2 & 2 & 0 & 2 & 0 & -2\\ 2 & 1 & 0 & 0 & 1 & 0\\ 0 & 0 & 1 & -1 & 0 & 2\end{bmatrix}\xrightarrow{r_2-r_1}\begin{bmatrix}2 & 2 & 0 & 2 & 0 & -2\\ 0 & -1 & 0 & -2 & 1 & 2\\ 0 & 0 & 1 & -1 & 0 & 2\end{bmatrix}$$

$$\xrightarrow{r_1+2r_2}\begin{bmatrix}2 & 0 & 0 & -2 & 2 & 2\\0 & -1 & 0 & -2 & 1 & 2\\0 & 0 & 1 & -1 & 0 & 2\end{bmatrix}\xrightarrow{\frac{1}{2}r_1}\begin{bmatrix}1 & 0 & 0 & -1 & 1 & 1\\0 & -1 & 0 & -2 & 1 & 2\\0 & 0 & 1 & -1 & 0 & 2\end{bmatrix}$$

$$\xrightarrow{-r_2}\begin{bmatrix}1 & 0 & 0 & -1 & 1 & 1\\0 & 1 & 0 & 2 & -1 & -2\\0 & 0 & 1 & -1 & 0 & 2\end{bmatrix}$$

从而得到其逆矩阵 $\boldsymbol{A}^{-1}=\begin{bmatrix}-1 & 1 & 1\\2 & -1 & -2\\-1 & 0 & 2\end{bmatrix}$。

2.2　线性代数方程组的求解

工程领域中大量的问题，最终均归结为线性代数方程的求解，有限元方法更是如此，常常涉及大型线性方程组求解问题。本节将介绍两大类求解方法，一类是直接法，另一类是迭代法。

2.2.1　直接法

本节介绍的直接法，是指在没有舍入误差的假设下，通过有限步运算就能得到方程组精确解的一类方法[140,141]。常见的代数方程求解的直接法包括：Crammer 法、逆矩阵求解、Gauss 消元法、矩阵的三角分解法等[142]。本节将介绍 Crammer 法、逆矩阵求解、Gauss 消元法、矩阵的三角分解法，并针对有限元方法涉及的线性代数方程组的特点简单提及波前法。

1. Crammer 法

对于由 n 个方程、n 个未知量组成的线性方程组

$$\begin{bmatrix}a_{11} & a_{12} & \cdots & a_{1n}\\a_{21} & a_{22} & \cdots & a_{2n}\\\vdots & \vdots & & \vdots\\a_{n1} & a_{n2} & \cdots & a_{nn}\end{bmatrix}\begin{bmatrix}x_1\\x_2\\\vdots\\x_n\end{bmatrix}=\begin{bmatrix}b_1\\b_2\\\vdots\\b_n\end{bmatrix}$$

可以表示为 $\boldsymbol{Ax}=\boldsymbol{b}$。其中 $x_1,x_2,\cdots,x_n$ 为未知量，若它的系数行列式

$$D=\begin{vmatrix}a_{11} & a_{12} & \cdots & a_{1n}\\a_{21} & a_{22} & \cdots & a_{2n}\\\vdots & \vdots & & \vdots\\a_{n1} & a_{n2} & \cdots & a_{nn}\end{vmatrix}\neq 0 \tag{2-3}$$

则方程组存在唯一解：

$$x_1=\frac{D_1}{D},\quad x_2=\frac{D_2}{D},\quad \cdots\quad ,x_n=\frac{D_n}{D} \tag{2-4}$$

其中

$$D_i = \begin{vmatrix} a_{11} & \cdots & a_{1,i-1} & b_1 & a_{1,i+1} & \cdots & a_{1n} \\ a_{21} & \cdots & a_{2,i-1} & b_2 & a_{2,i+1} & \cdots & a_{2n} \\ \vdots & & \vdots & \vdots & \vdots & & \vdots \\ a_{n1} & \cdots & a_{n,i-1} & b_n & a_{n,i+1} & \cdots & a_{nn} \end{vmatrix} \quad (i = 1,2,\cdots,n) \tag{2-5}$$

【例 2-3】 求解方程组 $\begin{bmatrix} -1 & 3 & -2 \\ 2 & -4 & 2 \\ 0 & 4 & 1 \end{bmatrix} \begin{bmatrix} x_1 \\ x_2 \\ x_3 \end{bmatrix} = \begin{bmatrix} 2 \\ 1 \\ 3 \end{bmatrix}$。

解：由于方程行列式

$$D = \begin{vmatrix} -1 & 3 & -2 \\ 2 & -4 & 2 \\ 0 & 4 & 1 \end{vmatrix} = -10 \neq 0$$

所以方程存在唯一解。计算可得

$$D_1 = \begin{vmatrix} 2 & 3 & -2 \\ 1 & -4 & 2 \\ 3 & 4 & 1 \end{vmatrix} = -41, \quad D_2 = \begin{vmatrix} -1 & 2 & -2 \\ 2 & 1 & 2 \\ 0 & 3 & 1 \end{vmatrix} = -11, D_3 = \begin{vmatrix} -1 & 3 & 2 \\ 2 & -4 & 1 \\ 0 & 4 & 3 \end{vmatrix} = 14$$

因此，可以求得

$$x_1 = \frac{D_1}{D} = \frac{-41}{-10} = 4.1, \quad x_2 = \frac{D_2}{D} = \frac{-11}{-10} = 1.1, \quad x_3 = \frac{D_3}{D} = \frac{14}{-10} = -1.4$$

由于行列式计算的关系，随着矩阵阶数的增长，使用 Crammer 法求解大型方程组将变得十分费力，因此 Crammer 法适合小型方程组求解。而有限元方法是典型的大规模及超大规模矩阵求解问题，所以 Crammer 法在此并不适用。

2. 逆矩阵求解

当 $\boldsymbol{A}$ 为 n 阶可逆矩阵(行列式值 $\det(\boldsymbol{A}) \neq 0$)，则由 Crammer 法可知线性方程组 $\boldsymbol{Ax} = \boldsymbol{b}$ 存在唯一解。将 $\boldsymbol{A}$ 的逆矩阵 $\boldsymbol{A}^{-1}$ 左乘方程组的两端，得：$\boldsymbol{A}^{-1}\boldsymbol{Ax} = \boldsymbol{A}^{-1}\boldsymbol{b}$，即 $\boldsymbol{x} = \boldsymbol{A}^{-1}\boldsymbol{b}$，此时方程组的解为向量方式。

【例 2-4】 采用逆矩阵方法求解例 2-3 中线性方程组。

解：

$$\boldsymbol{A} = \begin{bmatrix} -1 & 3 & -2 \\ 2 & -4 & 2 \\ 0 & 4 & 1 \end{bmatrix}, \quad \boldsymbol{b} = \begin{bmatrix} 2 \\ 1 \\ 3 \end{bmatrix}$$

计算得出 $\det(A) = -10 \neq 0$，故 $\boldsymbol{A}$ 可逆，方程存在唯一解：

$$\boldsymbol{x} = \begin{bmatrix} x_1 \\ x_2 \\ x_3 \end{bmatrix} = \begin{bmatrix} -1 & 3 & -2 \\ 2 & -4 & 2 \\ 0 & 4 & 1 \end{bmatrix}^{-1} \begin{bmatrix} 2 \\ 1 \\ 3 \end{bmatrix} = \begin{bmatrix} 1.2 & 1.1 & 0.2 \\ 0.2 & 0.1 & 0.2 \\ -0.8 & -0.4 & 0.2 \end{bmatrix} \begin{bmatrix} 2 \\ 1 \\ 3 \end{bmatrix} = \begin{bmatrix} 4.1 \\ 1.1 \\ -1.4 \end{bmatrix}$$

虽然使用逆矩阵求解线性方程组看似比 Crammer 法简便许多，但需要注意的是，求逆过程中存在大量的计算工作，因此逆矩阵求解也仅仅适合小型矩阵，其计算量相对较大。

3. Gauss 消元法

消元法的基本思想是通过线性方程组 $\boldsymbol{Ax} = \boldsymbol{b}$ 中，可逆矩阵 $\boldsymbol{A}$ 实行一系列的初等行变换，

消去一些方程组中的若干未知量(称为消元),把方程组化简为易于求解的方程组:

$$\begin{bmatrix} a_{11}^{(1)} & a_{12}^{(1)} & \cdots & a_{1n}^{(1)} \\ a_{21}^{(1)} & a_{22}^{(1)} & \cdots & a_{2n}^{(1)} \\ \vdots & \vdots & & \vdots \\ a_{n1}^{(1)} & a_{n2}^{(1)} & \cdots & a_{nn}^{(1)} \end{bmatrix} \begin{bmatrix} x_1 \\ x_2 \\ \vdots \\ x_n \end{bmatrix} = \begin{bmatrix} b_1 \\ b_2 \\ \vdots \\ b_n \end{bmatrix} \qquad (i = 2,3,\cdots,n)$$

记为 $\boldsymbol{A}^{(1)}\boldsymbol{x} = \boldsymbol{b}^{(1)}$。

Gauss 消元法包括消元和回代两个过程。

(1)消元过程,一般需要 $n-1$ 步。

消元过程利用初等行变换将系数矩阵最终变为一个上三角矩阵,一般需要变换过程如下。

第一步:设 $a_{11}^{(1)} \neq 0$(否则,将 $a_{i1}^{(1)} \neq 0$ 通过初等行变换、第 i 行与第 1 行对换),对 $\boldsymbol{A}^{(1)}$ 的第 1 列消元,构造消元向量 $\boldsymbol{l}_1$,其非零分量 $l_{i1} = \dfrac{a_{i1}^{(1)}}{a_{11}^{(1)}}$,$i = 2,3,\cdots,n$,用 $(-l_{i1})\times$ 第 1 个方程再加到第 i $(i = 2,3,\cdots,n)$ 个方程上,那么 $\boldsymbol{A}^{(1)}$ 第 1 列的元素即为 $a_{i1}^{(1)} - l_{i1}a_{11}^{(1)} = a_{i1}^{(1)} - \dfrac{a_{i1}^{(1)}}{a_{11}^{(1)}}a_{11}^{(1)} = 0$,$\boldsymbol{A}^{(1)}$ 的其他元素也发生相应变化:

$$\begin{bmatrix} a_{11}^{(1)} & a_{12}^{(1)} & \cdots & a_{1n}^{(1)} \\ 0 & a_{22}^{(2)} & \cdots & a_{2n}^{(2)} \\ \vdots & \vdots & & \vdots \\ 0 & a_{n2}^{(2)} & \cdots & a_{nn}^{(2)} \end{bmatrix} \begin{bmatrix} x_1 \\ x_2 \\ \vdots \\ x_n \end{bmatrix} = \begin{bmatrix} b_1^{(1)} \\ b_2^{(2)} \\ \vdots \\ b_n^{(2)} \end{bmatrix}$$

式中,$a_{ij}^{(2)} = a_{ij}^{(1)} - l_{i1}a_{1j}^{(1)}(i,j = 2,3,\cdots,n)$;$b_i^{(2)} = b_i^{(1)} - l_{i1}b_1^{(1)}(i = 2,3,\cdots,n)$。

第二步:设 $a_{22}^{(2)} \neq 0$(否则将 $a_{i2}^{(2)} \neq 0$ 通过初等行变换、第 i 行与第 2 行对换),对 $\boldsymbol{A}^{(2)}$ 的第 2 列消元,构造消元向量 $\boldsymbol{l}_2$,其非零分量 $l_{i2} = \dfrac{a_{i2}^{(2)}}{a_{22}^{(2)}}(i = 3,4,\cdots,n)$;用 $(-l_{i2})\times$ 第 2 行再加到第 i 行 $(i = 3,4,\cdots,n)$,那么 $\boldsymbol{A}^{(2)}$ 第 2 列的元素即为 $a_{i2}^{(2)} - l_{i2}a_{22}^{(2)} = a_{i2}^{(2)} - \dfrac{a_{i2}^{(2)}}{a_{22}^{(2)}} = 0(i = 3,4,\cdots,n)$;$\boldsymbol{A}^{(2)}$ 的其他元素也发生相应变化:

$$\begin{bmatrix} a_{11}^{(1)} & a_{12}^{(1)} & a_{13}^{(1)} & \cdots & a_{1n}^{(1)} \\ 0 & a_{22}^{(2)} & a_{23}^{(2)} & \cdots & a_{2n}^{(2)} \\ 0 & 0 & a_{33}^{(3)} & \cdots & a_{3n}^{(3)} \\ \vdots & \vdots & \vdots & & \vdots \\ 0 & 0 & a_{n3}^{(2)} & \cdots & a_{nn}^{(2)} \end{bmatrix} \begin{bmatrix} x_1 \\ x_2 \\ x_3 \\ \vdots \\ x_n \end{bmatrix} = \begin{bmatrix} b_1^{(1)} \\ b_2^{(2)} \\ b_3^{(3)} \\ \vdots \\ b_n^{(3)} \end{bmatrix}$$

记为 $\boldsymbol{A}^{(3)}\boldsymbol{x} = \boldsymbol{b}^{(3)}$。其中,$a_{ij}^{(3)} = a_{ij}^{(2)} - l_{i2}a_{2j}^{(2)}(i,j = 3,4,\cdots,n)$;$b_i^{(3)} = b_i^{(2)} - l_{i2}b_2^{(2)}(i = 3,4,\cdots,n)$。

按上述消元方法,一旦发现 $a_{kk}^{(k)} = 0$,若 $a_{ik}^{(k)} \neq 0$ 通过初等行变换,将第 i 行与第 k 行对换,一直消元至 $n-1$ 步,可得到 $\boldsymbol{A}^{(n)}\boldsymbol{x} = \boldsymbol{b}^{(n)}$,即

$$\begin{bmatrix} a_{11}^{(1)} & a_{12}^{(1)} & a_{13}^{(1)} & \cdots & a_{1n}^{(1)} \\ 0 & a_{22}^{(2)} & a_{23}^{(2)} & \cdots & a_{2n}^{(2)} \\ 0 & 0 & a_{33}^{(3)} & \cdots & a_{3n}^{(3)} \\ \vdots & \vdots & \vdots & & \vdots \\ 0 & 0 & 0 & \cdots & a_{nn}^{(n)} \end{bmatrix} \begin{bmatrix} x_1 \\ x_2 \\ x_3 \\ \vdots \\ x_n \end{bmatrix} = \begin{bmatrix} b_1^{(1)} \\ b_2^{(2)} \\ b_3^{(3)} \\ \vdots \\ b_n^{(n)} \end{bmatrix}$$

(2)回代过程,消元得到的三角方程组 $\boldsymbol{A}^{(n)}\boldsymbol{x}=\boldsymbol{b}^{(n)}$,由于 $\boldsymbol{A}^{(1)}$ 为可逆矩阵,通过初等行变换为 $\boldsymbol{A}^{(n)}$,则 $\boldsymbol{A}^{(n)}$ 可逆, $\det(\boldsymbol{A}^{(n)})\neq 0$。$\boldsymbol{A}^{(n)}\boldsymbol{x}=\boldsymbol{b}^{(n)}$ 存在唯一非零解。

通过最后一行方程得到 $x_n=\dfrac{b_n^{(n)}}{a_{nn}^{(n)}}$,回代入倒数第2个方程得到 $x_{n-1}=\dfrac{b_{n-1}^{(n-1)}-a_{(n-1),n}^{(n-1)}x_n}{a_{(n-1),(n-1)}^{(n-1)}}$ 。以此类推,回代至方程组中,可以得

$$x_k=\frac{b_k^{(k)}-\sum_{j=k+1}^{n}a_{k,j}^{(k)}x_j}{a_{k,k}^{(k)}}\qquad(k=n-1,n-2,\cdots,1)\tag{2-6}$$

【例 2-5】 采用 Gauss 消元法求解 $\begin{bmatrix}2&2&1\\1&1&1\\2&1&0\end{bmatrix}\begin{bmatrix}x_1\\x_2\\x_3\end{bmatrix}=\begin{bmatrix}9\\6\\4\end{bmatrix}$。

解:将上式中 $\boldsymbol{A}$、$\boldsymbol{b}$ 写成增广矩阵形式,进行消元:

$$\begin{bmatrix}2&2&1&9\\1&1&1&6\\2&1&0&4\end{bmatrix}\xrightarrow{r_2-\frac{a_{21}}{a_{11}}r_1,\,r_3-\frac{a_{31}}{a_{11}}r_1}\begin{bmatrix}2&2&1&9\\0&0&\frac{1}{2}&\frac{3}{2}\\0&-1&-1&-5\end{bmatrix}$$

可知 $a_{22}^{(2)}=0$,因此进行换元,可得

$$\begin{bmatrix}2&2&1&9\\0&0&\frac{1}{2}&\frac{3}{2}\\0&-1&-1&-5\end{bmatrix}\xrightarrow{r_2\leftrightarrow r_3}\begin{bmatrix}2&2&1&9\\0&-1&-1&-5\\0&0&\frac{1}{2}&\frac{3}{2}\end{bmatrix}$$

此时为上三角阵,满足要求。可以求得

$$\begin{bmatrix}2&2&1\\0&-1&-1\\0&0&\frac{1}{2}\end{bmatrix}\begin{bmatrix}x_1\\x_2\\x_3\end{bmatrix}=\begin{bmatrix}9\\-5\\\frac{3}{2}\end{bmatrix}$$

通过回代得到: $x_3=3$, $x_2=2$, $x_1=1$。

通过上例可以得到,Gauss 消元过程中,主元 $a_{kk}^{(k)}(k=1,2,\cdots,n)$ 影响很大。若 $a_{kk}^{(k)}=0$,则消元无法进行。但即使 $a_{kk}^{(k)}\neq 0$,如果其绝对值很小,则计算过程中,中间结果数量级严重增加,舍入误差累积增大,最终使计算结果不可靠,在数值方法中称之为病态矩阵。

【例 2-6】 取4位有效数字计算 $\begin{bmatrix}0.00001&2\\2&3\end{bmatrix}\begin{bmatrix}x_1\\x_2\end{bmatrix}=\begin{bmatrix}1\\2\end{bmatrix}$。

解:将上式中 $\boldsymbol{A}$、$\boldsymbol{b}$ 写成增广矩阵形式,进行消元:

$$\begin{bmatrix}10^{-4}\times 0.100&10^{1}\times 0.2000\\0&-10^{6}\times 0.4000\end{bmatrix}\begin{bmatrix}x_1\\x_2\end{bmatrix}=\begin{bmatrix}10^{1}\times 0.1000\\-10^{6}\times 0.2000\end{bmatrix}$$

此时为上三角阵,满足要求。

通过回代得到: $x_1=0$,$x_2=0.5$,而方程组的真解为 $x_1=0.250001875$, $x_2=0.499998749$,结果产生了严重失真。因此,如有限元商业软件在求解时提示主元太小,则应谨慎处理。

Gauss 消元法在消元过程中理论上可以达到精确解，但是处理不当，可能导致计算失效。为了避免这种情况，应选取合适的主元，避免舍入误差的增长，故采取 Gauss 主元消元法。Gauss 主元消元法主要指列主元消元法，即在 $\boldsymbol{A}_k$ 的第 k 列中，选择绝对值最大元素作为主元，通过行互换到 $a_{kk}^{(k)}$ 的位置。

【例 2-7】 用 Gauss 主元消元法解例 2-6。

解：将第一行与第二行交换，得

$$\begin{bmatrix} 10^1 \times 0.2000 & 10^1 \times 0.3000 \\ 0 & 10^1 \times 0.2000 \end{bmatrix} \begin{bmatrix} x_1 \\ x_2 \end{bmatrix} = \begin{bmatrix} 10^1 \times 0.2000 \\ 10^1 \times 0.1000 \end{bmatrix}$$

回代得到：$x_1 = 0.25$，$x_2 = 0.5$。可见，采用 Gauss 全主元消元法能够提高精度，减小由于舍入误差和计算中数量级变化引起的误差。与前述方法相比，高斯消去法更适合大型矩阵求解。

4. 矩阵的三角分解法

Gauss 消元法本质上隐含了对线性方程组 $\boldsymbol{Ax} = \boldsymbol{b}$ 中的可逆矩阵 $\boldsymbol{A}$ 进行矩阵三角分解的过程。实际应用中，将一个给定方程组 $\boldsymbol{Ax} = \boldsymbol{b}$，等价转化为一个上三角方程组时，并不是按照 Gauss 消元法来进行的，而是按照 $\boldsymbol{A} = \boldsymbol{LU}$ 由矩阵乘法直接进行分解的。

$$\begin{bmatrix} a_{11} & a_{12} & \cdots & a_{1n} \\ a_{21} & a_{22} & \cdots & a_{2n} \\ \vdots & \vdots & & \vdots \\ a_{n1} & a_{n2} & \cdots & a_{nn} \end{bmatrix} \begin{bmatrix} x_1 \\ x_2 \\ \vdots \\ x_n \end{bmatrix} = \begin{bmatrix} b_1 \\ b_2 \\ \vdots \\ b_n \end{bmatrix}$$

此时，$\boldsymbol{A}$ 矩阵可以分解为下三角矩阵 $\boldsymbol{L}$ 和上三角矩阵 $\boldsymbol{U}$ 的乘积，即 $\boldsymbol{A} = \boldsymbol{LU}$。其中，当 $\boldsymbol{L}$ 为单位三角阵时，$\boldsymbol{A} = \boldsymbol{LU}$ 为 Doolittle 分解；$\boldsymbol{U}$ 为单位三角阵时，为 Crout 分解。当 $\boldsymbol{A}$ 的所有主子式不为零，这种分解是唯一的。若 $\boldsymbol{A}$ 为对称矩阵，可以分解为 $\boldsymbol{LDL}^{\mathrm{T}}$，其中 $\boldsymbol{D}$ 为对称矩阵。

下面以 Doolittle 分解为例讲解矩阵的三角分解过程。设矩阵 $\boldsymbol{A}$ 由 Doolittle 分解为 $\boldsymbol{A} = \boldsymbol{LU}$，则方程组 $\boldsymbol{Ax} = \boldsymbol{b}$，即 $(\boldsymbol{LU})\boldsymbol{x} = \boldsymbol{b}$，等价于 $\boldsymbol{Ly} = \boldsymbol{b}$：

$$\begin{bmatrix} 1 & & & \\ l_{21} & 1 & & \\ \vdots & \vdots & \ddots & \\ l_{n1} & l_{n2} & \cdots & 1 \end{bmatrix} \begin{bmatrix} y_1 \\ y_2 \\ \vdots \\ y_n \end{bmatrix} = \begin{bmatrix} b_1 \\ b_2 \\ \vdots \\ b_n \end{bmatrix}, \quad \begin{bmatrix} u_{11} & u_{12} & \cdots & u_{1n} \\ & u_{22} & \cdots & u_{2n} \\ & & \ddots & \vdots \\ & & & u_{nn} \end{bmatrix} \begin{bmatrix} x_1 \\ x_2 \\ \vdots \\ x_n \end{bmatrix} = \begin{bmatrix} y_1 \\ y_2 \\ \vdots \\ y_n \end{bmatrix} \tag{2-7}$$

(1)矩阵的三角分解。

第一步，由矩阵乘法得

$$\begin{cases} a_{1j} = u_{1j} \Rightarrow a_{1j} & (j = 1,2,\cdots,n) \\ a_{i1} = l_{i1} \cdot u_{11}, \quad l_{i1} = \dfrac{a_{i1}}{u_{11}} \Rightarrow a_{i1} & (i = 2,3,\cdots,n) \end{cases}$$

由此求得矩阵 $\boldsymbol{U}$ 的第 1 行和矩阵 $\boldsymbol{L}$ 的第 1 列元素。

第二步，由矩阵乘法得

$$\begin{cases} a_{kj} = \sum_{m=1}^{k-1} l_{km} u_{mj} + u_{kj} & (j = k, k+1, \cdots, n) \\ a_{ik} = \sum_{m=1}^{k-1} l_{im} u_{mk} + l_{ik} u_{kk} & (i = k+1, k+2, \cdots, n) \end{cases}$$

从而求得矩阵 $\boldsymbol{U}$ 的第 k 行和矩阵 $\boldsymbol{L}$ 的第 k 列元素为

$$\begin{cases} u_{kj} = a_{kj} - \sum_{m=1}^{k-1} l_{km} u_{mj} \Rightarrow a_{kj} & (j = k, k+1, \cdots, n) \\ l_{ik} = \dfrac{1}{u_{kk}}\left(a_{ik} - \sum_{m=1}^{k-1} l_{im} u_{mk}\right) \Rightarrow a_{ik} & (i = k+1, k+2, \cdots, n) \end{cases}$$

$$(k = 2, 3, \cdots, n)$$

(2)回代过程。

对于三角方程组，解为

$$\begin{cases} y_1 = b_1 \\ y_k = b_k - \sum_{m=1}^{k-1} l_{km} y_m & (k = 2, 3, \cdots, n) \end{cases}$$

$$\begin{cases} x_n = \dfrac{y_n}{u_{nn}} \\ x_k = \dfrac{1}{u_{kk}}\left(y_k - \sum_{m=k+1}^{n} u_{km} x_m\right) & (k = n-1, n-2, \cdots, 1) \end{cases} \tag{2-8}$$

从而得到原方程组的解 $\boldsymbol{x} = (x_1, x_2, \cdots, x_n)^{\mathrm{T}}$ 。

Doolittle 的分解即按照每步先求矩阵 $\boldsymbol{U}$ 的行元素，再求 $\boldsymbol{L}$ 的列元素，以一行一列交叉进行。在计算过程中，$\boldsymbol{U}$ 和 $\boldsymbol{L}$ 中的各元素仍存放在矩阵 $\boldsymbol{A}$ 相应各元素的位置上，以节省存储空间。四阶矩阵三角分解后元素的存储方式为

$$\boldsymbol{A} = \begin{bmatrix} a_{11} & a_{12} & a_{13} & a_{14} \\ a_{21} & a_{22} & a_{23} & a_{24} \\ a_{31} & a_{32} & a_{33} & a_{34} \\ a_{41} & a_{42} & a_{43} & a_{44} \end{bmatrix} \to \begin{bmatrix} u_{11} & u_{12} & u_{13} & u_{14} \\ l_{21} & u_{22} & u_{23} & u_{24} \\ l_{31} & l_{32} & u_{33} & u_{34} \\ l_{41} & l_{42} & l_{43} & u_{44} \end{bmatrix}$$

将 $\boldsymbol{b}$ 和 $\boldsymbol{y}$ 考虑进来，采用紧凑格式进行存储如下：

$$\boldsymbol{A} = \left[\begin{array}{cccc|c} a_{11} & a_{12} & a_{13} & a_{14} & b_1 \\ a_{21} & a_{22} & a_{23} & a_{24} & b_2 \\ a_{31} & a_{32} & a_{33} & a_{34} & b_3 \\ a_{41} & a_{42} & a_{43} & a_{44} & b_4 \end{array}\right] \to \left[\begin{array}{cccc|c} u_{11} & u_{12} & u_{13} & u_{14} & y_1 \\ l_{21} & u_{22} & u_{23} & u_{24} & y_2 \\ l_{31} & l_{32} & u_{33} & u_{34} & y_3 \\ l_{41} & l_{42} & l_{43} & u_{44} & y_4 \end{array}\right]$$

【例 2-8】 用三角分解法解方程组

$$\begin{cases} 2x_1 + 5x_2 - 6x_3 = 10 \\ 4x_1 + 13x_2 - 19x_3 = 19 \\ -6x_1 - 3x_2 - 6x_3 = -30 \end{cases}$$

解：由直接三角分解法的紧凑格式得

$$\begin{bmatrix} 2 & 5 & -6 & 10 \\ 4 & 13 & -19 & 19 \\ -6 & -3 & -6 & -30 \end{bmatrix} \rightarrow \begin{bmatrix} 2 & 5 & -6 & 10 \\ 2 & 3 & -7 & -1 \\ -3 & 4 & 4 & 4 \end{bmatrix}$$

根据公式回代求解得

$$x_3 = \frac{4}{4} = 1, \quad x_2 = \frac{1}{3}(-1+7\cdot x_3) = 2, \quad x_1 = \frac{1}{2}(10-5x_2+6x_3) = 3$$

需要注意的是，不论采用高斯消元法还是三角分解法，求解的方程均是按照自然编号排列。但是自然编号排列的带宽中间夹杂着很多零元素，此时可以考虑采用波前法。波前法主要是在解大型线性代数方程组时计算机内存不够的情况下采用。其本质是分块高斯消去法的更灵活应用，它不形成体系总刚度矩阵，而只是形成一个波前内相关单元的"分块刚度阵"，分解后即记入硬盘；依次波前在整个结构中遍历即完成体系的分块总刚的形成和消元，回代时逆序进行即可。该方法优点是可以在小计算机上求解大问题，但是内外存交换次数太多，影响计算效率，故可以根据计算机的实际内存空间，尽量将波前设置到最大，可大大改进求解效率。

2.2.2 迭代法

上一节讲述的直接法，一般适用于小型的系数矩阵。为了求解实际问题中常遇到的大型线性代数方程组，迭代法是有效降低计算机存储和计算量的方法。其基本思想是从一个初始向量出发，通过不断套用某种迭代公式逐次逼近，最终获得满足精度要求的近似解。常见的迭代方法有两类，一类是逐步逼近法，另一类是下降法（包括最速下降法和共轭梯度法）。本书将重点讲解逐步逼近法，包括 Jacobi 迭代（同步迭代）、Gauss-Seidel 迭代（异步迭代）及 SOR（Successive Over-Relaxation）迭代。

在线性方程组中 $\boldsymbol{Ax}=\boldsymbol{b}$，取 $\boldsymbol{A}=\boldsymbol{I}-\boldsymbol{B}$，则得到等价方程 $\boldsymbol{x}=\boldsymbol{Bx}+\boldsymbol{b}$，构成迭代式 $\boldsymbol{x}^{(k+1)}=\boldsymbol{B}\boldsymbol{x}^{(k)}+\boldsymbol{b}$。给出初解 $\boldsymbol{x}^{(0)}$，产生序列 $\{\boldsymbol{x}^{(k)}\}_{k=0}^{\infty}$。如果 $\{\boldsymbol{x}^{(k)}\}_{k=0}^{\infty}\lim\limits_{k\to\infty}\boldsymbol{x}^{(k)}=\boldsymbol{x}^*$，则 $\boldsymbol{x}^*=\lim\limits_{k\to\infty}\boldsymbol{x}^{(k+1)}=\lim\limits_{k\to\infty}(\boldsymbol{B}\boldsymbol{x}^{(k)}+\boldsymbol{b})=\boldsymbol{B}\boldsymbol{x}^*+\boldsymbol{b}$，则 $\boldsymbol{A}\boldsymbol{x}^*=\boldsymbol{b}$。因此序列的极限 $\boldsymbol{x}^*$ 是原方程组 $\boldsymbol{Ax}=\boldsymbol{b}$ 的解。

迭代式的构造并不唯一。目前常见的构造方法是 $\boldsymbol{A}=\boldsymbol{D}-(\boldsymbol{L}+\boldsymbol{U})$，其中

$$\boldsymbol{D}=\begin{bmatrix} a_{11} & 0 & \cdots & 0 \\ 0 & a_{22} & \cdots & 0 \\ \vdots & \vdots & & \vdots \\ 0 & 0 & \cdots & a_{nn} \end{bmatrix}$$

$$\boldsymbol{U}=\begin{bmatrix} 0 & -a_{12} & \cdots & -a_{1n} \\ 0 & 0 & \cdots & -a_{2n} \\ \vdots & \vdots & & \vdots \\ 0 & 0 & \cdots & 0 \end{bmatrix} \tag{2-9}$$

$$\boldsymbol{L}=\begin{bmatrix} 0 & 0 & \cdots & 0 \\ -a_{21} & 0 & \cdots & 0 \\ \vdots & \vdots & & \vdots \\ -a_{n1} & -a_{n2} & \cdots & 0 \end{bmatrix}$$

此时

$$\boldsymbol{Ax} = (\boldsymbol{D} - \boldsymbol{L} - \boldsymbol{U})\boldsymbol{x} = \boldsymbol{b}$$

$$\boldsymbol{Dx} = (\boldsymbol{L} + \boldsymbol{U})\boldsymbol{x} + \boldsymbol{b}, \quad \boldsymbol{x} = \boldsymbol{D}^{-1}[(\boldsymbol{L} + \boldsymbol{U})\boldsymbol{x} + \boldsymbol{b}] \tag{2-10}$$

$$\boldsymbol{D}^{-1} = \begin{bmatrix} \frac{1}{a_{11}} & 0 & \cdots & 0 \\ 0 & \frac{1}{a_{22}} & \cdots & 0 \\ \vdots & \vdots & & 0 \\ 0 & 0 & \cdots & \frac{1}{a_{nn}} \end{bmatrix} \tag{2-11}$$

则 $x_i = \frac{1}{a_{ii}}(b_i - \sum_{j \neq i}^{j=1} a_{ij} x_j)$，即

$$\boldsymbol{x}^{(k+1)} = \boldsymbol{D}^{-1}(\boldsymbol{L} + \boldsymbol{U})\, \boldsymbol{x}^{(k)} + \boldsymbol{D}^{-1}\boldsymbol{b} \tag{2-12}$$

此时可以得到两种情况:Jacobi 迭代和 Gauss-Seidel 迭代。

1. Jacobi 迭代

此时

$$x_i^{(k+1)} = \frac{1}{a_{ii}}(b_i - \sum_{j \neq i}^{j=1} a_{ij} x_j^{(k)}) = \frac{1}{a_{ii}}(b_i - \sum_{j=1}^{i-1} a_{ij} x_j^{(k)} - \sum_{j=i+1}^{n} a_{ij} x_j^{(k)}) \tag{2-13}$$

则

$$\boldsymbol{x}^{(k+1)} = \boldsymbol{D}^{-1}(\boldsymbol{L} + \boldsymbol{U})\, \boldsymbol{x}^{(k)} + \boldsymbol{D}^{-1}\boldsymbol{b}$$

【例 2-9】　用 Jocobi 迭代求解方程组 $\begin{bmatrix} 10 & 3 & 1 \\ 2 & -10 & 3 \\ 1 & 3 & 10 \end{bmatrix} \begin{bmatrix} x_1 \\ x_2 \\ x_3 \end{bmatrix} = \begin{bmatrix} 14 \\ -5 \\ 14 \end{bmatrix}$。

解：

$$x_1^{(k+1)} = \frac{1}{10}(14 - 3\, x_2^{(k)} - x_3^{(k)})$$

$$x_2^{(k+1)} = -\frac{1}{10}(-5 - 2\, x_1^{(k)} - 3\, x_3^{(k)})$$

$$x_3^{(k+1)} = \frac{1}{10}(14 - x_1^{(k)} - 3\, x_2^{(k)})$$

取初始值 $\boldsymbol{x}^{(0)} = [0 \quad 0 \quad 0]^{\mathrm{T}}$，则

$$\boldsymbol{x}^{(1)} = [1.4 \quad 0.5 \quad 1.4]^{\mathrm{T}}$$
$$\boldsymbol{x}^{(2)} = [1.11 \quad 1.20 \quad 1.11]^{\mathrm{T}}$$
$$\boldsymbol{x}^{(3)} = [0.929 \quad 1.055 \quad 0.929]^{\mathrm{T}}$$
$$\boldsymbol{x}^{(4)} = [0.990 \quad 0.9645 \quad 0.9906]^{\mathrm{T}}$$
$$\boldsymbol{x}^{(5)} = [1.011 \quad 0.9953 \quad 1.01159]^{\mathrm{T}}$$
$$\boldsymbol{x}^{(6)} = [1.000251 \quad 1.005795 \quad 1.000251]^{\mathrm{T}}$$
$$\boldsymbol{x}^{(7)} = [0.9982364 \quad 1.0001255 \quad 0.9982364]^{\mathrm{T}}$$

此时 $\| \boldsymbol{x}^{(6)} - \boldsymbol{x}^{(7)} \| < 0.01$，在允许误差范围内，因此视为最终解。

Jocobi 迭代每次只需要计算一次矩阵与向量的乘法(及相应加减法)，需要两组工作单元分别存储 $\boldsymbol{x}^{(k)}$ 和 $\boldsymbol{x}^{(k+1)}$。但是 Jocobi 迭代在计算 $x_i^{(k+1)}$ 时，前面已经计算的 $x_1^{(k+1)}, x_2^{(k+1)}, \cdots, x_{i-1}^{(k+1)}$，没有被加以利用，若将这些计算信息“提前利用”，可能加速算法的收敛性，因此得到了 Gauss-Seidel 迭代。

2. Gauss-Seidel 迭代

将 $x_i^{(k+1)} = \frac{1}{a_{ii}}(b_i - \sum_{j\neq i}^{j=1} a_{ij}x_j^{(k)}) = \frac{1}{a_{ii}}(b_i - \sum_{j=1}^{i-1} a_{ij}x_j^{(k)} - \sum_{j=i+1}^{n} a_{ij}x_j^{(k)})$ 中 $x_1^{(k)}, x_2^{(k)}, \cdots, x_{i-1}^{(k)}(i = 2,3,\cdots,n)$ 改为 $x_1^{(k+1)}, x_2^{(k+1)}, \cdots, x_{i-1}^{(k+1)}(i = 2,3,\cdots,n)$，这就是 Gauss-Seidel 迭代，即

$$x_i^{(k+1)} = \frac{1}{a_{ii}}(b_i - \sum_{j=1}^{i-1} a_{ij}x_j^{(k+1)} - \sum_{j=i+1}^{n} a_{ij}x_j^{(k)}) \tag{2-14}$$

采用矩阵可以表示为

$$\boldsymbol{x}^{(k+1)} = \boldsymbol{D}^{-1}(\boldsymbol{L}\boldsymbol{x}^{(k+1)} + \boldsymbol{U}\boldsymbol{x}^{(k)} + \boldsymbol{b})$$

则

$$\boldsymbol{x}^{(k+1)} = (\boldsymbol{D}-\boldsymbol{L})^{-1}\boldsymbol{U}\boldsymbol{x}^{(k)} + (\boldsymbol{D}-\boldsymbol{L})^{-1}\boldsymbol{b}$$

【例 2-10】 采用 Gauss-Seidel 迭代计算例 2-8。

解：

$$x_1^{(k+1)} = \frac{1}{10}(14 - 3x_2^{(k)} - x_3^{(k)})$$

$$x_2^{(k+1)} = -\frac{1}{10}(-5 - 2x_1^{(k+1)} - 3x_3^{(k)})$$

$$x_3^{(k+1)} = \frac{1}{10}(14 - x_1^{(k+1)} - 3x_2^{(k+1)})$$

取初始值 $\boldsymbol{x}^{(0)} = [0 \quad 0 \quad 0]^{\mathrm{T}}$，则

$$\boldsymbol{x}^{(0)} = [0 \quad 0 \quad 0]^{\mathrm{T}}$$
$$\boldsymbol{x}^{(1)} = [1.4 \quad 0.78 \quad 1.026]^{\mathrm{T}}$$
$$\boldsymbol{x}^{(2)} = [1.0634 \quad 1.02048 \quad 0.987516]^{\mathrm{T}}$$
$$\boldsymbol{x}^{(3)} = [0.9951044 \quad 0.9952768 \quad 1.001906856]^{\mathrm{T}}$$
$$\boldsymbol{x}^{(4)} = [1.0012266104 \quad 1.00081737888 \quad 0.999632125296]^{\mathrm{T}}$$

此时 $\| x^{(3)} - x^{(2)} \| < 0.01$，在允许误差范围内，因此视为最终解。

需要注意的是，Jocobi 迭代和 Gauss-Seidel 迭代可能最终不会收敛。两种迭代方法最终均可以采用向量方式表示为 $\boldsymbol{x}^{(k+1)} = \boldsymbol{B}\boldsymbol{x}^{(k)} + \boldsymbol{f}$，收敛的充要条件是矩阵 $\boldsymbol{B}$ 特征值的绝对值小于 1。

3. SOR 迭代

令 $\hat{x}_i^{(k+1)}$ 为 x_i 的 Gauss-Seidel 解，则

$$\hat{x}_i^{(k+1)} = \frac{1}{a_{ii}}\left(b_i - \sum_{j=1}^{i-1} a_{ij}x_j^{(k+1)} - \sum_{j=i+1}^{n} a_{ij}x_j^{(k)}\right)$$

引入松弛因子 ω，则

$$x_i^{(k+1)} = \omega\hat{x}_i^{(k+1)} + (1-\omega)x_i^k$$

代入 $\hat{x}_i^{(k+1)}$，即

$$x_i^{(k+1)} = (1-\omega)x_i^k + \frac{\omega}{a_{ii}}\left(b_i - \sum_{j=1}^{i-1} a_{ij}x_j^{(k+1)} - \sum_{j=i+1}^{n} a_{ij}x_j^{(k)}\right)$$

其中，当 $\omega > 1$ 时，为逐次超松弛迭代；当 $\omega = 1$ 时，即为 Gauss-Seidel 迭代。因此，Gauss-Seidel 迭代可以看作 SOR 迭代的一种特殊形式。选取适当的松弛因子 ω 可以使得 SOR 迭代加速收敛。

采用矩阵可以表示为

$$\boldsymbol{x}^{(k+1)} = \boldsymbol{H}\boldsymbol{x}^{(k)} + \boldsymbol{d}$$

其中

$$\boldsymbol{H} = (\boldsymbol{D} - \omega\boldsymbol{L})^{-1}[(1-\omega)\boldsymbol{D} + \omega\boldsymbol{U}], \quad \boldsymbol{d} = \omega(\boldsymbol{D} - \omega\boldsymbol{L})^{-1}\boldsymbol{b}$$

【例 2-11】 利用 SOR 迭代求解方程组 $\begin{bmatrix} 3 & -1 & 1 \\ -1 & 3 & -1 \\ 1 & -1 & 3 \end{bmatrix}\begin{bmatrix} x_1 \\ x_2 \\ x_3 \end{bmatrix} = \begin{bmatrix} -1 \\ 7 \\ -7 \end{bmatrix}$，初值为 $x^{(0)} = [0 \quad 0 \quad 0]^{\mathrm{T}}$（取 $\omega=1.25$）。

解：第一步，写出 Gauss-Seidel 迭代解为

$$x_1^{(k+1)} = \frac{1}{3}(-1 + x_2^{(k)} - x_3^{(k)})$$

$$x_2^{(k+1)} = \frac{1}{3}(7 + x_1^{(k+1)} + x_3^{(k)})$$

$$x_3^{(k+1)} = \frac{1}{3}(-7 - x_1^{(k+1)} + x_2^{(k+1)})$$

第二步，引入松弛因子 ω：

$$x_1^{(k+1)} = (1-\omega)x_1^{(k)} + \frac{1}{3}\omega(-1 + x_2^{(k)} - x_3^{(k)})$$

$$x_2^{(k+1)} = (1-\omega)x_2^{(k)} + \frac{1}{3}\omega(7 + x_1^{(k+1)} + x_3^{(k)})$$

$$x_3^{(k+1)} = (1-\omega)x_3^{(k)} + \frac{1}{3}\omega(-7 - x_1^{(k+1)} + x_2^{(k+1)})$$

第三步，取初始值 $\boldsymbol{x}^{(0)} = [0 \quad 0 \quad 0]^{\mathrm{T}}$，

$\boldsymbol{x}^{(1)} = [-0.41667 \quad 2.7431 \quad -1.6001]^{\mathrm{T}}$，　$\boldsymbol{x}^{(2)} = [1.4972 \quad 2.1880 \quad -2.2288]^{\mathrm{T}}$

$\boldsymbol{x}^{(3)} = [1.0494 \quad 1.8782 \quad -2.0141]^{\mathrm{T}}$，　$\boldsymbol{x}^{(4)} = [0.9428 \quad 2.0007 \quad -1.9723]^{\mathrm{T}}$

$\boldsymbol{x}^{(5)} = [1.0031 \quad 2.0127 \quad -2.0029]^{\mathrm{T}}$，　$\boldsymbol{x}^{(6)} = [1.0057 \quad 1.9980 \quad -2.0025]^{\mathrm{T}}$

$\boldsymbol{x}^{(7)} = [0.9988 \quad 1.9990 \quad -1.9993]^{\mathrm{T}}$

此时 $\| \boldsymbol{x}^{(7)} - \boldsymbol{x}^{(6)} \| < 0.01$，在允许误差范围内，因此视为最终解。

值得注意的是，选取不同的松弛因子将影响 SOR 的迭代速度，使得 SOR 迭代收敛最快的松弛因子被称为最优松弛因子 ω_{opt}。确定 ω_{opt} 的方法在本书中不作详述，读者可参考阅读文献[143]。

2.3　有限元对弹簧系统的分析

弹簧则是表征系统中一种特殊的无质量弹性元件，其应用十分广泛，如对于边界条件的修正、弹性地基的施加等。需要特殊说明的是，本节所讨论的弹簧与现实中的弹簧是有区别的，是一种特殊的抽象概念，特别是在无质量这一性质上与实际弹簧有着本质区别。本节将由杆件推导至弹簧系统进行分析。

1. 弹簧系统的基础知识

弹簧系统中力 $\boldsymbol{F}$ 与弹簧伸长量 $\boldsymbol{\delta}$（位移）之间由胡克定律有

$$\boldsymbol{F} = k\boldsymbol{\delta} \tag{2-15}$$

式中，k 为弹簧刚度，是弹簧的固有参数，它对应于力-位移图 2-2 中 $\boldsymbol{F}$-$\boldsymbol{\delta}$ 关系直线的斜率。

2. 弹簧系统分析

1）单个弹簧的刚度矩阵

单个弹簧的两端都有作用力施加，产生位移，如图 2-3 所示。节点 1、2 上作用力向量 $\boldsymbol{F}^e$ 为 $\begin{bmatrix} F_1 \\ F_2 \end{bmatrix}$，位移向量 $\boldsymbol{\delta}^e$ 为 $\begin{bmatrix} u_1 \\ u_2 \end{bmatrix}$，通过胡克定律，可知力与位移向量之间存在：

$$\begin{bmatrix} F_1 \\ F_2 \end{bmatrix} = \begin{bmatrix} k_{11} & k_{12} \\ k_{21} & k_{22} \end{bmatrix} \begin{bmatrix} u_1 \\ u_2 \end{bmatrix}$$

记为 $\boldsymbol{F}^e = \boldsymbol{K}^e \boldsymbol{\delta}^e$。

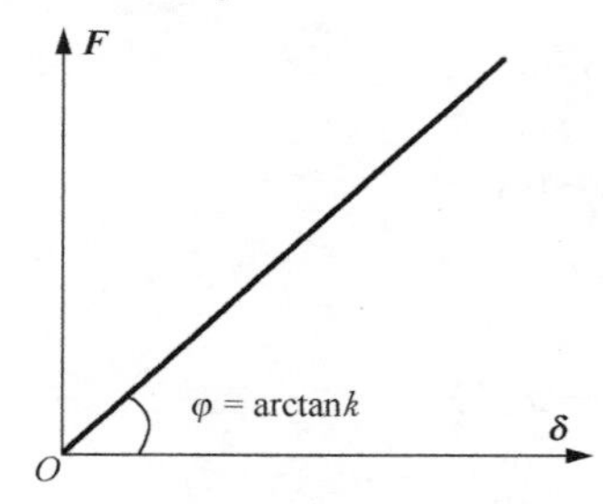

图 2-2　弹簧力-位移图

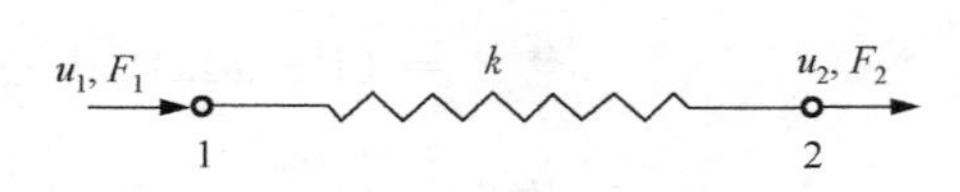

图 2-3　单个弹簧受力分析

一般而言，知道 $\boldsymbol{F}^e$ 求 $\boldsymbol{\delta}^e$，或者知道 $\boldsymbol{\delta}^e$ 求 $\boldsymbol{F}^e$。不论哪种情况，都需要知道单元刚度矩阵 $\boldsymbol{K}^e$。下面对 $\boldsymbol{K}^e$ 进行分析，类似杆系统，分别取节点 1、2 两端固定，进行分析。可见在两种不同情况下，受力不同。最后在两种不同情况下进行刚度矩阵合成。

（1）节点 1 可变形，节点 2 固定，如图 2-4 所示。

在节点 1 处受力 F_{1a}，位移 u_1；在节点 2 处受力 F_{2a}，位移 $u_2 = 0$。此时 $F_{1a} = ku_1$，由力平衡可知：$F_{1a} + F_{2a} = 0$，则 $F_{2a} = -F_{1a} = -ku_1$。

（2）节点 2 可变形，节点 1 固定，如图 2-5 所示。

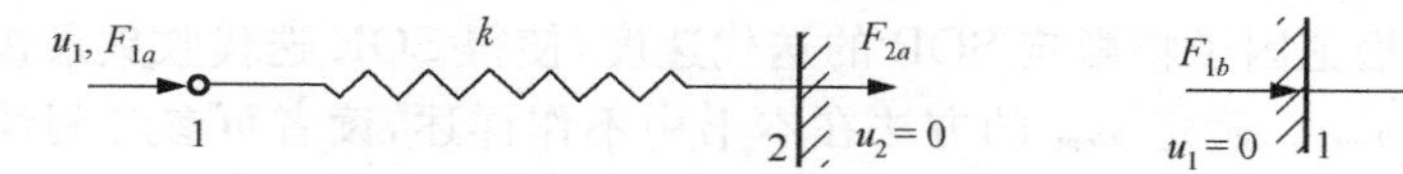

图 2-4　固定弹簧右端，受力分析

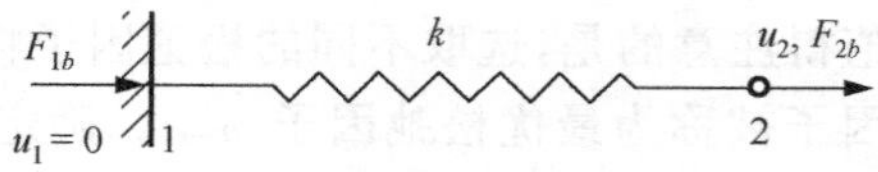

图 2-5　固定弹簧左端，受力分析

在节点 1 处受力 F_{1b}，位移 $u_1 = 0$；在节点 2 处受力 F_{2b}，位移 u_2。此时 $F_{2b} = ku_2$，由力平衡可知：$F_{1b} + F_{2b} = 0$，则 $F_{1b} = -F_{2b} = -ku_2$。

由于弹簧系统为典型的线性系统，最大特征是可以线性叠加。叠加结果如下：

作用于节点 1 的力 $F_1 = F_{1a} + F_{1b} = ku_1 - ku_2$；

作用于节点 2 的力 $F_2 = F_{2a} + F_{2b} = -ku_1 + ku_2$。

将作用力用矩阵形式表示为 $\begin{bmatrix} F_1 \\ F_2 \end{bmatrix} = \begin{bmatrix} k & -k \\ -k & k \end{bmatrix} \begin{bmatrix} u_1 \\ u_2 \end{bmatrix}$，则单元刚度矩阵 $\boldsymbol{K}^e = \begin{bmatrix} k & -k \\ -k & k \end{bmatrix}$。

可见，单刚阵 $\boldsymbol{K}^e$ 具有对称性，$k_{12} = k_{21} = -k$，且 $|\boldsymbol{K}^e| = 0$，因此在不受到任何约束的情况下，$\boldsymbol{K}^e$ 是奇异矩阵。

2)组合弹簧的刚度矩阵

在单个弹簧的刚度矩阵基础上，推广到多个弹簧单元的组合系统。以如图 2-6 所示两个弹簧串联受力系统为例。为了与单个弹簧系统联系，使用叠加原理，故利用约束使弹簧处于隔离状态，逐个分析其受力特性，最终得到整体系统特性。

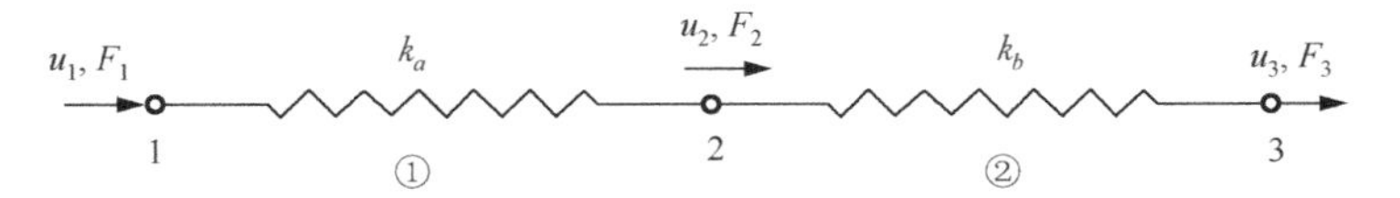

图 2-6　两弹簧系统受力示意图

(1)对弹簧①进行隔离受力分析，如图 2-7 所示。节点 2、3 固定，$u_2 = u_3 = 0$。此时仅节点 1 存在位移 u_1。

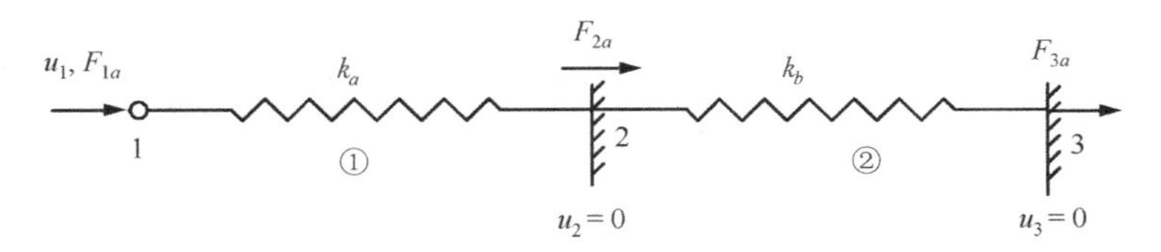

图 2-7　两弹簧系统隔离受力分析状态 1(弹簧 2 约束)

根据胡克定律可知 $F_{1a} = k_a u_1$，由力平衡可知：$F_{1a} + F_{2a} = 0$，因此 $F_{2a} = -F_{1a} = -k_a u_1$。由于 $u_2 = u_3 = 0$，则 $F_{3a} = 0$。

(2)将弹簧系统两端均施加约束，如图 2-8 所示。节点 1、3 固定，$u_1 = u_3 = 0$。此时仅节点 2 存在位移 u_2。

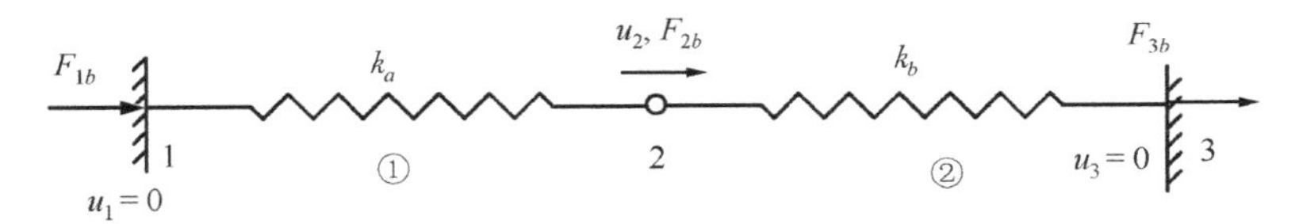

图 2-8　两弹簧系统隔离受力分析状态 2(弹簧端约束)

由于位移的连续性，两个弹簧在节点 2 均有相同位移，则对弹簧 1 存在拉伸力，在弹簧 2 存在压缩力，叠加受力 $F_{2b} = k_a u_2 + k_b u_2$，分别对两个弹簧求静力平衡可知：$F_{1b} = -k_a u_2$，$F_{3b} = -k_b u_2$。

(3)与弹簧 2 的隔离类似，现将弹簧 1 隔离，如图 2-9 所示。节点 1、2 固定，$u_1 = u_2 = 0$，此时仅节点 3 存在位移 u_3。

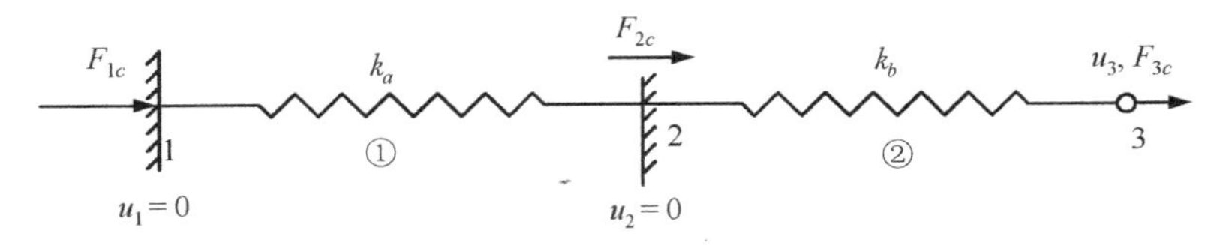

图 2-9　两弹簧系统隔离受力分析 状态 3(弹簧 1 约束)

此时类似步骤(1)，$F_{3c} = k_b u_3$，由力平衡可知：$F_{2c} + F_{3c} = 0$，因此 $F_{2c} = -F_{3c} = -k_b u_3$。而 $u_1 = u_2 = 0$，则 $F_{1c} = 0$。

(4)力的合成。

弹簧属于线性系统,具有线性叠加,因此对各个节点进行合力得到表 2-1。

表 2-1　3 个弹簧位移状态叠加

序号	状态 1	状态 2	状态 3
节点 1 受力	$k_a u_1$	$-k_a u_2$	0
节点 2 受力	$-k_a u_1$	$k_a u_2 + k_b u_2$	$-k_b u_3$
节点 3 受力	0	$-k_b u_2$	$k_b u_3$

使用叠加原理,将各个节点在不同状态下的受力状况进行叠加,得到整体系统的受力状况,将其写成矩阵形式:

$$\boldsymbol{F}=\begin{bmatrix}F_1\\F_2\\F_3\end{bmatrix}=\begin{bmatrix}k_a & -k_a & 0\\-k_a & k_a+k_b & -k_b\\0 & -k_b & k_b\end{bmatrix}\begin{bmatrix}u_1\\u_2\\u_3\end{bmatrix}=\boldsymbol{K\delta} \tag{2-16}$$

式中,总体刚度矩阵 $\boldsymbol{K}=\begin{bmatrix}k_a & -k_a & 0\\-k_a & k_a+k_b & -k_b\\0 & -k_b & k_b\end{bmatrix}$。

可见,该刚度矩阵属于带状对角矩阵,呈现对称性、奇异性。通过对两个弹簧刚度矩阵求解进行分析,可以发现求解多弹簧构成系统的总体刚度矩阵能采用单个弹簧的单元刚度矩阵合成表示。对于具有 n 个节点的弹簧系统,由于每个弹簧仅在一个自由度上存在方向,因此整个系统存在 n 个自由度,总刚阵应该为 $n\times n$ 阶矩阵。将相对应的刚度矩阵写入对应位置,其中第一个刚度矩阵由原本 2×2 阶矩阵扩展至 $n\times n$ 阶矩阵,除了 k_{11}、k_{12}、k_{21}、k_{22} 四个位置,其余均为 0,即

$$\mathbf{A}_1=\begin{bmatrix}k_{11} & k_{12} & 0 & \cdots & 0\\k_{21} & k_{22} & 0 & \cdots & 0\\0 & 0 & 0 & \cdots & 0\\\vdots & \vdots & \vdots & & \vdots\\0 & 0 & 0 & \cdots & 0\end{bmatrix} \tag{2-17}$$

第二个刚度矩阵由原本 2×2 阶矩阵扩展至 $n\times n$ 阶矩阵,除了 k_{22}、k_{23}、k_{32}、k_{33} 四个位置,其余均为 0,即

$$\mathbf{A}_2=\begin{bmatrix}0 & 0 & 0 & 0 & \cdots & 0\\0 & k_{22} & k_{23} & 0 & \cdots & 0\\0 & k_{32} & k_{33} & 0 & \cdots & 0\\0 & 0 & 0 & 0 & \cdots & 0\\\vdots & \vdots & \vdots & \vdots & & \vdots\\0 & 0 & 0 & 0 & \cdots & 0\end{bmatrix} \tag{2-18}$$

第 i 个刚度矩阵由原本 2×2 阶矩阵扩展至 $n\times n$ 阶矩阵,除了 k_{ii}、$k_{i,(i+1)}$、$k_{(i+1),i}$、$k_{(i+1),(i+1)}$ 四个位置,其余均为 0,即

$$\boldsymbol{A}_i = \begin{bmatrix} 0 & 0 & 0 & \\ 0 & k_{i,i} & k_{i,(i+1)} & 0 \\ & k_{(i+1),i} & k_{(i+1),(i+1)} & \\ 0 & 0 & 0 & \end{bmatrix} \tag{2-19}$$

将这些扩展后的刚度矩阵相加，即可得到总体刚度矩阵，即

$$\boldsymbol{A}_n = \begin{bmatrix} k_{11}^1 & k_{12}^1 & & & & & & 0 \\ k_{21}^1 & k_{22}^1 + k_{22}^2 & \ddots & & & & & \\ & \ddots & \ddots & & & & & \\ & & k_{i,i}^{(i-1)} + k_{i,i}^i & k_{i,(i+1)}^i & & & & \\ & & k_{(i+1),i}^i & k_{(i+1),(i+1)}^i + k_{(i+1),(i+1)}^{(i+1)} & & & & \\ & & & & \ddots & \ddots & & \\ & 0 & & & \ddots & k_{(n-1),(n-1)}^{(n-1)} & k_{(n-1),n}^{(n-1)} \\ & & & & & k_{n,(n-1)}^{(n-1)} & k_{n,n}^{(n-1)} \end{bmatrix} \tag{2-20}$$

经过分析可以发现，总刚阵为带状对角矩阵，具有奇异性、对称性。

3)边界条件

由于总刚阵为奇异矩阵，它的行列式为 0，矩阵的逆不存在，则矩阵无解，这是因为没有限制刚体的位移，只需要给系统加上一定的约束（称为约束条件或边界条件）。例如，若固定节点 3，则 $u_3 = 0$。

4)求解线性方程组

将边界条件 $u_3 = 0$ 代入弹簧的总体刚度矩阵构成方程，可以得

$$\begin{bmatrix} F_1 \\ F_2 \\ F_3 \end{bmatrix} = \begin{bmatrix} k_a & -k_a & 0 \\ -k_a & k_a + k_b & -k_b \\ 0 & -k_b & k_b \end{bmatrix} \begin{bmatrix} u_1 \\ u_2 \\ 0 \end{bmatrix} = \begin{bmatrix} k_a u_1 - k_a u_2 \\ -k_a u_1 + k_a u_2 + k_b u_2 \\ -k_b u_2 \end{bmatrix}$$

5)回代求解

通过对弹簧的线性方程求解，即可求得弹簧 3 个节点受力分别为

$$\begin{cases} F_1 = k_a u_1 - k_a u_2 \\ F_2 = -k_a u_1 + k_a u_2 + k_b u_2 \\ F_3 = -k_b u_2 \end{cases}$$

习　　题

1. 用 Gauss 顺序消元法求解方程组

$$\begin{bmatrix} 2 & -4 & 2 \\ 1 & 2 & 3 \\ -3 & -2 & 5 \end{bmatrix} \begin{bmatrix} x_1 \\ x_2 \\ x_3 \end{bmatrix} = \begin{bmatrix} 2 \\ 3 \\ 1 \end{bmatrix}$$

2. 用 Jacobi 迭代求解方程组

$$\begin{bmatrix} 1 & 2 & -2 \\ 1 & 1 & 1 \\ 2 & 2 & 1 \end{bmatrix} \begin{bmatrix} x_1 \\ x_2 \\ x_3 \end{bmatrix} = \begin{bmatrix} 1 \\ 3 \\ 5 \end{bmatrix}$$

初始向量 $\boldsymbol{x}^{(0)} = [0 \quad 0 \quad 0]^{\mathrm{T}}$。

3. 试实现 Gauss-Seidel 迭代算法的程序化，并利用程序求解方程组

$$\begin{bmatrix} 8 & -3 & 2 \\ 4 & 11 & -1 \\ 6 & 3 & 12 \end{bmatrix} \begin{bmatrix} x_1 \\ x_2 \\ x_3 \end{bmatrix} = \begin{bmatrix} 20 \\ 33 \\ 36 \end{bmatrix}$$

初始向量 $\boldsymbol{x}^{(0)} = [0 \quad 0 \quad 0]^{\mathrm{T}}$。

4. 试实现 SOR 迭代算法的程序化，选取不同的松弛因子对习题 3 的方程组进行求解，并估计最优松弛因子的大小。

第 3 章 连续系统的数学模型与插值方法

第 2 章中我们看到了一个由弹簧组成的力学系统是如何建模求解的，然而，在实际工程中，这样理想化的系统（离散系统）是不存在的，即使使用弹簧来构造第 2 章中所示的系统，由于实际原件尺寸不可忽略、材料参数非均匀化等因素的影响，这样的系统也不能完全等效于一个离散系统（例如，弹簧内部变形量并非处处相等），因此建立连续系统的数学模型并进行求解，对工程应用与分析至关重要。回忆在微积分入门时积分自变量由 Δx 变为 $\mathrm{d}x$ 的过程，这是一个典型的由离散系统变为连续系统的过程，便不难理解离散系统与连续系统间的关系，本章将从连续系统的数学模型入手，介绍物理问题的微分、变分形式，继而介绍这些数学模型的常用求解方法，由加权余量法和 Ritz 法（有限元法的前身与基础）引出有限元法和插值函数。

3.1 连续系统的数学模型

连续系统的数学描述可大致分为微分和变分两大类，这两类方法分别从微元平衡、连续和系统能量（泛函）角度对问题进行阐述。对于大多数问题，变分法的模型相对抽象；而微分法的建模方式则更加符合物理中力学平衡的思路，因此更加具体形象。但是，在问题的求解方面，特别是建立有限元求解方面，使用变分法更加简洁，这一点将在本节后续内容中看到。此外，必须注意的是，通过变分法能量泛函建立有限元模型虽然简洁，但对于大多数物理问题（除力学问题以外），得到其有效的能量泛函并非易事，特别是对于电磁学问题。因此在涉及电磁学问题的有限元书籍中，大家将更多看到以微分形式建立其有限元模型的流程，而非本书所常用的变分格式。

3.1.1 微分形式

微分方程/方程组，包括全微分和偏微分方程/方程组，是描物理学平衡关系的最基本的手段。通常情况下，人们会根据微元的平衡关系及本构关系，建立其对应的微分形式描述。在此过程中，还需要考虑微元与微元间的连接，即满足协调性要求。为了满足结构物理场在空间中的协调关系，除微分方程/方程组本身外，还需要一些额外的附加条件对方程/方程组进行补充，即边界条件的施加。在静态问题分析当中，边界条件形式简单，仅表现为一组与时间无关的数值；而在动态问题分析当中，需指明其初始条件，以得到后续时间序列中的物理场解答。

现从一个二维问题入手，来了解微分方程的分类。考虑如下以 u 为未知量，x、y 为自变量的一般二阶偏微分方程：

$$A(x,y)\frac{\partial^2 u}{\partial x^2}+2B(x,y)\frac{\partial^2 u}{\partial x\partial y}+C(x,y)\frac{\partial^2 u}{\partial y^2}=f\left(x,y,\frac{\partial u}{\partial x},\frac{\partial u}{\partial y}\right) \tag{3-1}$$

式中，等式右端 f 表示载荷边界条件。根据式(3-1)中系数之间的关系，可对微分方程作如下分类：

$$B^2 - AC\begin{cases} <0 & \text{椭圆型} \\ =0 & \text{抛物型} \\ >0 & \text{双曲线型} \end{cases} \tag{3-2}$$

以上三类方程解的特性有很大区别，因此有必要对其进行区分。式(3-2)从数学角度对微分方程进行了分类，而从工程角度，三类方程所对应的最简单问题分别是 Laplace 方程、热传导方程和波动方程。下面我们通过例子说明如何在实际问题求解过程中得出这些方程。

1. Laplace 方程

当研究各种物理现象(如振动、热传导、扩散、电位势等)的稳定过程时，由于物理场 u 不随时间变化，因此得到 $\frac{\partial u}{\partial t}=0$。以导热问题为例，若考察一个稳定的无源温度场，则该温度场(二维)可描述为

$$\frac{\partial^2 u}{\partial x^2}+\frac{\partial^2 u}{\partial y^2}=0 \tag{3-3}$$

若考察有源温度场，则问题可描述为

$$\frac{\partial^2 u}{\partial x^2}+\frac{\partial^2 u}{\partial y^2}=f\left(x,y,\frac{\partial u}{\partial x},\frac{\partial u}{\partial y}\right) \tag{3-4}$$

【例 3-1】 如图 3-1 所示，对于二维稳态导热问题，u 表示温度，导热率为 k，两个方向的热流量分别为 Q_x、Q_y，列出微分控制方程，并给出相应的边界条件。

解：对于长、宽分别为 $\mathrm{d}x$ 和 $\mathrm{d}y$ 的微元，根据傅里叶导热定律可以直接写出如下关系：

$$\begin{cases} -k\dfrac{\partial u}{\partial x}\mathrm{d}y = Q_x \\ -k\dfrac{\partial u}{\partial y}\mathrm{d}x = Q_y \end{cases} \tag{3-5}$$

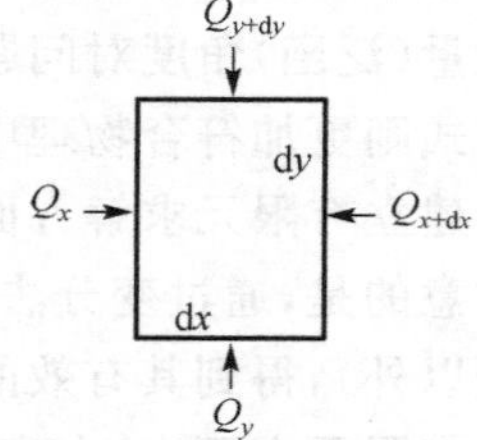

图 3-1　二维导热问题微元体

通过 $x+\mathrm{d}x$，$y+\mathrm{d}y$ 两个表面导出微元的热流量，亦可由傅里叶导热定律得

$$\begin{cases} -k\dfrac{\partial}{\partial x}\left(u+\dfrac{\partial u}{\partial x}\mathrm{d}x\right)\mathrm{d}y = Q_{x+\mathrm{d}x} \\ -k\dfrac{\partial}{\partial y}\left(u+\dfrac{\partial u}{\partial y}\mathrm{d}y\right)\mathrm{d}x = Q_{y+\mathrm{d}y} \end{cases} \tag{3-6}$$

按照能量守恒要求，在无内热源的情况下，流入微元体的热流量总和应等于流出微元体的热流量总和，即

$$\lambda\frac{\partial u}{\partial x}\mathrm{d}y+\lambda\frac{\partial u}{\partial y}\mathrm{d}x=\lambda\frac{\partial}{\partial x}\left(u+\frac{\partial u}{\partial x}\mathrm{d}x\right)\mathrm{d}y+\lambda\frac{\partial}{\partial y}\left(u+\frac{\partial u}{\partial y}\mathrm{d}y\right)\mathrm{d}x \tag{3-7}$$

由于导热率和微元面积 $\mathrm{d}x\mathrm{d}y$ 不为 0，因此可得

$$\frac{\partial^2 u}{\partial x^2}+\frac{\partial^2 u}{\partial y^2}=0 \tag{3-8}$$

式(3-8)即为稳态导热问题的微分形式。

2. 热传导方程

【例 3-2】 如图 3-2 所示，有一在 y 方向长度无限的平板，u 表示温度，厚度为 L，面积为 A，导热率为 k，热容为 c，密度为 ρ，xz 方向绝热。在 0 时刻，$x=0$ 表面突然受到一均匀热流输入 q，求其微分方程。

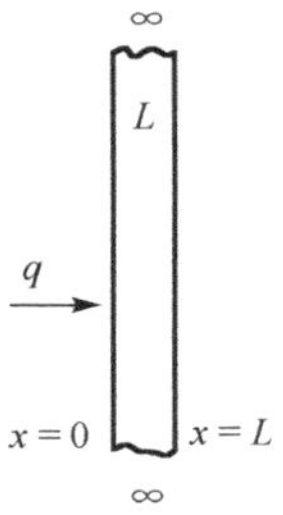

图 3-2　热传导问题

解：由于能量守恒，流入 $x=0$ 表面的热流量应等于流出 $x=L$ 表面的热流量，因此有

$$qA\,|_x-\left(qA\,|_x+A\,\frac{\partial q}{\partial x}\,|_x\mathrm{d}x\right)=\rho Ac\,\frac{\partial u}{\partial t}\,|_x\mathrm{d}x \tag{3-9}$$

由傅里叶导热定律可知：

$$q=-k\,\frac{\partial u}{\partial x} \tag{3-10}$$

代入热流方程可得

$$k\,\frac{\partial^2 u}{\partial x^2}=\rho c\,\frac{\partial u}{\partial t} \tag{3-11}$$

式(3-11)即热传导问题的微分方程形式。

3. 波动方程

【例 3-3】 考虑一长杆，沿杆长方向位移为 u，σ 表示应力，E 表示材料杨氏模量，其左端突然受到载荷 $Q(t)$作用，求此问题的微分表达。

解：取微元体，根据达朗贝尔原理，其力学平衡要求(试与导热问题对比)：

$$\sigma A\,|_x-\sigma A_x+A\,\frac{\partial\sigma}{\partial x}\bigg|_x\mathrm{d}x=\rho Ac\,\frac{\partial^2 u}{\partial t^2}\bigg|_x\mathrm{d}x \tag{3-12}$$

根据本构条件：

$$\sigma=E\,\frac{\partial u}{\partial x} \tag{3-13}$$

代入平衡方程可得

$$\frac{E}{\rho}\,\frac{\partial^2 u}{\partial x^2}=\frac{\partial^2 u}{\partial t^2} \tag{3-14}$$

式(3-14)即波动问题的微分表达式。

式(3-8)、式(3-11)、式(3-14)是三类典型物理问题的微分表达式，可见物理问题的微分表达式一般由微元的某种平衡和本构关系建立，微分表达形式物理意义明确，可以通过施加边界条件获得解答，便于理解。然而，在高等数学课程中我们学习过，对其进行直接求解往往需要较为巧妙的数学技巧或复杂的流程，有些问题甚至不存在解析解。

3.1.2　变分形式

物理问题的变分形式并非从微观的平衡出发，而是从能量角度出发，建立描述系统所有可能的函数 Π，称为能量泛函(可简单理解为函数的函数)。对状态变量取能量泛函的驻值可以得到真实状况的表达式。相对于微分形式，变分形式的优势在于边界条件往往会被直接引入变分形式当中，而无须额外施加。能量泛函 Π 是系统内各种能量的总和，具体建立步骤较为复杂，不属于本课程研究内容，因此在以下的内容和讨论中，系统的能量泛函会以已知函数的形式被直接给出，并作相应解释。以下通过几个例子来阐述变分形式与微分形式间的关系。

【例 3-4】 例 3-3 波动问题的能量泛函为

$$\Pi = \int_0^L \frac{1}{2} EA \left(\frac{\partial u}{\partial x}\right)^2 \mathrm{d}x - \int_0^L \frac{1}{2} \rho A \left(\frac{\partial u}{\partial t}\right)^2 \mathrm{d}x - u_L F \tag{3-15}$$

试由其变分形式得到其微分形式，F 表示集中力。

解：式(3-15)中右侧第一项表示结构的弹性能(即结构发生弹性形变所储存的能量)，第二项表示系统动能，第三项表示外力做功。由驻值条件 $\delta\Pi = 0$ 得到：

$$0 = \delta\Pi = \int_0^L EA \frac{\partial u}{\partial x}\left(\delta \frac{\partial u}{\partial x}\right)\mathrm{d}x - \int_0^L \rho A \frac{\partial u}{\partial t}\left(\delta \frac{\partial u}{\partial t}\right)\mathrm{d}x - \delta u_L F \tag{3-16}$$

使用分部积分法可以进一步得到：

$$0 = -\int_0^L \left(EA \frac{\partial^2 u}{\partial x^2} - \rho A \frac{\partial^2 u}{\partial t^2}\right)\delta u \,\mathrm{d}x + \left(EA \frac{\partial u}{\partial x}\Big|_{x=L} - F\right)\delta u_L - EA \frac{\partial u}{\partial x}\Big|_{x=0} \delta u_0 \tag{3-17}$$

由于 u_0、u_L 都为常数，因此其变分为 0，而 δu 为任意值，为保证等式右侧为 0，必须有：

$$0 = EA \frac{\partial^2 u}{\partial x^2} - \rho A \frac{\partial^2 u}{\partial t^2} \tag{3-18}$$

即

$$\frac{E}{\rho} \frac{\partial^2 u}{\partial x^2} = \frac{\partial^2 u}{\partial t^2} \tag{3-19}$$

变分法提供了一种简便的系统描述方法，变分法中所出现的变量均是以标量形式出现的(平方后得到能量)，避免了力和位移等向量的使用。但是必须注意的是，系统的能量泛函并不总是显式存在或易于获取的。对于电磁场问题，使用微分形式推导有限元格式较为简单；但对于力学问题而言，使用能量泛函进行有限元格式推导较为简单。

3.2 连续系统的数学模型的求解方法

3.2.1 加权余量法

对于比较简单的物理问题，其微分方程可以通过积分法、分离变量法等求出其解析解，但对于复杂系统或边界条件，仅能够使用数值方法求得其近似解。这里需要注意的是，绝大多数问题的解析解并不存在，近似解才是实际中真正有意义解答。不同于高等数学中求解(解析解)的概念，近似解是在一簇试探函数的支持下，对准确解的一种数值逼近，这种数值逼近的误差在工程应用中是可以接受的。后面将看到，这些数值逼近方法与有限元方法有着千丝万缕的联系。实际上，有限元方法可以看作这些经典方法的扩展。

经典数值逼近方法中加权余量法和 Ritz 法的使用最为广泛，在解答过程中，均假设真实解 u 的近似形式为 $\tilde{u}$ ：

$$\tilde{u} = \sum_{i=1}^{N} a_i f_i \tag{3-20}$$

其中，f_i 表示一组线性无关的试探函数；a_i 表示一组待求的系数。因此无论是加权余量法或 Ritz 法，其求解本质均是在一组选定试探函数的支持下，求解 a_i，并由此得到近似解 $\tilde{u}$ 。

一般物理问题的微分形式可以泛化的表示为

$$L(u) = r \tag{3-21}$$

其中，L 表示线性微分算子；r 表示强迫函数。参照波动问题的微分表达式，L 和 r 的物理意义则很好理解：L 在该问题中具体为算子 $\dfrac{E}{\rho}\dfrac{\partial^2}{\partial x^2}$，而强迫函数则可视为达朗贝尔力与外力的总和。

首先考虑加权余量法，所谓加权余量法，是通过一组基函数的选择使得余量 R 最小化：

$$R = r - L\left(\sum_i a_i f_i\right) \tag{3-22}$$

对于精确解，其余量 R 为 0，即精确解可使得微分方程左右完全相等，而较为准确的近似解则意味着其余量在整个求解域内均较小，根据系数求解准则不同，加权余量法有着不同的分类，但是在各种加权余量法中，所得到的系数均使得 R 的加权平均为 0。

根据系数求解规则不同，加权余量法主要包括：

(1)伽辽金(Galerkin)法。在伽辽金方法中，系数 a_i 由以下形式的方程确定：

$$\int_\Omega f_i R\,\mathrm{d}\Omega = 0 \qquad (i = 1, 2, 3, \cdots, n) \tag{3-23}$$

其中，Ω 表示求解域。

(2)配点法。该方法强迫余量在 n 个指定的点上为 0。

(3)最小二乘法。该方法中余量 R 的平方的积分关于参数 a_i 是最小的，即：

$$\frac{\partial}{\partial a_i}\int_\Omega R^2\,\mathrm{d}\Omega = 0 \qquad (i = 1, 2, 3, \cdots, n) \tag{3-24}$$

代入余量表达式可得

$$\int_\Omega RL(f_i)\,\mathrm{d}\Omega = 0 \qquad (i = 1, 2, 3, \cdots, n) \tag{3-25}$$

(4)子域法。该方法中 Ω 被划分为多个小的子域，在每个子域内余量积分为 0，以此条件求解对应的系数 a_i，即可得到近似解。

【例 3-5】 试用配点法求解 $EA\dfrac{\partial^2 u}{\partial x^2} = F(x)$，式中 $F(x) = 2x$，边界条件为右端固定，即 $u\big|_{x=L} = 0$。

解：加权余量法要求我们选择一个满足边界条件的试探函数。此问题中，边界条件为右端边界位移为 0，因此试探函数可选择为

$$u(x) = a_1(x-L) + a_2(x-L)^2 + a_3(x-L)^3 \tag{3-26}$$

式中，a_i 为待定系数。可以发现，所选择试探函数最高阶次为 3 次，其中每项的 $x - L$ 使近似解可以满足所给边界条件(当然，也可构造更低或更高阶次的试探解)，将试探解代入微分方程可得

$$EA[a_2 + 3a_3(x-L)] - x = R \tag{3-27}$$

式中，R 表示使用近似解带来的误差。由上式还可看出由于二阶导数的关系，系数 a_1 并未出现在余量的表达式中，即 a_1 的取值与本问题的解无关。下面来看具体如何使用配点法进行系数求解。首先使用配点法进行研究，假定在 $x = 0$，$x = L/3$ 处余量 R 为 0(存在两个未知数，因此配点数为 2)，由此得到：

$$EA(a_2 - 3a_3 L) = 0 \tag{3-28}$$

$$EA(a_2 - 2a_3L/3) - L/3 = 0 \tag{3-29}$$

联立以上两式可解得 $a_2 = 3L/(7EA)$，$a_3 = 1/(7EA)$，由于 a_1 可任意取值，故取为 0，由此得到近似解为：$u(x) = \dfrac{3L}{7EA}(x-L)^2 + \dfrac{1}{7EA}(x-L)^3$ 。

思考：如何使用其他加权余量法求解类似问题。

3.2.2 Ritz 法

Ritz 法与加权余量法最大的区别在于：我们处理一个物理问题时，将一个给定的试探函数 f_i 代入泛函中，并使泛函满足驻值条件，由此得到联立方程组

$$\frac{\partial \Pi}{\partial a_i} = 0 \quad (i = 1, 2, 3, \cdots, n) \tag{3-30}$$

求解得到系数 a_i，即可得到近似解。需要注意的是，在 Ritz 法中，试探函数的选择只需满足本质边界条件(如结构的固定支撑)，而不需要满足结构的自然边界条件(应力应变为 0 等)，这种属性虽然方便了试探函数的选择，但并不是我们所期望的，因为精确解满足本质边界条件的同时也须满足自然边界条件。若试探函数的选择也同时满足两类边界条件，所得到的 Ritz 解实际上就是精确解。但是得到满足这些边界条件的试探函数是十分困难的，在大多数物理系统中实际上是不可能的，这便是 Ritz 法的劣势所在，将在后面通过例题进行说明。相对地，采用大量仅满足本质边界条件的试探函数逼近精确解，通常是非常方便的，这一点也是有限元方法的基本思路——采用大量相对简单的插值函数(试探函数)完成对复杂边界条件、复杂物理问题的求解。

【例 3-6】 采用 Ritz 法求解例 3-5 问题。

解：该问题的能量泛函为

$$\Pi = \int_0^L \frac{1}{2}EA\left(\frac{\partial u}{\partial x}\right)^2 \mathrm{d}x - \int_0^L uF(x)\mathrm{d}x \tag{3-31}$$

本质边界条件为 $u|_{x=L} = 0$，位移试探函数假设为

$$u(x) = a_1(x-L) + a_2(x-L)^2 + a_3(x-L)^3 \tag{3-32}$$

将式(3-32)代入能量泛函并取驻值，由于使用待定系数表示未知位移 u，因此上式中的未知量实际为 $a_1 \sim a_3$，因此能量泛函的驻值问题 $\delta\Pi / \delta u = 0$ 等价为如下方程组：

$$\begin{cases} \dfrac{\delta\Pi}{\delta a_1} = 0 \\ \dfrac{\delta\Pi}{\delta a_2} = 0 \\ \dfrac{\delta\Pi}{\delta a_3} = 0 \end{cases} \tag{3-33}$$

将式(3-32)代入(3-33)，并采用分部积分法(参考例 3-4)得到：

$$\begin{cases} 0 = EA[a_1 + 2a_2(x-L) + 3a_3(x-L)^2] + 2x(x-L) \\ 0 = EA[2a_1(x-L) + 4a_2(x-L)^2 + 12a_3(x-L)^3] + 2x(x-L)^2 \\ 0 = EA[3a_1(x-L)^2 + 6a_2(x-L)^3 + 9a_3(x-L)^4] + 2x(x-L)^3 \end{cases} \tag{3-34}$$

由此可解得 $a_1 \sim a_3$ 表达式(较为复杂，在此不再列出)。显然，相对于配点法所给出结果，系数 a_1 不为 0，且各系数表达式更为复杂。对比加权余量法与 Ritz 法可以发现，Ritz 法对试探函数

阶次的要求更弱，例如，对于以上两个例子，若选取的试探函数为 $u(x)=a_1(x-L)$，则使用加权余量法无法求解，而使用 Ritz 法则可得到近似解，这是使用 Ritz 法得到的解无须满足自然边界条件而仅需满足本质边界条件导致的。

3.2.3　从 Ritz 法到有限元法

直接从数学角度理解和解释有限元法并不困难，但需要大家具备一定的数值分析基础，因此本书避开对有限元法的直接阐述，而是从 Ritz 法引出。回顾 3.2.2 节内容，我们发现相对于加权余量法，Ritz 法所给出的解似乎具有更好的适用性——仅需满足本质边界条件（虽然看起来构造并不如加权余量法那样简洁），但 Ritz 法的最大缺点却在于第一步——合适试探函数（在有限元和数值分析中，更习惯称其为插值函数或型函数）的选取，必须在全域内满足各类复杂本质边界条件。注意，这里需要注意关键词“全域”，3.2.2 节所研究的两个简单例子中，全域所指的是杆结构的全长，本质边界条件为一端固支（位移为 0），因此寻找这一的试探函数并不困难。但是，若考虑一个一般形状的复杂结构，例如一台固定在地面的机器，如何寻找这样一个合适的试探函数满足机器的变形模式？如何使该函数满足机器边界上简支、固支、弹性支撑复合的复杂边界条件？事实上，这是不可能的，也是没必要的。

既然 Ritz 法的最大问题和难点在于全域问题，很自然地，我们可以想到若将求解域划分为若干小求解域，对其采取 Ritz 法进行求解，就可大大简化试探函数的选取，在这种情况下，在边界上的 Ritz 试探函数仅需要在局部满足本质边界条件，而内部的 Ritz 试探函数仅需要满足各求解域间的连续性条件（如位移连续、温度连续）即可，这就是有限元法的基本思路。以上所提及的若干小求解域在有限元法中称为单元，单元上的点称为节点，数学表示如下，将求解域细分为 N 个小求解域：

$$\Omega=\sum_{i=1}^{N}\Omega_i \tag{3-35}$$

对于每个子域 Ω_i 建立其对应能量泛函 Π_i，总体泛函与子泛函间满足

$$\Pi=\sum_{i=1}^{N}\Pi_i \tag{3-36}$$

继而对代入插值函数，令子泛函对各插值函数的系数取驻值得到形如

$$\begin{cases}\dfrac{\delta\Pi_1}{\delta a_1}=0,\cdots,\dfrac{\delta\Pi_N}{\delta a_1}=0\\ \qquad\cdots\\ \dfrac{\delta\Pi_1}{\delta a_j}=0,\cdots,\dfrac{\delta\Pi_N}{\delta a_j}=0\end{cases} \tag{3-37}$$

的 N（单元数目）个 j（单元内待定参数数目，单元内节点数目）元方程组，进行求解即可得到其近似解。为了便于求解和建模，通常在边界上和内部选用相同的插值函数（试探函数），插值函数满足克罗内克尔算符性质（在自身节点值为 1，在其他节点值为 0），以保证不同节点间位移不相互干扰，使节点相关待定系数数值等于该节点物理值，节点间物理场的数值则由插值函数的性质决定。

3.2.4　插值方法与插值函数

在以上各方法试探函数选取时，实际上使用了插值函数的概念，本书将从数学的角度对插值函数进行介绍，以帮助读者对有限元法形函数选取有更好的理解。实际物理问题的解多为连续性解，但在有限元方法中，首先需要将求解域离散为若干小的单元，每个单元根据插值函数的选取具有一定数量的节点，通过式(3-37)的求解，可以得到若干离散节点上的近似解数值，这一过程是有限元的离散化过程，然而我们所希望得到的物理解依然是连续的，如何通过一些离散节点的值重构一个连续的近似解——插值问题，是我们将要探讨的问题，而离散化的过程将在之后进行讨论。从数值计算的角度来说，插值方法门类众多，由于本课程涉及有限元方法，故本书主要选取与有限元方法相关的几类插值方法作为对象进行讲解，其他插值方法可参考相关书籍进行深入学习。

1. 一般多项式插值

假设已求解式(3-37)，得到了 $n+1$ 个有限元节点的物理坐标 $x_i(i=0,1,\cdots,n)$ 和对应的物理场数值 $u_i(i=0,1,\cdots,n)$，那么求解这些节点之间物理场位移或表达式的问题，即为插值问题，即寻找一组插值基 $g_k(x)$，使得

$$u(x)=\sum_{i=1}^{k}\alpha_i g_i(x) \tag{3-38}$$

对于此类问题，首先自然会想到使用多项式插值，于是可以对拟近似的物理场通过求得的节点数值得到如下的 k 阶多项式表达：

$$u(x)=\sum_{i=1}^{k}\alpha_i x^i \tag{3-39}$$

式中，α_i 为插值系数。注意，此时的 $u(x)$ 是一个连续函数，因此可以表达任意坐标点的物理场数值。将求得的 n 个节点数值及其对应的物理坐标 $(x_j,u_j)(j=0,1,\cdots,n)$ 代入式(3-39)，可以得到如下方程组：

$$\begin{cases}\alpha_0x_0^0+\alpha_1x_0^1+\alpha_2x_0^2+\cdots+\alpha_kx_0^k=u_0\\ \alpha_0x_1^0+\alpha_1x_1^1+\alpha_2x_1^2+\cdots+\alpha_kx_1^k=u_1\\ \cdots\\ \alpha_0x_n^0+\alpha_1x_n^1+\alpha_2x_n^2+\cdots+\alpha_kx_n^k=u_n\end{cases} \tag{3-40}$$

将式(3-40)写为矩阵形式，可得

$$\begin{bmatrix}1 & x_0 & x_0^2 & \cdots & x_0^k\\ 1 & x_1 & x_1^2 & \cdots & x_1^k\\ \vdots & \vdots & \vdots & & \vdots\\ 1 & x_n & x_n^2 & \cdots & x_n^k\end{bmatrix}\begin{bmatrix}\alpha_0\\ \alpha_1\\ \vdots\\ \alpha_k\end{bmatrix}=\begin{bmatrix}u_0\\ u_1\\ \vdots\\ u_n\end{bmatrix} \tag{3-41}$$

以上方程组存在 $k+1$ 个未知数(k 阶插值)，$n+1$ 个方程(单元内有 $n+1$ 个节点)，以上方程的求解取决于 k 与 n 的关系，若 $k+1>n+1$，则方程约束条件不足，存在多种解；反之，方程过约束，可能不存在解。因此在有限元选取形函数时我们一般会要求节点数与插值阶次满足 $k+1=n+1$，求解式(3-41)即可得到插值系数 α_i，从而完成式(3-39)所示多项式插值流程。解得的式(3-39)对比参考式(3-32)，可以发现两者存在一定的差异：式(3-39)由 x 的 k 次方组

成，而式(3-32)由 $x-L$ 的 k 次方组成。这就带来一个问题，当需要插值函数满足一定的边界条件，如 $x=L$ 处固定支撑时，使用形如式(3-39)的多项式插值并不方便。

2. Lagrange 插值

严格地说 Lagrange 插值也是一类多项式插值方法，但相比于一般多项式插值方法，Lagrange 插值在有限元中应用极为广泛，因此将其独立为一类单独进行讨论。为便于表示，设集合 $B_k=\{i\,|\,i\neq k, i\in\{0,1,\cdots,n\}\}$，定义 n 次 Lagrange 多项式的数学表达式为

$$l_k(x)=\prod_{i\in B_k}\frac{x-x_i}{x_k-x_i} \tag{3-42}$$

该多项式为 $n-1$ 次多项式，由于 $x-x_i(i\in B_k)$ 项的作用，Lagrange 多项式具有克罗内克尔性质，即 $l_k(x_k)=1$，$l_k(x_{m\neq k})=0$（适合作为有限元插值函数使用）。由于各节点间数据不会出现相互干扰，因此 Lagrange 插值可直接表示为 Lagrange 多项式对已知节点数据进行加权求和的形式，即

$$u(x)=\sum_{i=1}^{n}u_i p_i(x) \tag{3-43}$$

对比式(3-43)、式(3-38)和式(3-39)，可以发现，由于 Lagrange 多项式的克罗内克尔性质，其插值的系数具有明确的物理意义。而一般插值，包括多项式插值，其插值系数 α_i 物理意义往往并不明确，这一点对于有限元是十分重要的，例如，使用 Lagrange 插值作为形函数求解出的节点数据，可直接作为输出数据显示；使用一般插值方法求解出的插值系数 α_i，则需要借助式(3-38)或式(3-39)恢复其物理意义，继而进行显示，显然 Lagrange 插值具有先天的优势。此外，还需要注意的是，Lagrange 插值的阶数为 $n-1$ 次，三点确定二次插值，两点确定线性插值。

3. Hermite 插值

前面两类插值方法都是对物理场本身的插值，只需满足函数本身的一种近似关系 $u(x)=\sum_{i=1}^{k}\alpha_i g_i(x)$ 即可，然而，在现实中往往需要满足更强的条件，例如，在满足函数本身插值的基础上同时满足对其导数的插值，即 $u'(x)=\sum_{i=1}^{k}\alpha_i\tilde{g}_i(x)$，这种要求在有限元中是极其广泛且具有物理意义的，例如 Euler 梁和 Kirchhoff 板的连续性要求都可数学表示为此类插值。Hermite 插值方法是此类插值方法在有限元使用最为广泛的方法之一，可以把 Hermite 插值看作 Lagrange 插值的一种延伸，通过一个简单的例子进行说明。

已知条件为三个点的函数值及一个点的导数值：

$$u(x_0)=0,\quad u(x_1)=1,\quad u(x_2)=2,\quad u'(x_1)=-1 \tag{3-44}$$

四个边界条件，可确定插值阶次为3。由于插值需要同时满足物理场和物理场导数两类条件，因此考虑对其使用两套插值多项式（H_i 与 $\widetilde{H}_i$）进行混合插值：

$$u(x)=\sum_{i=0}^{2}u_i H_i(x)+\sum_{i=1}^{1}u'_i\widetilde{H}_i(x) \tag{3-45}$$

设 H_i（$i=0,1,2$）是满足

$$H_i(x_k)=\delta_{ik}\quad(\text{克罗内克尔性质})\tag{3-46}$$

且满足

$$H_i'(x_1)=0\tag{3-47}$$

的三次多项式。很显然，满足克罗内克尔性质则该多项式系数可直接表示为具有物理意义的节点物理场量，而 $H_i'(x_1)=0$ 则保证了物理场插值的效果在 x_1 处不影响物理场导数插值的效果。

多项式 $\widetilde{H}_i$（$i=1$）是满足

$$\widetilde{H}_1(x_i)=0\qquad(i=0,1,2)\tag{3-48}$$

且满足

$$\widetilde{H}_1'(x_1)=1\tag{3-49}$$

的三次多项式，类似地，式(3-48)可以使得物理场导数插值对物理场插值不产生影响，而式(3-49)则可使得 $\widetilde{H}_1$ 插值导数具有与物理场导数相同的数值。根据以上条件，可以假设：

$$H_0(x)=\alpha_0\,(x-x_1)^2(x-x_2)\tag{3-50}$$

$$H_1(x)=(x-x_0)(\alpha_1+\beta_1x)(x-x_2)\tag{3-51}$$

$$H_2(x)=\alpha_2(x-x_0)\,(x-x_1)^2\tag{3-52}$$

$$\widetilde{H}_2(x)=\widetilde{\alpha}(x-x_0)(x-x_1)(x-x_2)\tag{3-53}$$

由式(3-44)给出的已知条件代入式(3-45)，可以求解以上各式中的四个待定系数，从而得到Hermite插值表达式。以上所述的Herimite插值方法可以推广至一般情形，设已知 $n+1$ 个有限元节点的物理坐标 $x_i(i=0,1,\cdots,n)$，对应的物理场数值 $u_i(i=0,1,\cdots,n)$，以及对应的各点导数值 u_i'，共 $2n+2$ 个已知条件，则对应的 $2n+1$ 次多项式可借助Lagrange多项式定义为

$$u(x)=\sum_{k=0}^{n}u_k[1-2l_k'(x_k)(x-x_k)][l_k(x)]^2+\sum_{k=0}^{n}u_k'(x-x_k)\,[l_k(x)]^2\tag{3-54}$$

式中，$l_k(x)$ 为式(3-42)中所定义的Lagrange多项式，其具体推导证明可参考计算方法相关教材。

3.2.5　插值误差分析

除了计算机计算带来的浮点表示误差和舍入误差外，任何插值方法本身都会引入一定的误差，这种误差的引入是针对插值域（相邻节点之间）而言的，在插值节点上，由于使用了真实的数据，因此不存在误差。实际中往往根据插值余量衡量和选取合适插值方法和阶次，假设 $u_{\text{exact}}(x)$，则插值余量定义为

$$R_n(x)=u_{\text{exact}}(x)-u(x)\tag{3-55}$$

这里不加证明地给出插值余量定理以定量描述插值余量：设 $x_i(i=0,1,\cdots,n)$ 是区间 $[a,b]$ 上的 $n+1$ 个节点，其对应的物理场值 $u_{\text{exact}}(x)$ 在区间内 $n+1$ 次可导，那么对于任何区间 $[a,b]$ 坐标值 x，都存在 $\xi\in(a,b)$ 使得

$$R_n(x)=\frac{u_{\text{exact}}^{(n+1)}(\xi)}{(n+1)!}\prod_{i=1}^{n}(x-x_i)\tag{3-56}$$

式中，$u_{\text{exact}}(x)$ 上标表示 $n+1$ 次导数。插值误差 E 可用区间内插值余量绝对值的最大值

表示：

$$E = \max_{x \in [a,b]} |R_n(x)| \tag{3-57}$$

下面通过一些例题来探讨如何使用插值余量定理。

【例 3-7】 设 $u_{\text{exact}}(x) = \sin x$，要求在区间$[0, \pi/2]$上的 $n+1$ 个等距节点 $x_i(i=0,1,\cdots,n)$上作出插值，控制插值误差小于 0.5×10^{-4}，应取多少个插值节点。

解：将 $u_{\text{exact}}(x) = \sin x$ 代入式(3-56)，可得

$$R_n(x) = \frac{\sin^{(n+1)}(\xi)}{(n+1)!} \prod_{i=1}^{n}(x - x_i) \tag{3-58}$$

因此有

$$E = \max_{x \in [a,b]} \left| \frac{\sin^{(n+1)}(\xi)}{(n+1)!} \prod_{i=1}^{n}(x - x_i) \right| \tag{3-59}$$

根据 Cauchy-Schwarz 不等式，有

$$E \leqslant \max_{x \in [a,b]} \left(|\sin^{(n+1)}(\xi)| \left| \frac{1}{(n+1)!} \right| \left| \prod_{i=1}^{n}(x - x_i) \right| \right) \tag{3-60}$$

由于 $-1 \leqslant \sin^{(n+1)}(\xi) \leqslant 1$，$\frac{1}{(n+1)!} > 0$，故进而可得

$$E \leqslant \frac{1}{(n+1)!} \max_{x \in [a,b]} \left| \prod_{i=1}^{n}(x - x_i) \right| \tag{3-61}$$

以第 j 项为中间项，考虑到 $|(x - x_j)(x - x_{j+1})| \leqslant |((x - x_j)(x - x_{j+1}))|\big|_{x=\frac{1}{2}(x_j + x_{j+1})}$ $(j = 1,2,\cdots,n$，等周长正方形面积大于其他矩形)，而在所定义的区间内，$x_i = \frac{i\pi}{2n}$ $(i = 0,1,\cdots,n)$，所以有相邻两项乘机绝对值：

$$|(x - x_j)(x - x_{j+1})| \leqslant \frac{h^2}{4} \tag{3-62}$$

式中，$h = \pi/(2n)$；对于其他项，则有 $|(x - x_i)| \leqslant 2h$，其中 $i = j-2$ 或 $j+1$，有 $|(x - x_i)| \leqslant 3h$，其中 $i = j-3$ 或 $j+2$ 等，因而可以得到：

$$E \leqslant \frac{1}{(n+1)!} \frac{h^2}{4}(2h)(3h)\cdots(nh) = \frac{h}{4} \prod_{i=1}^{n} ih = \frac{n!h^{n+1}}{4(n+1)!} = \frac{h^{n+1}}{4(n+1)} \tag{3-63}$$

令

$$\frac{h^{n+1}}{4(n+1)} \leqslant 0.5 \times 10^{-4} \tag{3-64}$$

可解得 $n+1=7$，即 7 个插值点即可满足要求。

通过例 3-7，读者们可以很自然地得到这样一个推论，为了达到更高的插值精度，控制插值误差，只需选用更加密集的插值点即可。然而事实并未如此简单，例如当 $u_{\text{exact}}(x) = \tan x$，且区间定义为$[0, \pi/4]$时，误差并不随 n 增大而变小。事实上，当 n 超过一定值时，继续增大 n 会使得插值精度下降，称为 Rouge 现象。我们通过以下的例子来探讨 Rouge 现象。

【例 3-8】 已知物理场精确表达式为 $\frac{1}{1+16x^2}$，$x \in [-1,1]$，$x_i = \frac{2i}{n} - 1$ $(i = 0,1,\cdots,n)$。

解：使用 MATLAB 进行求解，程序如下：

```
clc
clear all
```

```
N = 16;                                    % 16 次插值
xx = -1.01:0.005:1.01;
x = -1+2*(0:N)/N;
u = 1./(1+16*x.^2);
p = polyfit(x,u,N);                        % 多项式插值
pp = polyval(p,xx);
plot(x,u,'.','markersize',12);
line(xx,pp);
axis([-1.1 1.1 -1 1.5]);
```

结果输出如图 3-3 所示。

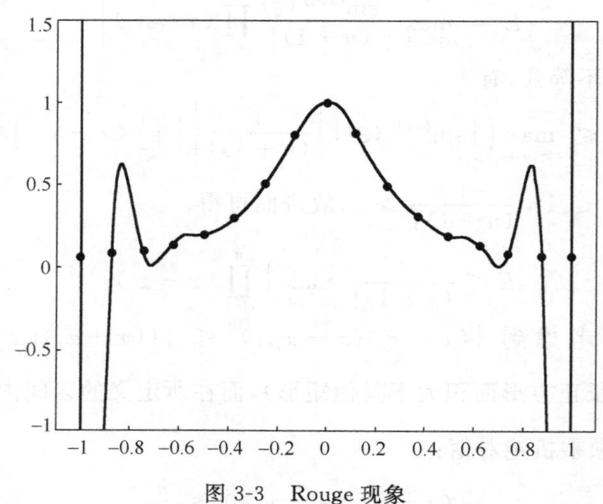

图 3-3　Rouge 现象

可以看到，使用 16 次插值在各插值点处未导致误差，然而却在节点之间形成了误差（曲线与散点所表示的趋势），这种误差在物理场的内部较小，在边界则极大。导致此类误差的原因主要有两个：① 使用 16 次插值函数近似低阶物理场；② 均匀采样。客观地说，这种边界误差的成因并不是单纯的插值阶次过高，当使用伪谱方法，如切比雪夫序列进行插值时，即使使用 16 阶插值也不会导致 Rouge 现象。

习　　题

1. 已知物理场精确表达式为 $\frac{1}{1+16x^2}$，$x \in [-1,1]$，试使用一般多项式插值方法对该物理场进行插值，并使用 MATLAB 或其他软件绘图，对比插值阶次对精度的影响。

2. 对以上问题采用非等间隔 $\cos(i\pi/n)$ 插值，分析误差，并对比等间隔与非等间隔差异。

3. 已知数据

x_i	1	2	2.5	4	6
u_i	11.5	22.2	22.0	38.3	51.1

试使用 Lagrange 和一般多项式方法进行插值。

第 4 章 杆梁有限元单元

4.1 杆结构的有限元方法

工程中最简单的结构可以认为是铰支的杆单元，杆单元是力学分析中的常见模型，由于其仅具有一个移动自由度，只能承受拉伸力和压缩力[144]。本书对有限元的认识是从杆单元开始的。

4.1.1 杆的应变与应力

1. 应变

在材料力学中，可以知道变形体受到力作用会发生应变，应变包括正应变及切应变。正应变描述在原方位上发生长度变形，表示为 $\varepsilon = \dfrac{\mathrm{d}u}{\mathrm{d}x}$。切应变描述在原位置形状的变化，表示为 $\gamma = \rho \dfrac{\mathrm{d}\varphi}{\mathrm{d}x}$。

如图 4-1 所示的等直杆，长度为 l。在力 F 作用下，长度变为 l_1，此时沿轴向的变形量为 $\Delta l = l_1 - l$，由于 $\varepsilon = \dfrac{\mathrm{d}u}{\mathrm{d}x}$，该杆在轴向的平均正应变为

$$\varepsilon = \frac{\Delta l}{l} \tag{4-1}$$

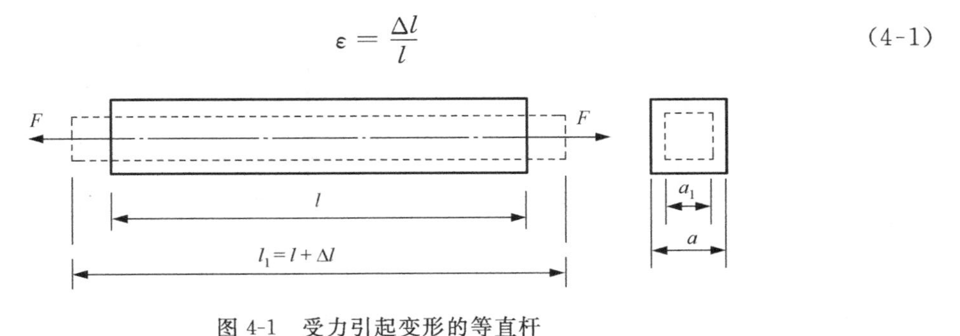

图 4-1 受力引起变形的等直杆

2. 胡克定律

英国科学家胡克经过大量实验发现，对于许多材料，当正应力小于某一特定值时，材料正应变与正应力成正比，即

$$\sigma = E\varepsilon \tag{4-2}$$

其中，E 为比例常数，其大小与材料有关，称为材料的弹性模量或杨氏模量。在切应力 τ 作用下发生切应变 γ，当切应力小于一定值时，切应变和切应力之间也成正比，即

$$\tau = G\gamma \tag{4-3}$$

式(4-3)称为剪切胡克定律。比例系数 G 称为材料的剪切弹性模量或切变模量。

如果杆内的应力不超过材料的比例极限，胡克定律成立，即

$$\sigma = E\varepsilon = \frac{F}{A} \tag{4-4}$$

杆的轴向变形量 $\Delta l = \varepsilon l = \dfrac{Fl}{EA}$，该式也称为拉压胡克定律，其中 EA 称为杆件的拉压刚度，表征拉压材料和横截面面积对变形的影响。拉压刚度越大，同样外力作用下的变形量越小。

4.1.2 杆单元的力学分析

以图 4-2 所示连接杆结构分析为例，某杆固定左右两支点，中间某处作用力 F，将杆划分为如图 4-2 所示两个单元，其中杆①长度为 l_1，杆②长度为 l_2。下面分别对杆单元受力与变形进行分析。

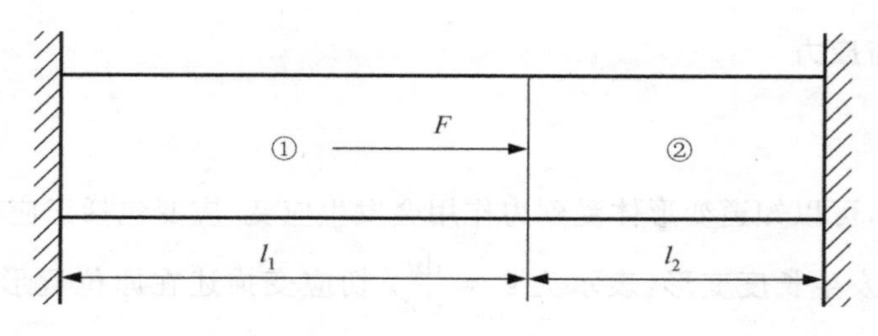

图 4-2 连接的杆受力

1. *材料力学方法分析*

首先采用材料力学方法进行力学分析，在固定点左右两端分别受力 F_A、F_B，向右为正方向，受力图如图 4-3 所示。

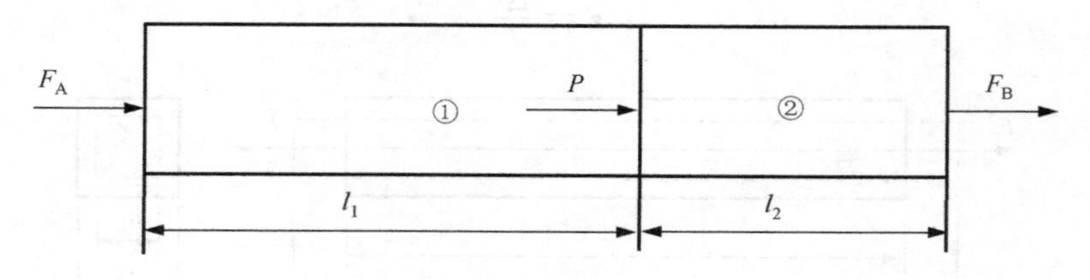

图 4-3 材料力学分析杆受力

若杆中间受力 F 大小为 P，杆受力平衡，因此满足 $F_A + P + F_B = 0$。分别对划分的两个单元进行受力分析，此时受力如图 4-4 所示。

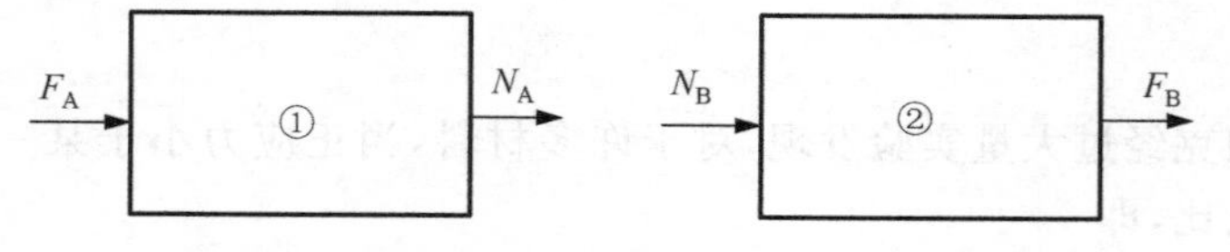

图 4-4 两段杆分别受力

由于杆此时受力平衡，因此 $N_A = -F_A$，$N_B = -F_B$。根据胡克定律，杆①在轴向变形量为 $\Delta l_1 = \varepsilon l_1 = \dfrac{N_A l_1}{EA} = -\dfrac{F_A l_1}{EA}$；杆②在轴向变形量为 $\Delta l_2 = \varepsilon l_2 = \dfrac{N_B l_2}{EA} = -\dfrac{F_B l_2}{EA}$。

杆左右两端固定，总变形量为 0，此时 $\Delta l_1 + \Delta l_2 = 0$，$N_A$、$N_B$ 方向相反，F_A、F_B 方向相反。

若 F_A 方向为正方向，F_B 方向为负方向，则 Δl_1 变形方向不变，但是 $\Delta l_2=\frac{F_B l_2}{EA}$。$-\frac{F_A l_1}{EA}+\frac{F_B l_2}{EA}=0$，即可得到 $F_A l_1-F_B l_2=0$。

杆此时受力平衡 $F_A+P+F_B=0$，因此

$$F_A=-\frac{l_2}{l_1+l_2}P,\quad F_B=-\frac{l_1}{l_1+l_2}P \tag{4-5}$$

2. 杆受力的结构化分析

在图 4-2 中杆件按受力特点可划分为两个杆单元，由于为铰连接方式，单元承受力的方向是沿着轴线，存在 2 个端节点。首先将划分的杆件单元进行编号，分别进行受力及变形分析后再进行组合分析，这样的结构化分析流程更容易标准化、程序化[145]。

由于杆单元具有相同的性质特征，为拉伸杆件问题，有 2 个节点杆单元，受力均在 x 方向上。下面对任意杆件单元进行分析。

1)杆单元分析

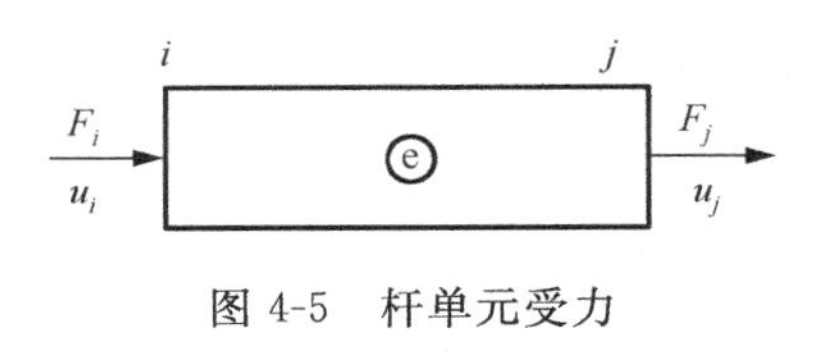

图 4-5　杆单元受力

杆单元受力如图 4-5 所示，存在两个节点 i、j，在 x 方向上受到的力分别为 F_i、F_j，在 x 方向上的位移分别为 u_i、u_j。单元力向量、单元位移向量表示为

$$\boldsymbol{F}^e=\begin{bmatrix}F_i\\F_j\end{bmatrix},\quad \boldsymbol{\delta}^e=\begin{bmatrix}u_i\\u_j\end{bmatrix}$$

由杆单元静力平衡原理可知：$F_i+F_j=0$。由胡克定律推导出 $F=\frac{EA}{l}u$，可知 $\frac{EA}{l}(u_i+u_j)=0$，其中 $F_i=\frac{EA}{l}(u_i-u_j)$，$F_j=\frac{EA}{l}(-u_i+u_j)$。

此时，$\boldsymbol{F}^e=\begin{bmatrix}F_i\\F_j\end{bmatrix}=\frac{EA}{l}\begin{bmatrix}1&-1\\-1&1\end{bmatrix}\begin{bmatrix}u_i\\u_j\end{bmatrix}$，则

$$\boldsymbol{F}^e=\boldsymbol{K}^e\boldsymbol{\delta}^e \tag{4-6}$$

式中，上标 e 表示单元级分析。式(4-6)表示杆单元受力 $\boldsymbol{F}^e$ 与杆单元位移 $\boldsymbol{\delta}^e$ 之间的关系。类似胡克定律，$\boldsymbol{K}^e$ 为单元刚度矩阵(在有限元方法中，也可简称为单刚阵)：

$$\boldsymbol{K}^e=\frac{EA}{l}\begin{bmatrix}1&-1\\-1&1\end{bmatrix}=\begin{bmatrix}k_{11}&k_{12}\\k_{21}&k_{22}\end{bmatrix} \tag{4-7}$$

单元刚度矩阵中 k_{ij} 表示由于 j 点位移引起的 i 点的力。单元刚度矩阵 $\boldsymbol{K}^e$ 是杆单元左右两端均未固定情况下分析得出的，可将杆件单元拆分为如图 4-6 和图 4-7 所示的两个简单的系统，以进行进一步分析。

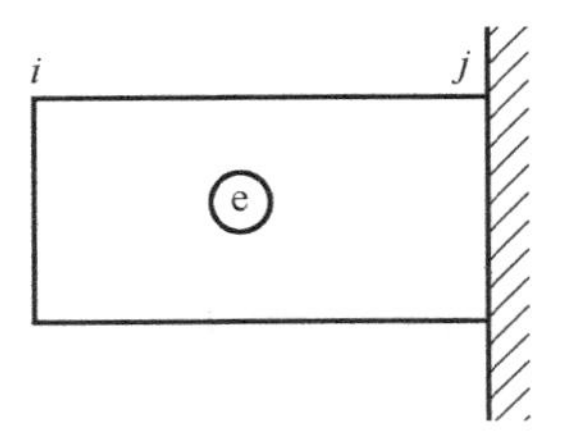

图 4-6　杆右端固定

(1)杆单元右端固定，左端为自由端，如图 4-6 所示。

根据式(4-6)、式(4-7)可得 $F_i=k_{ii}u_i+k_{ij}u_j$，k_{ij} 表示由于 j 点位移引起的 i 点的力，由于此时 j 点无位移，则 $u_j=0$，得 $F_i=k_{ii}u_i$。当 $u_i=1$ 时，$F_i=k_{ii}$。图 4-6 中，支反力 $F_j=-F_i$，$F_j=k_{ji}u_i+k_{jj}u_j=k_{ji}u_i=k_{ji}$，则 $k_{ii}=-k_{ji}$。

(2)杆左端固定,右端为自由端,如图 4-7 所示。

同理可得:$F_j = k_{jj}u_j$。当 $u_j = 1$ 时,$F_j = k_{jj}$,图 4-7 中,支反力 $F_j = -F_i$,$F_i = k_{ii}u_i + k_{ij}u_j = k_{ij}u_j = k_{ij}$,则 $k_{ij} = -k_{jj}$。

通过上述两种情况的分析,明确单元刚度矩阵 $\boldsymbol{K}^e = \dfrac{EA}{l}\begin{bmatrix} 1 & -1 \\ -1 & 1 \end{bmatrix}$ 的含义。

对图 4-2 中杆进行受力分析,划分为 2 个单元①、②,有 3 个节点 1、2、3,单元①的节点受力 $F_1^{①}$、$F_2^{①}$,节点位移 $u_1^{①}$、$u_2^{①}$;单元②的节点受力 $F_2^{②}$、$F_3^{②}$,节点位移 $u_2^{②}$、$u_3^{②}$。杆单元受力及位移如图 4-8 所示。

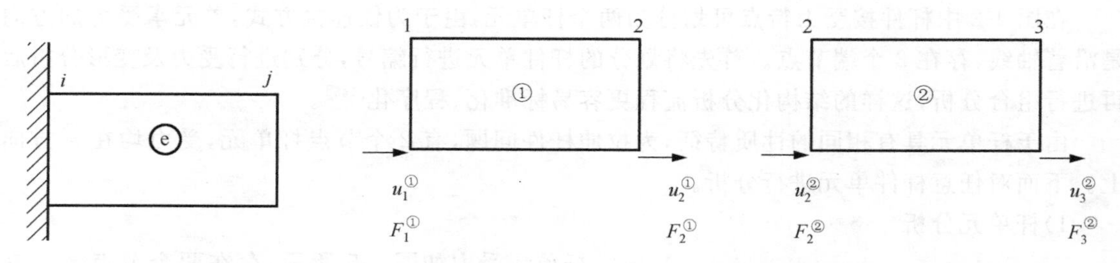

图 4-7 杆左端固定　　　图 4-8 有限元方法进行受力分析

根据式(4-6)、式(4-7)可知杆单元①、②受力分别为

$$\begin{bmatrix} F_1^{①} \\ F_2^{①} \end{bmatrix} = \frac{EA}{l_1}\begin{bmatrix} 1 & -1 \\ -1 & 1 \end{bmatrix}\begin{bmatrix} u_1^{①} \\ u_2^{①} \end{bmatrix}, \quad \begin{bmatrix} F_2^{②} \\ F_3^{②} \end{bmatrix} = \frac{EA}{l_2}\begin{bmatrix} 1 & -1 \\ -1 & 1 \end{bmatrix}\begin{bmatrix} u_2^{②} \\ u_3^{②} \end{bmatrix}$$

2)杆受力合成分析

如图 4-9 所示,将杆单元①、②进行受力合成,可知节点 1、2、3 受力向量 $\boldsymbol{F} = \begin{bmatrix} F_1 \\ F_2 \\ F_3 \end{bmatrix}$,位移向量 $\boldsymbol{\delta} = \begin{bmatrix} \Delta_1 \\ \Delta_2 \\ \Delta_3 \end{bmatrix}$,由变形协调条件,即两单元在交界处(节点 2)拥有相同的位移量,得

$$\Delta_1 = u_1^{①}, \quad \Delta_2 = u_2^{①} = u_2^{②}, \quad \Delta_3 = u_3^{②}$$

由受力平衡条件有 $F_1 = F_1^{①}$,$F_2 = F_2^{①} + F_2^{②}$,$F_3 = F_3^{②}$。

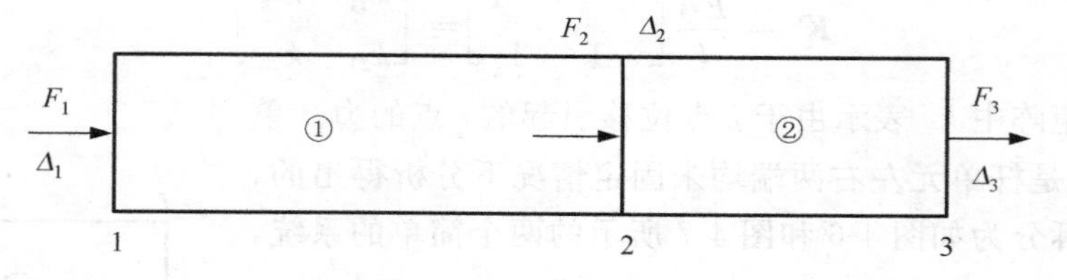

图 4-9 杆受力及变形图

将 $\boldsymbol{F}^{①} = \boldsymbol{K}^{①}\boldsymbol{\delta}^{①}$ 及 $\boldsymbol{F}^{②} = \boldsymbol{K}^{②}\boldsymbol{\delta}^{②}$ 扩展至 3 阶方程,分别为

$$\begin{bmatrix} F_1^{①} \\ F_2^{①} \\ F_3^{①} \end{bmatrix} = \frac{EA}{l_1}\begin{bmatrix} 1 & -1 & 0 \\ -1 & 1 & 0 \\ 0 & 0 & 0 \end{bmatrix}\begin{bmatrix} u_1^{①} \\ u_2^{①} \\ u_3^{①} \end{bmatrix}, \quad \begin{bmatrix} F_1^{②} \\ F_2^{②} \\ F_3^{②} \end{bmatrix} = \frac{EA}{l_2}\begin{bmatrix} 0 & 0 & 0 \\ 0 & 1 & -1 \\ 0 & -1 & 1 \end{bmatrix}\begin{bmatrix} u_1^{②} \\ u_2^{②} \\ u_3^{②} \end{bmatrix}$$

由于杆在同一节点变形相同，将力进行叠加，得到如下方程：

$$\boldsymbol{F}=\begin{bmatrix}F_1\\F_2\\F_3\end{bmatrix}=\begin{bmatrix}F_1^{①}\\F_2^{①}+F_2^{②}\\F_3^{②}\end{bmatrix}=\begin{bmatrix}\dfrac{EA}{l_1} & -\dfrac{EA}{l_1} & 0\\ -\dfrac{EA}{l_1} & \dfrac{EA}{l_1}+\dfrac{EA}{l_2} & -\dfrac{EA}{l_2}\\ 0 & -\dfrac{EA}{l_2} & \dfrac{EA}{l_2}\end{bmatrix}\begin{bmatrix}\Delta_1\\\Delta_2\\\Delta_3\end{bmatrix}=\boldsymbol{K\delta} \tag{4-8}$$

式(4-8)反映了连接杆①、②的受力 $\boldsymbol{F}$ 与位移 $\boldsymbol{\delta}$ 之间的关系，刚度阵 $\boldsymbol{K}$ 在有限元中称为总体刚度矩阵，也可以简称为总刚阵。

3)边界条件

以上两步求出了力向量及总刚阵，因此似乎已经可以方便地求出位移向量，但需要注意，此时在杆的两个边界上的支撑尚未考虑，从数学上看，这时的刚度矩阵表现出奇异性，而从物理上可以理解为此时未受任何约束的杆在力向量的作用下可能产生相应的刚体位移，导致杆内部没有变形，因此在这种情况下，需要引入边界条件进行求解。

杆此时的边界条件如图 4-10 所示，$\Delta_1=\Delta_3=0$，相应的力 F_2 已知，为 P；但是 F_1、F_3 未知，Δ_2 未知。根据这些条件，通过总刚阵式(4-7)得到有限元求解列式：

$$\boldsymbol{F}=\begin{bmatrix}F_1\\F_2\\F_3\end{bmatrix}=\begin{bmatrix}F_1^{①}\\P\\F_3^{②}\end{bmatrix}=\begin{bmatrix}F_1\\P\\F_3\end{bmatrix}=\begin{bmatrix}\dfrac{EA}{l_1} & -\dfrac{EA}{l_1} & 0\\ -\dfrac{EA}{l_1} & \dfrac{EA}{l_1}+\dfrac{EA}{l_2} & -\dfrac{EA}{l_2}\\ 0 & -\dfrac{EA}{l_2} & \dfrac{EA}{l_2}\end{bmatrix}\begin{bmatrix}0\\\Delta_2\\0\end{bmatrix}$$

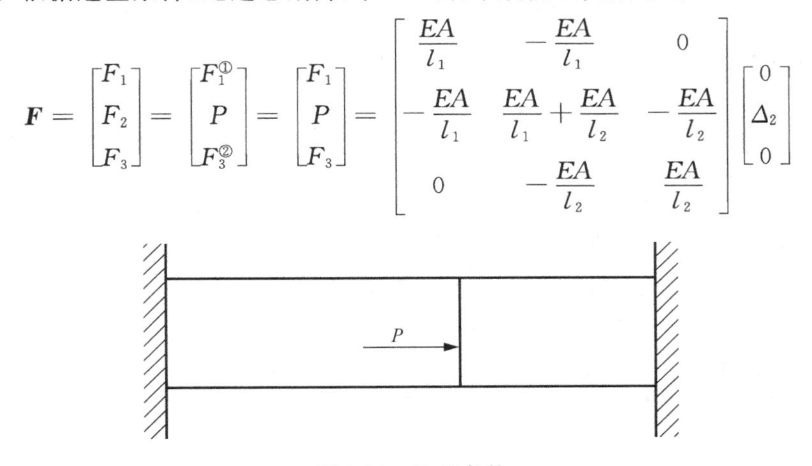

图 4-10　边界条件

4)矩阵求解

根据得到的有限元求解列式，相应的线性方程组为

$$\begin{cases}F_1=-\dfrac{EA}{l_1}\Delta_2\\ P=\left(\dfrac{EA}{l_1}+\dfrac{EA}{l_2}\right)\Delta_2\\ F_3=-\dfrac{EA}{l_2}\Delta_2\end{cases}$$

此时，P 已知，求解可得 $\Delta_2=\dfrac{1}{EA}\dfrac{l_1l_2}{l_1+l_2}P$。

5)回代求解

将 Δ_2 回代即可求得 F_1、F_3。

(1)回代线性方程组：

$$F_1 = -\frac{EA}{l_1}\Delta_2 = -\frac{EA}{l_1}\frac{1}{EA}\frac{l_1 l_2}{l_1+l_2}P = -\frac{l_2}{l_1+l_2}P$$

$$F_3 = -\frac{EA}{l_2}\Delta_2 = -\frac{EA}{l_2}\frac{1}{EA}\frac{l_1 l_2}{l_1+l_2}P = -\frac{l_1}{l_1+l_2}P$$

(2)回代总方程求解。

已知在 2 点处杆变形量 Δ_2，同时 $\Delta_1 = \Delta_3 = 0$，此时受力向量为

$$\boldsymbol{F} = \begin{bmatrix} F_1 \\ P \\ F_3 \end{bmatrix} = \begin{bmatrix} \frac{EA}{l_1} & -\frac{EA}{l_1} & 0 \\ -\frac{EA}{l_1} & \frac{EA}{l_1}+\frac{EA}{l_2} & -\frac{EA}{l_2} \\ 0 & -\frac{EA}{l_2} & \frac{EA}{l_2} \end{bmatrix} \begin{bmatrix} 0 \\ \frac{1}{EA}\frac{l_1 l_2}{l_1+l_2}P \\ 0 \end{bmatrix} = \begin{bmatrix} -\frac{l_2}{l_1+l_2}P \\ P \\ -\frac{l_1}{l_1+l_2}P \end{bmatrix}$$

求解得到：$F_1 = = -\frac{l_2}{l_1+l_2}P$，$F_3 = -\frac{l_1}{l_1+l_2}P$。

所求结果与材料力学分析结果式(4-4)相同。尽管结构化分析流程看起来较长，但是通过 2.3 节弹簧问题的继续分析，就会发现这一流程更有规可循，这就是有限元方法的优越性。

4.1.3 单元刚度矩阵变换

杆单元刚度矩阵 $\boldsymbol{K}^e = \frac{EA}{l}\begin{bmatrix} 1 & -1 \\ -1 & 1 \end{bmatrix}$ 形式简单明了，但是在推导该刚度矩阵中，默认杆位于水平方向，即与自身坐标(局部坐标)x 轴平行。但是在杆组成的复杂结构中，会有很多斜方向的杆件，这些杆件可能处于整个杆系统的整体坐标系中任意位置。如图 4-11 所示，为了便于各个不同杆单元的刚度矩阵叠加，需要进行坐标变换，将每个杆件的局部坐标系变换到整体坐标中，这就是单元的坐标变换。

杆件两端节点分别为 1、2，在整体坐标系 xOy 中，杆件与 x 正方向倾斜角度为 a。沿杆件方向构造局部坐标系 $O\bar{x}$。

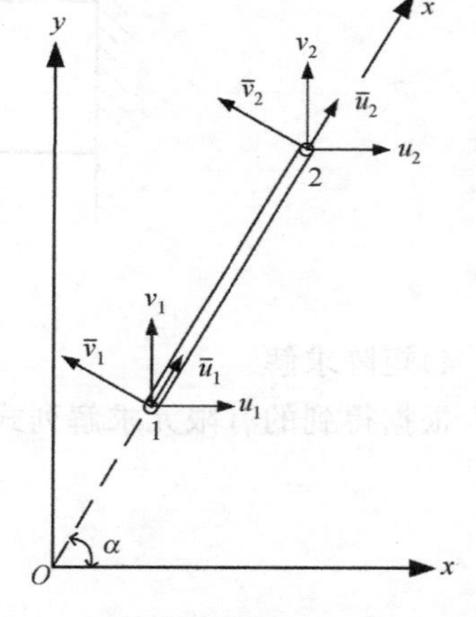

图 4-11 在整体坐标系下的斜方向杆件

在整体坐标系 xOy 中杆件位移表示为 $\boldsymbol{\delta}^e = \begin{bmatrix} u_1 \\ v_1 \\ u_2 \\ v_2 \end{bmatrix}$，力表示为 $\boldsymbol{F}^e = \begin{bmatrix} F_{1x} \\ F_{1y} \\ F_{2x} \\ F_{2y} \end{bmatrix}$。

在局部坐标系 $O\bar{x}$ 中杆件位移表示为 $\bar{\boldsymbol{\delta}}^e = \begin{bmatrix} \bar{u}_1 \\ \bar{v}_1 \\ \bar{u}_2 \\ \bar{v}_2 \end{bmatrix}$，力表示为 $\bar{\boldsymbol{F}}^e = \begin{bmatrix} \bar{F}_{1x} \\ \bar{F}_{1y} \\ \bar{F}_{2x} \\ \bar{F}_{2y} \end{bmatrix}$。

根据式(2-2)可以发现局部坐标系 $O\bar{x}$ 下杆件位移与整体坐标系 xOy 下杆件位移存在等价变换关系,关系式为

$$\begin{cases}\bar{u}_1 = u_1\cos\alpha + v_1\sin\alpha \\ \bar{u}_2 = u_2\cos\alpha + v_2\sin\alpha\end{cases}$$

同理可以得到杆件在局部坐标系 $O\bar{x}$ 下杆件受力与整体坐标系 xOy 下杆件受力存在关系:

$$\begin{cases}\bar{F}_{1x} = F_{1x}\cos\alpha + F_{1y}\sin\alpha \\ \bar{F}_{1y} = -F_{1x}\sin\alpha + F_{1y}\cos\alpha \\ \bar{F}_{2x} = F_{2x}\cos\alpha + F_{2y}\sin\alpha \\ \bar{F}_{2y} = -F_{2x}\sin\alpha + F_{2y}\cos\alpha\end{cases}$$

用矩阵形式表示为

$$\begin{bmatrix}\bar{F}_{1x}\\ \bar{F}_{1y}\\ \bar{F}_{2x}\\ \bar{F}_{2y}\end{bmatrix} = \begin{bmatrix}\cos\alpha & \sin\alpha & 0 & 0\\ -\sin\alpha & \cos\alpha & 0 & 0\\ 0 & 0 & \cos\alpha & \sin\alpha\\ 0 & 0 & -\sin\alpha & \cos\alpha\end{bmatrix}\begin{bmatrix}F_{1x}\\ F_{1y}\\ F_{2x}\\ F_{2y}\end{bmatrix}$$

上述关系式可以表示为

$$\bar{\boldsymbol{F}}^e = \boldsymbol{T}^e\boldsymbol{F}^e \tag{4-9}$$

$$\bar{\boldsymbol{\delta}}^e = \boldsymbol{T}^e\boldsymbol{\delta}^e \tag{4-10}$$

式中,$\bar{\boldsymbol{F}}^e$ 为杆件在局部坐标系 $O\bar{x}$ 下受力单元向量;$\boldsymbol{F}^e$ 为杆件在整体坐标系 xOy 下杆件受力单元向量;$\boldsymbol{T}^e$ 为坐标变换矩阵,且存在特征 $[\boldsymbol{T}^e]^{-1} = [\boldsymbol{T}^e]^{\mathrm{T}}$。

根据胡克定律可知,在局部坐标系下杆件受力与位移存在 $\bar{\boldsymbol{F}}^e = \bar{\boldsymbol{K}}^e\bar{\boldsymbol{\delta}}^e$,根据式(4-9)与式(4-10)可知 $\boldsymbol{T}^e\boldsymbol{F}^e = \bar{\boldsymbol{K}}^e\boldsymbol{T}^e\boldsymbol{\delta}^e$,$\boldsymbol{F}^e = [\boldsymbol{T}^e]^{-1}\bar{\boldsymbol{K}}^e\boldsymbol{T}^e\boldsymbol{\delta}^e = [\boldsymbol{T}^e]^{\mathrm{T}}\bar{\boldsymbol{K}}^e\boldsymbol{T}^e\boldsymbol{\delta}^e = \boldsymbol{K}^e\boldsymbol{\delta}^e$,因此刚度矩阵在整体坐标系下采用局部坐标系表示为

$$\boldsymbol{K}^e = [\boldsymbol{T}^e]^{\mathrm{T}}\,\bar{\boldsymbol{K}}^e\boldsymbol{T}^e \tag{4-11}$$

杆件在局部坐标系 $O\bar{x}$ 中满足关系式 $\begin{bmatrix}\bar{F}_{1x}\\ \bar{F}_{2x}\end{bmatrix} = \dfrac{AE}{L}\begin{bmatrix}1 & -1\\ -1 & 1\end{bmatrix}\begin{bmatrix}\bar{u}_1\\ \bar{u}_2\end{bmatrix}$,将其扩展为 4 阶矩阵形式:$\begin{bmatrix}\bar{F}_{1x}\\ \bar{F}_{1y}\\ \bar{F}_{2x}\\ \bar{F}_{2y}\end{bmatrix} = \dfrac{AE}{L}\begin{bmatrix}1 & 0 & -1 & 0\\ 0 & 0 & 0 & 0\\ -1 & 0 & 1 & 0\\ 0 & 0 & 0 & 0\end{bmatrix}\begin{bmatrix}\bar{u}_1\\ \bar{v}_1\\ \bar{u}_2\\ \bar{v}_2\end{bmatrix}$,因此单刚阵 $\bar{\boldsymbol{K}}^e = \dfrac{AE}{L}\begin{bmatrix}1 & 0 & -1 & 0\\ 0 & 0 & 0 & 0\\ -1 & 0 & 1 & 0\\ 0 & 0 & 0 & 0\end{bmatrix}$。

根据式(4-11)推导出整体坐标系下 xOy 下杆件的单刚阵为

$$\boldsymbol{K}^e = [\boldsymbol{T}^e]^{\mathrm{T}}\,\bar{\boldsymbol{K}}^e\boldsymbol{T}^e = \frac{EA}{L}\begin{bmatrix}\cos^2\alpha & \cos\alpha\sin\alpha & -\cos^2\alpha & -\cos\alpha\sin\alpha\\ \cos\alpha\sin\alpha & \sin^2\alpha & -\cos\alpha\sin\alpha & -\sin^2\alpha\\ -\cos^2\alpha & -\cos\alpha\sin\alpha & \cos^2\alpha & \cos\alpha\sin\alpha\\ -\cos\alpha\sin\alpha & -\sin^2\alpha & \cos\alpha\sin\alpha & \sin^2\alpha\end{bmatrix} \tag{4-12}$$

式中,$\boldsymbol{k}^e = \begin{bmatrix}\cos^2\alpha & \cos\alpha\sin\alpha\\ \cos\alpha\sin\alpha & \sin^2\alpha\end{bmatrix}$,可见 $\boldsymbol{K}^e = \dfrac{EA}{L}\begin{bmatrix}\boldsymbol{k}^e & -\boldsymbol{k}^e\\ -\boldsymbol{k}^e & \boldsymbol{k}^e\end{bmatrix}$ 与局部坐标系下单刚阵有相同形式。

4.1.4 刚度矩阵的存储

对于有 n 个节点的桁架，刚度矩阵的阶次就是 $2n \times 2n$ 阶。n 较大时，计算的负担很大，因此需要压缩刚度矩阵的存储。单元刚度矩阵叠加到总体刚度矩阵过程为：对于节点号为 i、j 的单元 e，其单元刚阵的主对角元素在总刚阵中位置分别为第 $2i-1$、$2i$ 行的第 $2i-1$、$2i$ 列，以及第 $2j-1$、$2j$ 行的第 $2j-1$、$2j$ 列元素，如图 4-12 所示。单元刚度矩阵的元素分成 4 块，分块搬家，单元刚度矩阵的(1,1)、(1,2)、(2,1)、(2,2)对应 $(2i-1,2i-1)$、$(2i-1,2i)$、$(2j,2j-1)$、$(2j,2j)$，其余类似，均对号入座。区域内存在非零元素，而在这一带状区域外则是零元素。可见若 i、j 之差较大则“带状”较宽，若 i、j 之差较小，则“带状”窄。

叠加而成的总刚阵就成为以主对角线为中心的类似“带状”区域，如图 4-13 所示。刚度矩阵存在三个最典型特征：

(1)对称性，即矩阵关于主对角线对称；

(2)稀疏性，即矩阵中存在大量的零元素；

(3)带状分布，即矩阵中非零元素主要在主对角线两侧呈带状分布。

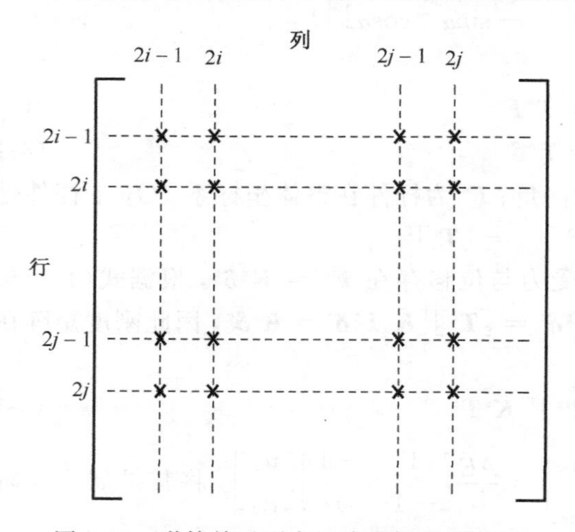

图 4-12 弹簧单元刚度矩阵叠加到总刚阵

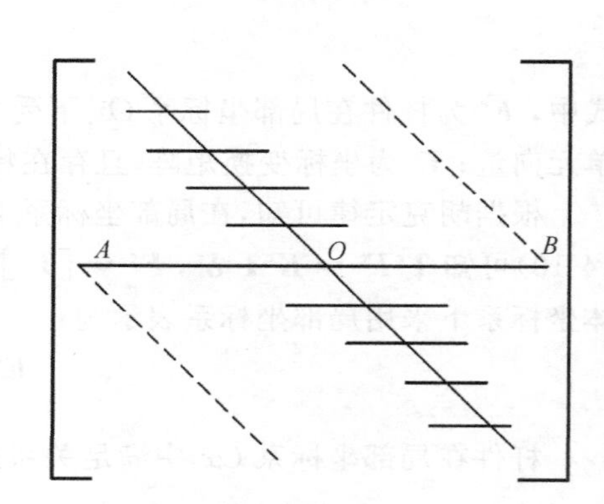

图 4-13 带状矩阵

利用这三个特征，实现对矩阵压缩：①矩阵中存在大量零元素，可以不存储于计算机中；②非零元素沿带状分布，只用存储带状区域元素；③带状区域内元素沿对角线分布，因此只用存储对角线上(下)任意一半带宽的元素。这种方法也称为等宽存储。

为了减小存储量，需要减小 i、j 之差，这样“带状”矩阵带宽小，则在进行节点编号时，每个单元的节点编号之差应该尽可能小。一般编号时，结构较长，应顺着较窄的方向编号，然后向较长的方向运动。一般而言，刚度矩阵阶次 $2n$，最大半带宽：

$$\mathrm{HW}_{\max} = \text{节点自由度数} \times (\text{单元中节点编号最大差} + 1) \tag{4-13}$$

利用对称性存储一半，得到总存储量为

$$\text{总存储量} = \frac{4n - \mathrm{HW}_{\max}}{2} \times (\mathrm{HW}_{\max} - 1) + 2n \tag{4-14}$$

下面以一个简单的桁架为例进行说明。

【例 4-1】 对图 4-14(a)中结构分别采用如图 4-14(b)、(c)两种方式进行编号并分析矩阵带宽。

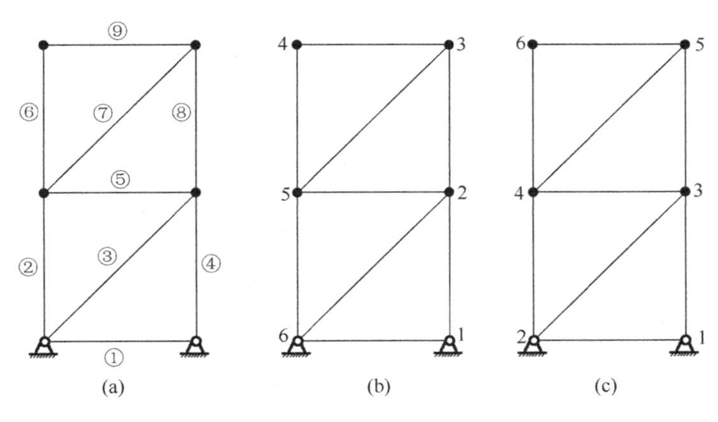

图 4-14　桁架结构

对于图 4-14(b)中编号方式可知，杆件①节点为 1、6，此时单元刚度矩阵的 16 个元素在矩阵中的位置为(1,1)、(1,2)、(2,1)、(2,2)、(1,11)、(1,12)、(2,11)、(2,12)、(11,1)、(12,1)、(11,2)、(12,2)、(11,11)、(11,12)、(12,11)、(12,12)。

杆件②节点为 5、6，此时单元刚度矩阵的 16 个元素在矩阵中的位置为(9,9)、(9,10)、(10,9)、(10,10)、(9,11)、(9,12)、(10,11)、(10,12)、(11,9)、(12,9)、(11,10)、(12,10)、(11,11)、(11,12)、(12,11)、(12,12)，同理可推得其余杆件的单元刚度矩阵的 16 个元素在矩阵中的位置，填充后可得如表 4-1 所示总刚阵。

表 4-1　图 4-14(b)合成的总刚阵

u_1	v_1	u_2	v_2	u_3	v_3	u_4	v_4	u_5	v_5	u_6	v_6
①④	①④	④	④							①	①
①④	①④	④	④							①	①
④	④	③④⑤⑧	③④⑤⑧	⑧	⑧			⑤	⑤	③	③
④	④	③④⑤⑧	③④⑤⑧	⑧	⑧			⑤	⑤	③	③
		⑧	⑧	⑦⑧⑨	⑦⑧⑨	⑨	⑨	⑦	⑦		
		⑧	⑧	⑦⑧⑨	⑦⑧⑨	⑨	⑨	⑦	⑦		
				⑨	⑨	⑥⑨	⑥⑨	⑥	⑥		
				⑨	⑨	⑥⑨	⑥⑨	⑥	⑥		
		⑤	⑤	⑦	⑦	⑥	⑥	②⑤⑥⑦	②⑤⑥⑦	②	②
		⑤	⑤	⑦	⑦	⑥	⑥	②⑤⑥⑦	②⑤⑥⑦	②	②
①	①	③	③					②	②	①②③	①②③
①	①	③	③					②	②	①②③	①②③

在这种编号方式中，根据式(4-13)可得，最大半带宽为 $HW_{max} = 2 \times (6-1+1) = 12$。根据式(4-14)可得，总存储量$=\dfrac{4n-HW_{max}}{2} \times (HW_{max}-1) + 2n = \dfrac{24-12}{2} \times (12-1) + 12 = 78$。

同理可推得采用图 4-14(c)中编号方式，所有杆件的单元刚度矩阵的 16 个元素在矩阵中的位置，填充后可得如表 4-2 所示总刚阵。

表 4-2　图 4-14(c)合成的总刚阵

u_1	v_1	u_2	v_2	u_3	v_3	u_4	v_4	u_5	v_5	u_6	v_6
①④	①④	①	①	④	④						
①④	①④	①	①	④	④						
①	①	①②③	①②③	③	③	②	②				
①	①	①②③	①②③	③	③	②	②				
④	④	③	③	③④⑤⑧	③④⑤⑧	⑤	⑤	⑧	⑧		
④	④	③	③	③④⑤⑧	③④⑤⑧	⑤	⑤	⑧	⑧		
		②	②	⑤	⑤	②⑤⑥⑦	②⑤⑥⑦	⑦	⑦	⑥	⑥
		②	②	⑤	⑤	②⑤⑥⑦	②⑤⑥⑦	⑦	⑦	⑥	⑥
				⑧	⑧	⑦	⑦	⑦⑧⑨	⑦⑧⑨	⑨	⑨
				⑧	⑧	⑦	⑦	⑦⑧⑨	⑦⑧⑨	⑨	⑨
						⑥	⑥	⑨	⑨	⑥⑨	⑥⑨
						⑥	⑥	⑨	⑨	⑥⑨	⑥⑨

在这种编号方式中，根据式(4-13)可得，最大半带宽为 $HW_{max} = 2 \times (2+1) = 6$。根据式(4-14)可得，总存储量$=\dfrac{4n-HW_{max}}{2} \times (HW_{max}-1) + 2n = \dfrac{24-6}{2} \times (6-1) + 12 = 57$。

可见采用图 4-14(c)中编号方法可以减少 27%的存储量。当节点数目增多，结构复杂时，其减少量会更加客观，大型问题的等带宽存储量只有满阵存储的 10%～20%。

4.1.5　有限元计算步骤

下面以一个简单的三角桁架为例系统地说明杆件系统有限元的计算流程。

【例 4-2】　如图 4-15 所示三杆桁架，节点 1、3 固定，节点 2 处受力 F_{2x}、F_{2y}，所有杆件材料相同，弹性模量为 E，截面积均为 A，求各节点受力及各杆受力。

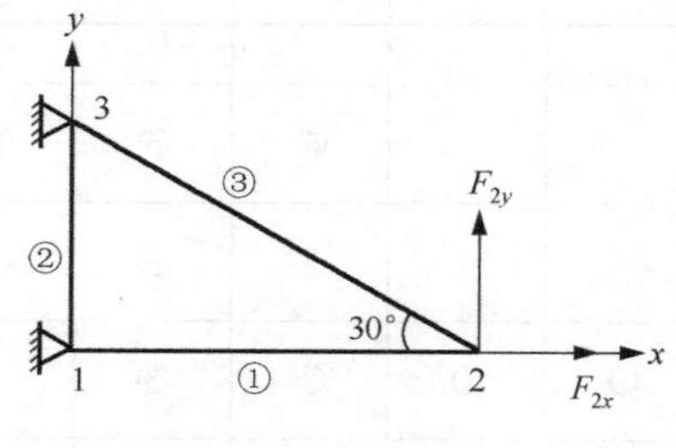

图 4-15　三杆桁架

解：按照以下五步流程求解。

(1)单元选择及单刚阵确定。

该结构由 3 个杆构成,因此选择杆单元。由于系统存在 3 个节点,每个节点在整体坐标系中受力及位移为

$$\boldsymbol{F}=\begin{bmatrix}F_{1x}\\F_{1y}\\F_{2x}\\F_{2y}\\F_{3x}\\F_{3y}\end{bmatrix},\quad \boldsymbol{\delta}=\begin{bmatrix}u_1\\v_1\\u_2\\v_2\\u_3\\v_3\end{bmatrix}$$

其中节点 1、3 固定,因此 $u_1=0$, $v_1=0$, $u_3=0$, $v_3=0$,杆单元从局部坐标系变为整体坐标系中,从 x 轴正向到杆所在位置之间逆时针方向角度为 α,可以得到表 4-3。

表 4-3　整体坐标到局部坐标的旋转角度

杆编号	角度 α	$\cos\alpha$	$\sin\alpha$
①	0°	1	0
②	90°	0	1
③	150°	$-\frac{\sqrt{3}}{2}$	$\frac{1}{2}$

杆①中,根据式(4-12)可得整体坐标系的单元刚度矩阵为

$$\boldsymbol{K}_1=\frac{EA}{l_1}\begin{bmatrix}\cos^2\alpha & \cos\alpha\sin\alpha & -\cos^2\alpha & -\cos\alpha\sin\alpha\\ \cos\alpha\sin\alpha & \sin^2\alpha & -\cos\alpha\sin\alpha & -\sin^2\alpha\\ -\cos^2\alpha & -\cos\alpha\sin\alpha & \cos^2\alpha & \cos\alpha\sin\alpha\\ -\cos\alpha\sin\alpha & -\sin^2\alpha & \cos\alpha\sin\alpha & \sin^2\alpha\end{bmatrix}$$

根据表 4-3 得到 $\boldsymbol{k}_1^e=\begin{bmatrix}\cos^2\alpha & \cos\alpha\sin\alpha\\ \cos\alpha\sin\alpha & \sin^2\alpha\end{bmatrix}=\begin{bmatrix}1 & 0\\ 0 & 0\end{bmatrix}$,将其代入上式中,得到杆①在整体坐标系下的单刚阵:

$$\boldsymbol{K}_1=\frac{EA}{l_1}\begin{bmatrix}1 & 0 & -1 & 0\\ 0 & 0 & 0 & 0\\ -1 & 0 & 1 & 0\\ 0 & 0 & 0 & 0\end{bmatrix}$$

同理可得杆②、③在整体坐标系下的单刚阵分别为

$$\boldsymbol{K}_2=\frac{EA}{l_2}\begin{bmatrix}0 & 0 & 0 & 0\\ 0 & 1 & 0 & -1\\ 0 & 0 & 0 & 0\\ 0 & -1 & 0 & 1\end{bmatrix},\quad \boldsymbol{K}_3=\frac{EA}{l_3}\begin{bmatrix}\frac{3}{4} & -\frac{\sqrt{3}}{4} & -\frac{3}{4} & \frac{\sqrt{3}}{4}\\ -\frac{\sqrt{3}}{4} & \frac{1}{4} & \frac{\sqrt{3}}{4} & -\frac{1}{4}\\ -\frac{3}{4} & \frac{\sqrt{3}}{4} & \frac{3}{4} & -\frac{\sqrt{3}}{4}\\ \frac{\sqrt{3}}{4} & -\frac{1}{4} & -\frac{\sqrt{3}}{4} & \frac{1}{4}\end{bmatrix}$$

(2)总刚阵的合成。

杆①节点为 1、2,在单元刚度矩阵的 16 个元素在总刚阵中位置为(1,1)、(1,2)、(2,1)、(2,2)、(1,3)、(1,4)、(2,3)、(2,4)、(3,1)、(3,2)、(4,1)、(4,2)、(3,3)、(3,4)、(4,3)、(4,4)。

杆②节点为 1、3,在单元刚度矩阵的 16 个元素在总刚阵中位置为(1,1)、(1,2)、(2,1)、(2,2)、(1,5)、(1,6)、(2,5)、(2,6)、(5,1)、(6,1)、(5,2)、(6,2)、(5,5)、(5,6)、(6,5)、(6,6)。

杆③节点为 2、3，在单元刚度矩阵的 16 个元素在总刚阵中位置为(3,3)、(3,4)、(4,3)、(4,4)、(5,3)、(5,4)、(6,3)、(6,4)、(3,5)、(4,5)、(3,6)、(4,6)、(5,5)、(5,6)、(6,5)、(6,6)。

因此，合成的总刚阵如表 4-4 所示。

表 4-4　例 4-2 总刚阵

1		2		3	
①②	①②	①	①	②	②
①②	①②	①	①	②	②
①	①	①③	①③	③	③
①	①	①③	①③	③	③
②	②	③	③	②③	②③
②	②	③	③	②③	②③

本方法的编号方式中，根据式(4-13)可得，最大半带宽为 $HW_{max} = 2 \times (2+1) = 6$。在杆结构中，$l_1 = \sqrt{3}L$，$l_2 = L$，$l_3 = 2L$，将几何参数代入式(4-4)中，可得总刚阵为

$$\boldsymbol{K} = \frac{EA}{L}\begin{bmatrix} \frac{\sqrt{3}}{3} & 0 & -\frac{\sqrt{3}}{3} & 0 & 0 & 0 \\ 0 & 1 & 0 & 0 & 0 & -1 \\ -\frac{\sqrt{3}}{3} & 0 & \frac{3}{8}+\frac{\sqrt{3}}{3} & -\frac{\sqrt{3}}{8} & -\frac{3}{8} & \frac{\sqrt{3}}{8} \\ 0 & 0 & -\frac{\sqrt{3}}{8} & \frac{1}{8} & \frac{\sqrt{3}}{8} & -\frac{1}{8} \\ 0 & 0 & -\frac{3}{8} & \frac{\sqrt{3}}{8} & \frac{3}{8} & -\frac{\sqrt{3}}{8} \\ 0 & -1 & \frac{\sqrt{3}}{8} & -\frac{1}{8} & -\frac{\sqrt{3}}{8} & \frac{9}{8} \end{bmatrix}$$

(3)边界条件引入。

检查刚度矩阵是否为正定对称矩阵，以排查刚度矩阵形成过程中是否存在错误，根据(1)、(2)中推导出的总刚阵及条件中给出的力、位移进行有限元列式，可得

$$\begin{bmatrix} F_{1x} \\ F_{1y} \\ F_{2x} \\ F_{2y} \\ F_{3x} \\ F_{3y} \end{bmatrix} = \frac{EA}{L}\begin{bmatrix} \frac{\sqrt{3}}{3} & 0 & -\frac{\sqrt{3}}{3} & 0 & 0 & 0 \\ 0 & 1 & 0 & 0 & 0 & -1 \\ -\frac{\sqrt{3}}{3} & 0 & \frac{3}{8}+\frac{\sqrt{3}}{3} & -\frac{\sqrt{3}}{8} & -\frac{3}{8} & \frac{\sqrt{3}}{8} \\ 0 & 0 & -\frac{\sqrt{3}}{8} & \frac{1}{8} & \frac{\sqrt{3}}{8} & -\frac{1}{8} \\ 0 & 0 & -\frac{3}{8} & \frac{\sqrt{3}}{8} & \frac{3}{8} & -\frac{\sqrt{3}}{8} \\ 0 & -1 & \frac{\sqrt{3}}{8} & -\frac{1}{8} & -\frac{\sqrt{3}}{8} & \frac{9}{8} \end{bmatrix}\begin{bmatrix} u_1 = 0 \\ v_1 = 0 \\ u_2 \\ v_2 \\ u_3 = 0 \\ v_3 = 0 \end{bmatrix}$$

(4)方程组求解。

由于仅有 u_2、v_2 需要求解，划去已知位移及力的对应行列(简称为划线法)，上述方程可以

简化为

$$\begin{bmatrix} F_{2x} \\ F_{2y} \end{bmatrix} = \frac{EA}{L} \begin{bmatrix} \frac{3}{8}+\frac{\sqrt{3}}{3} & -\frac{\sqrt{3}}{8} \\ -\frac{\sqrt{3}}{8} & \frac{1}{8} \end{bmatrix} \begin{bmatrix} u_2 \\ v_2 \end{bmatrix}$$

由于 F_{2x}、F_{2y} 已知，可以推导出节点 2 的位移为

$$\begin{bmatrix} u_2 \\ v_2 \end{bmatrix} = \frac{L}{EA} \begin{bmatrix} \sqrt{3} & 3 \\ 3 & 8+3\sqrt{3} \end{bmatrix} \begin{bmatrix} F_{2x} \\ F_{2y} \end{bmatrix}$$

回代入(3)中所列有限元求解式中，其他力可表示为

$$\begin{bmatrix} F_{1x} \\ F_{1y} \\ F_{3x} \\ F_{3y} \end{bmatrix} = \frac{EA}{L} \begin{bmatrix} -\frac{\sqrt{3}}{3} & 0 \\ 0 & 0 \\ -\frac{3}{8} & \frac{\sqrt{3}}{8} \\ \frac{\sqrt{3}}{8} & -\frac{1}{8} \end{bmatrix} \begin{bmatrix} u_2 \\ v_2 \end{bmatrix} = \frac{EA}{L} \begin{bmatrix} -\frac{\sqrt{3}}{3} & 0 \\ 0 & 0 \\ -\frac{3}{8} & \frac{\sqrt{3}}{8} \\ \frac{\sqrt{3}}{8} & -\frac{1}{8} \end{bmatrix} \frac{L}{EA} \begin{bmatrix} \sqrt{3} & 3 \\ 3 & 8+3\sqrt{3} \end{bmatrix} \begin{bmatrix} F_{2x} \\ F_{2y} \end{bmatrix}$$

$$= \begin{bmatrix} -\frac{\sqrt{3}}{3} & 0 \\ 0 & 0 \\ -\frac{3}{8} & \frac{\sqrt{3}}{8} \\ \frac{\sqrt{3}}{8} & -\frac{1}{8} \end{bmatrix} \begin{bmatrix} \sqrt{3} & 3 \\ 3 & 8+3\sqrt{3} \end{bmatrix} \begin{bmatrix} F_{2x} \\ F_{2y} \end{bmatrix} = \begin{bmatrix} -1 & -\sqrt{3} \\ 0 & 0 \\ 0 & \sqrt{3} \\ 0 & -1 \end{bmatrix} \begin{bmatrix} F_{2x} \\ F_{2y} \end{bmatrix} = \begin{bmatrix} -F_{2x}-\sqrt{3}F_{2y} \\ 0 \\ \sqrt{3}F_{2y} \\ -F_{2y} \end{bmatrix}$$

(5)回代求解。

将各个节点的位移变形 u_1、v_1、u_2、v_2、u_3、v_3 代入，可求得整体坐标系下的未知受力，根据整体坐标系下的方程，可求得各杆的受力 p_1、p_2、p_3：

$$p_1 = \frac{AE}{\sqrt{3}L}\begin{bmatrix} 1 & 0 \end{bmatrix}\begin{bmatrix} u_2-u_1 \\ v_2-v_1 \end{bmatrix} = \frac{AE}{\sqrt{3}L}\begin{bmatrix} 1 & 0 \end{bmatrix}\frac{L}{EA}\begin{bmatrix} \sqrt{3} & 3 \\ 3 & 8+3\sqrt{3} \end{bmatrix}\begin{bmatrix} F_{2x} \\ F_{2y} \end{bmatrix} = F_{2x}+\sqrt{3}F_{2y}$$

$$p_2 = \frac{AE}{L}\begin{bmatrix} 0 & 1 \end{bmatrix}\begin{bmatrix} u_3-u_1 \\ v_3-v_1 \end{bmatrix} = 0$$

$$p_3 = \frac{AE}{2L}\begin{bmatrix} -\frac{\sqrt{3}}{2} & \frac{1}{2} \end{bmatrix}\begin{bmatrix} u_3-u_2 \\ v_3-v_2 \end{bmatrix} = -\frac{AE}{2L}\begin{bmatrix} -\frac{\sqrt{3}}{2} & \frac{1}{2} \end{bmatrix}\frac{L}{EA}\begin{bmatrix} \sqrt{3} & 3 \\ 3 & 8+3\sqrt{3} \end{bmatrix}\begin{bmatrix} F_{2x} \\ F_{2y} \end{bmatrix} = -2F_{2y}$$

若 $F_{2x}=0$，$F_{2y}=10\ \text{kN}$，则 $p_1=10\sqrt{3}\ \text{kN}$，$p_2=0$，$p_3=-20\ \text{kN}$。

4.2　梁结构的有限元方法

当杆件能够承受垂直于其轴线的外力时，其轴线弯曲变形，弯曲变形的杆件为梁，可以承受径向荷载。

4.2.1　梁结构材料力学基本知识

对于厚度较薄或长厚比大于10～15的梁结构,其剪切变形所造成的横截面变形可忽略不计,对于这一类梁(Euler梁),受力矩 M 作用后其横截面仍然保持平面,仅相对转动一个角度,如图4-16所示。

若变形后中性层 O_1O_2 的曲率半径为 ρ,横截面上任一点沿法线方向到中性层距离为 y,若该段梁在轴向原长为 $\rho\mathrm{d}\theta$,变形后长度为 $(\rho+y)\mathrm{d}\theta$,则正应变为

$$\varepsilon=\frac{(\rho+y)\mathrm{d}\theta-\rho\mathrm{d}\theta}{\rho\mathrm{d}\theta}=\frac{y}{\rho} \tag{4-15}$$

由胡克定律 $\sigma=E\varepsilon$ 可得到中性轴距离为 y 的横截面上点的正应力为

$$\sigma=E\varepsilon=E\frac{y}{\rho} \tag{4-16}$$

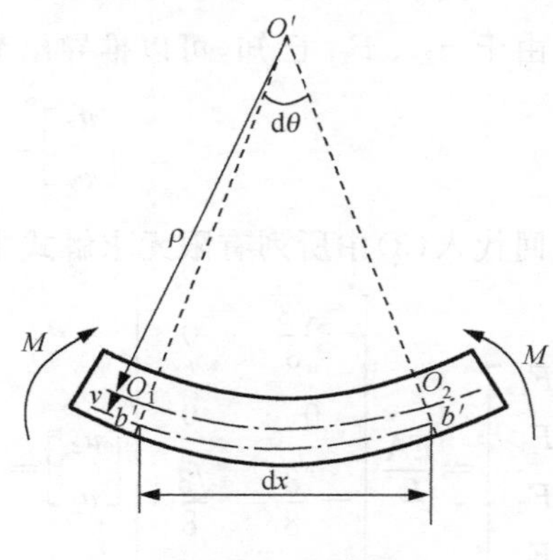

图4-16　梁变形

可见,中性层上各点的应变为0,正应力也为0。中性轴 z 过横截面的形心,由于 $\int_A y\sigma\mathrm{d}A=M$,所以 $\frac{E}{\rho}\int_A y^2\mathrm{d}A=M$,式中,$\int_A y^2\mathrm{d}A=I_z$,是横截面面积对中性轴 z 的惯性矩,有 $\frac{1}{\rho}=\frac{M}{EI_z}$,则 $\sigma=E\varepsilon=\frac{My}{I_z}$,其中 EI_z 为梁的弯曲刚度,表征梁抵抗弯曲变形的能力。

如图4-17所示的悬臂梁,在 B 端作用集中力 F。在 F 作用下,梁发生弯曲变形,垂直于轴线方向的位移表示为 $w(x)$,为该点的挠度,同时梁的横截面转动角度 $\theta(x)$,在变形小的情况下:

$$\theta(x)\approx\tan\theta(x)=\frac{\mathrm{d}w(x)}{\mathrm{d}x}=w'(x) \tag{4-17}$$

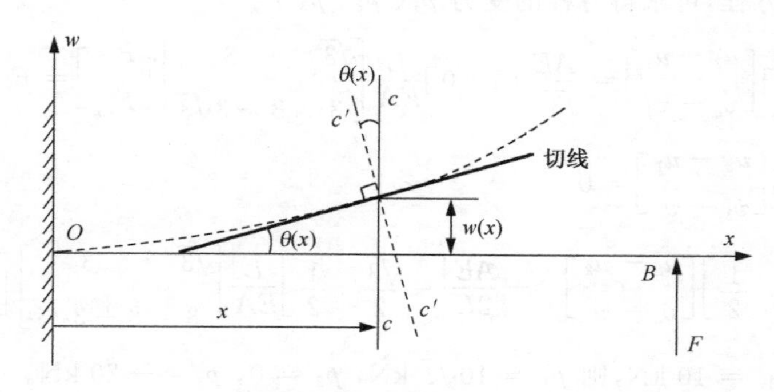

图4-17　悬臂梁受力变形

若该梁横截面转动角度与挠度之间关系满足式(4-17),则该梁称为Euler梁,一般情况下为细长梁,且受力为平行于横截面方向。

4.2.2　梁结构有限元分析

从前面有限元分析过程不难看出，单刚阵的推导在其中占有重要的位置。对于受力与位移具有明确的简单结构力学关系，直接可以获得单刚阵。对于没有明确关系的，则需要通过下列流程进行求解，本节针对梁结构，给出单刚阵的求解方法，采用位移函数——虚功原理推导梁有限元计算，一共分为五步进行。

(1)明确单元形式。

梁长 L，沿杆的初始位置建立局部坐标系 $\bar{x}O\bar{y}$，受弯矩 M_{z1}、M_{z2} 和力 F_{y1}、F_{y2} 作用，产生 $\bar{y}$ 向位移 w_1、w_2 以及 z 向转角 θ_{z1}、θ_{z2}，如图 4-18 所示。设梁为均质等截面直梁，弯曲刚度为 EI。

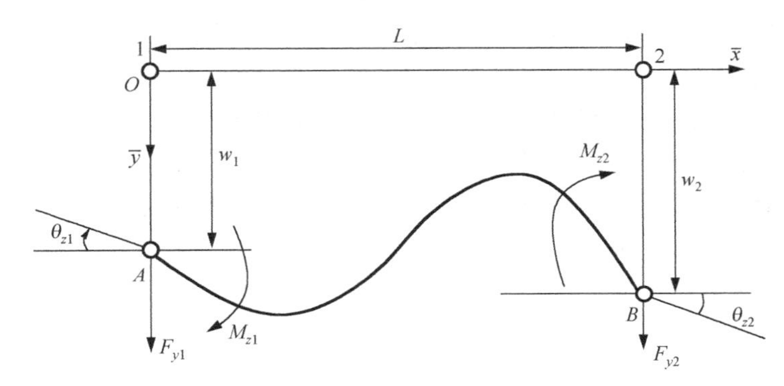

图 4-18　梁弯曲变形示意图

在局部坐标系 $\bar{x}O\bar{y}$ 下，节点 1 的位移向量和力向量为

$$\bar{\boldsymbol{\delta}}_1^{\mathrm{e}}=\begin{bmatrix}w_1\\\theta_{z1}\end{bmatrix},\quad \bar{\boldsymbol{F}}_1^{\mathrm{e}}=\begin{bmatrix}F_{y1}\\M_{z1}\end{bmatrix}$$

节点 2 的位移向量和力向量类似节点 1。梁 1-2 的节点位移和力为

$$\bar{\boldsymbol{\delta}}=\begin{bmatrix}\bar{\boldsymbol{\delta}}_1^{\mathrm{e}}\\\bar{\boldsymbol{\delta}}_2^{\mathrm{e}}\end{bmatrix}=\begin{bmatrix}w_1\\\theta_{z1}\\w_2\\\theta_{z2}\end{bmatrix},\quad \bar{\boldsymbol{F}}=\begin{bmatrix}\bar{\boldsymbol{F}}_1^{\mathrm{e}}\\\bar{\boldsymbol{F}}_2^{\mathrm{e}}\end{bmatrix}=\begin{bmatrix}F_{y1}\\M_{z1}\\F_{y2}\\M_{z2}\end{bmatrix}$$

(2)选择适当的位移函数。

由于不能确定梁上各点的位移是如何随载荷变化的，所以选择一个简单函数，用节点上位移表示单元上各点的位移，也称为位移函数。选择多项式表示位移函数 $\boldsymbol{\delta}=\{\delta(x,y)\}$，多项式的系数个数与单元自由度数目相同，节点每一个自由度应包含一个未知系数，以便各点的位移可以用节点处位移表示。函数的表达式应可以明确为梁上任意一点的函数表达。对于梁单元，节点处的位移函数包括位移及转角：

$$\boldsymbol{\delta}=\{\delta(x,y)\}=\begin{bmatrix}w\\\theta_z\end{bmatrix}\tag{4-18}$$

由于整个单元存在四个自由度 $(w_1,\theta_{z1},w_2,\theta_{z2})$，而且仅与 x 坐标有关，即

$$w=\alpha_1+\alpha_2x+\alpha_3x^2+\alpha_4x^3\tag{4-19}$$

该梁为 Euler 梁，满足公式(4-7)，存在

$$\theta_z = \frac{\mathrm{d}w}{\mathrm{d}x} = \alpha_2 + 2\alpha_3 x + 3\alpha_4 x^2 \tag{4-20}$$

因此，对于单元上任意一点位移 $\boldsymbol{\delta}^{\forall} = \{\delta(x,y)\}$ 均可表示为

$$\boldsymbol{\delta}^{\forall} = \{\delta(x,y)\} = \begin{bmatrix} w \\ \theta_z \end{bmatrix} = \begin{bmatrix} 1 & x & x^2 & x^3 \\ 0 & 1 & 2x & 3x^2 \end{bmatrix} \begin{bmatrix} \alpha_1 \\ \alpha_2 \\ \alpha_3 \\ \alpha_4 \end{bmatrix} = [f(x,y)]\boldsymbol{\alpha} \tag{4-21}$$

这是有限元构造中非常关键的一步，这一步需要注意的重点包括以下几点。

①相等性，在构造逼近函数时，未知数个数=单元自由度数目。

②完备性，构造函数中，必须反映刚体位移和常应变，因此必须包括常数项及一次项。

③完全性，构造函数为完全多项式，这是保证收敛的关键。

④协调性，这表现为单元交界处位移导数的连续。

梁单元的两个节点坐标是 $x=0$ 和 $x=L$，此时位移函数分别为

$x=0$ 时，$w=\alpha_1$，$\theta=\alpha_2$；

$x=L$ 时，$w=\alpha_1+\alpha_2 L+\alpha_3 L^2+\alpha_4 L^3$，$\theta=\alpha_2+2\alpha_3 L+3\alpha_4 L^2$。

此时梁单元的位移函数表示为

$$\begin{bmatrix} w_1 \\ \theta_{z1} \\ w_2 \\ \theta_{z2} \end{bmatrix} = \begin{bmatrix} 1 & 0 & 0 & 0 \\ 0 & 1 & 0 & 0 \\ 1 & L & L^2 & L^3 \\ 0 & 1 & 2L & 3L^2 \end{bmatrix} \begin{bmatrix} \alpha_1 \\ \alpha_2 \\ \alpha_3 \\ \alpha_4 \end{bmatrix} = \boldsymbol{A}\boldsymbol{\alpha} \tag{4-22}$$

因此，设定的参数满足

$$\boldsymbol{\alpha} = \begin{bmatrix} \alpha_1 \\ \alpha_2 \\ \alpha_3 \\ \alpha_4 \end{bmatrix} = \begin{bmatrix} 1 & 0 & 0 & 0 \\ 0 & 1 & 0 & 0 \\ -\dfrac{3}{L^2} & -\dfrac{2}{L} & \dfrac{3}{L^2} & -\dfrac{1}{L} \\ \dfrac{2}{L^3} & \dfrac{1}{L^2} & -\dfrac{2}{L^3} & \dfrac{1}{L^2} \end{bmatrix} \begin{bmatrix} w_1 \\ \theta_{z1} \\ w_2 \\ \theta_{z2} \end{bmatrix} = \boldsymbol{A}^{-1}\boldsymbol{\delta}^{\mathrm{e}} \tag{4-23}$$

梁上任意一点位移为 $\boldsymbol{\delta}^{\forall} = [f(x,y)]\boldsymbol{\alpha}$，因此可以用节点位移 $\boldsymbol{\delta}^{\mathrm{e}}$ 表示为

$$\boldsymbol{\delta}^{\forall} = [f(x,y)]\boldsymbol{\alpha} = [f(x,y)]\boldsymbol{A}^{-1}\boldsymbol{\delta}^{\mathrm{e}} = \boldsymbol{N}\boldsymbol{\delta}^{\mathrm{e}} \tag{4-24}$$

式中，$\boldsymbol{N}$ 是形函数矩阵，将单元上的任意点位移与节点位移联系起来。

(3)明确几何关系，即单元应变-节点位移之间关系。

通过材料力学可知，单元内任意一点的应变 $\boldsymbol{\varepsilon} = \{\varepsilon(x,y)\}$ 可以通过该点的位移 $\boldsymbol{\delta}^{\forall}$ 微分得到。梁单元满足以下关系式：

$$\{\varepsilon(x,y)\} = -y\frac{\mathrm{d}^2 w}{\mathrm{d}x^2} = (-2\alpha_3 - 6\alpha_4 x)y$$

即

$$\{\varepsilon(x,y)\} = y[0 \quad 0 \quad -2 \quad -6x]\begin{bmatrix}\alpha_1\\ \alpha_2\\ \alpha_3\\ \alpha_4\end{bmatrix} = \boldsymbol{C\alpha}$$

根据 $\boldsymbol{\alpha} = \boldsymbol{A}^{-1}\boldsymbol{\delta}^{\mathrm{e}}$，进一步推导出：

$$\{\varepsilon(x,y)\} = y[0 \quad 0 \quad -2 \quad -6x]\begin{bmatrix}\alpha_1\\ \alpha_2\\ \alpha_3\\ \alpha_4\end{bmatrix}$$

$$= y[0 \quad 0 \quad -2 \quad -6x]\begin{bmatrix}1 & 0 & 0 & 0\\ 0 & 1 & 0 & 0\\ -\dfrac{3}{L^2} & -\dfrac{2}{L} & \dfrac{3}{L} & -\dfrac{1}{L}\\ \dfrac{2}{L^3} & \dfrac{1}{L^2} & -\dfrac{2}{L^3} & \dfrac{1}{L^2}\end{bmatrix}\begin{bmatrix}w_1\\ \theta_{z1}\\ w_2\\ \theta_{z2}\end{bmatrix}$$

$$= y\left[\frac{6}{L^2}-\frac{12x}{L^3} \quad \frac{4}{L}-\frac{6x}{L^2} \quad -\frac{6}{L}+\frac{12x}{L^3} \quad \frac{2}{L}-\frac{6x}{L^2}\right]\begin{bmatrix}w_1\\ \theta_{z1}\\ w_2\\ \theta_{z2}\end{bmatrix} = \boldsymbol{B\delta}^{\mathrm{e}} \tag{4-25}$$

式中，$\boldsymbol{B}$ 为几何矩阵，也称为应变矩阵，将单元应变与节点位移联系起来。

(4)明确物理关系，即求应力-应变-节点位移之间关系。

应力与应变之间关系为 $\{\sigma(x,y)\} = \boldsymbol{D}\{\varepsilon(x,y)\}$，其中，$\boldsymbol{D}$ 为弹性矩阵。由于存在 $\{\varepsilon(x,y)\} = \boldsymbol{B\delta}^{\mathrm{e}}$，则 $\{\sigma(x,y)\} = \boldsymbol{D}\{\varepsilon(x,y)\} = \boldsymbol{DB\delta}^{\mathrm{e}} = \boldsymbol{S\delta}^{\mathrm{e}}$，其中，$\boldsymbol{S}$ 是应力矩阵，将单元应力与节点位移联系起来：

$$\{\sigma(x,y)\} = \boldsymbol{D}\{\varepsilon(x,y)^{\mathrm{e}}\} = EI\left[\frac{6}{L^2}-\frac{12x}{L^3} \quad \frac{4}{L}-\frac{6x}{L^2} \quad -\frac{6}{L}+\frac{12x}{L^3} \quad \frac{2}{L}-\frac{6x}{L^2}\right]\begin{bmatrix}w_1\\ \theta_{z1}\\ w_2\\ \theta_{z2}\end{bmatrix}$$

$$= \boldsymbol{DB\delta}^{\mathrm{e}} = \boldsymbol{S\delta}^{\mathrm{e}} \tag{4-26}$$

(5)明确力与位移之间关系，即节点力-节点位移关系。

虚功原理可用于求节点力与节点位移之间的关系。虚功原理简单来说就是系统保持平衡的充要条件是外力在虚位移上所做的功等于内力在相应虚位移上所做的功。系统中各节点虚位移向量 $\boldsymbol{\delta}^{\mathrm{e}*} = [\boldsymbol{\delta}_1^{\mathrm{e}*}\ \boldsymbol{\delta}_2^{\mathrm{e}*} \cdots \boldsymbol{\delta}_n^{\mathrm{e}*}]^{\mathrm{T}}$，节点外力在虚位移上所做的功为

$$W_{\mathrm{ext}} = (\boldsymbol{\delta}_1^{\mathrm{e}*})^{\mathrm{T}}\boldsymbol{F}_1^{\mathrm{e}} + (\boldsymbol{\delta}_2^{\mathrm{e}*})^{\mathrm{T}}\boldsymbol{F}_2^{\mathrm{e}} + \cdots + (\boldsymbol{\delta}_n^{\mathrm{e}*})^{\mathrm{T}}\boldsymbol{F}_n^{\mathrm{e}} = (\boldsymbol{\delta}^{\mathrm{e}*})^{\mathrm{T}}\boldsymbol{F}^{\mathrm{e}} \tag{4-27}$$

虚位移引起的虚应变为 $\varepsilon^*(x,y)$，应力为 $\sigma(x,y)$，内应力所做的功(单元体积上的应变能力)为 $W_{\mathrm{int}} = [\varepsilon^*(x,y)]^{\mathrm{T}}\sigma(x,y)$，由于 $\varepsilon(x,y) = \boldsymbol{B\delta}^{\mathrm{e}}$，同理 $\varepsilon^*(x,y) = \boldsymbol{B\delta}^{\mathrm{e}*}$，此时内应力 $\sigma(x,y) = \boldsymbol{D}\varepsilon(x,y) = \boldsymbol{DB\delta}^{\mathrm{e}}$。按照虚功原理，在整个体积上内应力功应与外力在虚位移上所做的功相等，即

$$W_{\text{ext}}=(\boldsymbol{\delta}^{e*})^{T}\boldsymbol{F}^{e}=\int_{v}W_{\text{int}}\mathrm{d}v=\int_{v}[\varepsilon^{*}(x,y)]^{T}\sigma(x,y)\mathrm{d}v$$
$$=\int_{v}[\boldsymbol{B}\boldsymbol{\delta}^{e*}]^{T}\boldsymbol{D}\boldsymbol{B}\boldsymbol{\delta}^{e}\mathrm{d}v=\int_{v}(\boldsymbol{\delta}^{e*})^{T}\boldsymbol{B}^{T}\boldsymbol{D}\boldsymbol{B}\boldsymbol{\delta}^{e}\mathrm{d}v \tag{4-28}$$

$$\boldsymbol{F}^{e}=\int_{v}\boldsymbol{B}^{T}\boldsymbol{D}\boldsymbol{B}\boldsymbol{\delta}^{e}\mathrm{d}v=\boldsymbol{K}^{e}\boldsymbol{\delta}^{e} \tag{4-29}$$

式中

$$\boldsymbol{K}^{e}=\int_{v}\boldsymbol{B}^{T}\boldsymbol{D}\boldsymbol{B}\mathrm{d}v \tag{4-30}$$

$\boldsymbol{K}^{e}$ 是单元刚度矩阵的表达式，这一结果是虚功原理得到的一般表达式，可以适用到其他单元形式。

上述的五步有限元求解过程，将位移、应变、应力、节点力均联系起来了，各个部分的推导联系过程如图 4-19 所示。

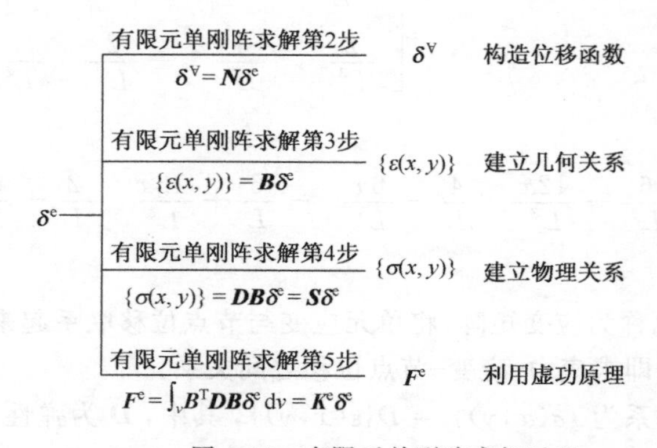

图 4-19　有限元单刚阵求解过程

通过图 4-19 可知，有限元计算可以得到单元中任意一点的力、位移、应力，材料力学、理论力学、结构力学通过有限元有机地结合在一起，成为一个有机的整体，这是机械数字化的重要特征之一。

在实际中，梁可能按照任意方向存在，因此需要推导在整体坐标系下梁的刚度阵。由于梁中位移 w 及力 F 可分解在 u、v 两个方向，力矩 M 与转角 θ 与坐标旋转无关，所以局部到整体的变换矩阵可以表示为

$$\boldsymbol{T}=\begin{bmatrix}\cos\alpha & \sin\alpha & 0 & 0 & 0 & 0\\ -\sin\alpha & \cos\alpha & 0 & 0 & 0 & 0\\ 0 & 0 & 1 & 0 & 0 & 0\\ 0 & 0 & 0 & \cos\alpha & \sin\alpha & 0\\ 0 & 0 & 0 & -\sin\alpha & \cos\alpha & 0\\ 0 & 0 & 0 & 0 & 0 & 1\end{bmatrix} \tag{4-31}$$

此时，局部坐标系下刚度阵为

$$\bar{\boldsymbol{K}}^{e}=\frac{EI}{L^{3}}\begin{bmatrix}\frac{A}{I}L^{2} & 0 & 0 & -\frac{A}{I}L^{2} & 0 & 0\\ 0 & 12 & 6L & 0 & -12 & 6L\\ 0 & 6L & 4L^{2} & 0 & -6L & 2L^{2}\\ -\frac{A}{I}L^{2} & 0 & 0 & \frac{A}{I}L^{2} & 0 & 0\\ 0 & -12 & -6L & 0 & 12 & -6L\\ 0 & 6L & 2L^{2} & 0 & -6L & 4L^{2}\end{bmatrix} \tag{4-32}$$

单元刚度矩阵在整体坐标系下为

$$\boldsymbol{K}^{e}=[\boldsymbol{T}^{e}]^{\mathrm{T}}\,\bar{\boldsymbol{K}}^{e}\boldsymbol{T}^{e} \tag{4-33}$$

在知道整体坐标系下单元刚度矩阵后，可按照节点叠加方法得到整体刚度阵，引入边界条件，求解 $\boldsymbol{F}=\boldsymbol{K\delta}$，即可得到系统各节点位移 u、v 及转角 θ，从而求出每根梁所受力和力矩。

需要注意的是，推导过程中用到了 $\theta_z=\mathrm{d}w/\mathrm{d}x$，这是 Euler 细长梁，在材料力学中一般仅考虑梁的弯曲变形，忽略了梁在弯曲过程中产生的剪切力。在实际工程中，常常会遇到需要考虑横向剪切变形的 Timoshenko 梁，此时梁内的横向剪切力所产生的剪切变形将引起梁的附加挠度，并使原来垂直于中面的截面变形后不再和中面垂直，且发生翘曲。在 Timshenko 梁理论中，仍假设原来垂直于中面的截面变形后仍保持为平面，但截面和中面不再垂直。Timoshenko 梁单元物理空间中单元边界节点和内部节点都包括横向位移和转角自由度。Timoshenko 梁中 $\theta_z\neq\mathrm{d}w/\mathrm{d}x$，这里不能忽略剪切力的作用。因此，在选择合适的位移函数时，应设 $w=\alpha_1+\alpha_2 x$，$\theta=\alpha_3+\alpha_4 x$，其余的有限元步骤相同。考虑剪切变形的 Timoshenko 梁单元的势能表达式：

$$\Pi_p=\int_a^b\frac{EI}{2}\left(-\frac{\mathrm{d}\theta}{\mathrm{d}x}\right)^2\mathrm{d}x+\int_a^b\frac{GA}{2k}\left(\frac{\mathrm{d}w}{\mathrm{d}x}-\theta\right)^2\mathrm{d}x-\int_a^b q(x)w\mathrm{d}x-\sum_j P_j w(x_j)+\sum_k M_k\theta(x_k) \tag{4-34}$$

式中，EI 为抗弯刚度；G 为剪切模量；A 为截面面积；$q(x)$ 为分布载荷；P_j 为集中载荷；M_k 为集中弯矩；x_j 为集中载荷在单元求解域上作用点位置坐标；x_k 为集中弯矩在单元求解域上作用点位置坐标。需要注意的是剪切模量 G 与弹性模量 E，泊松系数 μ 存在如下的关系：$G=\dfrac{E}{2(1+\mu)}$。k 为剪切校正因子，在已有的研究工作中，校正因子有不同的修正方法。一般认为截面和中面相交处的剪切应变 γ 应取中面处的实际剪切应变（也就是截面上的最大剪应变）。据此，对矩形截面，$k=3/2$。对圆形截面，$k=4/3$。而能量等效的校正理论认为应该按 $U=\dfrac{1}{2k}GA\gamma^2$ 计算出的应变能等于实际剪应力及剪应力分布计算出的应变能。据此，对于矩形截面，$k=6/5$。对于圆形截面，$k=10/9$。当然还有其他的校正方法，在有限元分析中，采用较多的是能量等效的校正方法。推导 Timoshenko 梁的刚度矩阵使用变分原理更为简便，在式(4-34)中，令 $\delta\Pi_p=0$（即势能函数对自变量 w、θ 分别取偏导数为零，表示了一种在系统所有可能的能量状态下的极值状态，即稳定状态或真实状态），利用线性插值函数 $\boldsymbol{N}=\left[\frac{1}{2}(1-\xi)\ \frac{1}{2}(1+\xi)\right]$，插值代入式(4-34)，得 Timoshenko 梁单元刚度矩阵：

$$\bar{\boldsymbol{K}}_{\mathrm{T}}^{e}=\int_a^b\frac{EI}{2}\left(\frac{\mathrm{d}\boldsymbol{N}}{\mathrm{d}\xi}\right)^{\mathrm{T}}\left(\frac{\mathrm{d}\boldsymbol{N}}{\mathrm{d}\xi}\right)\mathrm{d}\xi+\int_a^b\frac{GA}{2k}\left(\frac{\mathrm{d}\boldsymbol{N}}{\mathrm{d}\xi}-\boldsymbol{N}\right)^{\mathrm{T}}\left(\frac{\mathrm{d}\boldsymbol{N}}{\mathrm{d}\xi}-\boldsymbol{N}\right)\mathrm{d}\xi \tag{4-35}$$

积分得

$$\bar{\boldsymbol{K}}_{\mathrm{T}}^{e}=\frac{EI}{l}\begin{bmatrix}0&0&0&0\\0&1&0&-1\\0&0&0&0\\0&-1&0&1\end{bmatrix}+\frac{GA}{kl}\begin{bmatrix}1&l/2&-1&l/2\\l/2&l^2/3&-l/2&l^2/6\\-1&-l/2&1&-l/2\\l/2&l^2/6&-l/2&l^2/3\end{bmatrix}\tag{4-36}$$

其他部分与 Euler 梁类似，不再赘述。

【例 4-3】 如图 4-20 所示的平面结构，梁的横截面积为 $6.8\times10^{-4}\,\mathrm{m}^2$，弹性模量为 $3\times10^{11}\,\mathrm{Pa}$，转动惯量 $6.5\times10^{-7}\,\mathrm{m}^4$，泊松比为 0.25。该结构的上部作用 500N 的横向载荷和 500N·m 的力矩，分别用两种梁单元计算变形。

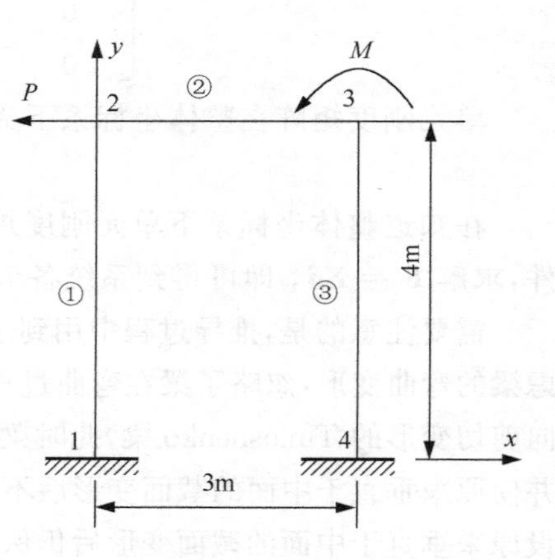

图 4-20　例 4-3 图

解：按照有限元五步骤进行计算。

(1) 单元选择及单刚阵确定。

该结构由 3 根梁构成，因此建立整体坐标系如图 4-20 所示。由于系统存在 4 个节点，每个节点有 3 个自由度 u、v、θ_z，则系统载荷和位移向量各包含 12 项：

$$\boldsymbol{F}=\begin{bmatrix}F_{x1}\\F_{y1}\\M_{z1}\\\vdots\\F_{x4}\\F_{y4}\\M_{z4}\end{bmatrix},\quad \boldsymbol{\delta}=\begin{bmatrix}u_1\\v_1\\\theta_{z\,1}\\\vdots\\u_4\\v_4\\\theta_{z4}\end{bmatrix}$$

当选择梁结构为 Euler 梁时

$$\bar{\boldsymbol{K}}_{\mathrm{E}}^{e}=\frac{EI}{L^3}\begin{bmatrix}\frac{A}{I}L^2&0&0&-\frac{A}{I}L^2&0&0\\0&12&6L&0&-12&6L\\0&6L&4L^2&0&-6L&2L^2\\-\frac{A}{I}L^2&0&0&\frac{A}{I}L^2&0&0\\0&-12&-6L&0&12&-6L\\0&6L&2L^2&0&-6L&4L^2\end{bmatrix}$$

将 $A=6.8\times10^{-4}$，$E=3\times10^{11}$，$I=6.5\times10^{-7}$，$L=4$ 代入 $\bar{\boldsymbol{K}}_{\mathrm{E}}^{e}$ 中，单元①、③在局部坐标系下的单刚阵为

$$\bar{\boldsymbol{K}}_{\mathrm{E}}^{e}=10^6\times\begin{bmatrix}51&0&0&-51&0&0\\0&0.036&0.073&0&-0.036&0.073\\0&0.073&0.195&0&-0.073&0.0975\\-51&0&0&51&0&0\\0&-0.036&-0.073&0&0.036&-0.073\\0&0.073&0.0975&0&-0.073&0.195\end{bmatrix}$$

将 $A=6.8\times10^{-4}$，$E=3\times10^{11}$，$I=6.5\times10^{-7}$，$L=3$ 代入 $\boldsymbol{K}_{\mathrm{E}}^{\mathrm{e}}$ 中，单元②的单刚阵为

$$\overline{\boldsymbol{K}}_{\mathrm{E}}^{\mathrm{e}}=10^{6}\times\begin{bmatrix}68 & 0 & 0 & -68 & 0 & 0\\ 0 & 0.086 & 0.13 & 0 & -0.086 & 0.13\\ 0 & 0.13 & 0.26 & 0 & -0.13 & 0.13\\ -68 & 0 & 0 & 68 & 0 & 0\\ 0 & -0.086 & -0.13 & 0 & 0.086 & -0.13\\ 0 & 0.13 & 0.13 & 0 & -0.13 & 0.26\end{bmatrix}$$

(2)总刚阵的合成。

由于共存在 12 项系统载荷及位移向量，所以总刚阵为 12×12，它是由各个单刚阵进行合成得到的

$$\boldsymbol{K}=\boldsymbol{T}_1^{\mathrm{T}}\ \overline{\boldsymbol{K}}_1^{\mathrm{e}}\boldsymbol{T}_1+\boldsymbol{T}_2^{\mathrm{T}}\ \overline{\boldsymbol{K}}_2^{\mathrm{e}}\boldsymbol{T}_2+\boldsymbol{T}_3^{\mathrm{T}}\ \overline{\boldsymbol{K}}_3^{\mathrm{e}}\boldsymbol{T}_3$$

式中，$\boldsymbol{K}^{\mathrm{e}}$ 与选择梁结构有关；$\boldsymbol{T}_1$、$\boldsymbol{T}_2$、$\boldsymbol{T}_3$ 与梁单元在整体坐标系下和 x 方向所夹角度有关。单元①与 x 方向所夹角度为 90°，单元②所夹角度为 0，单元③与 x 方向所夹角度为 −90°，将其代入式(4-31)可得

$$\boldsymbol{T}_1=\begin{bmatrix}0 & 1 & 0 & 0 & 0 & 0\\ -1 & 0 & 0 & 0 & 0 & 0\\ 0 & 0 & 1 & 0 & 0 & 0\\ 0 & 0 & 0 & 0 & 1 & 0\\ 0 & 0 & 0 & -1 & 0 & 0\\ 0 & 0 & 0 & 0 & 0 & 1\end{bmatrix},\quad \boldsymbol{T}_2=\boldsymbol{I},\quad \boldsymbol{T}_3=\begin{bmatrix}0 & -1 & 0 & 0 & 0 & 0\\ 1 & 0 & 0 & 0 & 0 & 0\\ 0 & 0 & 1 & 0 & 0 & 0\\ 0 & 0 & 0 & 0 & -1 & 0\\ 0 & 0 & 0 & 1 & 0 & 0\\ 0 & 0 & 0 & 0 & 0 & 1\end{bmatrix}$$

将(1)中各杆的单刚阵分别与对应的变换矩阵按照 $\boldsymbol{T}_i^{\mathrm{T}}\ \boldsymbol{K}_i^{\mathrm{e}}\boldsymbol{T}_i$ 相乘后叠加，即可求得总刚阵为

$$\boldsymbol{K}=10^{5}\times\begin{bmatrix}0.36 & 0 & -0.73 & -0.365 & 0 & -0.73 & 0 & 0 & 0 & 0 & 0 & 0\\ 0 & 510 & 0 & 0 & -510 & 0 & 0 & 0 & 0 & 0 & 0 & 0\\ -0.73 & 0 & 1.95 & 0.73 & 0 & 0.975 & 0 & 0 & 0 & 0 & 0 & 0\\ -0.365 & 0 & 0.73 & 680.36 & 0 & 0.73 & -680 & 0 & 0 & 0 & 0 & 0\\ 0 & -510 & 0 & 0 & 510.87 & 1.3 & 0 & -0.87 & 1.3 & 0 & 0 & 0\\ -0.73 & 0 & 0.975 & 0.73 & 1.3 & 4.55 & 0 & -1.3 & 1.3 & 0 & 0 & 0\\ 0 & 0 & 0 & -680 & 0 & 0 & 680.36 & 0 & 0.73 & -0.36 & 0 & 0.73\\ 0 & 0 & 0 & 0 & -0.87 & -1.3 & 0 & 510.87 & -1.3 & 0 & -510 & 0\\ 0 & 0 & 0 & 0 & 1.3 & 1.3 & 0.73 & -1.3 & 4.55 & -0.73 & 0 & 0.975\\ 0 & 0 & 0 & 0 & 0 & 0 & -0.36 & 0 & -0.73 & 0.36 & 0 & -0.73\\ 0 & 0 & 0 & 0 & 0 & 0 & 0 & -510 & 0 & 0 & 510 & 0\\ 0 & 0 & 0 & 0 & 0 & 0 & 0.73 & 0 & 0.975 & -0.73 & 0 & 1.95\end{bmatrix}$$

(3)边界条件引入。

对图 4-20 进行分析：在节点 1 处，$u=0$，$v=0$，$\theta=0$；在节点 2 处，$F_x=P=-500\mathrm{N}$；在节点 3 处，$M=500\mathrm{N}\cdot\mathrm{m}$；在节点 4 处，$u=0$，$v=0$，$\theta=0$；从而引入有限元求解的边界条件。

(4)方程求解。

引入系统的边界条件后，可以发现对于已知节点位移的列与相应的节点位移相乘得到该节点变形力后，用划线法即可得到

$$10^5 \times \begin{bmatrix} 680.36 & 0 & 0.73 & -680 & 0 & 0 \\ 0 & 510.87 & 1.3 & 0 & -0.87 & 1.3 \\ 0.73 & 1.3 & 4.55 & 0 & -1.3 & 1.3 \\ -680 & 0 & 0 & 680.36 & 0 & 0.73 \\ 0 & -0.87 & -1.3 & 0 & 510.87 & -1.3 \\ 0 & 1.3 & 1.3 & 0.73 & -1.3 & 4.55 \end{bmatrix} \begin{bmatrix} u_2 \\ v_2 \\ \theta_{z2} \\ u_3 \\ v_3 \\ \theta_{z3} \end{bmatrix} = \begin{bmatrix} -500 \\ 0 \\ 0 \\ 0 \\ 0 \\ 500 \end{bmatrix}$$

$$\begin{bmatrix} u_2 \\ v_2 \\ \theta_{z2} \\ u_3 \\ v_3 \\ \theta_{z3} \end{bmatrix} = \begin{bmatrix} -0.0103 \\ -8.7113 \times 10^{-6} \\ 9.4565 \times 10^{-4} \\ -0.0103 \\ 8.7113 \times 10^{-6} \\ 0.025 \end{bmatrix}$$

(5)反代求解。

将求得节点位移反代入方程，可以得到各个节点受力如下。

节点 1：$F_{1x} = 306.28\text{N}, F_{1y} = 444.27\text{N}, M_1 = -658.66\text{N} \cdot \text{m}$；

节点 2：$F_{2x} = -500\text{N}, F_{2y} = 0\text{N}, M_2 = 0\text{N} \cdot \text{m}$；

节点 3：$F_{3x} = 0\text{N}, F_{3y} = 0\text{N}, M_3 = 500\text{N} \cdot \text{m}$；

节点 4：$F_{4x} = 193.72\text{N}, F_{4y} = -444\text{N}, M_4 = -508.5\text{N} \cdot \text{m}$。

这是采用 Euler 梁进行的求解，忽略了剪切变形的影响，若考虑剪切变形的影响即为 Timoshenko 梁，以下为采用 Timoshenko 梁模型进行求解的结果。

(1)单刚阵的求解。

$$\bar{\boldsymbol{K}}_{\mathrm{T}}^{\mathrm{e}} = \frac{EI}{L} \begin{bmatrix} 0 & 0 & 0 & 0 \\ 0 & 1 & 0 & -1 \\ 0 & 0 & 0 & 0 \\ 0 & -1 & 0 & 1 \end{bmatrix} + \frac{GA}{kL} \begin{bmatrix} 1 & L/2 & -1 & L/2 \\ L/2 & L^2/3 & -L/2 & L^2/6 \\ -1 & -L/2 & 1 & -L/2 \\ L/2 & L^2/6 & -L/2 & L^2/3 \end{bmatrix}$$

若该梁横截面为矩形，即选取 $k = 6/5$。将 $A = 6.8 \times 10^{-4}, E = 3 \times 10^{11}, I = 6.5 \times 10^{-7}$，$\mu = 0.25$ 代入上式，其中 $G = \dfrac{E}{2(1+\mu)}$；$L = 4$ 时为单元①、③的单刚阵，$L = 3$ 时为单元②的单刚阵：

$$\bar{\boldsymbol{K}}_{①}^{\mathrm{e}} = \bar{\boldsymbol{K}}_{③}^{\mathrm{e}} = 10^6 \times \begin{bmatrix} 51 & 0 & 0 & -51 & 0 & 0 \\ 0 & 17 & 34 & 0 & -17 & 34 \\ 0 & 34 & 68.05 & 0 & -34 & 67.95 \\ -51 & 0 & 0 & 51 & 0 & 0 \\ 0 & -17 & -34 & 0 & 17 & 34 \\ 0 & 34 & 67.95 & 0 & -34 & 68.05 \end{bmatrix}$$

$$\bar{\boldsymbol{K}}_{②}^{e}=10^{6}\times\begin{bmatrix}68 & 0 & 0 & -68 & 0 & 0\\ 0 & 22.67 & 34 & 0 & -23 & 34\\ 0 & 34 & 51.06 & 0 & -34 & 50.93\\ -68 & 0 & 0 & 68 & 0 & 0\\ 0 & -23 & -34 & 0 & 22.67 & -34\\ 0 & 34 & 50.93 & 0 & -34 & 51.06\end{bmatrix}$$

(2)总刚阵的合成。

梁在整体坐标系与局部坐标系下的变换矩阵 $\boldsymbol{T}$ 不随梁的性质变化而变化，且整体矩阵仍然满足 $\boldsymbol{K}=\boldsymbol{T}_1^{\mathrm{T}}\ \bar{\boldsymbol{K}}_1^{e}\boldsymbol{T}_1+\boldsymbol{T}_2^{\mathrm{T}}\ \bar{\boldsymbol{K}}_2^{e}\boldsymbol{T}_2+\boldsymbol{T}_3^{\mathrm{T}}\ \bar{\boldsymbol{K}}_3^{e}\boldsymbol{T}_3$ 的关系，将按照 Timoshenko 梁所求的单刚阵代入即可得到

$$\boldsymbol{K}=10^{7}\times\begin{bmatrix}1.7 & 0 & -3.4 & -1.7 & 0 & -3.4 & 0 & 0 & 0 & 0 & 0 & 0\\ 0 & 5.1 & 0 & 0 & -5.1 & 0 & 0 & 0 & 0 & 0 & 0 & 0\\ -3.4 & 0 & 6.8 & 3.4 & 0 & 6.8 & 0 & 0 & 0 & 0 & 0 & 0\\ -1.7 & 0 & 3.4 & 8.5 & 0 & 3.4 & -6.8 & 0 & 0 & 0 & 0 & 0\\ 0 & -5.1 & 0 & 0 & 7.37 & 3.4 & 0 & -2.3 & 3.4 & 0 & 0 & 0\\ -3.4 & 0 & 6.8 & 3.4 & 3.4 & 11.9 & 0 & -3.4 & 5.09 & 0 & 0 & 0\\ 0 & 0 & 0 & -6.8 & 0 & 0 & 8.5 & 0 & 3.4 & -1.7 & 0 & 3.4\\ 0 & 0 & 0 & 0 & -2.3 & -3.4 & 0 & 7.37 & -3.4 & 0 & -5.1 & 0\\ 0 & 0 & 0 & 0 & 3.4 & 5.09 & 3.4 & -3.4 & 11.9 & -3.4 & 0 & 6.8\\ 0 & 0 & 0 & 0 & 0 & 0 & -1.7 & 0 & -3.4 & 1.7 & 0 & -3.4\\ 0 & 0 & 0 & 0 & 0 & 0 & 0 & -5.1 & 0 & 0 & 5.1 & 0\\ 0 & 0 & 0 & 0 & 0 & 0 & 3.4 & 0 & 6.8 & -3.4 & 0 & 6.8\end{bmatrix}$$

(3)边界条件引入。

边界条件仍然与 Euler 梁的边界条件一致。

(4)方程求解。

将边界条件引入，同样采用划线法求解，即可得到

$$10^{7}\times\begin{bmatrix}8.5 & 0 & 3.4 & -6.8 & 0 & 0\\ 0 & 7.37 & 3.4 & 0 & -2.3 & 3.4\\ 3.4 & 3.4 & 11.9 & 0 & -3.4 & 5.09\\ -6.8 & 0 & 0 & 8.5 & 0 & 3.4\\ 0 & -2.3 & -3.4 & 0 & 7.37 & -3.4\\ 0 & 3.4 & 5.09 & 3.4 & -3.4 & 11.9\end{bmatrix}\begin{bmatrix}u_2\\ v_2\\ \theta_{z2}\\ u_3\\ v_3\\ \theta_{z3}\end{bmatrix}=\begin{bmatrix}-500\\ 0\\ 0\\ 0\\ 0\\ 500\end{bmatrix}$$

此时，$\begin{bmatrix}u_2\\ v_2\\ \theta_{z2}\\ u_3\\ v_3\\ \theta_{z3}\end{bmatrix}=\begin{bmatrix}-4.34\times10^{-5}\\ -9.8\times10^{-6}\\ 1.07\times10^{-5}\\ -4.15\times10^{-5}\\ 9.8\times10^{-6}\\ 1.07\times10^{-5}\end{bmatrix}$。

(5)反代求解。

将求得的节点位移反代入方程,得到各个节点受力如下。

节点 1:$F_{1x}=374.7\text{N}$,$F_{1y}=499.55\text{N}$,$M_1=-749.9\text{N}\cdot\text{m}$;

节点 2:$F_{2x}=-500\text{N}$,$F_{2y}=0\text{N}$,$M_2=0\text{N}\cdot\text{m}$;

节点 3:$F_{3x}=0\text{N}$,$F_{3y}=0\text{N}$,$M_3=500\text{N}\cdot\text{m}$;

节点 4:$F_{4x}=125.29\text{N}$,$F_{4y}=-500\text{N}$,$M_4=-251.4\text{N}\cdot\text{m}$。

通过计算可以发现,梁的有限元计算结果与梁的单元选择有关,选择合适的梁对于计算精度有很大的影响,Euler 梁适合厚度较小的梁,Timoshenko 梁适合较厚的梁。

习　题

1. 试推导例 4-1 最后各杆受力的通用表达式。
2. 试根据梁的材料力学求解过程,直接推导梁受力与位移之间的关系,从而获得梁单元的刚度矩阵。
3. 试根据有限元单刚阵推导步骤推导短粗梁的单刚阵。

第5章　平面与三维实体有限元单元

5.1　弹性力学基础

平面与三维实体有限元单元均是在弹性力学基础上建立的单元，因此在介绍前需要回顾一些弹性力学的基本概念。

5.1.1　弹性力学基础知识

弹性力学中，材料性质需要满足以下基本假设[146]。

(1)物体具有连续性，即物体内的应力、应变、位移等物理量可以用坐标的连续函数表示。

(2)物体具有弹性，即当使物体产生变形的外力被除去以后，物体能够完全恢复原形，而不留任何残余变形。就是说，当温度不变时，物体在任一瞬时的形状完全决定于它在这一瞬时所受的外力，与它过去的受力情况无关。

(3)物体具有均匀性，即整个物体是由同一种材料组成的，物体的弹性常数(弹性模量和泊松系数)不随位置坐标而变。

(4)物体具有各向同性，即物体内每一点各个不同方向的物理性质和机械性质都是相同的。

(5)物体的变形具有微小性，即当物体受力以后，整个物体所有各点的位移都远小于物体的原有尺寸，在考虑物体变形以后的平衡状态时，可以用变形前的尺寸代替变形后的尺寸，而不致有显著的误差。且在考虑物体的变形时，应变和转角的平方项或乘积项都可以忽略不计，这就使得弹性力学中的微分方程都成为线性方程。

在弹性力学中，物体内的任意一点 P，割取一个微小的平行六边体，它的六面垂直于坐标轴，各边长度为 $PA=\mathrm{d}x, PB=\mathrm{d}y, PC=\mathrm{d}z$，如图 5-1 所示。每一个面上的应力分解为一个正应力($\boldsymbol{\sigma}$)和两个剪应力($\boldsymbol{\tau}$)，分别与三个坐标轴平行，其中，正应力 σ_x 是作用在垂直于 x 轴的面上同时也沿着 x 轴方向作用的。剪应力 τ_{xy} 是作用在垂直于 x 轴的面上而沿着 y 轴方向作用的。

力矩平衡方程：$2\tau_{yz}\mathrm{d}x\mathrm{d}z\dfrac{\mathrm{d}y}{2}-2\tau_{zy}\mathrm{d}x\mathrm{d}y\dfrac{\mathrm{d}z}{2}=0$，因此 $\tau_{yz}=\tau_{zy}$。通过其余两个类似方程可得 $\tau_{yz}=\tau_{zy}$，$\tau_{zx}=\tau_{xz}$，这就是剪应力的互等关系：作用在两个互相垂直的面上并且垂直该两面交线的剪应力，是互等的(大小相等，正负号也相同)，因此剪应力两个角码可以对调。如果 σ_x、σ_y、σ_z、τ_{xy}、τ_{yz}、τ_{zx} 这六个量在 P 点是已知的，就可以求得经过该点的任何面上的正应力和剪应力，因此，这六个量可以完全确定该点的应力状态，称为在该点的应力分量：

$$\boldsymbol{\sigma}=\begin{bmatrix}\sigma_x & \sigma_y & \sigma_z & \tau_{xy} & \tau_{yz} & \tau_{zx}\end{bmatrix}^{\mathrm{T}} \tag{5-1}$$

弹性体在受外力以后，将发生变形。物体的变形状态，一般采用各体素的变形描述。体素的变形可以分为两类：一类是长度的变化；一类是角度的变化。任一线素长度的变化与原有长

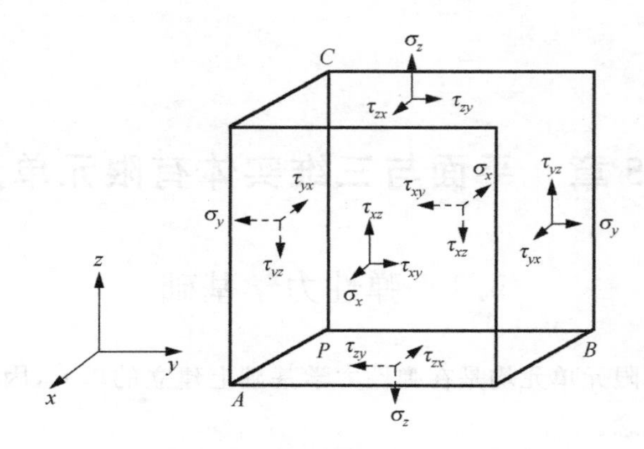

图 5-1　弹性体微元受力分析

度的比值称为线应变(或称正应变),用符号 ε 表示。沿坐标轴的线应变,则加上相应的角码,分别用 ε_x、ε_y、ε_z 表示。当线素伸长时,其线应变为正。反之,线素缩短时,其线应变为负。这与正应力的正负号规定相对应。任意两个原来彼此正交的线素,在变形后其夹角的变化值称为角应变或剪应变,用符号 γ 表示。两坐标轴之间的角应变,则加上相应的角码,分别用 γ_{xy}、γ_{yz}、γ_{zx} 表示。规定当夹角变小时为正,变大时为负,与剪应力的正负号规定相对应(正的 τ_{xy} 引起正的 γ_{xy})。

作用在六面体两对面上的应力分量不完全相同,而具有微小的差量。由于 x 坐标的改变,正应力 σ_x 可用泰勒级数表示为:$\sigma_x+\dfrac{\partial\sigma_x}{\partial x}\mathrm{d}x+\dfrac{1}{2!}\dfrac{\partial^2\sigma_x}{\partial x^2}\mathrm{d}x^2+\cdots$,略去二阶及更高阶的微量,可简化为 $\sigma_x+\dfrac{\partial\sigma_x}{\partial x}\mathrm{d}x$。同样剪应力 τ_{xy} 可表示为 $\tau_{xy}+\dfrac{\partial\tau_{xy}}{\partial x}\mathrm{d}x$,其余可等同。

由图 5-2 可知:四边形 $ABCD$,最终受力变形为 $A'B'C'D'$,$AB=\mathrm{d}x$,$AD=\mathrm{d}y$。线素 AB、AD 的变形为 ε_x、ε_y,分别用位移表示如下。

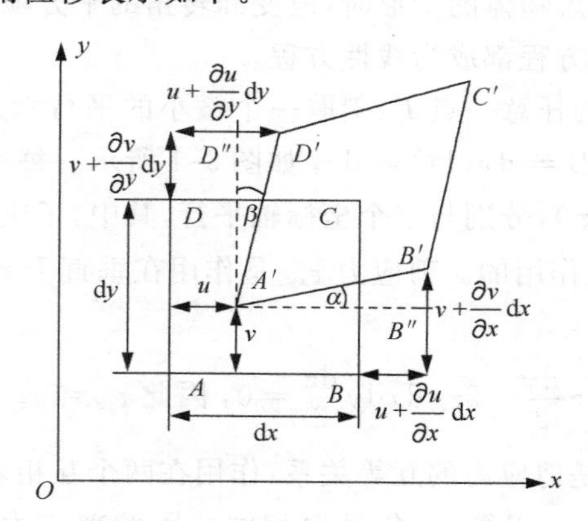

图 5-2　角变形与正变形的关系

A 点在 x 方向位移为 u,y 方向位移为 v。B 点在 x 方向变形为 $u+\Delta u=u+\dfrac{\partial u}{\partial x}\mathrm{d}x+\dfrac{1}{2!}\dfrac{\partial^2 u}{\partial x^2}\mathrm{d}x^2+\cdots$,略去二阶及更高微量可简化为 $u+\dfrac{\partial u}{\partial x}\mathrm{d}x$。

线素 AB 正应变为 $\varepsilon_x = \dfrac{\left(u+\dfrac{\partial u}{\partial x}\mathrm{d}x\right)-u}{\mathrm{d}x} = \dfrac{\partial u}{\partial x}$，同理，线素 AD 正应变为 $\varepsilon_y = \dfrac{\left(v+\dfrac{\partial v}{\partial y}\mathrm{d}y\right)-v}{\mathrm{d}y} = \dfrac{\partial v}{\partial y}$，$x$ 向线素 AB 的转角 $\alpha \approx \tan\alpha = \dfrac{B'B''}{A'B''} = \dfrac{\left(v+\dfrac{\partial v}{\partial x}\mathrm{d}x\right)-v}{\mathrm{d}x+\dfrac{\partial u}{\partial x}\mathrm{d}x} = \dfrac{\dfrac{\partial v}{\partial x}}{1+\dfrac{\partial u}{\partial x}}$，由于变形是微小的，所以上式可将比单位值小得多的 $\dfrac{\partial u}{\partial x}$ 略去，得 $\alpha = \dfrac{\partial v}{\partial x}$，同理，$y$ 向线素 AD 的转角 $\beta = \dfrac{\partial u}{\partial y}$，剪应变 $\gamma_{xy} = \alpha+\beta = \dfrac{\partial v}{\partial x}+\dfrac{\partial u}{\partial y}$，$\varepsilon_z = \dfrac{\partial w}{\partial z}$，$\gamma_{yz} = \dfrac{\partial v}{\partial z}+\dfrac{\partial w}{\partial y}$，$\gamma_{zx} = \dfrac{\partial w}{\partial x}+\dfrac{\partial u}{\partial z}$，联立得到几何方程，表明应变分量与位移分量之间的关系：

$$\begin{cases} \varepsilon_x = \dfrac{\partial u}{\partial x}, \quad \varepsilon_y = \dfrac{\partial v}{\partial y}, \quad \varepsilon_z = \dfrac{\partial w}{\partial z} \\ \gamma_{xy} = \dfrac{\partial u}{\partial y}+\dfrac{\partial v}{\partial x}, \quad \gamma_{yz} = \dfrac{\partial v}{\partial z}+\dfrac{\partial w}{\partial y}, \quad \gamma_{zx} = \dfrac{\partial w}{\partial x}+\dfrac{\partial u}{\partial z} \end{cases} \tag{5-2}$$

如果在弹性体内任一点的三个垂直方向的正应变及其相应的三个剪应变已知，则该点任意方向的正应变和任意二垂直线间的剪应变均可求出，当然也可求出它的最大和最小正应变。因此，这六个量可以完全确定该点的应变分量，它们就称为该点的应变分量。六个应变分量的总体，可以用一个列向量 ε 表示：

$$\varepsilon = [\varepsilon_x \quad \varepsilon_y \quad \varepsilon_z \quad \gamma_{xy} \quad \gamma_{yz} \quad \gamma_{zx}]^{\mathrm{T}} \tag{5-3}$$

5.1.2　弹性力学有限元分析

由胡克定律可知，当物体受到简单拉伸或简单压缩时，当沿 x 轴方向的两个对面受均匀分布的正应力时，在满足先前假定的材料性质条件下，正应力不会引起角度的任何改变，而其在 x 方向的单位伸长则可表以方程 $\varepsilon_x = \dfrac{\sigma_x}{E}$，$E$ 为弹性模量。弹性体在 x 方向的伸长还伴随有侧向收缩，即在 y 和 z 方向的单位缩短可表示为 $\varepsilon_y = -\mu\dfrac{\sigma_x}{E}$，$\varepsilon_z = -\mu\dfrac{\sigma_x}{E}$，$\mu$ 为泊松系数。在弹性极限之内，简单拉伸或简单压缩下的弹性模量和泊松系数相同。

通过实验得到，只需将 σ_x、σ_y、σ_z 三个应力中的每一应力所引起的应变分量叠加，就得到合成应变的分量：

$$\begin{cases} \varepsilon_x = \dfrac{1}{E}[\sigma_x - \mu(\sigma_y + \sigma_z)] \\ \varepsilon_y = \dfrac{1}{E}[\sigma_y - \mu(\sigma_x + \sigma_z)] \\ \varepsilon_z = \dfrac{1}{E}[\sigma_z - \mu(\sigma_x + \sigma_y)] \end{cases} \tag{5-4}$$

如果弹性体的各面有剪应力作用，如图 5-2 所示，任何两坐标轴的夹角改变仅与平行于这两轴的剪应力分量有关，即得到：$\gamma_{xy} = \dfrac{1}{G}\tau_{xy}$，$\gamma_{yz} = \dfrac{1}{G}\tau_{yz}$，$\gamma_{zx} = \dfrac{1}{G}\tau_{zx}$。

由于微小变形体的正应变与剪应变各自独立，由三个正应力分量与三个剪应力分量引起

的一般情形的应变，可用叠加法求得。这也称为弹性方程或物理方程，这种空间状态的应力应变关系称为广义胡克定律，即

$$\begin{cases}\varepsilon_x = \dfrac{1}{E}[\sigma_x - \mu(\sigma_y + \sigma_z)], \quad \varepsilon_y = \dfrac{1}{E}[\sigma_y - \mu(\sigma_x + \sigma_z)], \quad \varepsilon_z = \dfrac{1}{E}[\sigma_z - \mu(\sigma_x + \sigma_y)] \\ \gamma_{xy} = \dfrac{1}{G}\tau_{xy}, \ \gamma_{yz} = \dfrac{1}{G}\tau_{yz}, \quad \gamma_{zx} = \dfrac{1}{G}\tau_{zx}\end{cases}$$

因此可以得到

$$\begin{cases}\sigma_x = \dfrac{E(1-\mu)}{(1+\mu)(1-2\mu)}\left(\varepsilon_x + \dfrac{\mu}{1-\mu}\varepsilon_y + \dfrac{\mu}{1-\mu}\varepsilon_z\right), \quad \tau_{xy} = \dfrac{E}{2(1+\mu)}\gamma_{xy} \\ \sigma_y = \dfrac{E(1-\mu)}{(1+\mu)(1-2\mu)}\left(\dfrac{\mu}{1-\mu}\varepsilon_x + \varepsilon_y + \dfrac{\mu}{1-\mu}\varepsilon_z\right), \quad \tau_{yz} = \dfrac{E}{2(1+\mu)}\gamma_{yz} \\ \sigma_z = \dfrac{E(1-\mu)}{(1+\mu)(1-2\mu)}\left(\dfrac{\mu}{1-\mu}\varepsilon_x + \dfrac{\mu}{1-\mu}\varepsilon_y + \varepsilon_z\right), \quad \tau_{zx} = \dfrac{E}{2(1+\mu)}\gamma_{zx}\end{cases} \tag{5-5}$$

此时：

$$\begin{bmatrix}\sigma_x \\ \sigma_y \\ \sigma_z \\ \tau_{xy} \\ \tau_{yz} \\ \tau_{zx}\end{bmatrix} = \frac{E(1-\mu)}{(1+\mu)(1-2\mu)}\begin{bmatrix} 1 & \dfrac{\mu}{1-\mu} & \dfrac{\mu}{1-\mu} & 0 & 0 & 0 \\ \dfrac{\mu}{1-\mu} & 1 & \dfrac{\mu}{1-\mu} & 0 & 0 & 0 \\ \dfrac{\mu}{1-\mu} & \dfrac{\mu}{1-\mu} & 1 & 0 & 0 & 0 \\ 0 & 0 & 0 & \dfrac{1-2\mu}{2(1-\mu)} & 0 & 0 \\ 0 & 0 & 0 & 0 & \dfrac{1-2\mu}{2(1-\mu)} & 0 \\ 0 & 0 & 0 & 0 & 0 & \dfrac{1-2\mu}{2(1-\mu)}\end{bmatrix}\begin{bmatrix}\varepsilon_x \\ \varepsilon_y \\ \varepsilon_z \\ \gamma_{xy} \\ \gamma_{yz} \\ \gamma_{zx}\end{bmatrix} \tag{5-6}$$

即 $\boldsymbol{\sigma} = \boldsymbol{D}\boldsymbol{\varepsilon}$。其中，$\boldsymbol{D}$ 称为弹性矩阵，它完全决定于弹性常数 E 和 μ。

5.1.3 弹性力学中平面问题

在弹性力学中存在两类特殊的问题：平面应力问题和平面应变问题。

1. 平面应力问题

所谓平面应力问题，即当平面板中长、宽远大于厚度时，所受外力全部作用在 xOy 平面，且不随 z 变化，如图 5-3 所示。

薄板两表面上没有垂直于板面的外力，板面上各点均有 $(\sigma_z)_{z=\pm\frac{t}{2}} = 0$，$(\tau_{zx})_{z=\pm\frac{t}{2}} = 0$，$(\tau_{zy})_{z=\pm\frac{t}{2}} = 0$。由于板很薄，它在所有沿 z 方向的应力为零，即 $\sigma_z = 0$， $\tau_{zx} = \tau_{xz} = 0$， $\tau_{zy} = \tau_{yz} = 0$。由广义胡克定律可知，本问题可简化为平面问题，此时平面应力为正应力 σ_x、σ_y 及剪应力 τ_{xy}。对于各向同性的材料而言，产生应变为

$$\varepsilon_x = \frac{1}{E}[\sigma_x - \mu\sigma_y], \quad \varepsilon_y = \frac{1}{E}[\sigma_y - \mu\sigma_x], \quad \gamma_{xy} = \frac{1}{G}\tau_{xy} = \frac{2(1+\mu)\tau_{xy}}{E}$$

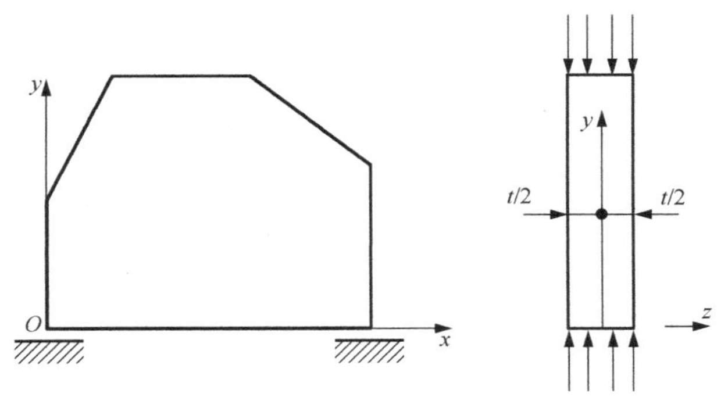

图 5-3　平面应力问题

对式中应力进行求解可以得到

$$\begin{cases}\sigma_x = \dfrac{E}{(1+\mu)(1-\mu)}[\varepsilon_x + \mu\varepsilon_y] \\ \sigma_y = \dfrac{E}{(1+\mu)(1-\mu)}[\varepsilon_y + \mu\varepsilon_x] \\ \tau_{xy} = \dfrac{E}{2(1+\mu)}\gamma_{xy}\end{cases} \tag{5-7}$$

用矩阵表示可以得到

$$\begin{bmatrix}\sigma_x \\ \sigma_y \\ \tau_{xy}\end{bmatrix} = \frac{E}{(1+\mu)(1-\mu)}\begin{bmatrix}1 & \mu & 0 \\ \mu & 1 & 0 \\ 0 & 0 & \dfrac{1-\mu}{2}\end{bmatrix}\begin{bmatrix}\varepsilon_x \\ \varepsilon_y \\ \gamma_{xy}\end{bmatrix} \tag{5-8}$$

此时，弹性矩阵为

$$\boldsymbol{D} = \frac{E}{1-\mu^2}\begin{bmatrix}1 & \mu & 0 \\ \mu & 1 & 0 \\ 0 & 0 & \dfrac{1-\mu}{2}\end{bmatrix} \tag{5-9}$$

2. 平面应变问题

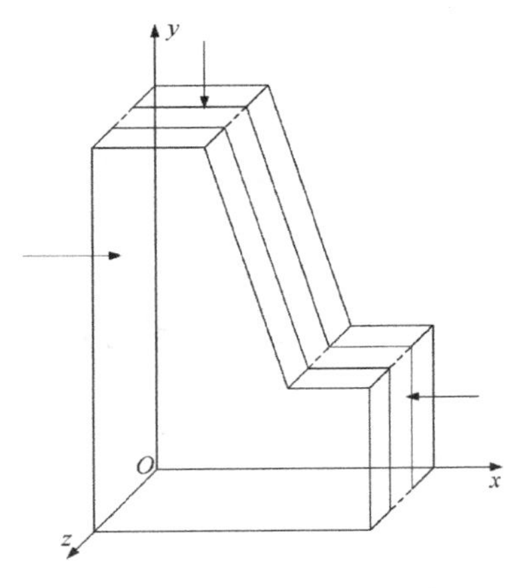

图 5-4　平面应变问题

所谓平面应变问题，即物体在纵向（z 向）很长，在 z 向不发生位移，横截面可视为不变，且受平行于横截面而且不沿长度变化的力，如图 5-4 所示。

由于物体的纵向很长（在力学上可近似地作为无限长考虑），截面尺寸与外力又不沿长度变化。当以任一横截面为 xOy 面，任一纵线为 z 轴时，则所有一切应力分量、应变分量和位移分量都不沿 z 方向变化，它们都只是 x 和 y 的函数。此外，在这一情况下，由于对称（任一横截面都可以看成对称面），所有各点都只会有 x 和 y 方向的位移而不会有 z 方向的位移，则

$$\begin{cases}\varepsilon_z = 0 \\ \gamma_{yz} = \gamma_{zy} = 0 \\ \gamma_{zx} = \gamma_{xz} = 0\end{cases}$$

根据式(5-5),用矩阵表示可以得到

$$\begin{bmatrix}\sigma_x\\ \sigma_y\\ \tau_{xy}\end{bmatrix}=\frac{E(1-\mu)}{(1+\mu)(1-2\mu)}\begin{bmatrix}1 & \frac{\mu}{1-\mu} & 0\\ \frac{\mu}{1-\mu} & 1 & 0\\ 0 & 0 & \frac{1-2\mu}{2(1-\mu)}\end{bmatrix}\begin{bmatrix}\varepsilon_x\\ \varepsilon_y\\ \gamma_{xy}\end{bmatrix} \tag{5-10}$$

此时,弹性矩阵为

$$\boldsymbol{D}=\frac{E(1-\mu)}{(1+\mu)(1-2\mu)}\begin{bmatrix}1 & \frac{\mu}{1-\mu} & 0\\ \frac{\mu}{1-\mu} & 1 & 0\\ 0 & 0 & \frac{1-2\mu}{2(1-\mu)}\end{bmatrix} \tag{5-11}$$

5.2 三角形单元

三角形单元是平面单元中的典型代表,这里仍然采用第 3 章中所述五步有限元求解步骤,进行三角形单元构造。

(1)明确单元形式。

选择合适坐标系,写出单元的位移及节点力,在直角坐标系下,单元的 3 个节点逆时针排列,如图 5-5 所示,节点坐标为 (x_1,y_1),(x_2,y_2),(x_3,y_3),平面问题每个节点有两个位移自由度 u、v,所以一个三节点三角形单元有 6 个位移自由度和相应的 6 个节点力分量,即

$$\boldsymbol{\delta}^{e}=\begin{bmatrix}\boldsymbol{\delta}_1^{e}\\ \boldsymbol{\delta}_2^{e}\\ \boldsymbol{\delta}_3^{e}\end{bmatrix}=\begin{bmatrix}u_1\\ v_1\\ u_2\\ v_2\\ u_3\\ v_3\end{bmatrix},\quad \boldsymbol{F}^{e}=\begin{bmatrix}\boldsymbol{F}_1^{e}\\ \boldsymbol{F}_2^{e}\\ \boldsymbol{F}_3^{e}\end{bmatrix}=\begin{bmatrix}F_{x1}\\ F_{y1}\\ F_{x2}\\ F_{y2}\\ F_{x3}\\ F_{y3}\end{bmatrix}$$

三角形三节点单元位移、力向量均有 6 个分量,则该单元的单刚阵 $\boldsymbol{K}^{e}$ 为 6×6 阶。

(2)选择适当的位移函数。

由于多项式项未知数等于单元边界节点的自由度总数,三节点三角形单元共 6 个节点自由度,每个节点对应 x、y 两方向自由度,位移插值函数应包含 6 个待定的常数 $\alpha_1 \sim \alpha_6$。根据前面所述的多项式位移模式阶次选择满足的完全性准则,要求多项式位移模式阶次的选择按照帕斯卡三角形选如图 5-6 所示,选择时满足几何各向同性:位移模式应与局部坐标系的方位无关,同时满足多项式项数等于单元边界节点的自由度总数[147]。

最简单的函数形式为两个线性插值函数:

$$\begin{cases}u=\alpha_1+\alpha_2 x+\alpha_3 y\\ v=\alpha_4+\alpha_5 x+\alpha_6 y\end{cases} \tag{5-12}$$

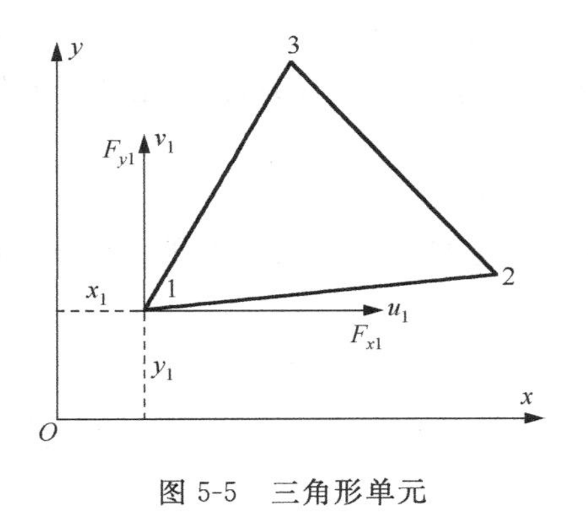

图 5-5　三角形单元

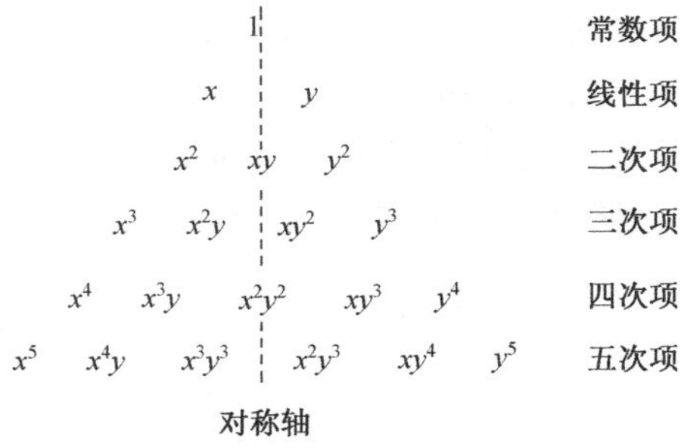

1　　常数项

x　y　　线性项

x^2　xy　y^2　　二次项

x^3　x^2y　xy^2　y^3　　三次项

x^4　x^3y　x^2y^2　xy^3　y^4　　四次项

x^5　x^4y　x^3y^3　x^2y^3　xy^4　y^5　　五次项

对称轴

图 5-6　帕斯卡三角形

矩阵形式为

$$\boldsymbol{\delta}^{\forall}=\{\delta(x,y)\}=\begin{bmatrix}u\\v\end{bmatrix}=\begin{bmatrix}1&x&y&0&0&0\\0&0&0&1&x&y\end{bmatrix}\begin{bmatrix}\alpha_1\\\alpha_2\\\alpha_3\\\alpha_4\\\alpha_5\\\alpha_6\end{bmatrix}=[f(x,y)]\boldsymbol{\alpha}\tag{5-13}$$

三角形单元中,节点位移为

$$\boldsymbol{\delta}^{e}=\begin{bmatrix}\boldsymbol{\delta}_1^{e}\\\boldsymbol{\delta}_2^{e}\\\boldsymbol{\delta}_3^{e}\end{bmatrix}=\begin{bmatrix}1&x_1&y_1&0&0&0\\0&0&0&1&x_1&y_1\\1&x_2&y_2&0&0&0\\0&0&0&1&x_2&y_2\\1&x_3&y_3&0&0&0\\0&0&0&1&x_3&y_3\end{bmatrix}\begin{bmatrix}\alpha_1\\\alpha_2\\\alpha_3\\\alpha_4\\\alpha_5\\\alpha_6\end{bmatrix}=\boldsymbol{A\alpha}\tag{5-14}$$

因此,$\boldsymbol{\alpha}=\boldsymbol{A}^{-1}\boldsymbol{\delta}^{e}$,其中

$$\boldsymbol{A}^{-1}=\frac{1}{\Delta}\begin{bmatrix}x_2y_3-x_3y_2&0&-x_1y_3+x_3y_1&0&x_1y_2-x_2y_1&0\\y_2-y_3&0&y_3-y_1&0&y_1-y_2&0\\x_3-x_2&0&x_1-x_3&0&x_2-x_1&0\\0&x_2y_3-x_3y_2&0&-x_1y_3+x_3y_1&0&x_1y_2-x_2y_1\\0&y_2-y_3&0&y_3-y_1&0&y_1-y_2\\0&x_3-x_2&0&x_1-x_3&0&x_2-x_1\end{bmatrix}\tag{5-15}$$

式中

$$\Delta=\begin{vmatrix}1&x_1&y_1\\1&x_2&y_2\\1&x_3&y_3\end{vmatrix}=(x_2y_3-x_3y_2)-(x_1y_3-x_3y_1)+(x_1y_2-x_2y_1)$$
$$=2Q\tag{5-16}$$

Q 为三角形单元面积,则

$$\boldsymbol{\delta}^{\forall} = [f(x,y)]\boldsymbol{\alpha} = [f(x,y)]\boldsymbol{A}^{-1}\boldsymbol{\delta}^{e} = \boldsymbol{N}\boldsymbol{\delta}^{e} \tag{5-17}$$

式中，$\boldsymbol{N}$是单元形状函数矩阵，仅与单元节点坐标及相应的坐标变量有关，完全由单元原始形状决定，与节点位移无关。

(3)明确几何关系，即为单位应变-节点位移之间的关系。

通过弹性力学可知，单元内任意一点的应变 $\boldsymbol{\varepsilon} = \{\varepsilon(x,y)\}$ 可以通过该点的位移 $\boldsymbol{\delta}^{\forall}$ 微分得到。

$$\{\varepsilon(x,y)\} = \begin{Bmatrix} \varepsilon_x \\ \varepsilon_y \\ \gamma_{xy} \end{Bmatrix} = \begin{Bmatrix} \dfrac{\partial u}{\partial x} \\ \dfrac{\partial v}{\partial y} \\ \dfrac{\partial u}{\partial y} + \dfrac{\partial v}{\partial x} \end{Bmatrix} = \begin{Bmatrix} \dfrac{\partial}{\partial x}(\alpha_1 + \alpha_2 x + \alpha_3 y) \\ \dfrac{\partial}{\partial y}(\alpha_4 + \alpha_5 x + \alpha_6 y) \\ \dfrac{\partial}{\partial y}(\alpha_1 + \alpha_2 x + \alpha_3 y) + \dfrac{\partial}{\partial x}(\alpha_4 + \alpha_5 x + \alpha_6 y) \end{Bmatrix} = \begin{Bmatrix} \alpha_2 \\ \alpha_6 \\ \alpha_3 + \alpha_5 \end{Bmatrix}$$

$$= \begin{bmatrix} 0 & 1 & 0 & 0 & 0 & 0 \\ 0 & 0 & 0 & 0 & 0 & 1 \\ 0 & 0 & 1 & 0 & 1 & 0 \end{bmatrix} \begin{bmatrix} \alpha_1 \\ \alpha_2 \\ \alpha_3 \\ \alpha_4 \\ \alpha_5 \\ \alpha_6 \end{bmatrix} = \boldsymbol{C}\boldsymbol{\alpha} \tag{5-18}$$

由于 $\boldsymbol{\alpha} = \boldsymbol{A}^{-1}\boldsymbol{\delta}^{e}$，式(5-18)又可表示为

$$\{\varepsilon(x,y)\} = \boldsymbol{C}\boldsymbol{\alpha} = \boldsymbol{C}\boldsymbol{A}^{-1}\boldsymbol{\delta}^{e} = \boldsymbol{B}\boldsymbol{\delta}^{e} \tag{5-19}$$

$$\boldsymbol{B} = \frac{1}{\Delta}\begin{bmatrix} y_2 - y_3 & 0 & y_3 - y_1 & 0 & y_1 - y_2 & 0 \\ 0 & x_3 - x_2 & 0 & x_1 - x_3 & 0 & x_2 - x_1 \\ x_3 - x_2 & y_2 - y_3 & x_1 - x_3 & y_3 - y_1 & x_2 - x_1 & y_1 - y_2 \end{bmatrix} \tag{5-20}$$

$\boldsymbol{B}$为三角形单元几何矩阵。

(4)明确物理关系，即求应力-应变-节点位移之间的关系。

应力与应变之间关系如下：$\{\sigma(x,y)\} = \boldsymbol{D}\{\varepsilon(x,y)\}$，其中，$\boldsymbol{D}$为弹性矩阵。由于存在 $\{\varepsilon(x,y)\} = \boldsymbol{B}\boldsymbol{\delta}^{e}$，则

$$\{\sigma(x,y)\} = \boldsymbol{D}\{\varepsilon(x,y)\} = \boldsymbol{D}\boldsymbol{B}\boldsymbol{\delta}^{e} = \boldsymbol{S}\boldsymbol{\delta}^{e} \tag{5-21}$$

其中，$\boldsymbol{S}$是应力矩阵；$\boldsymbol{D}$为弹性矩阵。通过式(5-9)和式(5-11)可以知道，$\boldsymbol{D}$均可表示为 $\boldsymbol{D} = \begin{bmatrix} d_{11} & d_{12} & 0 \\ d_{21} & d_{22} & 0 \\ 0 & 0 & d_{33} \end{bmatrix}$。

(5)明确力与位移之间关系，即节点力-节点位移之间的关系。

由第3章的虚功原理可知，$\boldsymbol{F}^{e} = \int_v \boldsymbol{B}^{\mathrm{T}}\boldsymbol{D}\boldsymbol{B}\boldsymbol{\delta}^{e}\mathrm{d}v = \boldsymbol{K}^{e}\boldsymbol{\delta}^{e}$，其中 $\boldsymbol{K}^{e} = \int_v \boldsymbol{B}^{\mathrm{T}}\boldsymbol{D}\boldsymbol{B}\mathrm{d}v$ 是单元刚度矩阵的表达式，$\int_v \mathrm{d}v$ 为厚度单元 t 乘以单元面积(即 $\Delta/2$)，单元为三角形三节点时，$\boldsymbol{B}$、$\boldsymbol{D}$为常数单元矩阵。积分后，$\boldsymbol{K}^{e} = \boldsymbol{B}^{\mathrm{T}}\boldsymbol{D}\boldsymbol{B}\dfrac{\Delta}{2}\cdot t$，即

$$
\boldsymbol{K}^{\mathrm{e}} = \frac{1}{2\Delta}\begin{bmatrix} k_{11} & k_{12} & k_{13} & k_{14} & k_{15} & k_{16} \\ & k_{22} & k_{23} & k_{24} & k_{25} & k_{26} \\ & & k_{33} & k_{34} & k_{35} & k_{36} \\ & & & k_{44} & k_{45} & k_{46} \\ & & & & k_{55} & k_{56} \\ \text{sym} & & & & & k_{66} \end{bmatrix} \tag{5-22}
$$

式中，

$$
\begin{aligned}
k_{11} &= d_{11}(y_2 - y_3)^2 + d_{33}(x_3 - x_2)^2 \\
k_{12} &= d_{21}(x_3 - x_2)(y_2 - y_3) + d_{33}(x_3 - x_2)(y_2 - y_3) \\
k_{13} &= d_{11}(y_2 - y_3)(y_3 - y_1) + d_{33}(x_1 - x_3)(x_3 - x_2) \\
k_{14} &= d_{12}(x_1 - x_3)(y_2 - y_3) + d_{33}(x_2 - x_3)(y_1 - y_3) \\
k_{15} &= d_{33}(x_1 - x_2)(x_2 - x_3) + d_{11}(y_1 - y_2)(y_2 - y_3) \\
k_{16} &= d_{12}(x_1 - x_2)(y_3 - y_2) + d_{33}(x_3 - x_2)(y_1 - y_2) \\
k_{22} &= d_{33}(y_2 - y_3)^2 + d_{22}(x_3 - x_2)^2 \\
k_{23} &= d_{21}(x_3 - x_2)(y_1 - y_3) + d_{33}(x_1 - x_3)(y_2 - y_3) \\
k_{24} &= d_{22}(x_3 - x_1)(x_2 - x_3) + d_{33}(y_3 - y_1)(y_2 - y_3) \\
k_{25} &= d_{21}(x_3 - x_2)(y_1 - y_2) + d_{33}(x_2 - x_1)(y_2 - y_3) \\
k_{26} &= d_{22}(x_1 - x_2)(x_2 - x_3) + d_{33}(y_1 - y_2)(y_2 - y_3) \\
k_{33} &= d_{11}(y_1 - y_3)^2 + d_{33}(x_1 - x_3)^2 \\
k_{34} &= d_{12}(x_1 - x_3)(y_3 - y_1) + d_{33}(x_1 - x_3)(y_3 - y_1) \\
k_{35} &= d_{33}(x_1 - x_2)(x_3 - x_1) + d_{11}(y_1 - y_2)(y_3 - y_1) \\
k_{36} &= d_{12}(x_1 - x_2)(y_1 - y_3) + d_{33}(x_1 - x_3)(y_1 - y_2) \\
k_{44} &= d_{22}(x_1 - x_3)^2 + d_{33}(y_1 - y_3)^2 \\
k_{45} &= d_{21}(x_1 - x_3)(y_1 - y_2) + d_{33}(x_1 - x_2)(y_1 - y_3) \\
k_{46} &= d_{22}(x_1 - x_2)(x_3 - x_1) + d_{33}(y_1 - y_2)(y_3 - y_1) \\
k_{55} &= d_{11}(y_1 - y_2)^2 + d_{33}(x_1 - x_2)^2 \\
k_{56} &= d_{12}(x_1 - x_2)(y_2 - y_1) + d_{33}(x_1 - x_2)(y_2 - y_1) \\
k_{66} &= d_{22}(x_1 - x_2)^2 + d_{33}(y_1 - y_2)^2
\end{aligned}
$$

sym 表示矩阵对称。此时，$\boldsymbol{K}^{\mathrm{e}} = \int_v \boldsymbol{B}^{\mathrm{T}}\boldsymbol{D}\boldsymbol{B}\,\mathrm{d}v = \begin{bmatrix} K_{11} & K_{12} & K_{13} \\ K_{21} & K_{22} & K_{23} \\ K_{31} & K_{32} & K_{33} \end{bmatrix}$，$K_{ij}\,(i,j = 1,2,3)$ 是 2×2 矩阵，i、j 分别表示单元刚度阵中节点号。在计算整体坐标系中需要采用整体坐标系中节点号。

需要注意的是，三角形单元的单刚阵在计算整体坐标系中需要采用整体坐标系中节点号，按照 3.1.2 节进行刚度矩阵存储叠加。

【例 5-1】 图 5-7 为一个厚度为 1mm 的均质三角形板，载荷 $P = 20\ \mathrm{kN}$，如图 5-7 所示作用，材料弹性模量 $E\times 10^3$，泊松比 $\mu = 0$，不记自重，用有限元方法求(0.5，0.5)处应力。

解：按照以下五步流程求解。

(1)单元选择及单刚阵确定。

如图 5-7 所示建立整体坐标系，将三角形板划成 4 个三角形单元，对单元和节点进行编号。单元①的节点为1、2、3，单元②的节点为2、4、5，单元③的节点为2、3、5，单元④的节点为3、5、6。

首先分别对各个单元的单刚阵进行求解。在局部坐标系中节点按照i、j、m逆时针编号，确定各个单元的局部坐标与整体坐标对应，如图5-8所示。

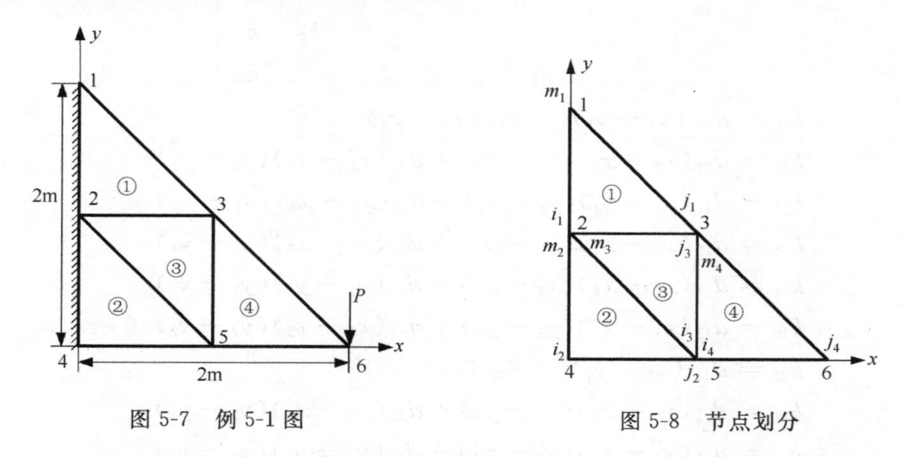

图5-7　例5-1图　　　　图5-8　节点划分

以单元②为例，局部坐标系编号i对应整体坐标系编号4，局部坐标系编号j对应整体坐标系编号5，局部坐标系编号m对应整体坐标系编号2，如图5-8所示，按照5.2节中求解步骤及公式求解单元②的单刚阵：

$$\bar{\boldsymbol{K}}^{e2}=\int_v \boldsymbol{B}^{\mathrm{T}}\boldsymbol{DB}\,\mathrm{d}v=\frac{E}{2}\begin{bmatrix}1.5 & 0.5 & -1 & -0.5 & -0.5 & 0\\ 0.5 & 1.5 & 0 & -0.5 & -0.5 & -1\\ -1 & 0 & 1 & 0 & 0 & 0\\ -0.5 & -0.5 & 0 & 0.5 & 0.5 & 0\\ -0.5 & -0.5 & 0 & 0.5 & 0.5 & 0\\ 0 & -1 & 0 & 0 & 0 & 1\end{bmatrix}$$

$$=\begin{bmatrix}K_{ii}^{e2} & K_{ij}^{e2} & K_{im}^{e2}\\ K_{ji}^{e2} & K_{jj}^{e2} & K_{jm}^{e2}\\ K_{mi}^{e2} & K_{mj}^{e2} & K_{mm}^{e2}\end{bmatrix}=\begin{bmatrix}K_{44}^{e2} & K_{45}^{e2} & K_{42}^{e2}\\ K_{54}^{e2} & K_{55}^{e2} & K_{52}^{e2}\\ K_{24}^{e2} & K_{25}^{e2} & K_{22}^{e2}\end{bmatrix}$$

可以看出单元①、④在局部坐标系上与单元②一致，因此在局部坐标系中单元刚度矩阵相同。

$$\bar{\boldsymbol{K}}^{e1}=\bar{\boldsymbol{K}}^{e4}=\bar{\boldsymbol{K}}^{e2}=\int_v \boldsymbol{B}^{\mathrm{T}}\boldsymbol{DB}\,\mathrm{d}v$$

$$=\frac{E}{2}\begin{bmatrix}1.5 & 0.5 & -1 & -0.5 & -0.5 & 0\\ 0.5 & 1.5 & 0 & -0.5 & -0.5 & -1\\ -1 & 0 & 1 & 0 & 0 & 0\\ -0.5 & -0.5 & 0 & 0.5 & 0.5 & 0\\ -0.5 & -0.5 & 0 & 0.5 & 0.5 & 0\\ 0 & -1 & 0 & 0 & 0 & 1\end{bmatrix}$$

$$
=\begin{bmatrix} K_{ii}^{e1} & K_{ij}^{e1} & K_{im}^{e1} \\ K_{ji}^{e1} & K_{jj}^{e1} & K_{jm}^{e1} \\ K_{mi}^{e1} & K_{mj}^{e1} & K_{mm}^{e1} \end{bmatrix}=\begin{bmatrix} K_{22}^{e1} & K_{23}^{e1} & K_{21}^{e1} \\ K_{32}^{e1} & K_{33}^{e1} & K_{31}^{e1} \\ K_{12}^{e1} & K_{13}^{e1} & K_{11}^{e1} \end{bmatrix}
$$

$$
=\begin{bmatrix} K_{ii}^{e4} & K_{ij}^{e4} & K_{im}^{e4} \\ K_{ji}^{e4} & K_{jj}^{e4} & K_{jm}^{e4} \\ K_{mi}^{e4} & K_{jm}^{e4} & K_{mm}^{e4} \end{bmatrix}=\begin{bmatrix} K_{55}^{e4} & K_{56}^{e4} & K_{53}^{e4} \\ K_{65}^{e4} & K_{66}^{e4} & K_{63}^{e4} \\ K_{35}^{e4} & K_{36}^{e4} & K_{33}^{e4} \end{bmatrix}
$$

单元③与单位①、②、④单元形式虽然均为三角形，但是单元节点排布不同，且单元的局部坐标方向也不一致，因此它的单元刚度矩阵也不相同，计算为

$$
\boldsymbol{K}^{e3}=\int_v \boldsymbol{B}^{\mathrm{T}}\boldsymbol{DB}\,\mathrm{d}v=\frac{E}{2}\begin{bmatrix} 0.5 & 0 & -0.5 & -0.5 & 0 & 0.5 \\ 0 & 1 & 0 & -1 & 0 & 0 \\ -0.5 & 0 & 1.5 & 0.5 & -1 & -0.5 \\ -0.5 & -1 & 0.5 & 1.5 & 0 & 0.5 \\ 0 & 0 & -1 & 0 & 1 & 0 \\ 0.5 & 0 & -0.5 & -0.5 & 0 & 0.5 \end{bmatrix}
$$

$$
=\begin{bmatrix} K_{ii}^{e3} & K_{ij}^{e3} & K_{im}^{e3} \\ K_{ji}^{e3} & K_{jj}^{e3} & K_{jm}^{e3} \\ K_{mi}^{e3} & K_{jm}^{e3} & K_{mm}^{e3} \end{bmatrix}=\begin{bmatrix} K_{55}^{e3} & K_{53}^{e3} & K_{52}^{e3} \\ K_{35}^{e3} & K_{33}^{e3} & K_{32}^{e3} \\ K_{25}^{e3} & K_{23}^{e3} & K_{22}^{e3} \end{bmatrix}
$$

(2)总刚阵的合成。

每个单元刚度矩阵在总体刚度矩阵中位置如表 5-1 所示，根据 3.1.2 节中刚度存储方式严格按照节点号进行叠加。

表 5-1　例 5-1 单元坐标编号

单元	①			②			③			④		
整体节点编号	2	3	1	4	5	2	5	3	2	5	6	3
局部节点编号	i	j	m	i	j	m	i	j	m	i	j	m
x	0	1	0	0	1	0	1	1	0	1	2	1
y	1	1	2	0	0	1	0	1	1	0	0	1

$$
\boldsymbol{K}=\begin{bmatrix} K_{11}^{e1} & K_{12}^{e1} & K_{13}^{e1} & 0 & 0 & 0 \\ K_{21}^{e1} & K_{22}^{e1}+K_{22}^{e2}+K_{22}^{e3} & K_{23}^{e1}+K_{23}^{e3} & K_{24}^{e2} & K_{25}^{e2}+K_{25}^{e3} & 0 \\ K_{31}^{e1} & K_{32}^{e1}+K_{32}^{e3} & K_{33}^{e1}+K_{33}^{e3}+K_{33}^{e4} & 0 & K_{35}^{e3}+K_{35}^{e4} & K_{36}^{e4} \\ 0 & K_{42}^{e2} & 0 & K_{44}^{e2} & K_{45}^{e2} & 0 \\ 0 & K_{52}^{e2}+K_{52}^{e3} & K_{53}^{e3}+K_{53}^{e4} & K_{54}^{e2} & K_{55}^{e2}+K_{55}^{e3}+K_{55}^{e4} & K_{56}^{e4} \\ 0 & 0 & K_{63}^{e4} & 0 & K_{65}^{e4} & K_{66}^{e4} \end{bmatrix}
$$

$$
=E\begin{bmatrix}
0.25 & 0 & -0.25 & -0.25 & 0 & 0.25 & 0 & 0 & 0 & 0 & 0 & 0 \\
0 & 0.5 & 0 & -0.5 & 0 & 0 & 0 & 0 & 0 & 0 & 0 & 0 \\
-0.25 & 0 & 1.5 & 0.25 & -1 & -0.25 & -0.25 & -0.25 & 0 & 0.25 & 0 & 0 \\
-0.25 & -0.5 & 0.25 & 1.5 & -0.25 & -0.5 & 0 & -0.5 & 0.25 & 0 & 0 & 0 \\
0 & 0 & -1 & -0.25 & 1.5 & 0.25 & 0 & 0 & -0.5 & -0.25 & 0 & 0.25 \\
0.25 & 0 & -0.25 & -0.5 & 0.25 & 1.5 & 0 & 0 & -0.25 & -1 & 0 & 0 \\
0 & 0 & -0.25 & 0 & 0 & 0 & 0.75 & 0.25 & -0.5 & -0.25 & 0 & 0 \\
0 & 0 & -0.25 & -0.5 & 0 & 0 & 0.25 & 0.75 & 0 & -0.25 & 0 & 0 \\
0 & 0 & 0 & 0.25 & -0.5 & -0.25 & -0.5 & 0 & 1.5 & 0.25 & -0.5 & -0.25 \\
0 & 0 & 0.25 & 0 & -0.25 & -1 & -0.25 & -0.25 & 0.25 & 1.5 & 0 & -0.25 \\
0 & 0 & 0 & 0 & 0 & 0 & 0 & 0 & -0.5 & 0 & 0.5 & 0 \\
0 & 0 & 0 & 0 & 0.25 & 0 & 0 & 0 & -0.25 & -0.25 & 0 & 0.25
\end{bmatrix}
$$

(3)引入边界条件。

对图 5-7 中三角形板进行分析，节点 3、5 不受外力作用，节点 1、2、4 无位移，因此

$$
\begin{aligned}
\boldsymbol{F} &= [F_{1x} \quad F_{1y} \quad F_{2x} \quad F_{2y} \quad F_{3x} \quad F_{3y} \quad F_{4x} \quad F_{4y} \quad F_{5x} \quad F_{5y} \quad F_{6x} \quad F_{6y}]^{\mathrm{T}} \\
&= [F_{1x} \quad F_{1y} \quad F_{2x} \quad F_{2y} \quad 0 \quad 0 \quad F_{4x} \quad F_{4y} \quad 0 \quad 0 \quad 0 \quad -P]^{\mathrm{T}} \\
\boldsymbol{\delta} &= [u_1 \quad v_1 \quad u_2 \quad v_2 \quad u_3 \quad v_3 \quad u_4 \quad v_4 \quad u_5 \quad v_5 \quad u_6 \quad v_6]^{\mathrm{T}} \\
&= [0 \quad 0 \quad 0 \quad 0 \quad u_3 \quad v_3 \quad 0 \quad 0 \quad u_5 \quad v_5 \quad u_6 \quad v_6]^{\mathrm{T}}
\end{aligned}
$$

(4)方程组求解。

将 $\boldsymbol{F}$、$\boldsymbol{K}$、$\boldsymbol{\delta}$ 的矩阵代入方程 $\boldsymbol{F}=\boldsymbol{K\delta}$，进行列式后采用划线法即可得到求解矩阵：

$$
\begin{bmatrix} 0 \\ 0 \\ 0 \\ 0 \\ 0 \\ -P \end{bmatrix} = E\begin{bmatrix}
1.5 & 0.25 & -0.5 & -0.25 & 0 & 0.25 \\
0.25 & 1.5 & -0.25 & -1 & 0 & 0 \\
-0.5 & -0.25 & 1.5 & 0.25 & -0.5 & -0.25 \\
-0.25 & -1 & 0.25 & 1.5 & 0 & -0.25 \\
0 & 0 & -0.5 & 0 & 0.5 & 0 \\
0.25 & 0 & -0.25 & -0.25 & 0 & 0.25
\end{bmatrix}\begin{bmatrix} u_3 \\ v_3 \\ u_5 \\ v_5 \\ u_6 \\ v_6 \end{bmatrix}
$$

求解可得

$$
\begin{bmatrix} u_3 \\ v_3 \\ u_5 \\ v_5 \\ u_6 \\ v_6 \end{bmatrix} = \frac{P}{E}\begin{bmatrix} 0.8675 \\ -2.0723 \\ -1.7349 \\ -2.4578 \\ -1.7349 \\ -9.0602 \end{bmatrix}
$$

(5)回代求解。

将求得的节点位移回代进 $\boldsymbol{F}=\boldsymbol{K\delta}$，求节点 1、2、4 受力：

$$\begin{bmatrix} F_{1x} \\ F_{1y} \\ F_{2x} \\ F_{2y} \\ F_{4x} \\ F_{4y} \end{bmatrix} = E\begin{bmatrix} 0 & 0.25 & 0 & 0 & 0 & 0 \\ 0 & 0 & 0 & 0 & 0 & 0 \\ -1 & -0.25 & 0 & 0.25 & 0 & 0 \\ -0.25 & -0.5 & 0.25 & 0 & 0 & 0 \\ 0 & 0 & -0.5 & -0.25 & 0 & 0 \\ 0 & 0 & 0 & -0.25 & 0 & 0 \end{bmatrix}\begin{bmatrix} u_3 \\ v_3 \\ u_5 \\ v_5 \\ u_6 \\ v_6 \end{bmatrix}, \quad \begin{bmatrix} u_3 \\ v_3 \\ u_5 \\ v_5 \\ u_6 \\ v_6 \end{bmatrix} = \frac{P}{E}\begin{bmatrix} 0.8675 \\ -2.0723 \\ -1.7349 \\ -2.4578 \\ -1.7349 \\ -9.0602 \end{bmatrix}$$

求解得出节点 1、2、4 所受力：

$$\begin{bmatrix} F_{1x} \\ F_{1y} \\ F_{2x} \\ F_{2y} \\ F_{4x} \\ F_{4y} \end{bmatrix} = \frac{P}{E}\begin{bmatrix} -0.5181 \\ 0 \\ -0.9639 \\ 0.3855 \\ 1.4819 \\ 0.6145 \end{bmatrix}$$

在单元②上节点应变为

$$\boldsymbol{\varepsilon}^{e2} = \boldsymbol{B\delta}^{e} = \boldsymbol{B}\begin{bmatrix} u_1 \\ v_1 \\ u_2 \\ v_2 \\ u_3 \\ v_3 \end{bmatrix}_{\text{局部}} = B\begin{bmatrix} u_4 \\ v_4 \\ u_5 \\ v_5 \\ u_2 \\ v_2 \end{bmatrix}_{\text{整体}} = \begin{bmatrix} -1 & 0 & 1 & 0 & 0 & 0 \\ 0 & -1 & 0 & 0 & 0 & 1 \\ -1 & -1 & 0 & 1 & 1 & 0 \end{bmatrix}\begin{bmatrix} u_4 \\ v_4 \\ u_5 \\ v_5 \\ u_2 \\ v_2 \end{bmatrix}_{\text{整体}}$$

$$= \frac{P}{E}\begin{bmatrix} -1 & 0 & 1 & 0 & 0 & 0 \\ 0 & -1 & 0 & 0 & 0 & 1 \\ -1 & -1 & 0 & 1 & 1 & 0 \end{bmatrix}\begin{bmatrix} 0 \\ 0 \\ -1.7349 \\ -2.4578 \\ 0 \\ 0 \end{bmatrix} = \frac{P}{E}\begin{bmatrix} -1.7346 \\ 0 \\ -2.4578 \end{bmatrix}$$

节点应力为

$$\begin{bmatrix} \sigma_x \\ \sigma_y \\ \tau_{xy} \end{bmatrix} = E\begin{bmatrix} 1 & 0 & 0 \\ 0 & 1 & 0 \\ 0 & 0 & \frac{1}{2} \end{bmatrix}\begin{bmatrix} \varepsilon_x \\ \varepsilon_y \\ \gamma_{xy} \end{bmatrix} = E\begin{bmatrix} 1 & 0 & 0 \\ 0 & 1 & 0 \\ 0 & 0 & \frac{1}{2} \end{bmatrix}\frac{P}{E}\begin{bmatrix} -1.7346 \\ 0 \\ -2.4578 \end{bmatrix} = P\begin{bmatrix} -1.7346 \\ 0 \\ -1.2289 \end{bmatrix}$$

在单元③上节点应变为

$$\boldsymbol{\varepsilon}^{e3} = \boldsymbol{B\delta}^{e} = \boldsymbol{B}\begin{bmatrix} u_1 \\ v_1 \\ u_2 \\ v_2 \\ u_3 \\ v_3 \end{bmatrix}_{\text{局部}} = B\begin{bmatrix} u_5 \\ v_5 \\ u_3 \\ v_3 \\ u_2 \\ v_2 \end{bmatrix}_{\text{整体}} = \begin{bmatrix} 0 & 0 & 1 & 0 & -1 & 0 \\ 0 & -1 & 0 & 1 & 0 & 1 \\ -1 & 0 & 1 & 1 & 0 & -1 \end{bmatrix}\begin{bmatrix} u_5 \\ v_5 \\ u_3 \\ v_3 \\ u_2 \\ v_2 \end{bmatrix}_{\text{整体}}$$

$$=\frac{P}{E}\begin{bmatrix}0 & 0 & 1 & 0 & -1 & 0\\ 0 & -1 & 0 & 1 & 0 & 1\\ -1 & 0 & 1 & 1 & 0 & -1\end{bmatrix}\begin{bmatrix}-1.7349\\ -2.4578\\ 0.8675\\ -2.0723\\ 0\\ 0\end{bmatrix}=\frac{P}{E}\begin{bmatrix}0.8675\\ 0.3855\\ 0.5301\end{bmatrix}$$

节点应力为

$$\begin{bmatrix}\sigma_x\\ \sigma_y\\ \tau_{xy}\end{bmatrix}=E\begin{bmatrix}1 & 0 & 0\\ 0 & 1 & 0\\ 0 & 0 & \frac{1}{2}\end{bmatrix}\begin{bmatrix}\varepsilon_x\\ \varepsilon_y\\ \gamma_{xy}\end{bmatrix}=E\begin{bmatrix}1 & 0 & 0\\ 0 & 1 & 0\\ 0 & 0 & \frac{1}{2}\end{bmatrix}\frac{P}{E}\begin{bmatrix}0.8675\\ 0.3855\\ 0.5301\end{bmatrix}=P\begin{bmatrix}0.8675\\ 0.3855\\ 0.2651\end{bmatrix}$$

在实际问题中(0.5,0.5)点应变及应力应取单元②、③的平均值。

需要注意的是:①在计算单元刚度矩阵时,所取的第一点位置不同,求出的单元刚度矩阵也是不同的,节点需按照逆时针的顺序排列。②单元刚度矩阵可能不同,但是最终合成的总刚度阵一定是相同的,需要注意的是,节点在单元刚度矩阵与总体刚度阵之间的互相对应关系。

【例 5-2】 图 5-9 为一个均质矩形板,长 2m,宽 1m,厚度为 1mm。载荷 F,如图 5-9 所示作用,材料弹性模量 $E\times10^3$,泊松比 $\mu=0$,不记自重,用有限元方法求支撑点受力。

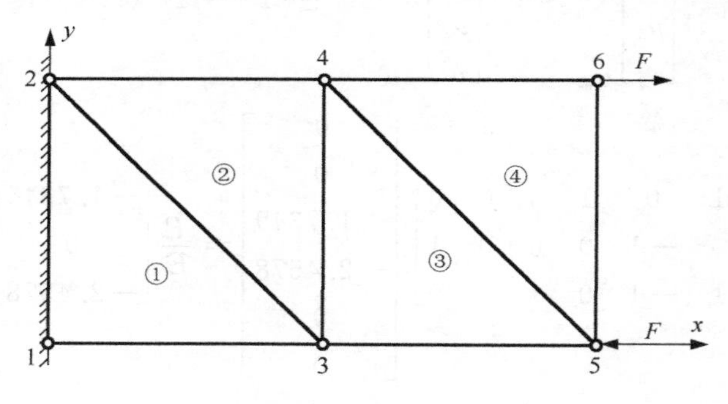

图 5-9 例 5-2 图

解:按照以下五步流程求解。

(1)单元选择及单刚阵确定。

将矩形板划成 4 个三角形单元,单元及节点编号如图 5-9 所示。单元①的节点为 1、2、3。单元②的节点为 2、3、4。单元③的节点为 3、4、5。单元④的节点为 4、5、6。其中,应力矩阵

$$\boldsymbol{D}=\frac{E}{(1+\mu)(1-\mu)}\begin{bmatrix}1 & \mu & 0\\ \mu & 1 & 0\\ 0 & 0 & \frac{1-\mu}{2}\end{bmatrix}$$

可以发现单元①、③与例 5-1 中单元②相同,用相同的方法计算得出的单元刚度阵与例 5-1 中单元②的刚度矩阵相同:

$$\bar{\boldsymbol{K}}^{e1}=\bar{\boldsymbol{K}}^{e3}=\int_v \boldsymbol{B}^{\mathrm{T}}\boldsymbol{D}\boldsymbol{B}\mathrm{d}v=\frac{E}{2}\begin{bmatrix}1.5 & 0.5 & -1 & -0.5 & -0.5 & 0\\0.5 & 1.5 & 0 & -0.5 & -0.5 & -1\\-1 & 0 & 1 & 0 & 0 & 0\\-0.5 & -0.5 & 0 & 0.5 & 0.5 & 0\\-0.5 & -0.5 & 0 & 0.5 & 0.5 & 0\\0 & -1 & 0 & 0 & 0 & 1\end{bmatrix}$$

$$=\begin{bmatrix}K_{11}^{e1} & K_{12}^{e1} & K_{13}^{e1}\\K_{21}^{e1} & K_{22}^{e1} & K_{23}^{e1}\\K_{31}^{e1} & K_{32}^{e1} & K_{33}^{e1}\end{bmatrix}_{局部}=\begin{bmatrix}K_{11}^{e1} & K_{13}^{e1} & K_{12}^{e1}\\K_{31}^{e1} & K_{33}^{e1} & K_{32}^{e1}\\K_{21}^{e1} & K_{23}^{e1} & K_{22}^{e1}\end{bmatrix}_{整体}$$

$$=\begin{bmatrix}K_{11}^{e3} & K_{12}^{e3} & K_{13}^{e3}\\K_{21}^{e3} & K_{22}^{e3} & K_{23}^{e3}\\K_{31}^{e3} & K_{32}^{e3} & K_{33}^{e3}\end{bmatrix}_{局部}=\begin{bmatrix}K_{33}^{e3} & K_{35}^{e3} & K_{34}^{e3}\\K_{53}^{e3} & K_{55}^{e3} & K_{54}^{e3}\\K_{43}^{e3} & K_{45}^{e3} & K_{44}^{e3}\end{bmatrix}_{整体}$$

按照相同方法可计算单元②、④的刚度矩阵，可以发现与例5-1中单元③的刚度阵相同，而且单元②、④与例5-1中单元③相似，用相同的方法计算得出的单元刚度阵相同：

$$\bar{\boldsymbol{K}}^{e2}=\bar{\boldsymbol{K}}^{e4}=\int_v \boldsymbol{B}^{\mathrm{T}}\boldsymbol{D}\boldsymbol{B}\mathrm{d}v=\frac{E}{2}\begin{bmatrix}0.5 & 0 & -0.5 & -0.5 & 0 & 0.5\\0 & 1 & 0 & -1 & 0 & 0\\-0.5 & 0 & 1.5 & 0.5 & -1 & -0.5\\-0.5 & -1 & 0.5 & 1.5 & 0 & 0.5\\0 & 0 & -1 & 0 & 1 & 0\\0.5 & 0 & -0.5 & -0.5 & 0 & 0.5\end{bmatrix}$$

$$=\begin{bmatrix}K_{11}^{e2} & K_{12}^{e2} & K_{13}^{e2}\\K_{21}^{e2} & K_{22}^{e2} & K_{23}^{e2}\\K_{31}^{e2} & K_{32}^{e2} & K_{33}^{e2}\end{bmatrix}_{局部}=\begin{bmatrix}K_{33}^{e2} & K_{34}^{e2} & K_{32}^{e2}\\K_{43}^{e2} & K_{44}^{e2} & K_{42}^{e2}\\K_{23}^{e2} & K_{24}^{e2} & K_{22}^{e2}\end{bmatrix}_{整体}=\begin{bmatrix}K_{55}^{e4} & K_{56}^{e4} & K_{54}^{e4}\\K_{65}^{e4} & K_{66}^{e4} & K_{64}^{e4}\\K_{45}^{e4} & K_{46}^{e4} & K_{44}^{e4}\end{bmatrix}_{整体}$$

(2)总刚阵的合成。

四个单元的坐标编号如表5-2所示。

表5-2　例5-2单元坐标编号

单元	①			②			③			④		
整体节点编号	1	3	2	3	4	2	3	5	4	5	6	4
局部节点编号	i	j	k	i	j	k	i	j	k	i	j	k
x	0	1	0	0	1	1	1	2	1	1	2	2
y	0	0	1	1	0	1	0	0	1	1	0	1

每个单元刚度矩阵在总体刚度矩阵中位置进行叠加，叠加严格按照节点号进行。

$$
\boldsymbol{K}=\begin{bmatrix}
K_{11}^{e1} & K_{12}^{e1} & K_{13}^{e1} & 0 & 0 & 0\\
K_{21}^{e1} & K_{22}^{e1}+K_{22}^{e2} & K_{23}^{e1}+K_{23}^{e2} & K_{24}^{e2} & 0 & 0\\
K_{31}^{e1} & K_{32}^{e1}+K_{32}^{e2} & K_{33}^{e1}+K_{33}^{e2}+K_{33}^{e3} & K_{34}^{e2}+K_{34}^{e3} & K_{35}^{e3} & 0\\
0 & K_{42}^{e2} & K_{43}^{e2}+K_{43}^{e3} & K_{44}^{e2}+K_{44}^{e3}+K_{44}^{e4} & K_{45}^{e3}+K_{45}^{e4} & K_{46}^{e4}\\
0 & 0 & K_{53}^{e3} & K_{54}^{e3}+K_{54}^{e4} & K_{55}^{e3}+K_{55}^{e4} & K_{56}^{e4}\\
0 & 0 & 0 & K_{64}^{e4} & K_{65}^{e4} & K_{66}^{e4}
\end{bmatrix}
$$

$$
=E\begin{bmatrix}
0.75 & 0.25 & -0.25 & 0 & -0.5 & -0.25 & 0 & 0 & 0 & 0 & 0 & 0\\
0.25 & 0.75 & -0.25 & -0.5 & 0 & -0.25 & 0 & 0 & 0 & 0 & 0 & 0\\
-0.25 & -0.25 & 0.75 & 0 & 0 & 0.25 & -0.5 & 0 & 0 & 0 & 0 & 0\\
0 & -0.5 & 0 & 0.75 & 0.25 & 0 & -0.25 & -0.25 & 0 & 0 & 0 & 0\\
-0.5 & 0 & 0 & 0.25 & 1.5 & 0.25 & -0.5 & -0.25 & -0.5 & -0.25 & 0 & 0\\
-0.25 & -0.25 & 0.25 & 0 & 0.25 & 1.5 & -0.25 & -1 & 0 & -0.25 & 0 & 0\\
0 & 0 & -0.5 & -0.25 & -0.5 & -0.25 & 1.5 & 0.25 & 0 & 0.25 & -0.5 & 0\\
0 & 0 & 0 & 0.25 & -0.25 & -1 & 0.25 & 1.5 & 0.25 & 0 & -0.25 & -0.25\\
0 & 0 & 0 & 0 & -0.5 & 0 & 0 & 0.25 & 0.75 & 0 & -0.25 & -0.25\\
0 & 0 & 0 & 0 & -0.25 & -0.25 & 0.25 & 0 & 0 & 0.75 & 0 & -0.5\\
0 & 0 & 0 & 0 & 0 & 0 & -0.5 & -0.25 & -0.25 & 0 & 0.75 & 0.25\\
0 & 0 & 0 & 0 & 0 & 0 & 0 & 0.25 & -0.25 & -0.5 & 0.25 & 0.75
\end{bmatrix}
$$

(3)引入边界条件。

对该矩形板进行分析,可以发现节点 3、4 不受外力作用,节点 1、2 无位移。

$$
\begin{aligned}
\boldsymbol{F}&=[F_{1x}\quad F_{1y}\quad F_{2x}\quad F_{2y}\quad F_{3x}\quad F_{3y}\quad F_{4x}\quad F_{4y}\quad F_{5x}\quad F_{5y}\quad F_{6x}\quad F_{6y}]^{\mathrm{T}}\\
&=[F_{1x}\quad F_{1y}\quad F_{2x}\quad F_{2y}\quad 0\quad 0\quad 0\quad 0\quad -F\quad 0\quad F\quad 0]^{\mathrm{T}}\\
\boldsymbol{\delta}&=[u_1\quad v_1\quad u_2\quad v_2\quad u_3\quad v_3\quad u_4\quad v_4\quad u_5\quad v_5\quad u_6\quad v_6]^{\mathrm{T}}\\
&=[0\quad 0\quad 0\quad 0\quad u_3\quad v_3\quad u_4\quad v_4\quad u_5\quad v_5\quad u_6\quad v_6]^{\mathrm{T}}
\end{aligned}
$$

(4)方程组求解。

将 $\boldsymbol{F}$、$\boldsymbol{K}$、$\boldsymbol{\delta}$ 的矩阵代入方程 $\boldsymbol{F}=\boldsymbol{K\delta}$,划去节点位移为 0 的列及受力不能确定的行,可得

$$
\begin{bmatrix}0\\0\\0\\0\\-F\\0\\F\\0\end{bmatrix}=E\begin{bmatrix}
1.5 & 0.25 & -0.5 & -0.25 & -0.5 & -0.25 & 0 & 0\\
0.25 & 1.5 & -0.25 & -1 & 0 & -0.25 & 0 & 0\\
-0.5 & -0.25 & 1.5 & 0.25 & 0 & 0.25 & -0.5 & 0\\
-0.25 & -1 & 0.25 & 1.5 & 0.25 & 0 & -0.25 & -0.25\\
-0.5 & 0 & 0 & 0.25 & 0.75 & 0 & -0.25 & -0.25\\
-0.25 & -0.25 & 0.25 & 0 & 0 & 0.75 & 0 & -0.5\\
0 & 0 & -0.5 & -0.25 & -0.25 & 0 & 0.75 & 0.25\\
0 & 0 & 0 & 0.25 & -0.25 & -0.5 & 0.25 & 0.75
\end{bmatrix}\begin{bmatrix}u_3\\v_3\\u_4\\v_4\\u_5\\v_5\\u_6\\v_6\end{bmatrix}
$$

可以求得

$$
\begin{bmatrix}u_3\\v_3\\u_4\\v_4\\u_5\\v_5\\u_6\\v_6\end{bmatrix}=-\frac{F}{E}\begin{bmatrix}1.3402\\1.3196\\-1.3402\\1.3608\\2.7629\\5.1546\\-2.7629\\5.7320\end{bmatrix}
$$

(5)回代求解。

将求得的各个节点的位移反代方程 $\boldsymbol{F}=\boldsymbol{K\delta}$，即可得到节点 1、2 处受力为

$$\begin{bmatrix} F_{1x} \\ F_{1y} \\ F_{2x} \\ F_{2y} \end{bmatrix} = E\begin{bmatrix} -0.5 & -0.25 & 0 & 0 & 0 & 0 & 0 & 0 \\ 0 & -0.25 & 0 & 0 & 0 & 0 & 0 & 0 \\ 0 & 0.25 & -0.5 & 0 & 0 & 0 & 0 & 0 \\ 0.25 & 0 & -0.25 & -0.25 & 0 & 0 & 0 & 0 \end{bmatrix}\begin{bmatrix} u_3 \\ v_3 \\ u_4 \\ v_4 \\ u_5 \\ v_5 \\ u_6 \\ v_6 \end{bmatrix} = \begin{bmatrix} 1 \\ 0.3299 \\ -1 \\ -0.3299 \end{bmatrix} F$$

5.3　四边形单元

采用第 3 章中所述五步有限元求解步骤进行矩形单元求解平面问题。本书后面局部坐标与整体坐标不再区分，请读者注意。

(1)选择合适坐标系，写出单元的位移及节点力。

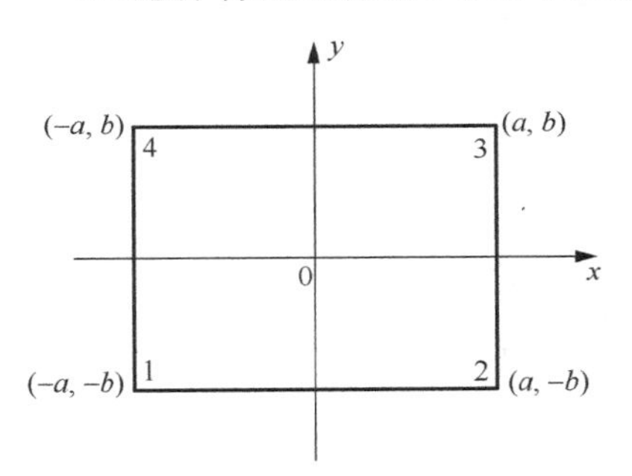

图 5-10　四边形单元

在局部直角坐标系下，建立一个长 $2a$ 宽 $2b$ 的 4 节点矩形单元，4 个节点排列顺序如图 5-10 所示，每个节点有两个位移自由度 u，v，所以一个 4 节点矩形单元有 8 个位移自由度和相应的 8 个节点力分量，即

$$\boldsymbol{\delta}^e = \begin{bmatrix} \boldsymbol{\delta}_1^e \\ \boldsymbol{\delta}_2^e \\ \boldsymbol{\delta}_3^e \\ \boldsymbol{\delta}_4^e \end{bmatrix} = \begin{bmatrix} u_1 \\ v_1 \\ u_2 \\ v_2 \\ u_3 \\ v_3 \\ u_4 \\ v_4 \end{bmatrix},\quad \boldsymbol{F}^e = \begin{bmatrix} \boldsymbol{F}_1^e \\ \boldsymbol{F}_2^e \\ \boldsymbol{F}_3^e \\ \boldsymbol{F}_4^e \end{bmatrix} = \begin{bmatrix} F_{x1} \\ F_{y1} \\ F_{x2} \\ F_{y2} \\ F_{x3} \\ F_{y3} \\ F_{x4} \\ F_{y4} \end{bmatrix} \tag{5-23}$$

此时，每个向量有 8 个分量，单元刚度矩阵 $\boldsymbol{K}^e$ 为 8×8 阶。

(2)选择适当的位移函数。

由于多项式项数等于单元边界节点的自由度总数，4 节点矩形单元中每个节点对应 x、y 两方向自由度，共 8 个节点自由度，位移插值函数应包含 8 个待定的常数 $\alpha_1\sim\alpha_8$。根据帕斯卡三角形，位移插值函数为双线性插值函数：

$$\begin{cases} u=\alpha_1+\alpha_2 x+\alpha_3 y+\alpha_4 xy \\ v=\alpha_5+\alpha_6 x+\alpha_7 y+\alpha_8 xy \end{cases}$$

将节点坐标 (a,b)，$(a,-b)$，$(-a,b)$，$(-a,-b)$ 代入，并写成矩阵形式：

$$\boldsymbol{\delta}^{e}=\begin{bmatrix}\boldsymbol{\delta}_1^e\\\boldsymbol{\delta}_2^e\\\boldsymbol{\delta}_3^e\\\boldsymbol{\delta}_4^e\end{bmatrix}=\begin{bmatrix}u_1\\v_1\\u_2\\v_2\\u_3\\v_3\\u_4\\v_4\end{bmatrix}=\begin{bmatrix}1&-a&-b&ab&0&0&0&0\\0&0&0&0&1&-a&-b&ab\\1&a&-b&-ab&0&0&0&0\\0&0&0&0&1&a&-b&-ab\\1&a&b&ab&0&0&0&0\\0&0&0&0&1&a&b&ab\\1&-a&b&-ab&0&0&0&0\\0&0&0&0&1&-a&b&-ab\end{bmatrix}\begin{bmatrix}\alpha_1\\\alpha_2\\\alpha_3\\\alpha_4\\\alpha_5\\\alpha_6\\\alpha_7\\\alpha_8\end{bmatrix}=\boldsymbol{A\alpha}\tag{5-24}$$

因此，$\boldsymbol{\alpha}=\boldsymbol{A}^{-1}\boldsymbol{\delta}^e$，其中 $\boldsymbol{\delta}^{\forall}=[f(x,y)]\boldsymbol{\alpha}=[f(x,y)]\boldsymbol{A}^{-1}\boldsymbol{\delta}^e=\boldsymbol{N\delta}^e$，$\boldsymbol{N}$ 是单元形状函数矩阵。

$$\begin{aligned}\boldsymbol{\delta}^{\forall}&=\begin{bmatrix}1&x&y&xy&0&0&0&0\\0&0&0&0&1&x&y&xy\end{bmatrix}\boldsymbol{\alpha}\\&=\begin{bmatrix}1&x&y&xy&0&0&0&0\\0&0&0&0&1&x&y&xy\end{bmatrix}\boldsymbol{A}^{-1}\boldsymbol{\delta}^e\\&=\begin{bmatrix}N_1&0&N_2&0&N_3&0&N_4&0\\0&N_1&0&N_2&0&N_3&0&N_4\end{bmatrix}\boldsymbol{\delta}^e\end{aligned}\tag{5-25}$$

式中

$$\begin{cases}N_1=N_1(x,y)=\dfrac{1}{4}\left(1-\dfrac{x}{a}\right)\left(1-\dfrac{y}{b}\right)\\N_2=N_2(x,y)=\dfrac{1}{4}\left(1+\dfrac{x}{a}\right)\left(1-\dfrac{y}{b}\right)\\N_3=N_3(x,y)=\dfrac{1}{4}\left(1+\dfrac{x}{a}\right)\left(1+\dfrac{y}{b}\right)\\N_4=N_4(x,y)=\dfrac{1}{4}\left(1-\dfrac{x}{a}\right)\left(1+\dfrac{y}{b}\right)\end{cases}\tag{5-26}$$

(3)明确几何关系，即单位应变-节点位移之间的关系。

通过材料力学可知，单元内任意一点的应变 $\boldsymbol{\varepsilon}=\{\varepsilon(x,y)\}$ 可以通过该点的位移 $\boldsymbol{\delta}$ 微分得到。

$$\{\varepsilon(x,y)\}=\begin{bmatrix}\varepsilon_x\\\varepsilon_y\\\gamma_{xy}\end{bmatrix}=\begin{bmatrix}\dfrac{\partial u}{\partial x}\\\dfrac{\partial v}{\partial y}\\\dfrac{\partial u}{\partial y}+\dfrac{\partial v}{\partial x}\end{bmatrix}=\begin{bmatrix}\dfrac{\partial}{\partial x}(\alpha_1+\alpha_2x+\alpha_3y+\alpha_4xy)\\\dfrac{\partial}{\partial y}(\alpha_5+\alpha_6x+\alpha_7y+\alpha_8xy)\\\dfrac{\partial}{\partial y}(\alpha_1+\alpha_2x+\alpha_3y+\alpha_4xy)+\dfrac{\partial}{\partial x}(\alpha_5+\alpha_6x+\alpha_7y+\alpha_8xy)\end{bmatrix}$$

$$=\begin{bmatrix}\alpha_2+\alpha_4y\\\alpha_7+\alpha_8x\\\alpha_3+\alpha_4x+\alpha_6+\alpha_8y\end{bmatrix}=\begin{bmatrix}0&1&0&y&0&0&0&0\\0&0&0&0&0&0&1&x\\0&0&1&x&0&1&0&y\end{bmatrix}\begin{bmatrix}\alpha_1\\\alpha_2\\\alpha_3\\\alpha_4\\\alpha_5\\\alpha_6\\\alpha_7\\\alpha_8\end{bmatrix}=\boldsymbol{C\alpha}\tag{5-27}$$

由于 $\boldsymbol{\alpha}=\boldsymbol{A}^{-1}\boldsymbol{\delta}^{\mathrm{e}}$，式(5-27)又可表示为 $\{\varepsilon(x,y)\}=\boldsymbol{C\alpha}=\boldsymbol{CA}^{-1}\boldsymbol{\delta}^{\mathrm{e}}=\boldsymbol{B\delta}^{\mathrm{e}}$，$\boldsymbol{B}$ 为矩形单元几何矩阵。

(4)明确物理关系,即求应力-应变-节点位移之间的关系。

应力与应变之间关系为 $\{\sigma(x,y)\}=\boldsymbol{D}\{\varepsilon(x,y)\}$，其中，$\boldsymbol{D}$ 为弹性矩阵。由于存在 $\{\varepsilon(x,y)\}=\boldsymbol{B\delta}^{\mathrm{e}}$，则 $\{\sigma(x,y)\}=\boldsymbol{D}\{\varepsilon(x,y)\}=\boldsymbol{DB\delta}^{\mathrm{e}}=\boldsymbol{S\delta}^{\mathrm{e}}$，$\boldsymbol{S}$ 是应力矩阵,即

$$\begin{bmatrix}\sigma_x\\ \sigma_y\\ \tau_{xy}\end{bmatrix}=\frac{E(1-\mu)}{(1+\mu)(1-2\mu)}\begin{bmatrix}1 & \mu & 0\\ \dfrac{\mu}{1-\mu} & 1 & 0\\ 0 & 0 & \dfrac{1-\mu}{2}\end{bmatrix}\begin{bmatrix}\varepsilon_x\\ \varepsilon_y\\ \gamma_{xy}\end{bmatrix}\tag{5-28}$$

(5)明确力与位移之间关系,即节点力-节点位移之间的关系。

由第 3 章的虚功原理得到

$$\boldsymbol{F}^{\mathrm{e}}=\int_v \boldsymbol{B}^{\mathrm{T}}\boldsymbol{DB\delta}^{\mathrm{e}}\mathrm{d}v=\boldsymbol{K}^{\mathrm{e}}\boldsymbol{\delta}^{\mathrm{e}}\tag{5-29}$$

其中单元刚度矩阵的表达式:

$$\boldsymbol{K}^{\mathrm{e}}=\int_v \boldsymbol{B}^{\mathrm{T}}\boldsymbol{DB}\,\mathrm{d}v\tag{5-30}$$

式中，$\mathrm{d}v$ 为各个单元的体积，$\mathrm{d}v=t\mathrm{d}x\mathrm{d}y$，$t$ 为厚度。

$$\boldsymbol{B}^{\mathrm{T}}\boldsymbol{DB}=\begin{bmatrix}y-1 & 0 & x-1\\ 0 & x-1 & y-1\\ 1-y & 0 & -x\\ 0 & -x & 1-y\\ y & 0 & x\\ 0 & x & y\\ -y & 0 & 1-x\\ 0 & 1-x & -y\end{bmatrix}E\begin{bmatrix}1 & 0 & 0\\ 0 & 1 & 0\\ 0 & 0 & \frac{1}{2}\end{bmatrix}\begin{bmatrix}y-1 & 0 & 1-y & 0 & y & 0 & -y & 0\\ 0 & x-1 & 0 & -x & 0 & x & 0 & 1-x\\ x-1 & y-1 & -x & 1-y & x & y & 1-x & -y\end{bmatrix}$$

$$=E\begin{bmatrix}(y-1)^2+\frac{(x-1)^2}{2} & \frac{(x-1)(y-1)}{2} & -(y-1)^2-\frac{x(x-1)}{2} & \frac{(x-1)(1-y)}{2} & y(y-1)+\frac{x(x-1)}{2} & \frac{y(x-1)}{2} & -y(y-1)-\frac{(x-1)^2}{2} & -\frac{y(x-1)}{2}\\ & (x-1)^2+\frac{(y-1)^2}{2} & -\frac{x(y-1)}{2} & -x(x-1)-\frac{(y-1)^2}{2} & \frac{x(y-1)}{2} & x(x-1)+\frac{y(y-1)}{2} & \frac{(1-x)(y-1)}{2} & -(x-1)^2-\frac{y(y-1)}{2}\\ & & (y-1)^2+\frac{x^2}{2} & \frac{x(y-1)}{2} & -y(y-1)-\frac{x^2}{2} & -\frac{xy}{2} & y(y-1)+\frac{x(x-1)}{2} & \frac{xy}{2}\\ & & & x^2+\frac{(y-1)^2}{2} & -\frac{x(y-1)}{2} & -x^2-\frac{y(y-1)}{2} & \frac{(x-1)(y-1)}{2} & x(x-1)+\frac{y(y-1)}{2}\\ & & & & y^2+\frac{x^2}{2} & \frac{xy}{2} & -y^2-\frac{x(x-1)}{2} & -\frac{xy}{2}\\ & & & & & x^2+\frac{y^2}{2} & -\frac{y(x-1)}{2} & -x(1-x)-\frac{y^2}{2}\\ & & & & & & y^2+\frac{(x-1)^2}{2} & \frac{(x-1)y}{2}\\ \text{sym} & & & & & & & (1-x^2)+\frac{y^2}{2}\end{bmatrix}\tag{5-31}$$

【例 5-3】 以例 5-2 进行分析。

解:(1)单元选择及单刚阵确定。

矩形板被划分为两个正方形单元,如图 5-11 所示。单元①包括节点 1、2、3、4。单元②包括节点 3、4、5、6。两个单元形状相同,下面以单元①为例求解单元刚度阵。

式(5-30)中 t 为 1mm,根据式(5-31)可以看出矩阵 $\boldsymbol{B}^{\mathrm{T}}\boldsymbol{DB}$ 为对称矩阵,取上三角矩阵为

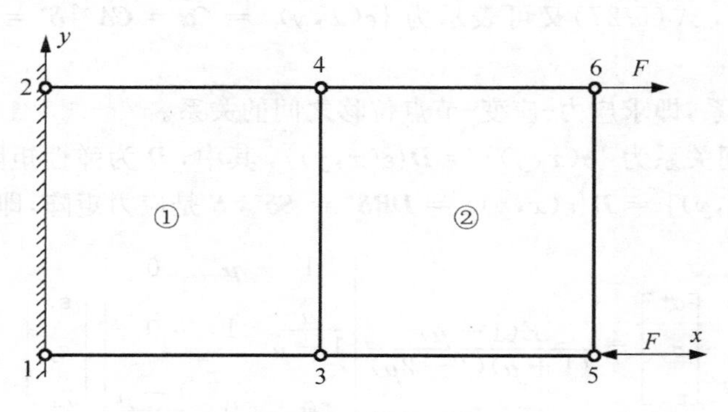

图 5-11　例 5-3 图

$$\boldsymbol{K}^{\mathrm{e1}} = \int_v \boldsymbol{B}^{\mathrm{T}}\boldsymbol{D}\boldsymbol{B}\,\mathrm{d}v = \int_0^1\int_0^1 \boldsymbol{B}^{\mathrm{T}}\boldsymbol{D}\boldsymbol{B}\,\mathrm{d}x\mathrm{d}y$$

积分后，可得

$$\boldsymbol{K}^{\mathrm{e1}} = E\begin{bmatrix} \frac{1}{2} & \frac{1}{8} & -\frac{1}{4} & -\frac{1}{8} & -\frac{1}{4} & -\frac{1}{8} & 0 & \frac{1}{8} \\ & \frac{1}{2} & \frac{1}{8} & 0 & -\frac{1}{8} & -\frac{1}{4} & -\frac{1}{8} & -\frac{1}{4} \\ & & \frac{1}{2} & -\frac{1}{8} & 0 & -\frac{1}{8} & -\frac{1}{4} & \frac{1}{8} \\ & & & \frac{1}{2} & \frac{1}{8} & -\frac{1}{4} & \frac{1}{8} & -\frac{1}{4} \\ & & & & \frac{1}{2} & \frac{1}{8} & -\frac{1}{4} & -\frac{1}{8} \\ & & & & & \frac{1}{2} & \frac{1}{8} & 0 \\ & & & & & & \frac{1}{2} & -\frac{1}{8} \\ \text{sym} & & & & & & & \frac{1}{2} \end{bmatrix}$$

单元②的单元刚度矩阵与单元①的单元刚度矩阵相同。

(2)总刚阵的合成。

每个单元刚度矩阵在总体刚度矩阵中位置严格按照节点号进行叠加，如表 5-3 所示。

表 5-3　例 5-3 节点编号

单元	①				②			
整体节点编号	1	3	4	2	3	5	6	4
局部节点编号	i	j	k	m	i	j	k	m
x	0	1	1	0	1	2	2	1
y	0	0	1	1	0	0	1	1

总刚阵为

$$
\boldsymbol{K}=\begin{bmatrix}
K_{11}^{\mathrm{e1}} & K_{12}^{\mathrm{e1}} & K_{13}^{\mathrm{e1}} & K_{14}^{\mathrm{e1}} & 0 & 0\\
K_{21}^{\mathrm{e1}} & K_{22}^{\mathrm{e1}} & K_{23}^{\mathrm{e1}} & K_{24}^{\mathrm{e1}} & 0 & 0\\
K_{31}^{\mathrm{e1}} & K_{32}^{\mathrm{e1}} & K_{33}^{\mathrm{e1}}+K_{33}^{\mathrm{e2}} & K_{34}^{\mathrm{e1}}+K_{34}^{\mathrm{e2}} & K_{35}^{\mathrm{e2}} & K_{36}^{\mathrm{e2}}\\
K_{41}^{\mathrm{e1}} & K_{42}^{\mathrm{e1}} & K_{43}^{\mathrm{e1}}+K_{43}^{\mathrm{e2}} & K_{44}^{\mathrm{e1}}+K_{44}^{\mathrm{e2}} & K_{45}^{\mathrm{e2}} & K_{46}^{\mathrm{e2}}\\
0 & 0 & K_{53}^{\mathrm{e2}} & K_{54}^{\mathrm{e2}} & K_{55}^{\mathrm{e2}} & K_{56}^{\mathrm{e2}}\\
0 & 0 & K_{63}^{\mathrm{e2}} & K_{64}^{\mathrm{e2}} & K_{65}^{\mathrm{e2}} & K_{66}^{\mathrm{e2}}
\end{bmatrix}
$$

$$
=E\begin{bmatrix}
\frac{1}{2} & \frac{1}{8} & 0 & \frac{1}{8} & -\frac{1}{4} & -\frac{1}{8} & -\frac{1}{4} & -\frac{1}{8} & 0 & 0 & 0 & 0\\
 & \frac{1}{2} & -\frac{1}{8} & -\frac{1}{4} & \frac{1}{8} & 0 & -\frac{1}{8} & -\frac{1}{4} & 0 & 0 & 0 & 0\\
 & & \frac{1}{2} & -\frac{1}{8} & -\frac{1}{4} & \frac{1}{8} & -\frac{1}{4} & -\frac{1}{8} & 0 & 0 & 0 & 0\\
 & & & \frac{1}{2} & \frac{1}{8} & -\frac{1}{4} & \frac{1}{8} & 0 & 0 & 0 & 0 & 0\\
 & & & & 1 & 0 & 0 & 0 & -\frac{1}{4} & -\frac{1}{8} & -\frac{1}{4} & -\frac{1}{8}\\
 & & & & & 1 & 0 & -\frac{1}{2} & \frac{1}{8} & 0 & -\frac{1}{8} & -\frac{1}{4}\\
 & & & & & & 1 & 0 & -\frac{1}{4} & \frac{1}{8} & -\frac{1}{4} & -\frac{1}{8}\\
 & & & & & & & 1 & \frac{1}{8} & -\frac{1}{4} & \frac{1}{8} & 0\\
 & & & & & & & & \frac{1}{2} & -\frac{1}{8} & 0 & -\frac{1}{8}\\
 & & & & & & & & & \frac{1}{2} & \frac{1}{8} & -\frac{1}{4}\\
 & & & & & & & & & & \frac{1}{2} & \frac{1}{8}\\
\mathrm{sym} & & & & & & & & & & & \frac{1}{2}
\end{bmatrix}
$$

(3)引入边界条件。

其中节点 3、4 不受外力作用，节点 1、2 无位移。

$$
\begin{aligned}
\boldsymbol{F}&=[F_{1x}\quad F_{1y}\quad F_{2x}\quad F_{2y}\quad F_{3x}\quad F_{3y}\quad F_{4x}\quad F_{4y}\quad F_{5x}\quad F_{5y}\quad F_{6x}\quad F_{6y}]^{\mathrm{T}}\\
&=[F_{1x}\quad F_{1y}\quad F_{2x}\quad F_{2y}\quad 0\quad 0\quad 0\quad 0\quad -F\quad 0\quad F\quad 0]^{\mathrm{T}}
\end{aligned}
$$

$$
\begin{aligned}
\boldsymbol{\delta}&=[u_1\quad v_1\quad u_2\quad v_2\quad u_3\quad v_3\quad u_4\quad v_4\quad u_5\quad v_5\quad u_6\quad v_6]^{\mathrm{T}}\\
&=[0\quad 0\quad 0\quad 0\quad u_3\quad v_3\quad u_4\quad v_4\quad u_5\quad v_5\quad u_6\quad v_6]^{\mathrm{T}}
\end{aligned}
$$

(4)方程组求解。

$\boldsymbol{F}=\boldsymbol{K\delta}$，划去节点位移为 0 的列及受力不能确定的行，可得

$$
\begin{bmatrix} 0 \\ 0 \\ 0 \\ 0 \\ -F \\ 0 \\ F \\ 0 \end{bmatrix} = E \begin{bmatrix}
1 & 0 & 0 & 0 & -\frac{1}{4} & -\frac{1}{8} & -\frac{1}{4} & -\frac{1}{8} \\
 & 1 & 0 & -\frac{1}{2} & \frac{1}{8} & 0 & -\frac{1}{8} & -\frac{1}{4} \\
 & & 1 & 0 & -\frac{1}{4} & \frac{1}{8} & -\frac{1}{4} & -\frac{1}{8} \\
 & & & 1 & \frac{1}{8} & -\frac{1}{4} & \frac{1}{8} & \\
 & & & & \frac{1}{2} & -\frac{1}{8} & 0 & -\frac{1}{8} \\
 & & & & & \frac{1}{2} & \frac{1}{8} & -\frac{1}{4} \\
 & & & & & & \frac{1}{2} & \frac{1}{8} \\
\text{sym} & & & & & & & \frac{1}{2}
\end{bmatrix} \begin{bmatrix} u_3 \\ v_3 \\ u_4 \\ v_4 \\ u_5 \\ v_5 \\ u_6 \\ v_6 \end{bmatrix}
$$

可以求得

$$
\begin{bmatrix} u_3 \\ v_3 \\ u_4 \\ v_4 \\ u_5 \\ v_5 \\ u_6 \\ v_6 \end{bmatrix} = -\frac{F}{E} \begin{bmatrix} 4 \\ 4 \\ -4 \\ 4 \\ 8 \\ 16 \\ -8 \\ 16 \end{bmatrix}
$$

(5)回代求解。

反代即可得到节点 1、2 处的受力为

$$
\begin{bmatrix} F_{1x} \\ F_{1y} \\ F_{2x} \\ F_{2y} \end{bmatrix} = E \begin{bmatrix}
-\frac{1}{4} & -\frac{1}{8} & -\frac{1}{4} & -\frac{1}{8} & 0 & 0 & 0 & 0 \\
\frac{1}{8} & 0 & -\frac{1}{8} & -\frac{1}{4} & 0 & 0 & 0 & 0 \\
-\frac{1}{4} & \frac{1}{8} & -\frac{1}{4} & -\frac{1}{8} & 0 & 0 & 0 & 0 \\
\frac{1}{8} & -\frac{1}{4} & \frac{1}{8} & 0 & 0 & 0 & 0 & 0
\end{bmatrix} \begin{bmatrix} u_3 \\ v_3 \\ u_4 \\ v_4 \\ u_5 \\ v_5 \\ u_6 \\ v_6 \end{bmatrix} = F \begin{bmatrix} 1 \\ 0 \\ -1 \\ 0 \end{bmatrix}
$$

从以上计算可以看出,用三角形单元计算时,由于位移插值函数是完全一次式,根据应力应变插值阶次为插值函数一次导数的关系,可知其应变场和应力场在单元内均为常数。而四边形单元的位移插值函数带有二次式,计算得到的应变场和应力场都是坐标的一次函数,但不是完全的一次函数,对提高计算精度有一定作用。另外也可以看出,在相同的节点自由度情况下,矩形单元的计算精度要比三角形单元高。

5.4　其他二维平面单元

在平面有限元计算中除了引入三节点三角形单元、四节点矩形单元，为了提高计算精度，还会增加单元中节点数目，根据插值函数原理可以知道，节点的增长代表着插值阶次的增加，更高的插值阶次可以更好地对复杂物理场进行逼近，一些常用的高次单元如六节点三角形单元、八节点矩形单元等。

5.4.1　六节点三角形单元

常见的六节点三角形单元如图 5-12 所示。

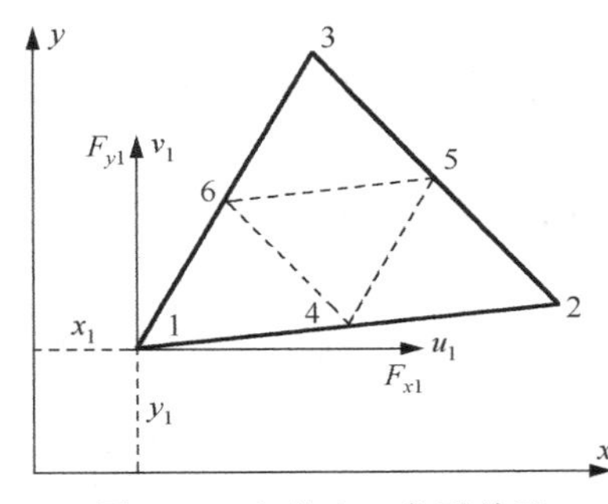

图 5-12　六节点三角形单元

由于多项式项数等于单元边界节点的自由度总数，六节点三角形单元有 6 个节点，每个节点对应 x、y 两方向自由度，共 12 个节点自由度，位移插值函数应包含 12 个待定的常数 $\alpha_1 \sim \alpha_{12}$。根据帕斯卡三角形，可得位移插值函数为

$$\begin{cases} u = \alpha_1 + \alpha_2 x + \alpha_3 y + \alpha_4 x^2 + \alpha_5 xy + \alpha_6 y^2 \\ v = \alpha_7 + \alpha_8 x + \alpha_9 y + \alpha_{10} x^2 + \alpha_{11} xy + \alpha_{12} y^2 \end{cases} \tag{5-32}$$

此时，位移向量、节点力向量均存在 12 个自由度，单元刚度矩阵 $\boldsymbol{K}^e$ 为 12×12 阶。随后，类似 5.3 节的后续推导，即可用节点位移 $\boldsymbol{\delta}^e$ 表示待定系数 $\boldsymbol{\alpha}$，$\boldsymbol{\delta}^e = \boldsymbol{A\alpha}$。此时，$\boldsymbol{A}$ 为 12×12 阶矩阵，$\boldsymbol{\delta}^{\forall} = [f(x,y)]\boldsymbol{\alpha} = [f(x,y)]\boldsymbol{A}^{-1}\boldsymbol{\delta}^e = \boldsymbol{N\delta}^e$，即可用节点位移 $\boldsymbol{\delta}^e$ 表示出应变 $\boldsymbol{\varepsilon} = \{\varepsilon(x,y)\}$、应力 $\{\sigma(x,y)\}$ 及节点力 $\boldsymbol{F}^e$。

5.4.2　八节点矩形单元

而矩形单元中，若采用划线法即可得到八节点矩形单元，此时矩形单元如图 5-13 所示。

此时，单元共 16 个节点自由度，位移插值函数应包含 16 个待定的常数 $\alpha_1 \sim \alpha_{16}$。根据帕斯卡三角形，得到位移插值函数为

$$\begin{cases} u = \alpha_1 + \alpha_2 x + \alpha_3 y + \alpha_4 x^2 + \alpha_5 xy + \alpha_6 y^2 + \alpha_7 x^2 y + \alpha_8 xy^2 \\ v = \alpha_9 + \alpha_{10} x + \alpha_{11} y + \alpha_{12} x^2 + \alpha_{13} xy + \alpha_{14} y^2 + \alpha_{15} x^2 y + \alpha_{16} xy^2 \end{cases} \tag{5-33}$$

将节点坐标 (a,b)、$(a,-b)$、$(-a,b)$、$(-a,-b)$、$(0,-b)$、$(a,0)$、$(0,b)$、$(-a,0)$ 代入上述位移插值函数。此时，节点位移向量、节点力向量存在 16 个自由度，且节点位移向量 $\boldsymbol{\delta}^e = \boldsymbol{A\alpha}$，$\boldsymbol{A}$ 为 16×16 阶矩阵，$\boldsymbol{\delta}^{\forall} = [f(x,y)]\boldsymbol{\alpha} = [f(x,y)]\boldsymbol{A}^{-1}\boldsymbol{\delta}^e = \boldsymbol{N\delta}^e$。因此，$\boldsymbol{\alpha} = \boldsymbol{A}^{-1}\boldsymbol{\delta}^e$，其中 $\boldsymbol{\delta}^{\forall} = [f(x,y)]\boldsymbol{\alpha} = [f(x,y)]\boldsymbol{A}^{-1}\boldsymbol{\delta}^e = \boldsymbol{N\delta}^e$。

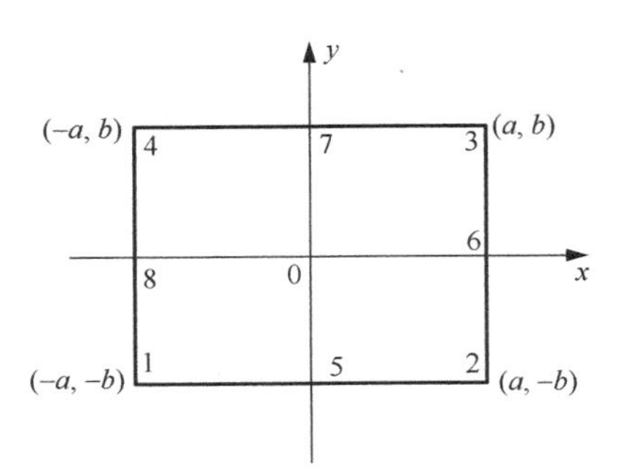

图 5-13　八节点矩形单元

随后即可用节点位移 $\boldsymbol{\delta}^e$ 表示出应变 $\varepsilon = \{\varepsilon(x,y)\}$、应力 $\{\sigma(x,y)\}$ 和节点力 $\boldsymbol{F}^e$。从 5.3 节中可以看出，对于不同的单元，仅构造的位移插值函数不同，其余均是按照有限元的五步进行，但是对应力学问题不同。一般在第

一步确定了单元形式后，根据单元的力学性质、节点自由度数目即可直接写出节点力、节点位移向量。

5.5　三维实体单元

有限元不仅局限在平面力的求解中，还涉及三维中力的求解，因此需要引入合适的三维实体单元。三维实体单元可能的几何形状要比二维的多，这里仅对八节点六面体单元进行分析，并增加节点数目，从而得到二十节点六面体单元。

5.5.1　八节点六面体单元

(1)选择合适坐标系，写出单元的位移及节点力。

如图 5-14 所示的八节点六面体单元，其中每个节点有三个方向自由度，每个节点有 3 个位移自由度 u, v, w。

每个节点所在坐标为 $(x_i, y_i, z_i)(i=1,\cdots,8)$，位移为 $(u_i, v_i, w_i)(i=1,\cdots,8)$。

$$\boldsymbol{\delta}^e = [\boldsymbol{\delta}_1^e \quad \boldsymbol{\delta}_2^e \quad \cdots \quad \boldsymbol{\delta}_8^e]^T = [u_1 \quad v_1 \quad w_1 \quad u_2 \quad v_2 \quad w_2 \quad \cdots \quad u_8 \quad v_8 \quad w_8]^T$$

$$\boldsymbol{F}^e = [\boldsymbol{F}_1^e \quad \boldsymbol{F}_2^e \quad \cdots \quad \boldsymbol{F}_8^e]^T = [F_{x1} \quad F_{y1} \quad F_{z1} \quad F_{x2} \quad F_{y2} \quad F_{z2} \quad \cdots \quad F_{x8} \quad F_{y8} \quad F_{z8}]^T$$

此时，每个向量有 24 个分量，单元刚度矩阵 $\boldsymbol{K}^e$ 为 24×24 阶。

(2)选择适当的位移函数。

由于多项式项数等于单元边界节点的自由度总数，八节点正六面体单元中每个节点对应 x、y、z 三个方向自由度，共有 24 个位移自由度和相应的 24 个节点力分量，位移插值函数应包含 24 个待定的常数 $\alpha_1 \sim \alpha_{24}$。则插值函数为

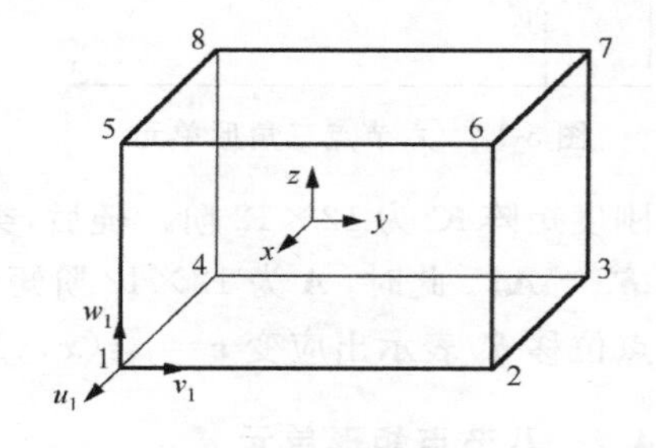

图 5-14　八节点六面体单元

$$\begin{cases} u = \alpha_1 + \alpha_2 x + \alpha_3 y + \alpha_4 z + \alpha_5 xy + \alpha_6 yz + \alpha_7 xz + \alpha_8 xyz \\ v = \alpha_9 + \alpha_{10} x + \alpha_{11} y + \alpha_{12} z + \alpha_{13} xy + \alpha_{14} yz + \alpha_{15} xz + \alpha_{16} xyz \\ w = \alpha_{17} + \alpha_{18} x + \alpha_{19} y + \alpha_{20} z + \alpha_{21} xy + \alpha_{22} yz + \alpha_{23} xz + \alpha_{24} xyz \end{cases} \tag{5-34}$$

根据每个节点坐标确定出待定系数 $\alpha_1 \sim \alpha_{24}$，并用矩阵形式表示为

$$\boldsymbol{\delta}^\forall = \{\delta(x,y,z)\} = \begin{bmatrix} u \\ v \\ w \end{bmatrix} = [f(x,y,z)]\boldsymbol{\alpha}$$

8 个节点的位移向量 $\boldsymbol{\delta}$ 为

$$\boldsymbol{\delta}^e = \begin{bmatrix} \boldsymbol{\delta}_1 \\ \boldsymbol{\delta}_2 \\ \vdots \\ \boldsymbol{\delta}_8 \end{bmatrix} = \boldsymbol{A\alpha}$$

式中，$\boldsymbol{\alpha} = [\alpha_1 \quad \alpha_2 \quad \cdots \quad \alpha_{24}]^T$。

即

$$\boldsymbol{\alpha}=\boldsymbol{A}^{-1}\boldsymbol{\delta}^{e},\quad \boldsymbol{\delta}^{\forall}=[f(x,y,z)]\boldsymbol{\alpha}=[f(x,y,z)]\boldsymbol{A}^{-1}\boldsymbol{\delta}^{e}=\boldsymbol{N}\boldsymbol{\delta}^{e}$$

式中，$\boldsymbol{N}$ 是单元形状函数矩阵。需要注意的是，节点位移多达 24 个，节点条件确定位移模式中待定系数和形状函数过于复杂，因此可以采用拉格朗日插值公式写出各个形状函数。

(3)明确几何关系，即单位应变-节点位移之间的关系。

通过 5.1.3 节的弹性力学基础知识可知，单元内任意一点的应变 $\varepsilon=\{\varepsilon(x,y)\}$ 可以通过该点的位移 $\boldsymbol{\delta}$ 微分得到。

$$\{\varepsilon(x,y,z)\}=\begin{bmatrix}\varepsilon_x\\ \varepsilon_y\\ \varepsilon_z\\ \gamma_{xy}\\ \gamma_{yz}\\ \gamma_{zx}\end{bmatrix}=\begin{bmatrix}\dfrac{\partial u}{\partial x}\\ \dfrac{\partial v}{\partial y}\\ \dfrac{\partial w}{\partial z}\\ \dfrac{\partial u}{\partial y}+\dfrac{\partial v}{\partial x}\\ \dfrac{\partial v}{\partial z}+\dfrac{\partial w}{\partial y}\\ \dfrac{\partial w}{\partial x}+\dfrac{\partial u}{\partial z}\end{bmatrix}=\boldsymbol{C}\boldsymbol{\alpha} \tag{5-35}$$

由于 $\boldsymbol{\alpha}=\boldsymbol{A}^{-1}\boldsymbol{\delta}^{e}$，式(5-35)又可表示为 $\{\varepsilon(x,y,z)\}=\boldsymbol{C}\boldsymbol{\alpha}=\boldsymbol{C}\boldsymbol{A}^{-1}\boldsymbol{\delta}^{e}=\boldsymbol{B}\boldsymbol{\delta}^{e}$，$\boldsymbol{B}$ 为三角形单元几何矩阵。

(4)明确物理关系，即求应力-应变-节点位移之间的关系。

应力与应变之间关系为 $\{\sigma(x,y,z)\}=\boldsymbol{D}\{\varepsilon(x,y,z)\}$，其中，$\boldsymbol{D}$ 为弹性矩阵，即

$$\boldsymbol{D}=\frac{E(1-\mu)}{(1+\mu)(1-2\mu)}\begin{bmatrix}1&\dfrac{\mu}{1-\mu}&\dfrac{\mu}{1-\mu}&0&0&0\\ \dfrac{\mu}{1-\mu}&1&\dfrac{\mu}{1-\mu}&0&0&0\\ \dfrac{\mu}{1-\mu}&\dfrac{\mu}{1-\mu}&1&0&0&0\\ 0&0&0&\dfrac{1-2\mu}{2(1-\mu)}&0&0\\ 0&0&0&0&\dfrac{1-2\mu}{2(1-\mu)}&0\\ 0&0&0&0&0&\dfrac{1-2\mu}{2(1-\mu)}\end{bmatrix} \tag{5-36}$$

由于存在 $\{\varepsilon(x,y,z)\}=\boldsymbol{B}\boldsymbol{\delta}^{e}$，则 $\{\sigma(x,y,z)\}=\boldsymbol{D}\{\varepsilon(x,y,z)\}=\boldsymbol{D}\boldsymbol{B}\boldsymbol{\delta}^{e}=\boldsymbol{S}\boldsymbol{\delta}^{e}$，其中 $\boldsymbol{S}$ 是应力矩阵。

(5)明确力与位移之间关系，即节点力-节点位移之间的关系。

由第 3 章的虚功原理得到：$\boldsymbol{F}^{e}=\int_{v}\boldsymbol{B}^{\mathrm{T}}\boldsymbol{D}\boldsymbol{B}\boldsymbol{\delta}^{e}\mathrm{d}v=\boldsymbol{K}^{e}\boldsymbol{\delta}^{e}$，其中 $\boldsymbol{K}^{e}=\int_{v}\boldsymbol{B}^{\mathrm{T}}\boldsymbol{D}\boldsymbol{B}\,\mathrm{d}v$ 是单元刚度矩阵的表达式。

5.5.2 二十节点六面体单元

如图 5-15 所示的二十节点六面体单元，为每根棱中间取节点及正六面体上角点，共 20 个节点，其中每个节点有 3 个方向自由度，每个节点有 3 个位移自由度 u、v、w。

每个节点所在坐标为 $(x_i, y_i, z_i)(i = 1, \cdots, 20)$，位移为 $(u_i, v_i, w_i)(i = 1, \cdots, 20)$。

$$\boldsymbol{\delta}^e = [\boldsymbol{\delta}_1^e \quad \boldsymbol{\delta}_2^e \quad \cdots \quad \boldsymbol{\delta}_{20}^e]^T = [u_1 \quad v_1 \quad w_1 \quad u_2 \quad v_2 \quad w_2 \quad \cdots \quad u_{20} \quad v_{20} \quad w_{20}]^T$$

$$\boldsymbol{F}^e = [\boldsymbol{F}_1^e \quad \boldsymbol{F}_2^e \quad \cdots \quad \boldsymbol{F}_{20}^e]^T = [F_{x1} \quad F_{y1} \quad F_{z1} \quad F_{x2} \quad F_{y2} \quad F_{z2} \quad \cdots \quad F_{x20} \quad F_{y20} \quad F_{z20}]^T$$

此时，每个向量有 60 个分量，单元刚度矩阵 $\boldsymbol{K}^e$ 为 60×60 阶。

由于多项式项数等于单元边界节点的自由度总数，二十节点正六面体单元中每个节点对应 x、y、z 三个方向自由度，如图 5-16 所示，共有 60 个位移自由度和相应的 60 个节点力分量，位移插值函数应包含 60 个待定的常数 $\alpha_1 \sim \alpha_{60}$。

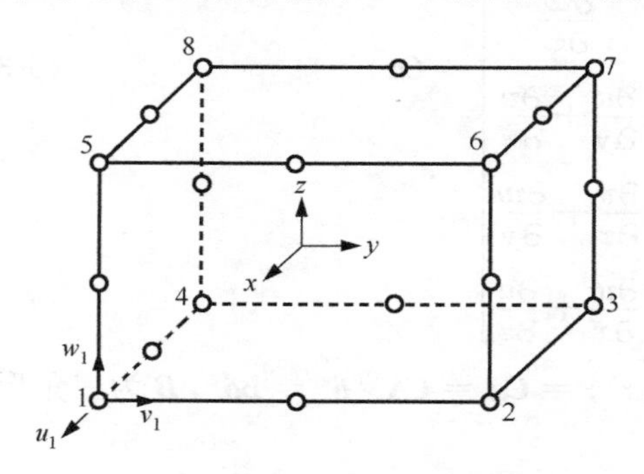

图 5-15　二十节点六面体单元

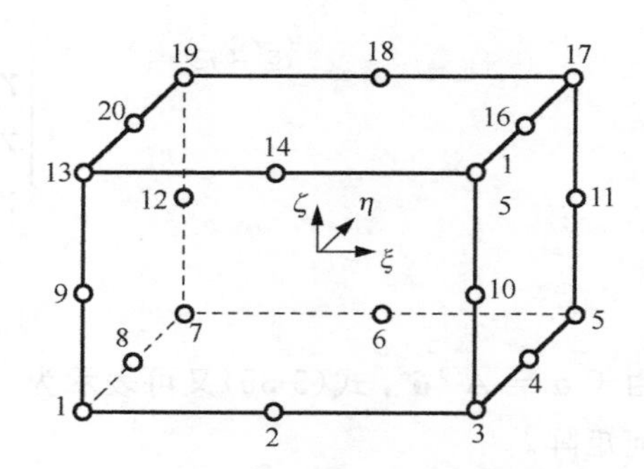

图 5-16　二十节点六面体单元节点排布

根据每个节点坐标确定出待定系数 $\alpha_1 \sim \alpha_{60}$，并用矩阵形式表示为

$$\boldsymbol{\delta}^\forall = \{\delta(x,y,z)\} = \begin{bmatrix} u \\ v \\ w \end{bmatrix} = [f(x,y,z)]\boldsymbol{\alpha}$$

由于二十节点正六面体待定系数过于复杂，因此插值函数可以用拉格朗日插值定理，并采用无量纲表示为 $\eta = \dfrac{x}{a}$，$\xi = \dfrac{y}{b}$，$\zeta = \dfrac{z}{c}$。

在 8 个角节点处插值函数可以写成：

$$N_i = \frac{1}{8}(1+\xi_i\xi)(1+\eta_i\eta)(1+\zeta_i\zeta)(\xi_i\xi+\eta_i\eta+\zeta_i\zeta-2) \quad (i = 1,3,5,7,13,15,17,19)$$

在 12 个棱上点的插值函数可以写成：

$$\begin{cases} N_i = \dfrac{1}{4}(1-\xi^2)(1+\eta_i\eta)(1+\zeta_i\zeta) & (i = 2,6,14,18) \\ N_i = \dfrac{1}{4}(1+\xi_i\xi)(1-\eta^2)(1+\zeta_i\zeta) & (i = 4,8,16,20) \\ N_i = \dfrac{1}{4}(1+\xi_i\xi)(1+\eta_i\eta)(1-\zeta^2) & (i = 9,10,11,12) \end{cases} \tag{5-37}$$

因此，$\boldsymbol{\alpha} = \boldsymbol{A}^{-1}\boldsymbol{\delta}^e$，其中 $\boldsymbol{\delta}^\forall = [f(x,y,z)]\boldsymbol{\alpha} = [f(x,y,z)]\boldsymbol{A}^{-1}\boldsymbol{\delta}^e = \boldsymbol{N}\boldsymbol{\delta}^e$，随后即可用节点位移 $\boldsymbol{\delta}^e$ 表示出应变 $\boldsymbol{\varepsilon} = \{\varepsilon(x,y,z)\}$、应力 $\{\sigma(x,y,z)\}$ 和节点力 $\boldsymbol{F}^e$。虽然是三维单元，但仅构

造的位移插值函数不同，其余均按照有限元的五步进行，只不过可能对应力学问题不同。一般在第一步确定了单元形式后，根据单元的力学性质、节点自由度数目即可直接写出节点力、节点位移向量。

习　题

1. 试推导六节点三角形单元的单刚阵。

2. 在构造不同单元的位移插值函数时，当“未知数个数与自由度数相等”与“完全多项式”存在矛盾时，会带来什么问题？

3. 图 5-17 为一个均质正方形板，长 1m，宽 1m，厚 1m。载荷作用如图 5-17 所示，材料弹性模量 E，泊松比 $\mu=0$，不记自重，用有限元方法求支撑点应力。

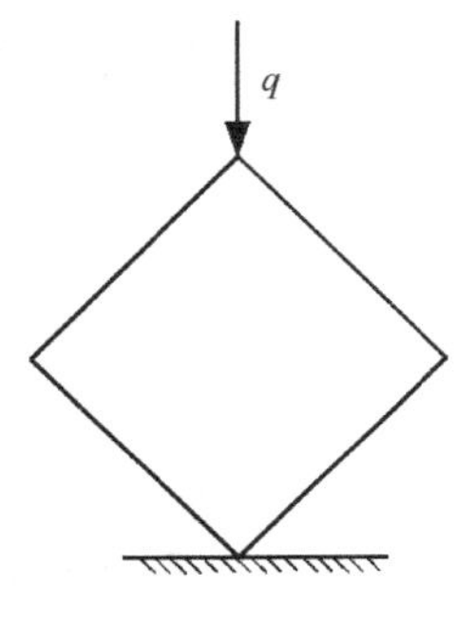

图 5-17　习题 3 图

4. 选择工程中常见的一种板壳结构，利用 ANSYS 研究分析其性能。

第 6 章　数值微分与数值积分方法

在微积分课程中，我们习惯并善于求解已经给出解析表达式的微分和积分问题，然而受到实际问题复杂性和不确定性的影响，大多数现实问题并不能使用一个精确的表达式进行描述，即使是在微积分课程中，也并非每一个显式表达的式子都有其对应的积分形式。实际数据都是离散的，如何从这些离散数据中得到其对应物理场的微分和积分是本章所要讨论的内容。本章内容主要涉及数值微分和数值积分两部分，其中数值微分部分包含了作者的部分研究成果。

6.1　数值微分

6.1.1　直接数值微分法：以差分法为例

在有限元中为什么要求数值微分？最直观地，读者们可能认为是源于从所求得的物理场得到其导数的需要，例如，从位移 $u(x)$ 得到应变 $\mathrm{d}u(x)/\mathrm{d}x$，然而事实并不是这样的，因为我们往往可以通过对型函数求导，进而与位移场进行计算可以得到连续的应变场，而无须通过离散的位移场求得离散的应变场，读者们在后面也会看到经典的数值微分方法往往是不稳定的。那么，原因究竟是什么呢？一个最简单和直接的应用是对于结构的动力学响应问题：

$$ku + c\underbrace{\frac{\partial u}{\partial t}}_{v} + m\underbrace{\frac{\partial^2 u}{\partial t^2}}_{a} = f(t) \tag{6-1}$$

求解该类与时间相关的问题，通常是将问题在时间和空间中同时进行离散，在每一个时间点 t 上均采用一般有限元方法进行分析（达朗贝尔原理），而对不同时间点间，如 $t-\Delta t$、t、$t+\Delta t$，通过数值微分（中心差分）建立其联系，实现从离散向离散间的映射：

$$v = \frac{\partial u_t}{\partial t} = \frac{u_{t+\Delta t} - u_{t-\Delta t}}{2\Delta t} \tag{6-2}$$

$$a = \frac{\partial^2 u_t}{\partial t^2} = \frac{u_{t+\Delta t} - 2u_t + u_{t-\Delta t}}{\Delta t^2} \tag{6-3}$$

当然，也有学者提出在时间尺度上采用与在空间中相似的形函数 $N(t)$，从而通过增加维度的方式避免数值微分的求解，然而与空间不同，由于不同时间步间的位移量之间并不存在如位移-应变一样的本构关系，因而最终证明此类方法效果并不理想。

事实证明，式(6-2)和式(6-3)所描述的中心差分法是一种最为简单有效的数值微分方法（虽然它的缺点也很多，我们将在随后进行讨论）。中心差分法源于微积分的朴素思想，在微积分中，任意函数 $u(x)$ 的导数定义为

$$u'(x) = \frac{\mathrm{d}u}{\mathrm{d}x} = \lim_{h\to 0}\frac{u(x+h) - u(x)}{h} \tag{6-4}$$

很自然地，可以使用

$$u'(x) \approx \frac{u(x+h) - u(x)}{h} \tag{6-5}$$

近似地计算微分，只要保证间隔 h 足够小，这种方法称为差分法。另一方面，当 h 过小时，上式的分子将趋近于零，导致计算不准确，产生较大的误差，而多次差分求解高阶导数会将误差逐次放大，最终导致解的不稳定。

【例 6-1】 用不同 h 值计算 $u(x) = e^x$ 在 $x = 0$ 处的一阶导数值。

解：如表 6-1 所示。

表 6-1

h	$\frac{u(x+h)-u(0)}{h}$	误差
10^{-1}	1.0517	0.0517
10^{-2}	1.0050	0.0050
10^{-3}	1.0004	0.0004
10^{-4}	1.0000	0.0000
10^{-5}	0.9999	0.0001
10^{-6}	0.9984	0.0016
10^{-7}	0.1043	0.8957

结果表明，当 h 较大或较小时，近似解都不够精确。而在实际中，选取合适的 h 值以保证微分精度往往是非常困难的，这一点大大限制了差分式数值微分的应用。针对此类问题，有很多学者提出了不同的改进方法，例如谱微分法与伪谱微分法等。

6.1.2　谱微分法：以傅里叶微分法为例

谱微分法是建立在某种谱格式上的数值微分方法，如图 6-1 所示。相对于差分法中使用有限节点进行数值微分计算，谱方法表现为近似无限的特性，使用全部节点进行微分计算，因此可以大大提高算法的鲁棒性。目前常用的谱微分法主要包括傅里叶微分法和小波微分法，分别由 Z. Yang，M. Cao 和 W. Ostachowicz 在文献[148 - 153]中针对结构健康监测问题中的模态曲率计算而提出，本节主要以傅里叶微分法为对象进行介绍。

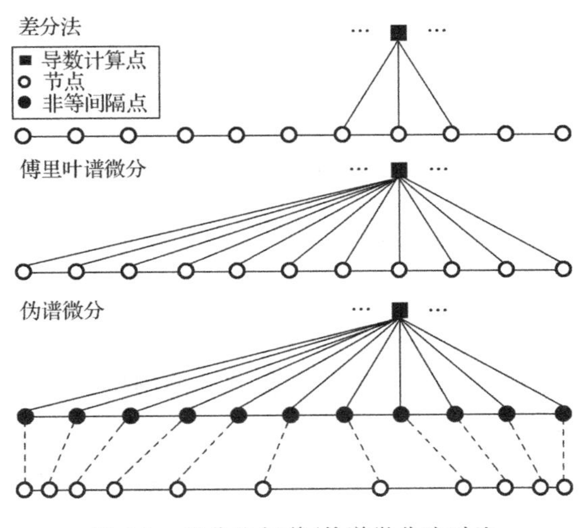

图 6-1　差分法与谱/伪谱微分法对比

在介绍谱方法前，有必要首先对傅里叶变换的基本理论进行简要介绍。

傅里叶积分定理　若函数 $f(t)$满足狄利克雷条件（有限个极值点或间断点）且绝对可积分（$\int_{-\infty}^{+\infty}|f(t)|\mathrm{d}x<+\infty$），则有：

$$f(t)=\frac{1}{2\pi}\int_{-\infty}^{+\infty}\left[\int_{-\infty}^{+\infty}f(t)\mathrm{e}^{-\mathrm{j}\omega t}\mathrm{d}t\right]\mathrm{e}^{\mathrm{j}\omega t}\mathrm{d}\omega \tag{6-6}$$

上式表示了一个函数由原域（常用的如时间域 t）向倒易域（常用的如圆频率域 ω）的映射，继而再由倒易域重构的过程。傅里叶变换定义为

$$F(\omega)=\int_{-\infty}^{+\infty}f(t)\mathrm{e}^{-\mathrm{j}\omega t}\mathrm{d}t \tag{6-7}$$

逆变换定义为

$$f(t)=\frac{1}{2\pi}\int_{-\infty}^{+\infty}F(\omega)\mathrm{e}^{\mathrm{j}\omega t}\mathrm{d}\omega \tag{6-8}$$

考虑欧拉公式 $\mathrm{e}^{\mathrm{j}\omega t}=\cos\omega t+\mathrm{j}\sin\omega t$，就不难理解，傅里叶变换简洁、优美地表述了函数在三角正交基底下的投影和重构关系，因此也有学者称傅里叶变换为一首优美的数学诗，如何赞美亦不为过，读者们在其他课程的学习当中将进一步理解傅里叶变换的优美之处。除了时频转换外，傅里叶变换还拥有众多优异的性质。

线性性质：

$$\int_{-\infty}^{+\infty}[\alpha f(t)+\beta g(t)]\mathrm{e}^{-\mathrm{j}\omega t}\mathrm{d}t=\alpha F(\omega)+\beta G(\omega) \tag{6-9}$$

$$\alpha f(t)+\beta g(t)=\frac{1}{2\pi}\int_{-\infty}^{+\infty}[\alpha F(\omega)+\beta G(\omega)]\mathrm{e}^{\mathrm{j}\omega t}\mathrm{d}\omega \tag{6-10}$$

位移性质：

$$\int_{-\infty}^{+\infty}f(t-t_0)\mathrm{e}^{-\mathrm{j}\omega t}\mathrm{d}t=\mathrm{e}^{-\mathrm{j}\omega t_0}F(\omega) \tag{6-11}$$

$$\mathrm{e}^{\mathrm{j}\omega_0 t}f(t)=\frac{1}{2\pi}\int_{-\infty}^{+\infty}F(\omega-\omega_0)\mathrm{e}^{\mathrm{j}\omega t}\mathrm{d}\omega \tag{6-12}$$

相似性质：

$$\int_{-\infty}^{+\infty}f(at)\mathrm{e}^{-\mathrm{j}\omega t}\mathrm{d}t=\frac{1}{|a|}F\left(\frac{\omega}{a}\right) \tag{6-13}$$

积分性质：

$$\int_{-\infty}^{+\infty}\left[\int_{-\infty}^{t}f(t)\mathrm{d}t\right]\mathrm{e}^{-\mathrm{j}\omega t}\mathrm{d}t=\frac{1}{\mathrm{j}\omega}F(\omega) \tag{6-14}$$

微分性质：

$$\int_{-\infty}^{+\infty}f^{(n)}(t)\mathrm{e}^{-\mathrm{j}\omega t}\mathrm{d}t=(\mathrm{j}\omega)^n F(\omega) \tag{6-15}$$

傅里叶微分法是以式(6-15)为基础建立的，使用圆频率进行计算在工程中存在一定不便，因此以下将使用波数 k 进行阐述，波数 k 是空间位置 x 的倒易量。以函数的二阶导数为例，函数 $u(x)$的二阶傅里叶导数可表示为

$$u''(x)=-\frac{1}{2\pi}\int_{-\infty}^{+\infty}\mathrm{e}^{\mathrm{i}kx}k^2U(k)\mathrm{d}k \tag{6-16}$$

其中，$U(k)$表示函数 $u(x)$的傅里叶变换。注意到上式虽然给出了傅里叶微分的基本形式，但却是针对连续函数 $u(x)$给出的，且积分区间为负无穷到正无穷，现实中这样的条件无法满足，

仅能够获得有限个数据点，因此使用离散格式才能够进行有效地计算。为了方便起见，不妨设有 N 个数据点均匀分布在 $[0,\ 2\pi]$ 区间当中，基于此假设，式(6-7)和式(6-8)所定义的连续函数傅里叶变换对可在本问题框架下重新表示为

$$U_k = h\sum_x \mathrm{e}^{-\mathrm{i}kx}u_x \tag{6-17}$$

$$u_x = \frac{1}{2\pi}\sum_k \mathrm{e}^{\mathrm{i}kx}U_k \tag{6-18}$$

式中，h 表示节点间隔。这里使用角标代替原连续函数括号中的自变量以表示相关量为离散量，因此傅里叶微分可以表示为

$$u''_x = -\frac{h}{2\pi}\sum_k k^2\mathrm{e}^{\mathrm{i}kx}\left(\sum_x \mathrm{e}^{-\mathrm{i}kx}u_x\right) \tag{6-19}$$

可见，只要获得了离散序列 u_x，即可完成傅里叶微分的计算。相比于传统的差分方法，傅里叶微分避免了 0/0 形式的出现，保证了算法的稳定性。从图 6-1 也可以看出，对任意一点傅里叶微分的计算需要用到全部节点数据，而非差分法中所用的局部数据，因此傅里叶微分的表达形式更加符合导数的物理意义。

结构模态振型 w 的二阶导数可以有效地指示损伤导致的微弱奇异性，因此常被用作损伤检测。图 6-2 给出了由有限元求得的某两端固支有损伤梁的前三阶模态振型，从图中很难通过肉眼进行损伤识别。为了测试方法的噪声鲁棒性，现人为的给这些振型增加白噪声，白噪声的大小由信噪比确定。当施加 60dB 信噪比白噪声后，使用中心差分法求解模态振型的二阶导数，可以得到如图 6-3 所示的结果，图中三处三角形标识为实际损伤位置，可以看到，由差分法计算得到的导数杂乱无章，没有任何参考意义。继而，使用傅里叶微分法对此问题进行计算，信噪比设置为 60dB 和 50dB，结果如图 6-4 所示。可以看到，在 60dB 和 50dB 信噪比的噪声影响下，傅里叶微分方法在一至三阶模态振型的二阶导数中均有正确的峰值出现在损伤位置，因此方法的噪声鲁棒性很强。

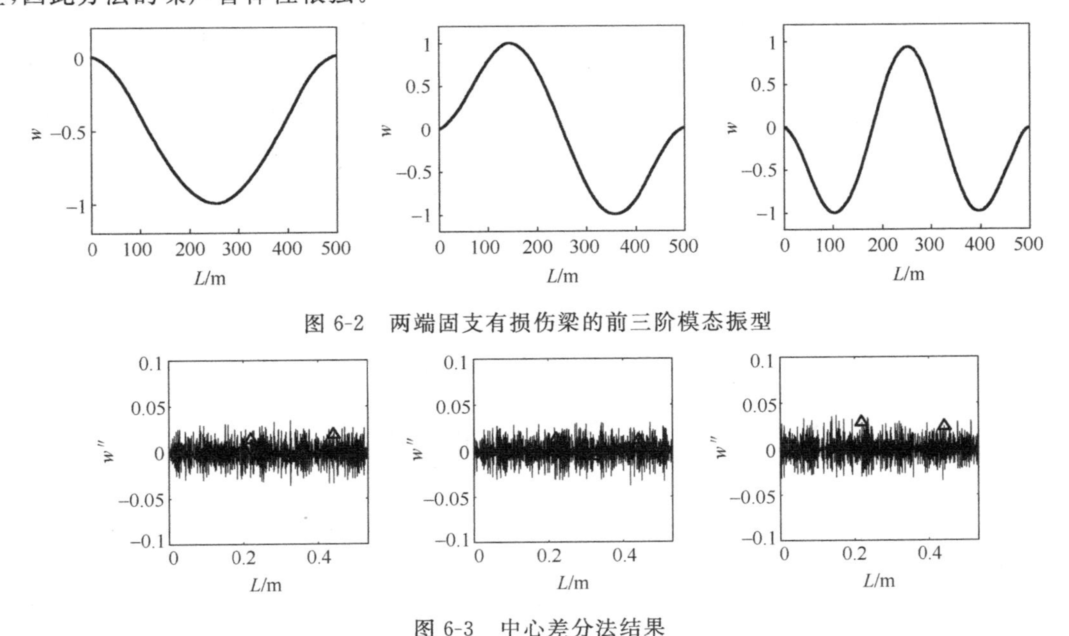

图 6-2　两端固支有损伤梁的前三阶模态振型

图 6-3　中心差分法结果

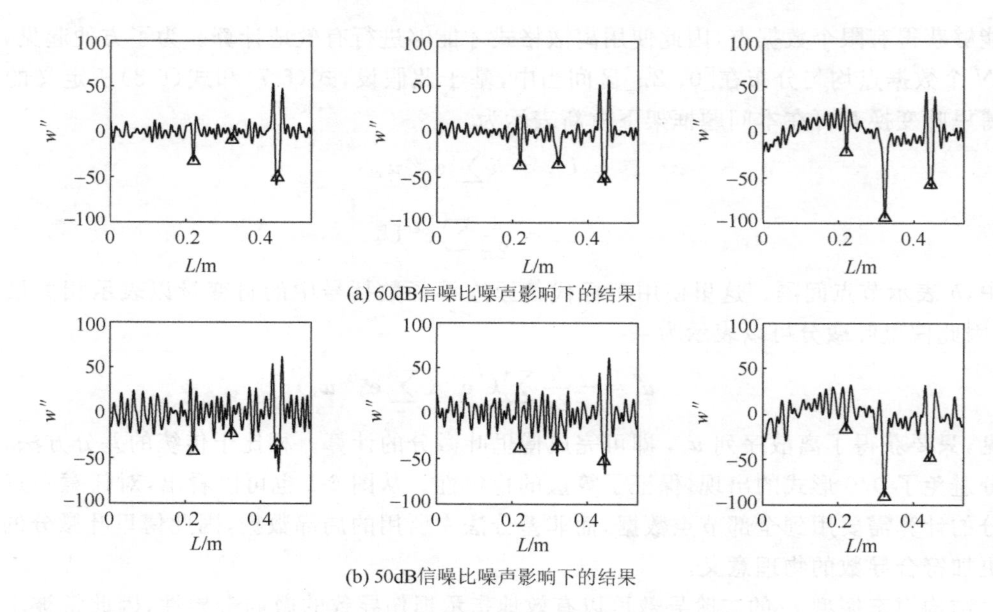

(a) 60dB信噪比噪声影响下的结果

(b) 50dB信噪比噪声影响下的结果

图 6-4 傅里叶微分法得到的结果

但是傅里叶微分方法也存在一定缺点，傅里叶变换本质是针对周期性数据开展的，而实际数据的周期性往往较弱，如图 6-2 所示数据所包含的周期数均较少，需要通过周期性延拓以解决边界效应，因此学者们提出了伪谱微分法以解决这一问题和并简化计算。

6.1.3 伪谱微分法：以切比雪夫微分法为例

伪谱微分法种类众多，在本书中主要以切比雪夫微分法为例进行说明。与谱微分类似，从图 6-1 可见，伪谱微分法实际上是通过非均匀布点代替傅里叶微分中的均匀布点以消除对周期性条件的依赖。在介绍伪谱微分法之前，先来看看延拓问题。图 6-5 给出了典型信号的三种周期性延拓方法，左侧为简单延拓，边界处存在间断点；右图所示的延拓通过平移和反转消除了间断点，同时也保证了周期性。必须注意的是，在实际中完全实现如右图所示的周期性延拓较为复杂，如图 6-6 所示为一个具有一处损伤的模态振型在左图所示简单延拓作用下得到的结果，需要注意的是，该模态振型中并未施加噪声，图中所出现的振荡由于间断点导致，因此有必要对傅里叶微分法进行改进。

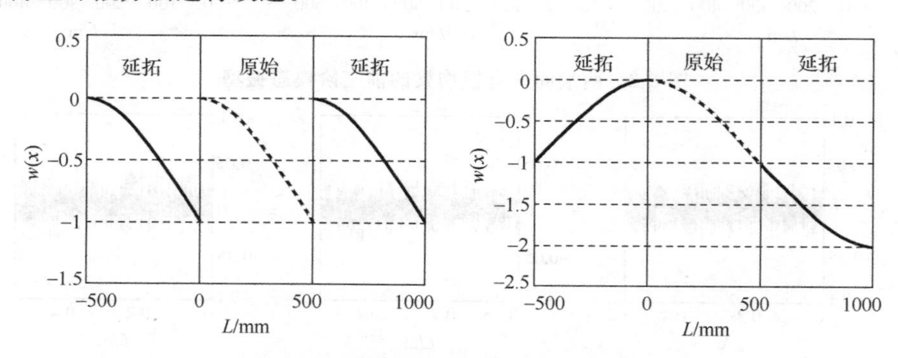

图 6-5 典型信号的周期性延拓

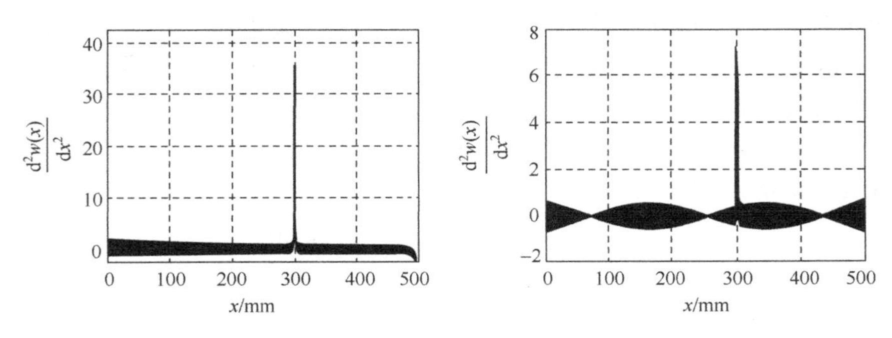

图 6-6　未能良好延拓信号的傅里叶微分

伪谱微分与傅里叶微分最大的不同在于不依赖于周期性，因此也无须延拓。切比雪夫微分是一种常用的伪谱微分法，对于切比雪夫微分法而言，如图 6-1 中所示的非均匀点 ξ 是由下式定义的：

$$x = \cos\xi \tag{6-20}$$

离散形式为

$$x_m = \cos\frac{\pi m}{N} \qquad (m = 0, 1, \cdots, N) \tag{6-21}$$

其物理意义如图 6-7 所示，相当于将傅里叶微分的节点画在一张薄纸上，再将这张纸粘贴在一个易拉罐上所得到的图像，图示的镜像点是由于欧拉恒等式中虚部的使用导致的，读者们可以参考复变函数及特殊函数教程。

不妨设 $x \in [-1, 1]$，与傅里叶变换类似，存在切比雪夫变换可以使得任意物理场 $w(x)$ 被展开为若干切比雪夫基函数的加权和：

$$w(x) = \sum_n a_n T_n(x) \tag{6-22}$$

式中

$$T_n(x) = \cos(n\arccos x) \tag{6-23}$$

表示 n 阶切比雪夫多项式，如图 6-8 所示。a_n 表示切比雪夫多项式的加权系数，将式(6-21)代入式(6-22)可得

$$w(x) = \sum_n a_n \cos(n\xi) \tag{6-24}$$

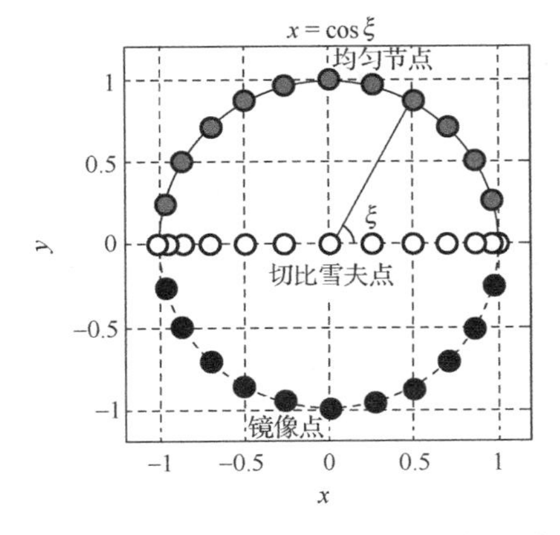

图 6-7　切比雪夫点与均匀节点间的物理关系

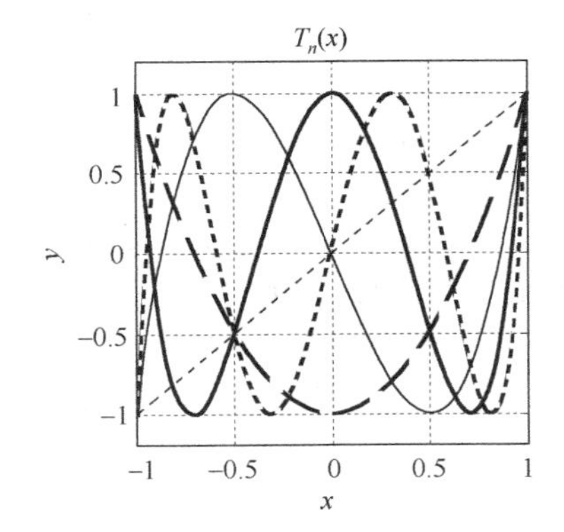

图 6-8　1-5 阶切比雪夫多项式

但是切比雪夫多项式的加权系数 a_n 与 n 的值及物理意义暂时未知，因此先请读者们暂时将等式(6-24)相关的问题放下，从傅里叶微分推导切比雪夫微分法，进而辨识其加权系数的物理意义。注意到欧拉恒等式

$$e^{jk\xi}=\cos(k\xi)+j\sin(k\xi) \tag{6-25}$$

将其代入傅里叶微分表达式可得

$$w(\xi)=\frac{1}{2\pi}\int_{-\infty}^{+\infty}\cos(k\xi)W(k)\,dk \tag{6-26}$$

$$\frac{dw(\xi)}{d\xi}=-\frac{1}{2\pi}\int_{-\infty}^{+\infty}k\sin(k\xi)W(k)\,dk \tag{6-27}$$

$$\frac{d^2w(\xi)}{d\xi^2}=-\frac{1}{2\pi}\int_{-\infty}^{+\infty}k^2\cos(k\xi)W(k)\,dk \tag{6-28}$$

其对应的离散形式为

$$w_\xi=\frac{1}{2\pi}\sum_k\cos(k\xi)W_k \tag{6-29}$$

$$\frac{dw_\xi}{d\xi}=-\frac{1}{2\pi}\sum_k k\sin(k\xi)W_k \tag{6-30}$$

$$\frac{d^2w_\xi}{d\xi^2}=-\frac{1}{2\pi}\sum_k k^2\cos(k\xi)W_k \tag{6-31}$$

对比等式(6-24)与等式(6-29)，可以得到待定系数与 n 的物理意义：

$$\begin{cases}a_n\Leftrightarrow\dfrac{1}{2\pi}W_k\\ \cos(n\xi)\Leftrightarrow\cos(k\xi)\end{cases} \tag{6-32}$$

即 a_n 实际上可以由离散物理场的傅里叶变换得到，而 n 相当于波数 k，式(6-32)建立了傅里叶微分与切比雪夫微分间的数学联系。尽管现在可以使用式(6-30)与式(6-31)计算切比雪夫微分，但计算得到的数值仍是在非均匀节点上的，在现实的使用中存在很多不便，因此有必要得到均匀节点下切比雪夫微分的表达式。由微分的链式法则可以得到：

$$\frac{dw(x)}{dx}=\frac{dw(\xi)}{d\xi}\frac{d\xi}{dx}=-\frac{1}{\sqrt{1-x^2}}\frac{dw(\xi)}{d\xi} \tag{6-33}$$

$$\frac{d^2w(x)}{dx^2}=-\frac{x}{(1-x^2)^{3/2}}\frac{dw(\xi)}{d\xi}+\frac{1}{1-x^2}\frac{d^2w(\xi)}{d\xi^2} \tag{6-34}$$

$$\frac{dw_x}{dx}=\frac{1}{2\pi\sqrt{1-x^2}}\sum_k k\sin(k\xi)W_k \tag{6-35}$$

$$\frac{d^2w_x}{dx^2}=\frac{x}{2\pi(1-x^2)^{3/2}}\sum_k k\sin(k\xi)W_k-\frac{1}{2\pi(1-x^2)}\sum_k k^2\cos(k\xi)W_k \tag{6-36}$$

借助以上各式表示了除端点以外的切比雪夫微分值，在端点(−1, 1)处这些表达式是奇异的，根据伯努利原理(洛必达法则)，可以得到端点处的值为

$$\left.\frac{dw(x)}{dx}\right|_{x=-1}=\left.\frac{dw_x}{dx}\right|_{x=-1}=\sum_k(-1)^{k+1}k^2W_k \tag{6-37}$$

$$\left.\frac{dw(x)}{dx}\right|_{x=1}=\left.\frac{dw_x}{dx}\right|_{x=1}=\sum_k k^2W_k \tag{6-38}$$

$$\left.\frac{d^2w(x)}{dx^2}\right|_{x=-1}=\left.\frac{d^2w_x}{dx^2}\right|_{x=-1}=\sum_k\frac{(-1)^{k+1}}{3}(k^4-k^2)W_k \tag{6-39}$$

$$\frac{\mathrm{d}^2 w_x}{\mathrm{d}x^2}\frac{\mathrm{d}^2 w(x)}{\mathrm{d}x^2}\bigg|_{x=1} = \frac{\mathrm{d}^2 w_x}{\mathrm{d}x^2}\bigg|_{x=1} = \sum_k \frac{1}{3}(k^4 - k^2)W_k \tag{6-40}$$

借助以上各式，便可以方便地计算切比雪夫微分。对于图 6-6 所示问题，使用切比雪夫微分在无周期性延拓的情况下可以求得其导数如图 6-9 所示。可见，使用切比雪夫微分可以在提升算法鲁棒性的前提下，解决困扰傅里叶微分的周期性延拓问题。

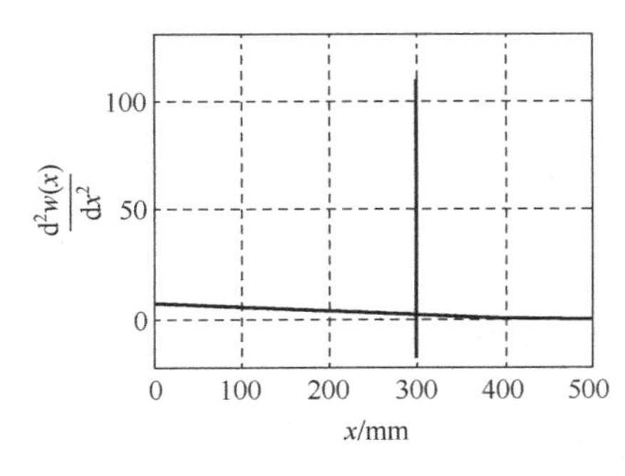

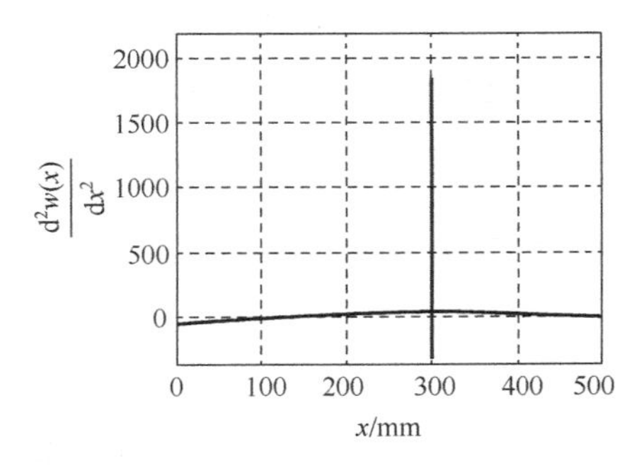

图 6-9　无延拓信号的切比雪夫微分

6.2　数值积分

与解析积分类似，受到微积分课程的影响，读者们往往倾向于使用解析积分，并认为这种方法必然十分精确，数值积分则必然带来误差。应该说，这并不是一个正确的结论。相对于解析微分，解析积分的难度更大，即使使用一些高效的计算机软件（如 Matlab、Maple、Mathmatica）进行符号运算，其效果与输出的可读性也并不理想，笔者之一在有限元学习初期也曾十分迷信解析积分，因为有限元插值函数多以多项式、谱格式为主，这些函数的积分性质并不复杂。随着研究的深入，接触数值积分后，便对其效率、精度、数学之美而深深着迷，相信读者们在本章学习后也会对数值积分有更加客观的认识。

通过前面的内容可以发现，有限元中计算形如以下各式的积分是十分重要的问题：

$$\int F(\xi)\mathrm{d}\xi,\quad \iint F(\xi,\eta)\mathrm{d}\xi\mathrm{d}\eta,\quad \iiint F(\xi,\eta,\zeta)\mathrm{d}\xi\mathrm{d}\eta\mathrm{d}\zeta \tag{6-41}$$

以上各式分别对应一维、二维和三维等参问题（当然，也可直接计算非等参问题）。积分的物理含义是无穷小意义下求和，因此数值积分的计算式可以很自然地表示为

$$\int F(\xi)\mathrm{d}\xi = \sum_i \alpha_i F(\xi_i) + R \tag{6-42}$$

$$\iint F(\xi,\eta)\mathrm{d}\xi\mathrm{d}\eta = \sum_j \beta_j \sum_i \alpha_i F(\xi_i,\eta_j) + R \tag{6-43}$$

$$\iiint F(\xi,\eta,\zeta)\mathrm{d}\xi\mathrm{d}\eta\mathrm{d}\zeta = \sum_k \gamma_i \sum_j \beta_i \sum_i \alpha_i F(\xi_i,\eta_j,\zeta_k) + R \tag{6-44}$$

式中，α、β、γ 为积分的加权系数；R 为积分余量（也可理解为误差）。可以看到，数值积分实际上是通过函数在若干点的函数值通过加权求和代替整个定义域内积分计算的。加权系数与函数离散积分点的选取（数量和位置）是决定数值积分精度和效率的而两个主要因素，当数值积分点数趋于无穷时，各加权系数将趋于 1，而数值积分也将趋于解析积分。以下将从一重积分入手，介绍一些常用的数值积分格式。

6.2.1　牛顿-柯特斯积分

牛顿—科特斯积分是一种常用的积分类别，其主要特点是离散积分点的选取是等间隔的，间隔为 h，对待积分函数选取 n 个积分数值点，服从：

$$\xi_0 = a, \quad \xi_n = b, \quad h = \frac{b-a}{n} \tag{6-45}$$

使用 Lagrange 插值获得待积分函数的近似表示，代入式(6-42)得

$$\int_a^b F(\xi)\mathrm{d}\xi = \sum_i^n \int_a^b l_i(\xi)\mathrm{d}\xi F_i + R \tag{6-46}$$

为了工程计算方便，也有学者提出使用下式进行等价计算：

$$\int_a^b F(\xi)\mathrm{d}\xi = (b-a)\sum_i^n C_i^n F_i + R \tag{6-47}$$

式中，C_i^n 表示对于 n 个区间数值积分的牛顿—科特斯常数，可由式 $\sum_i^n \int_a^b l_i(\xi)\mathrm{d}\xi$ 计算得到。常用的 $n=1\sim6$ 牛顿—科特斯常数见表 6-2，其中 $n=1$ 为梯形公式（请读者思考为什么称为梯形公式），$n=2$ 为辛普森公式。从表中还可以看出，阶次为 2、3 的积分公式具有相同的精度，阶次为 4、5 的积分公式也具有相同的精度。因此，在实际中倾向于选择简单的 2、4 阶积分公式。此外，分析误差上界还可以发现，由于 $F^{(m)}(\xi)$ 导数项的作用，当待积分函数的阶次较低时（小于 m），则此时积分误差为 0，即使用 $n+1$ 个积分点的牛顿—科特斯积分可以对最高 n 阶的多项式进行精确积分。

表 6-2　牛顿-科特斯常数与误差上界

n	C_0^n	C_1^n	C_2^n	C_3^n	C_4^n	C_5^n	C_6^n	R 上界
1	1/2	1/2						$10^{-1}(b-a)^3F^{(2)}(\xi)$
2	1/6	4/6	1/6					$10^{-3}(b-a)^5F^{(4)}(\xi)$
3	1/8	3/8	3/8	1/8				$10^{-3}(b-a)^5F^{(4)}(\xi)$
4	7/90	32/90	12/90	32/90	7/90			$10^{-6}(b-a)^7F^{(7)}(\xi)$
5	19/288	75/288	50/288	50/288	75/288	19/288		$10^{-6}(b-a)^7F^{(7)}(\xi)$
6	41/840	216/840	27/840	272/840	27/840	216/840	41/840	$10^{-9}(b-a)^9F^{(8)}(\xi)$

【例 6-2】　使用数值积分公式计算积分 $\int_0^1 (1+2x+3x^2+4x^3)\mathrm{d}x$。

解：问题的解析解为 4，多项式最高阶次为 3。

首先使用梯形公式进行计算可得

$$\begin{aligned}&\int_0^1 (1+2x+3x^2+4x^3)\mathrm{d}x \\ &= \frac{1}{2}(1+2x+3x^2+4x^3)\big|_{x=0} + \frac{1}{2}(1+2x+3x^2+4x^3)\big|_{x=1} \\ &= 5\frac{1}{2}\end{aligned}$$

误差上界为 3，实际误差为 $1\frac{1}{2}$。

采用辛普森公式进行计算可得

$$\int_0^1 (1+2x+3x^2+4x^3)\mathrm{d}x$$
$$= \frac{1}{6}(1+2x+3x^2+4x^3)\big|_{x=0} + \frac{4}{6}(1+2x+3x^2+4x^3)\big|_{x=1/2}$$
$$+ \frac{1}{6}(1+2x+3x^2+4x^3)\big|_{x=1} = 4$$

误差上界为 0,实际误差为 0。可见对于多项式积分,选用合适的积分阶次后,即使使用数值积分也不会产生误差。

6.2.2　高斯积分

尽管牛顿-科特斯积分取得了较好的积分效果,然而到目前为止,我们所考虑的积分法都是使用等间距积分点进行计算的,既然在数值微分中使用切比雪夫点进行计算可以带来意想不到的改进,那么类似的方法是否也适用于数值积分中呢?答案是肯定的,这一类积分法被统一称为高斯积分法,包括高斯-勒让德方法、高斯-切比雪夫方法、高斯-罗巴图方法等。在该类方法中,积分点的位置和权重都得到了优化,因此可以取得更高的积分精度。高斯数值积分的最基本假设是:

$$\int_a^b F(\xi)\mathrm{d}\xi = \alpha_1 F(\xi_1) + \alpha_2 F(\xi_2) + \cdots ++ \alpha_n F(\xi_n) + R \tag{6-48}$$

其中,积分点 ξ 和权重值 α 都是可变的。与牛顿-科特斯积分中仅需确定 n 个权重值不同,高斯积分中包含 n 个权重值和 n 个积分点位置需要确定,因此共有 $2n$ 个未知数。与牛顿-科特斯积分类似,使用 Lagrange 插值获得待积分函数的近似表示:

$$P(\xi) = \sum_i^n l_i(\xi) F_i \tag{6-49}$$

式中,n 个积分点的位置仍旧位置,因此定义函数 $Q(\xi)$:

$$Q(\xi) = \prod_{i=1}^n (\xi - \xi_i) \tag{6-50}$$

上式为 n 次多项式,注意到在各积分点处 $Q(\xi)=0$,因此待积分函数可以表示为

$$F(\xi) = P(\xi) + Q(\xi)(\beta_0 + \beta_1\xi + \cdots + \beta_\infty \xi^\infty) \tag{6-51}$$

注意到式(6-50)使得式(6-52)中第二项在积分点处为 0,因此实际上第二项的数值在积分点处并不影响等式的成立,而在积分点之间,则提高了插值阶次,对式(6-51)积分,得

$$\int_a^b F(\xi)\mathrm{d}\xi = \sum_{i=1}^n F_i\left[\int_a^b l_i(\xi)\mathrm{d}\xi\right] + \sum_{i=0}^\infty \beta_i\left[\int_a^b \xi^i Q(\xi)\mathrm{d}\xi\right] \tag{6-52}$$

上式的两个积分部分分别对应着 $1 \sim (n-1)$ 阶和 $n \sim \infty$ 阶。未知的积分点位置可以由以下条件求得:

$$\int_a^b \xi^i Q(\xi)\mathrm{d}\xi = 0 \quad (i = 0,1,2,\cdots, n-1) \tag{6-53}$$

共 n 个积分点,因此精确积分的最高阶次为 $n-1+n=2n-1$ 阶,而不是 n 阶。为了使计算具有通用性,将任意区间[a, b]均映射为标准区间[-1, 1]进行数值积分计算,任意区间上的采样点位置 x_i 和权重 A_i,与标准区间的采样点位置 ξ_i 和权重 α_i 存在如下映射关系:

$$x_i = \frac{a+b}{2} + \frac{b-a}{2}\xi_i \tag{6-54}$$

$$A_i = \frac{b-a}{2}\alpha_i \tag{6-55}$$

因为需要对积分点处的函数值进行加权求和以求得数值积分，而式(6-52)右侧第二项在积分点处值均为0，因此待定系数 β_i 不需进行求解，而右侧第一项可仿照牛顿-科特斯积分表示为

$$\int_{-1}^{1} F(\xi)\mathrm{d}\xi = \sum_{i=1}^{n} \alpha_i F_i \tag{6-56}$$

其中待定系数为

$$\alpha_i = \int_{-1}^{1} l_i(\xi)\mathrm{d}\xi \tag{6-57}$$

在标准区间[−1, 1]内的采样点和权重因子的求解比较复杂，本书中不再涉及，相关内容可查阅数值计算手册，典型的高斯-勒让德积分取值点和权重见表6-3。

表6-3　标准区间[−1, 1]内高斯-勒让德积分取值点和权重

n	ξ_i	α_i
1	0	2
2	±0.57735026918962	1
3	±0.77459666924148	5/9
	0	8/9
4	±0.8611363116	0.3478548451
	±0.3399810436	0.6521451549
…	…	…

【例6-3】　计算 $n=2$ 的高斯点及权重因子。

解：由于 $n=2$，故可以得到 $Q(\xi)=(\xi-\xi_1)(\xi-\xi_2)$，令其满足式(6-53)条件，得

$$\int_{-1}^{1}(\xi-\xi_1)(\xi-\xi_2)\mathrm{d}\xi = 0 \tag{6-58}$$

$$\int_{-1}^{1}\xi(\xi-\xi_1)(\xi-\xi_2)\mathrm{d}\xi = 0 \tag{6-59}$$

两个积分方程，解之可得

$$\xi_1 = -\frac{\sqrt{3}}{3},\quad \xi_2 = +\frac{\sqrt{3}}{3} \tag{6-60}$$

权重因子通过式(6-57)求得

$$\alpha_1 = \int_{-1}^{1}\frac{\xi-\xi_2}{\xi_1-\xi_2}\mathrm{d}\xi = 1 \tag{6-61}$$

$$\alpha_2 = \int_{-1}^{1}\frac{\xi-\xi_1}{\xi_2-\xi_1}\mathrm{d}\xi = 1 \tag{6-62}$$

【例6-4】　计算积分 $\int_0^1 (1+2x+3x^2+4x^3)\mathrm{d}x$。

解：采用 $n=2$ 的高斯积分，所求区间为非标准区间，因此由式(6-54)、式(6-55)可得

$$x_1 = \frac{1}{2}\left(1-\frac{1}{\sqrt{3}}\right),\quad x_2 = \frac{1}{2}\left(1+\frac{1}{\sqrt{3}}\right) \tag{6-63}$$

$$A_1 = A_2 = \frac{1}{2} \tag{6-64}$$

$$\int_0^1 (1+2x+3x^2+4x^3)\mathrm{d}x = \frac{1}{2}(1+2x+3x^2+4x^3)\big|_{x_1} + \frac{1}{2}(1+2x+3x^2+4x^3)\big|_{x_2} = 4$$

不存在误差，可见，相同积分点数的高斯积分精度高于牛顿-科特斯积分。

当需要计算二维或三维函数的数值积分时，可以采用多重积分，即在计算内层积分时，保持外层积分变量为常数，如：

$$\iint F(\xi,\eta)\mathrm{d}\xi\mathrm{d}\eta = \sum_j \beta_j \sum_i \alpha_i F(\xi_i,\eta_j) \tag{6-65}$$

$$\iiint F(\xi,\eta,\zeta)\mathrm{d}\xi\mathrm{d}\eta\mathrm{d}\zeta = \sum_k \gamma_i \sum_j \beta_i \sum_i \alpha_i F(\xi_i,\eta_j,\zeta_k) \tag{6-66}$$

其具体流程与一重积分一致，程序中通过嵌套 for 循环实现，在此不再赘述，仅通过以下例子进行展示。

【例 6-5】 计算积分 $\int_{-1}^1 \int_{-1}^1 x^2 y^2 \mathrm{d}x\mathrm{d}y$ 。

解：使用 $n = 2$ 的高斯积分进行求解：

$$\int_{-1}^1 \int_{-1}^1 x^2 y^2 \mathrm{d}x\mathrm{d}y = \int_{-1}^1 \left[(1)\left(\frac{1}{\sqrt{3}}\right)^2 + (1)\left(\frac{1}{\sqrt{3}}\right)^2\right] y^2\mathrm{d}y = \int_{-1}^1 \frac{2}{3} y^2 \mathrm{d}y$$

$$= \frac{2}{3}\left[(1)\left(\frac{1}{\sqrt{3}}\right)^2 + (1)\left(\frac{1}{\sqrt{3}}\right)^2\right] = \frac{4}{9}$$

需要注意的是，上式的最高阶次由 x 或 y 的最高阶次决定（本例为 2 阶），而非其阶次相加，这是因为从数值积分角度，两个自变量间不产生任何联系，因此其积分精度也是独立的，读者可尝试对 x 变量使用辛普森法进行积分，而对 y 变量使用高斯积分的混合格式进行求解。

请读者思考这样一个问题，使用高斯积分格式可以达到很高的积分精度，对于选用多项式作为基函数的有限元方法而言，完全可以使用高斯积分得到其准确的刚度、质量矩阵数值，那么在这个问题上，精确解是否就是最优解呢？回顾前面的内容可以知道，有限元采用位移格式，往往会导致比精确数学、力学模型略高的刚度。是否可以使用一个不精确的积分格式（值略低于精确积分值，故而称为缩减积分）代替高斯精确积分，利用数值误差补偿有限元“过刚度”带来的影响？答案是肯定的，例如在薄板问题的剪切锁死问题上，缩减积分是有效的解决路径之一，人为的降低积分精度来实现剪切锁死问题的解锁。

习　题

1. 推导牛顿-科特斯积分中辛普森方法的权值。
2. 推导 3 点高斯积分的积分点与权值。
3. 查阅文献，了解三角形单元的数值积分。
4. 查阅文献，了解如何使用缩减积分解决剪切锁死问题。
5. 查阅文献，了解剪切锁死问题的其他解决方法。
6. 试通过数值结果对比中心差分法、Houbolt 法（查阅文献自行学习）。

第7章 等参数单元

7.1 等参数单元基本格式

在前面章节中构造的单元都是与坐标轴平行的规则单元，对于工程实际中任意形状的非规则结构，则难以有效剖分，因此需要构造能模拟任意形状的曲边单元。为了将任意曲边单元映射为规则单元从而简化计算，引入了等参数单元(iso-parametrical element)[154,155]。

等参数单元的基本思想是：首先推导出局部坐标下的规则单元(即母单元)的形函数；其次利用形函数进行坐标变换，从而推导出整体坐标系下的不规则单元(即子单元)的形函数和单元刚度矩阵。等参数单元能够很好适应曲线边界和准确模拟结构形状，又具有较高次的位移模式，更好反映出结构的复杂应力分布情况。

如平面问题中，常常将原来整体坐标系 (x,y) 不规则形状变换成为局部坐标系 (ξ,η)，再建立位移模式，进行有限元分析，其坐标变换式和位移模式采用同样的形函数和相同的参数，这种单元即等参数单元。

在等参数单元中坐标变换与位移模式采用相同的节点数。如果在坐标变换式中采用节点参数的个数低于位移模式中节点参数的个数，这种单元即亚参数单元(sub-parametrical element)。若节点参数的个数大于位移模式中节点参数的个数，这种单元为超参数单元(super-parametrical element)。在平面坐标系中，利用形函数建立局部坐标 (ξ,η) 与整体坐标 (x,y) 之间的对应关系。在整体坐标系中，子单元内任一点的坐标用形函数表示，这就是平面坐标变换公式，即

$$\begin{cases} x = \sum N_i(\xi,\eta)x_i = N_1(\xi,\eta)x_1 + N_2(\xi,\eta)x_2 + \cdots \\ y = \sum N_i(\xi,\eta)y_i = N_1(\xi,\eta)y_1 + N_2(\xi,\eta)y_2 + \cdots \end{cases} \tag{7-1}$$

式中，(x_i,y_i) 为节点 i 的整体坐标；$N_i(\xi,\eta)$ 为局部坐标表示的形函数。

在单刚阵求解的第三步中，需要将位移变量(如 u,v)对坐标(如 x,y)求导，而位移变量在这里是局部坐标 ξ,η 的坐标，因此产生了复合求导。根据复合函数求导法则，得

$$\begin{cases} \dfrac{\partial}{\partial\xi} = \dfrac{\partial x}{\partial\xi}\dfrac{\partial}{\partial x} + \dfrac{\partial y}{\partial\xi}\dfrac{\partial}{\partial y} \\ \dfrac{\partial}{\partial\eta} = \dfrac{\partial x}{\partial\eta}\dfrac{\partial}{\partial x} + \dfrac{\partial y}{\partial\eta}\dfrac{\partial}{\partial y} \end{cases} \tag{7-2}$$

变换矩阵(雅可比矩阵)为

$$\boldsymbol{J} = \left[\frac{\partial(x,y)}{\partial(\xi,\eta)}\right] = \begin{bmatrix} \dfrac{\partial x}{\partial\xi} & \dfrac{\partial y}{\partial\xi} \\ \dfrac{\partial x}{\partial\eta} & \dfrac{\partial y}{\partial\eta} \end{bmatrix} \tag{7-3}$$

即

$$\begin{bmatrix}\dfrac{\partial}{\partial\xi}\\[2ex]\dfrac{\partial}{\partial\eta}\end{bmatrix}=\boldsymbol{J}\begin{bmatrix}\dfrac{\partial}{\partial x}\\[2ex]\dfrac{\partial}{\partial y}\end{bmatrix}=\begin{bmatrix}\dfrac{\partial x}{\partial\xi} & \dfrac{\partial y}{\partial\xi}\\[2ex]\dfrac{\partial x}{\partial\eta} & \dfrac{\partial y}{\partial\eta}\end{bmatrix}\begin{bmatrix}\dfrac{\partial}{\partial x}\\[2ex]\dfrac{\partial}{\partial y}\end{bmatrix}\tag{7-4}$$

$$\begin{bmatrix}\dfrac{\partial}{\partial x}\\[2ex]\dfrac{\partial}{\partial y}\end{bmatrix}=\boldsymbol{J}^{-1}\begin{bmatrix}\dfrac{\partial}{\partial\xi}\\[2ex]\dfrac{\partial}{\partial\eta}\end{bmatrix}=\frac{1}{|\boldsymbol{J}|}\begin{bmatrix}\dfrac{\partial y}{\partial\eta} & -\dfrac{\partial y}{\partial\xi}\\[2ex]-\dfrac{\partial x}{\partial\eta} & \dfrac{\partial x}{\partial\xi}\end{bmatrix}\begin{bmatrix}\dfrac{\partial}{\partial\xi}\\[2ex]\dfrac{\partial}{\partial\eta}\end{bmatrix}\tag{7-5}$$

式中，$|\boldsymbol{J}|=\begin{vmatrix}\dfrac{\partial x}{\partial\xi} & \dfrac{\partial y}{\partial\xi}\\[2ex]\dfrac{\partial x}{\partial\eta} & \dfrac{\partial y}{\partial\eta}\end{vmatrix}=\dfrac{\partial x}{\partial\xi}\dfrac{\partial y}{\partial\eta}-\dfrac{\partial x}{\partial\eta}\dfrac{\partial y}{\partial\xi}$。

若等参数单元为四节点四边形，位移插值函数可以写成$\begin{cases}u=\sum\limits_{i=1}^{4}N_i(\xi,\eta)u_i\\ v=\sum\limits_{i=1}^{4}N_i(\xi,\eta)v_i\end{cases}$，将形状函数 $N_i(\xi,\eta)$ 对整体坐标变量 x、y 的偏导数转为对局部坐标变量 ξ，η 的偏导数。此时：

$$\begin{bmatrix}\dfrac{\partial u}{\partial x}\\[2ex]\dfrac{\partial u}{\partial y}\end{bmatrix}=\boldsymbol{J}^{-1}\begin{bmatrix}\dfrac{\partial u}{\partial\xi}\\[2ex]\dfrac{\partial u}{\partial\eta}\end{bmatrix}=\frac{1}{|\boldsymbol{J}|}\begin{bmatrix}\dfrac{\partial y}{\partial\eta} & -\dfrac{\partial y}{\partial\xi}\\[2ex]-\dfrac{\partial x}{\partial\eta} & \dfrac{\partial x}{\partial\xi}\end{bmatrix}\begin{bmatrix}\dfrac{\partial u}{\partial\xi}\\[2ex]\dfrac{\partial u}{\partial\eta}\end{bmatrix}=\frac{1}{|\boldsymbol{J}|}\begin{bmatrix}\dfrac{\partial y}{\partial\eta}\dfrac{\partial u}{\partial\xi}-\dfrac{\partial y}{\partial\xi}\dfrac{\partial u}{\partial\eta}\\[2ex]-\dfrac{\partial x}{\partial\eta}\dfrac{\partial u}{\partial\xi}+\dfrac{\partial x}{\partial\xi}\dfrac{\partial u}{\partial\eta}\end{bmatrix}\tag{7-6}$$

即

$$\frac{\partial\sum\limits_{i=1}^{4}N_i(\xi,\eta)u_i}{\partial x}=\frac{1}{|\boldsymbol{J}|}\left[\frac{\partial y}{\partial\eta}\frac{\partial\sum\limits_{i=1}^{4}N_i(\xi,\eta)u_i}{\partial\xi}-\frac{\partial y}{\partial\xi}\frac{\partial\sum\limits_{i=1}^{4}N_i(\xi,\eta)u_i}{\partial\eta}\right]\tag{7-7}$$

式中

$$\frac{\partial y}{\partial\eta}=\frac{\partial\sum\limits_{i=1}^{4}N_i(\xi,\eta)y_i}{\partial\eta},\quad\frac{\partial y}{\partial\xi}=\frac{\partial\sum\limits_{i=1}^{4}N_i(\xi,\eta)y_i}{\partial\xi}$$

$$\frac{\partial\sum\limits_{i=1}^{4}N_i(\xi,\eta)u_i}{\partial y}=\frac{1}{|\boldsymbol{J}|}\left[-\frac{\partial x}{\partial\eta}\frac{\partial\sum\limits_{i=1}^{4}N_i(\xi,\eta)u_i}{\partial\eta}+\frac{\partial x}{\partial\xi}\frac{\partial\sum\limits_{i=1}^{4}N_i(\xi,\eta)u_i}{\partial\eta}\right]$$

式中，$\dfrac{\partial x}{\partial\eta}=\dfrac{\partial\sum\limits_{i=1}^{4}N_i(\xi,\eta)x_i}{\partial\eta}$，$\dfrac{\partial x}{\partial\xi}=\dfrac{\partial\sum\limits_{i=1}^{4}N_i(\xi,\eta)x_i}{\partial\xi}$，$\dfrac{\partial\sum\limits_{i=1}^{4}N_i(\xi,\eta)v_i}{\partial x}$，$\dfrac{\partial\sum\limits_{i=1}^{4}N_i(\xi,\eta)v_i}{\partial y}$同上可推出。此时，整体坐标系与局部坐标系的面积微分之间满足 $\mathrm{d}x\mathrm{d}y=|\boldsymbol{J}|\,\mathrm{d}\xi\mathrm{d}\eta$。为了保证变换式在单元上能确定整个坐标系与局部坐标系之间一一对应关系，使等参数单元变换能真正实行，必须使变换行列式(雅可比行列式) $|\boldsymbol{J}|$ 在整个单元上均不等于零。这是由于

$\mathrm{d}x\mathrm{d}y = |\boldsymbol{J}|\,\mathrm{d}\xi\mathrm{d}\eta$ 中 $|\boldsymbol{J}|$ 不能等于零，否则坐标系中面积微分无意义。此外 $|\boldsymbol{J}| \neq 0$ 是使雅可比矩阵可逆的必要条件。同样以四节点四边形等参数单元为例，如图 7-1 所示。在局部坐标系下是 $a = b = 1$ 正方形单元，根据第 4 章中推导出的矩形单元双线性插值函数的形状函数：

$$\begin{cases} N_1(\xi,\eta) = \dfrac{1}{4}(1-\xi)(1-\eta) \\ N_2(\xi,\eta) = \dfrac{1}{4}(1+\xi)(1-\eta) \\ N_3(\xi,\eta) = \dfrac{1}{4}(1+\xi)(1+\eta) \\ N_4(\xi,\eta) = \dfrac{1}{4}(1-\xi)(1+\eta) \end{cases} \tag{7-8}$$

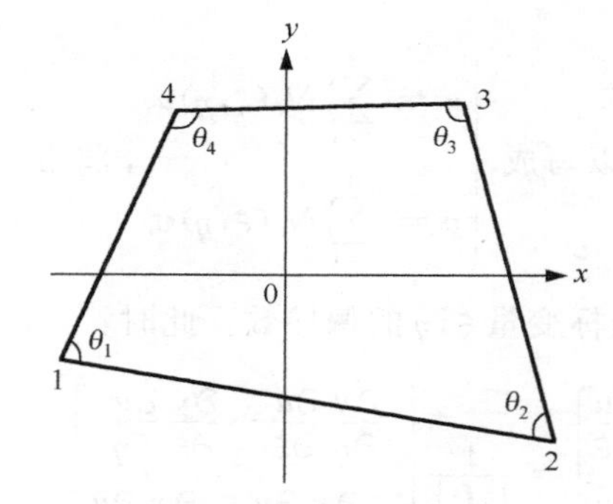

图 7-1　四节点四边形单元

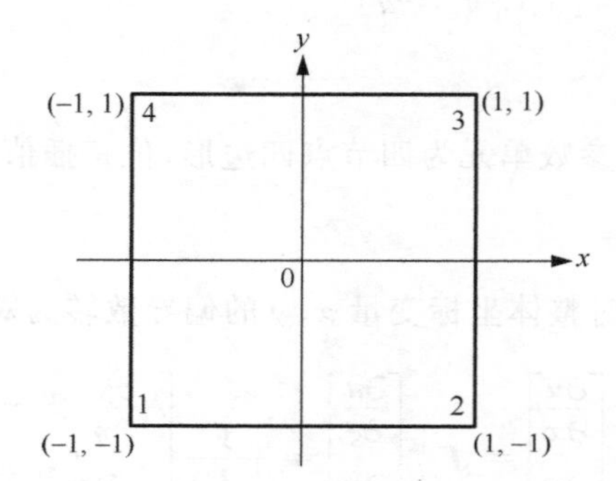

图 7-2　ξ-η 坐标系下的四边形单元

如图 7-2 所示，将节点处 (ξ,η) 坐标代入，可以写成统一格式 $N_i(\xi,\eta) = \dfrac{1}{4}(1+\xi_i\xi)(1+\eta_i\eta)(i=1,2,3,4)$。其中 (ξ_i,η_i) 分别为各点坐标，分别是(1,1)、(1,−1)、(−1,1)、(−1,−1)，则雅可比变换矩阵为

$$\boldsymbol{J} = \begin{bmatrix} \dfrac{\partial x}{\partial \xi} & \dfrac{\partial y}{\partial \xi} \\ \dfrac{\partial x}{\partial \eta} & \dfrac{\partial y}{\partial \eta} \end{bmatrix} = \begin{bmatrix} \dfrac{\partial \sum\limits_{i=1}^{4} N_i(\xi,\eta)x_i}{\partial \xi} & \dfrac{\partial \sum\limits_{i=1}^{4} N_i(\xi,\eta)y_i}{\partial \xi} \\ \dfrac{\partial \sum\limits_{i=1}^{4} N_i(\xi,\eta)x_i}{\partial \eta} & \dfrac{\partial \sum\limits_{i=1}^{4} N_i(\xi,\eta)y_i}{\partial \eta} \end{bmatrix}$$

$$= \begin{bmatrix} \sum\limits_{i=1}^{4} \dfrac{\xi_i}{4}(1+\eta_i\eta)x_i & \sum\limits_{i=1}^{4} \dfrac{\xi_i}{4}(1+\eta_i\eta)y_i \\ \sum\limits_{i=1}^{4} \dfrac{\eta_i}{4}(1+\xi_i\xi)x_i & \sum\limits_{i=1}^{4} \dfrac{\eta_i}{4}(1+\xi_i\xi)y_i \end{bmatrix} = \begin{bmatrix} a_1 + A\eta & a_2 + B\eta \\ a_3 + A\xi & a_4 + B\xi \end{bmatrix} \tag{7-9}$$

其中

$$\begin{cases} A = \dfrac{1}{4}\sum_{i=1}^{4}\xi_i\eta_i x_i, & B = \dfrac{1}{4}\sum_{i=1}^{4}\xi_i\eta_i y_i \\ a_1 = \dfrac{1}{4}\sum_{i=1}^{4}\xi_i x_i, & a_2 = \dfrac{1}{4}\sum_{i=1}^{4}\xi_i y_i \\ a_3 = \dfrac{1}{4}\sum_{i=1}^{4}\eta_i x_i, & a_4 = \dfrac{1}{4}\sum_{i=1}^{4}\eta_i y_i \end{cases} \tag{7-10}$$

此时雅可比行列式：

$$\begin{aligned} |\boldsymbol{J}| &= (a_1 + A\eta)(a_4 + B\xi) - (a_2 + B\eta)(a_3 + A\xi) \\ &= (a_1 a_4 - a_2 a_3) + (Ba_1 - Aa_2)\xi + (Aa_4 - Ba_3)\eta \end{aligned} \tag{7-11}$$

它是 ξ,η 的线性函数。将节点的局部坐标代入式(7-5)中，以节点 1 为例：

$$\begin{cases} A = \dfrac{1}{4}\sum_{i=1}^{4}\xi_i\eta_i x_i = \dfrac{x_1 - x_2 + x_3 - x_4}{4}, & B = \dfrac{1}{4}\sum_{i=1}^{4}\xi_i\eta_i y_i = \dfrac{y_1 - y_2 + y_3 - y_4}{4} \\ a_1 = \dfrac{1}{4}\sum_{i=1}^{4}\xi_i x_i = \dfrac{-x_1 + x_2 + x_3 - x_4}{4}, & a_2 = \dfrac{1}{4}\sum_{i=1}^{4}\xi_i y_i = \dfrac{-y_1 + y_2 + y_3 - y_4}{4} \\ a_3 = \dfrac{1}{4}\sum_{i=1}^{4}\eta_i x_i = \dfrac{-x_1 - x_2 + x_3 + x_4}{4}, & a_4 = \dfrac{1}{4}\sum_{i=1}^{4}\eta_i y_i = \dfrac{-y_1 - y_2 + y_3 + y_4}{4} \end{cases} \tag{7-12}$$

$$\begin{aligned} |\boldsymbol{J}|_{(-1,-1)} &= \begin{vmatrix} a_1 - A & a_2 - B \\ a_3 - A & a_4 - B \end{vmatrix} = \frac{x_1 - x_2}{2}\,\frac{y_1 - y_4}{2} - \frac{x_1 - x_4}{2}\,\frac{y_1 - y_2}{2} \\ &= \frac{1}{4}\cdot\overline{12}\cdot\overline{14}\cdot\sin\theta_1 \end{aligned} \tag{7-13}$$

式中，$\overline{12}$表示 1、2 边长度；$\overline{14}$表示点 1、4 之间长度；θ_1 是 $\overline{12}$、$\overline{14}$之间夹角。同理，在节点 2、3、4 处的 $|\boldsymbol{J}|$ 之值分别为

$$\begin{cases} |\boldsymbol{J}|_{(1,-1)} = \dfrac{1}{4}\cdot\overline{21}\cdot\overline{23}\cdot\sin\theta_2 \\ |\boldsymbol{J}|_{(1,1)} = \dfrac{1}{4}\cdot\overline{32}\cdot\overline{34}\cdot\sin\theta_3 \\ |\boldsymbol{J}|_{(-1,1)} = \dfrac{1}{4}\cdot\overline{41}\cdot\overline{43}\cdot\sin\theta_4 \end{cases} \tag{7-14}$$

由于 $\theta_1 + \theta_2 + \theta_3 + \theta_4 = 2\pi$，因此 $0 < \theta_i < \pi$，$i = 1,2,3,4$ 才能保证 $|\boldsymbol{J}|_i$ 均为正，此时等参数变换才是可行的。因此，整体坐标系下划分的单元必须是凸的四边形。为了保证计算精度，划分单元时，应保证四边形单元和正方形单元相差不远。同时需要说明的是，一些特殊的四边形，如凹四边形，会导致雅可比矩阵病态而大大降低有限元求解精度，这是需要避免的。

7.2　等参数单元的数值积分

在有限元五步计算中，单刚阵 $\boldsymbol{K}^e = \int_v \boldsymbol{B}^{\mathrm{T}}\boldsymbol{DB}\,\mathrm{d}v$ 需要进行积分运算。在等参数单元中，$\mathrm{d}x\mathrm{d}y = |\boldsymbol{J}|\,\mathrm{d}\xi\mathrm{d}\eta$，当为均匀板，厚度为 t 时，$\mathrm{d}v = t\mathrm{d}x\mathrm{d}y = |\boldsymbol{J}|\,t\mathrm{d}\xi\mathrm{d}\eta$。因此，$\boldsymbol{K}^e = \int_v \boldsymbol{B}^{\mathrm{T}}\boldsymbol{DB}\,\mathrm{d}v = \int_\xi\int_\eta \boldsymbol{B}^{\mathrm{T}}\boldsymbol{DB}\,|\boldsymbol{J}|\,t\mathrm{d}\xi\mathrm{d}\eta$，在四边形中，$\boldsymbol{K}^e = \int_{-1}^{1}\int_{-1}^{1}\boldsymbol{B}^{\mathrm{T}}\boldsymbol{DB}\,|\boldsymbol{J}|\,t\mathrm{d}\xi\mathrm{d}\eta = \int_{-1}^{1}\int_{-1}^{1} f(\xi,\eta)\,\mathrm{d}\xi\mathrm{d}\eta$，被

积函数 $f(\xi,\eta)$ 由于等参数变换而成了较为复杂的形式，通常采用高斯求积法。下面以一维为例。

高斯求积法是在牛顿-科茨求积法基础之上建立的。在积分区间 $[-1,1]$ 上取 n 个分点，$\xi_1=-1<\xi_2<\cdots<\xi_{n-1}<\xi_n=1$，求出各个分点的函数值 $f(\xi_k)$ $(k=1,2,\cdots,n)$。然后利用各分点处的函数值 $f(\xi)$ 构造一个 m 次多项式，并对这一多项式进行精确积分，从而代替原函数的积分。

$m=0$ 是最简单的矩形公式：

$$\int_{-1}^{1} f(\xi)\mathrm{d}\xi=\sum_{k=1}^{n-1} f(\xi_k)(\xi_{k+1}-\xi_k)$$

$m=1$ 是梯形公式：

$$\int_{-1}^{1} f(\xi)\mathrm{d}\xi=\sum_{k=1}^{n-1}\frac{1}{2}[f(\xi_k)+f(\xi_{k+1})](\xi_{k+1}-\xi_k)$$

以此类推，可以将公式写成：$\int_{-1}^{1} f(\xi)\mathrm{d}\xi=\sum_{k=1}^{n} H_k f(\xi_k)$，其中 H_k 是求积系数或者积分系数。这就是牛顿-科茨求积法。高斯求积中，所取分点位于能得到的精度最好的积分值处，在只给定积分点数目的条件下，这样做可以提高所构造的求积公式的精度。$\int_{-1}^{1} f(\xi)\mathrm{d}\xi=\sum_{k=1}^{n} H_k f(\xi_k)$ 取 n 个分点 ξ_k，$k=1,2,\cdots,n$ 及对应的函数值 $f(\xi_k)$，并用这 $2n$ 个量构造一个 $2n-1$ 次多项式，对它进行精确积分，并用精确积分代替原函数的积分，误差仅为 $O(\Delta^{2n})$。工程中一般采用已求出的 H_k 和 ξ_k 所列表格查取使用，如表 7-1 所示。

表 7-1 高斯积分的积分点坐标和权系数

n	积分点坐标	权系数
1	0	2
2	±0.5773502692	1
3	±0.77459666920	0.555555556
	0	0.888888889
4	±0.8611363116	0.3478548451
	±0.3399810436	0.6521451549
5	±0.9061798459	0.2369268851
	±0.5384693101	0.4786286705
	0	0.5688888889

对于二维问题，$\int_{-1}^{1}\int_{-1}^{1} f(\xi,\eta)\mathrm{d}\xi\mathrm{d}\eta=\int_{-1}^{1}\sum_{i=1}^{n} H_i f(\xi_i,\eta)\mathrm{d}\eta=\sum_{j=1}^{n} H_j\sum_{i=1}^{n} H_i f(\xi_i,\eta_j)=\sum_{j=1}^{n}\sum_{i=1}^{n} H_j H_i f(\xi_i,\eta_j)=\sum_{i,j=1}^{n} H_{ij} f(\xi_i,\eta_j)$，其中，$H_i$、$H_j$ 为一维高斯积分的权系数，n 是每个坐标方向的积分点数。

【例 7-1】 四边形板形状如图 7-3 所示，材料的弹性模量为 E，泊松比为 $\mu=0$，厚度为 $t=1\mathrm{m}$，求出该平面薄板的刚度矩阵。

解：根据几何形状及式(7-1)可以得到，坐标的映射函数为

$$\begin{aligned}x(\xi,\eta)&=N_1(\xi,\eta)x_1+N_2(\xi,\eta)x_2+N_3(\xi,\eta)x_3+N_4(\xi,\eta)x_4\\&=\frac{1}{4}(1-\xi)(1-\eta)x_1+\frac{1}{4}(1+\xi)(1-\eta)x_2+\frac{1}{4}(1+\xi)(1+\eta)x_3+\frac{1}{4}(1-\xi)(1+\eta)x_4\\&=\frac{1}{4}[(1-\xi)(1-\eta)+2(1+\xi)(1-\eta)+2(1+\xi)(1+\eta)+(1-\xi)(1+\eta)]\end{aligned}$$

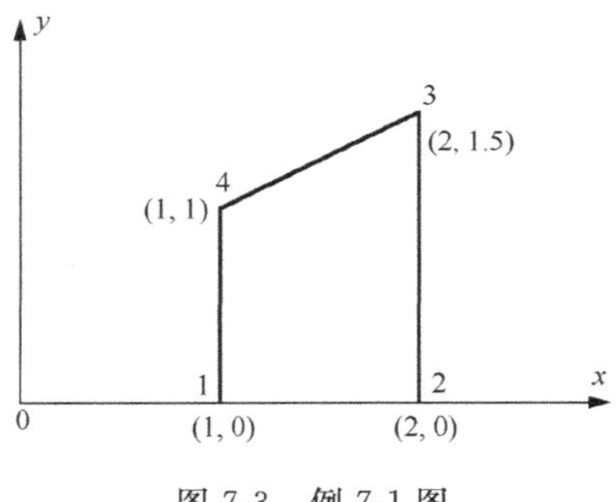

图 7-3　例 7-1 图

$$\begin{aligned}y(\xi,\eta)&=N_1(\xi,\eta)y_1+N_2(\xi,\eta)y_2+N_3(\xi,\eta)y_3+N_4(\xi,\eta)y_4\\&=\frac{1}{4}(1-\xi)(1-\eta)y_1+\frac{1}{4}(1+\xi)(1-\eta)y_2+\frac{1}{4}(1+\xi)(1+\eta)y_3+\frac{1}{4}(1-\xi)(1+\eta)y_4\\&=\frac{1}{4}[1.5(1+\xi)(1+\eta)+(1-\xi)(1+\eta)]\end{aligned}$$

根据式(7-9)，雅可比矩阵为

$$\boldsymbol{J}=\begin{bmatrix}\dfrac{\partial x}{\partial \xi} & \dfrac{\partial y}{\partial \xi}\\ \dfrac{\partial x}{\partial \eta} & \dfrac{\partial y}{\partial \eta}\end{bmatrix}=\begin{bmatrix}\dfrac{\partial \sum\limits_{i=1}^{4}N_i(\xi,\eta)x_i}{\partial \xi} & \dfrac{\partial \sum\limits_{i=1}^{4}N_i(\xi,\eta)y_i}{\partial \xi}\\ \dfrac{\partial \sum\limits_{i=1}^{4}N_i(\xi,\eta)x_i}{\partial \eta} & \dfrac{\partial \sum\limits_{i=1}^{4}N_i(\xi,\eta)y_i}{\partial \eta}\end{bmatrix}=\begin{bmatrix}J_{11} & J_{12}\\ J_{21} & J_{22}\end{bmatrix}=\begin{bmatrix}\dfrac{1}{2} & \dfrac{1+\eta}{8}\\ 0 & \dfrac{5+\xi}{8}\end{bmatrix}$$

由于 $\begin{cases}u=\sum\limits_{i=1}^{4}N_i(\xi,\eta)u_i\\ v=\sum\limits_{i=1}^{4}N_i(\xi,\eta)v_i\end{cases}$，根据式(7-2)得

$$\begin{bmatrix}\dfrac{\partial u}{\partial x}\\ \dfrac{\partial u}{\partial y}\end{bmatrix}=\boldsymbol{J}^{-1}\begin{bmatrix}\dfrac{\partial u}{\partial \xi}\\ \dfrac{\partial u}{\partial \eta}\end{bmatrix}=\frac{1}{|\boldsymbol{J}|}\begin{bmatrix}J_{22} & -J_{12}\\ -J_{21} & J_{11}\end{bmatrix}\begin{bmatrix}\dfrac{\partial u}{\partial \xi}\\ \dfrac{\partial u}{\partial \eta}\end{bmatrix}$$

$$\begin{bmatrix}\dfrac{\partial v}{\partial x}\\ \dfrac{\partial v}{\partial y}\end{bmatrix}=\boldsymbol{J}^{-1}\begin{bmatrix}\dfrac{\partial v}{\partial \xi}\\ \dfrac{\partial v}{\partial \eta}\end{bmatrix}=\frac{1}{|\boldsymbol{J}|}\begin{bmatrix}J_{22} & -J_{12}\\ -J_{21} & J_{11}\end{bmatrix}\begin{bmatrix}\dfrac{\partial v}{\partial \xi}\\ \dfrac{\partial v}{\partial \eta}\end{bmatrix}$$

$$\boldsymbol{\varepsilon}=\begin{bmatrix}\dfrac{\partial u}{\partial x}\\ \dfrac{\partial v}{\partial y}\\ \dfrac{\partial u}{\partial y}+\dfrac{\partial v}{\partial x}\end{bmatrix}=\frac{1}{|\boldsymbol{J}|}\begin{bmatrix}J_{22} & -J_{12} & 0 & 0\\ 0 & 0 & -J_{21} & J_{11}\\ -J_{21} & J_{11} & J_{22} & -J_{12}\end{bmatrix}\begin{bmatrix}\dfrac{\partial u}{\partial \xi}\\ \dfrac{\partial u}{\partial \eta}\\ \dfrac{\partial v}{\partial \xi}\\ \dfrac{\partial v}{\partial \eta}\end{bmatrix}$$

$$\begin{bmatrix} \frac{\partial u}{\partial \xi} \\ \frac{\partial u}{\partial \eta} \\ \frac{\partial v}{\partial \xi} \\ \frac{\partial v}{\partial \eta} \end{bmatrix} = \begin{bmatrix} \frac{\partial}{\partial \xi} & 0 \\ \frac{\partial}{\partial \eta} & 0 \\ 0 & \frac{\partial}{\partial \xi} \\ 0 & \frac{\partial}{\partial \eta} \end{bmatrix} \begin{bmatrix} u \\ v \end{bmatrix} = \begin{bmatrix} \frac{\partial}{\partial \xi} & 0 \\ \frac{\partial}{\partial \eta} & 0 \\ 0 & \frac{\partial}{\partial \xi} \\ 0 & \frac{\partial}{\partial \eta} \end{bmatrix} \begin{bmatrix} N_1 & 0 & N_2 & 0 & N_3 & 0 & N_4 & 0 \\ 0 & N_1 & 0 & N_2 & 0 & N_3 & 0 & N_4 \end{bmatrix} \begin{bmatrix} u_1 \\ v_1 \\ u_2 \\ v_2 \\ u_3 \\ v_3 \\ u_4 \\ v_4 \end{bmatrix}$$

由此可知

$$\boldsymbol{B} = \frac{1}{|\boldsymbol{J}|} \begin{bmatrix} J_{22} & -J_{12} & 0 & 0 \\ 0 & 0 & -J_{21} & J_{11} \\ -J_{21} & J_{11} & J_{22} & -J_{12} \end{bmatrix} \begin{bmatrix} \frac{\partial}{\partial \xi} & 0 \\ \frac{\partial}{\partial \eta} & 0 \\ 0 & \frac{\partial}{\partial \xi} \\ 0 & \frac{\partial}{\partial \eta} \end{bmatrix} \begin{bmatrix} N_1 & 0 & N_2 & 0 & N_3 & 0 & N_4 & 0 \\ 0 & N_1 & 0 & N_2 & 0 & N_3 & 0 & N_4 \end{bmatrix}$$

弹性系数矩阵为

$$\boldsymbol{D} = \frac{E}{1-\mu^2} \begin{bmatrix} 1 & \mu & 0 \\ \mu & 1 & 0 \\ 0 & 0 & \frac{1-\mu}{2} \end{bmatrix} = E \begin{bmatrix} 1 & 0 & 0 \\ 0 & 1 & 0 \\ 0 & 0 & \frac{1}{2} \end{bmatrix}$$

选择 4 点高斯积分，即积分位置及权函数为

$$\begin{cases} \xi_i = \eta_j = \pm \frac{\sqrt{3}}{3} \\ A_i = A_j = 1 \end{cases}$$

该单元的刚度矩阵为

$$\boldsymbol{K} = \int \boldsymbol{B}^{\mathrm{T}} \boldsymbol{D} \boldsymbol{B} \, \mathrm{d}v = \int_{\xi} \int_{\eta} \boldsymbol{B}^{\mathrm{T}} \boldsymbol{D} \boldsymbol{B} \, |\boldsymbol{J}| \, t \mathrm{d}\xi \mathrm{d}\eta = t \sum_{i=1}^{2} \sum_{j=1}^{2} \{ A_i A_j (\boldsymbol{B}^{\mathrm{T}} \boldsymbol{D} \boldsymbol{B})_{\xi_i, \eta_j} \, |\boldsymbol{J}(\xi_i, \eta_j)| \}$$

$$= \begin{bmatrix} 0.5068 & 0.0878 & -0.3378 & -0.1419 & -0.1622 & -0.1081 & -0.0068 & 0.1622 \\ & 0.4764 & 0.1081 & -0.0676 & -0.1081 & -0.1824 & -0.0878 & -0.2264 \\ & & 0.6419 & -0.1554 & 0.1081 & -0.0946 & -0.4122 & 0.1419 \\ & & & 0.5034 & 0.1554 & -0.1284 & 0.1419 & -0.3074 \\ & & & & 0.3919 & 0.0946 & -0.3378 & -0.1419 \\ & & & & & 0.3784 & 0.1081 & -0.0676 \\ & & & & & & 0.7568 & -0.1622 \\ \text{sym} & & & & & & & 0.6014 \end{bmatrix}$$

求得刚度矩阵后便可开展一系列有限元求解。

7.3　八节点四边形等参数单元

7.3.1　基本形式

在 7.1 节中引入了四节点等参数单元可以较方便地对求解区域进行分割，但许多情况下精度仍不够理想。因为位移插值函数是双线性函数，次数仍较低。此外，整体坐标下的任意四边形是直边四边形，对于具有曲线边界的求解区域的模拟仍会有一定误差。为进一步提高计算精度，可以在四节点等参数单元的基础上增加节点数目，提高位移值插值函数的阶次。使用中采用最多的是八节点曲边四边形等参数单元，节点排列和单元形状如图 7-4 所示。

此时，八节点四边形等参数单元的位移插值函数为

$$\delta = \alpha_1 + \alpha_2\xi + \alpha_3\eta + \alpha_4\xi^2 + \alpha_5\xi\eta + \alpha_6\eta^2 + \alpha_7\xi^2\eta + \alpha_8\xi\eta^2 \tag{7-15}$$

可以发现，当固定 ξ 时，δ 是 η 的二次函数。而固定 η 时，δ 是 ξ 的二次函数。因此，这样的位移插值函数是双二次函数，相应的插值称为双二次插值。显然，它比双线性的位移插值函数阶次提高了，计算精度必然也会提高。

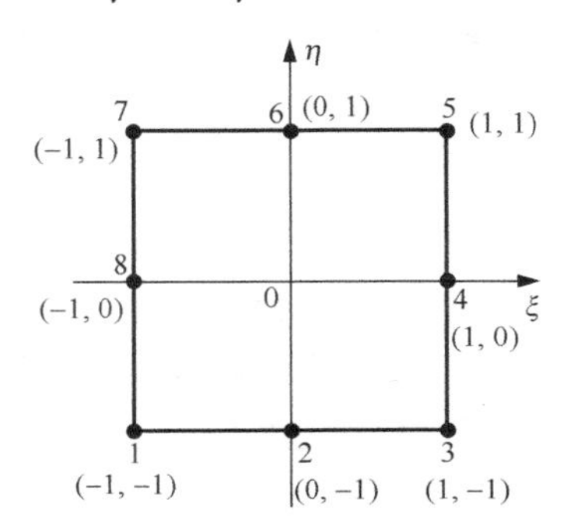

图 7-4　八节点四边形等参数单元

单元每一条边上 ξ（或 η）为固定值，因此这里 δ 是 ξ（或 η）的二次函数，完全可以由该边上 3 个节点处的函数值所唯一确定，相邻单元的公共边上，3 个节点为两相邻单元所共有，保证了插值函数在此边上的连续性，因此满足了局部坐标下单元变形的协调性条件。由于等参数坐标变换的相容性，整个坐标下的变形协调性也将得到满足。

7.3.2　积分选择

八节点四边形等参数单元在局部坐标系下的位移插值函数可写为 $\delta = \sum_{i=1}^{8} N_i(\xi,\eta)\delta_i (i = 1,2,\cdots,8)$。其中，$N_i(\xi,\eta)(i = 1,2,\cdots,8)$ 为形状函数。在八节点四边形等参数单元中，形状函数为

$$N_i(\xi,\eta) = \begin{cases} \dfrac{1}{4}(1+\xi_i\xi)(1+\eta_i\eta)(\xi_i\xi+\eta_i\eta-1) & (i = 1,3,5,7) \\ \dfrac{1}{2}(1-\xi^2)(1+\eta_i\eta) & (i = 2,6) \\ \dfrac{1}{2}(1-\eta^2)(1+\xi_i\xi) & (i = 4,8) \end{cases} \tag{7-16}$$

局部坐标系下满足：$\begin{cases} \xi = \sum_{i=1}^{8} N_i(\xi,\eta)\xi_i \\ \eta = \sum_{i=1}^{8} N_i(\xi,\eta)\eta_i \end{cases}$。由等参数变换的思想即可得到局部坐标 (ξ,η) 到

整体坐标 (x,y) 的坐标变换式为

$$\begin{cases} x=\sum_{i=1}^{8}N_i(\xi,\eta)x_i \\ y=\sum_{i=1}^{8}N_i(\xi,\eta)y_i \end{cases} \tag{7-17}$$

此时,坐标变换矩阵(雅可比矩阵)的形式为

$$[J]=\left[\frac{\partial(x,y)}{\partial(\xi,\eta)}\right]=\begin{bmatrix} \sum_{i=1}^{8}\frac{\partial N_i(\xi,\eta)}{\partial\xi}x_i & \sum_{i=1}^{8}\frac{\partial N_i(\xi,\eta)}{\partial\xi}y_i \\ \sum_{i=1}^{8}\frac{\partial N_i(\xi,\eta)}{\partial\eta}x_i & \sum_{i=1}^{8}\frac{\partial N_i(\xi,\eta)}{\partial\eta}x_i \end{bmatrix} \tag{7-18}$$

通过坐标变换式可以了解整体坐标下单元形状以局部坐标下单元的 $\overline{345}$ 边为例,过这几个节点的直线方程为 $\xi=1$。将 $\xi=1$ 代入坐标变换式(7-8),可得 $\overline{345}$ 边在整体坐标下的参数方程形式:

$$\begin{cases} x=a\eta^2+b\eta+c \\ y=d\eta^2+e\eta+f \end{cases} \tag{7-19}$$

消去参数 ξ 可知,这是一个抛物线方程(特殊情况下可退化为一直线),单元的其余边也是类似的。可见八节点等参数单元在整体坐标下是以抛物线为边线的曲边四边形单元,如图 7-5 所示。它可以较好地模拟计算区域的曲线边界,使计算精度提高。另外,每一边上有 3 个节点,3 个节点处的函数值可唯一决定这条抛物线。这样又从另一方面说明了八节点曲边四边形等参数单元在整体坐标下满足相容性条件。

在划分等参数单元时,为了满足相容性条件,单元划分时整体坐标下曲四边形的任意两条对边即使通过适当的延长也不能在单元上出现交点,不允许出现如图 7-6 所示情况。每条的中间点应尽量在两角点的中间,若位于 1/3 分点,则会出现较大计算偏差,若位于 1/4 分点,则计算结果会完全不正确,甚至出现奇异性方程,计算无法进行下去。因此,单元划分时应做到:

(1)单元划分尽量接近正方形;

(2)中间节点尽量位于每边的 1/2 分点处。

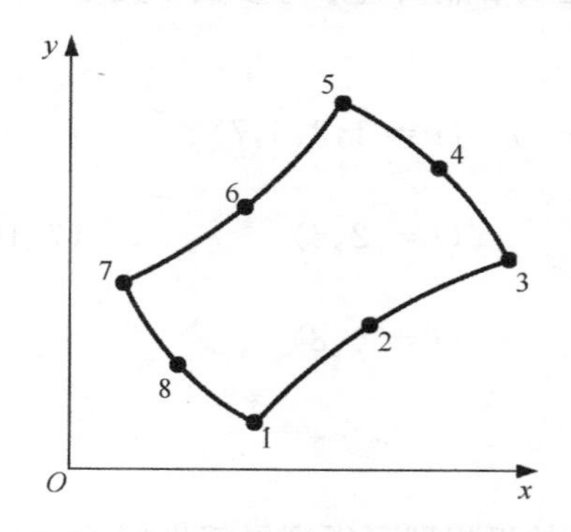

图 7-5　整体坐标下八节点单元形状

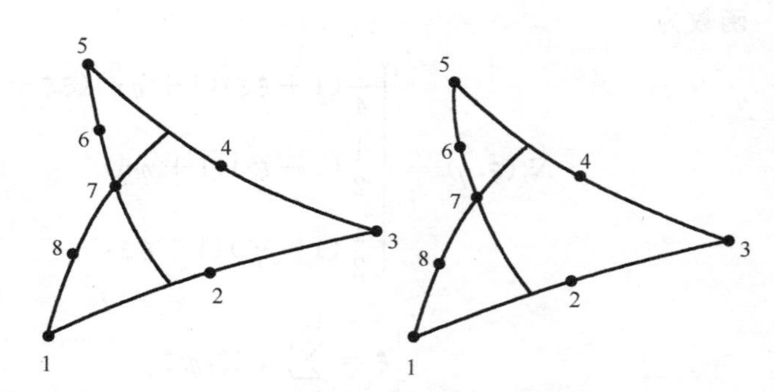

图 7-6　不允许出现的单元形式

【例 7-2】 采用八节点四边形单元对例 7-1 中薄板刚度阵进行求解。

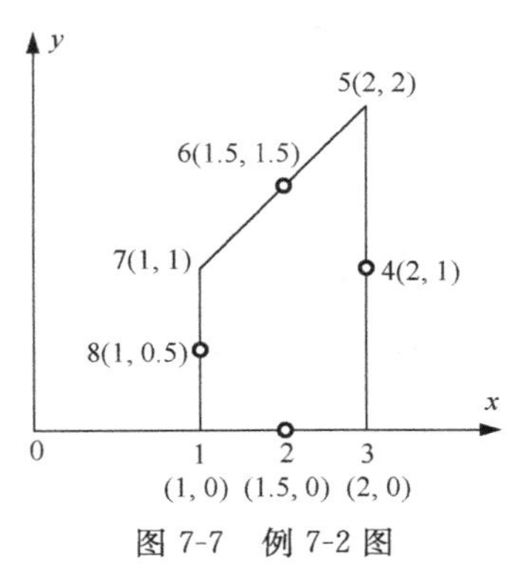

图 7-7　例 7-2 图

解：如图 7-7 所示，根据几何形状及式(7-17)可以得到，坐标的映射函数为

$$N_i(\xi,\eta)=\begin{cases}\dfrac{1}{4}(1+\xi_i\xi)(1+\eta_i\eta)(\xi_i\xi+\eta_i\eta-1) & (i=1,3,5,7)\\ \dfrac{1}{2}(1-\xi^2)(1+\eta_i\eta) & (i=2,6)\\ \dfrac{1}{2}(1-\eta^2)(1+\xi_i\xi) & (i=4,8)\end{cases}$$

$$\begin{aligned}x(\xi,\eta)&=\sum N_i(\xi,\eta)x_i\\&=\sum_{i=1,3,5,7}\frac{1}{4}(1+\xi_i\xi)(1+\eta_i\eta)(\xi_i\xi+\eta_i\eta-1)x_i\\&\quad+\sum_{i=2,6}\frac{1}{2}(1-\xi^2)(1+\eta_i\eta)x_i+\sum_{i=4,8}\frac{1}{2}(1-\eta^2)(1+\xi_i\xi)x_i\end{aligned}$$

$$\begin{aligned}y(\xi,\eta)&=\sum N_i(\xi,\eta)y_i\\&=\sum_{i=1,3,5,7}\frac{1}{4}(1+\xi_i\xi)(1+\eta_i\eta)(\xi_i\xi+\eta_i\eta-1)y_i\\&\quad+\sum_{i=2,6}\frac{1}{2}(1-\xi^2)(1+\eta_i\eta)y_i+\sum_{i=4,8}\frac{1}{2}(1-\eta^2)(1+\xi_i\xi)y_i\end{aligned}$$

根据式(7-18)可得雅可比矩阵为

$$\boldsymbol{J}=\begin{bmatrix}\dfrac{\partial x}{\partial\xi} & \dfrac{\partial y}{\partial\xi}\\ \dfrac{\partial x}{\partial\eta} & \dfrac{\partial y}{\partial\eta}\end{bmatrix}=\begin{bmatrix}\dfrac{\partial\sum\limits_{i=1}^{8}N_i(\xi,\eta)x_i}{\partial\xi} & \dfrac{\partial\sum\limits_{i=1}^{8}N_i(\xi,\eta)y_i}{\partial\xi}\\ \dfrac{\partial\sum\limits_{i=1}^{8}N_i(\xi,\eta)x_i}{\partial\eta} & \dfrac{\partial\sum\limits_{i=1}^{8}N_i(\xi,\eta)y_i}{\partial\eta}\end{bmatrix}=\begin{bmatrix}J_{11} & J_{12}\\ J_{21} & J_{22}\end{bmatrix}$$

$$\boldsymbol{B}=\frac{1}{|\boldsymbol{J}|}\begin{bmatrix}J_{22} & -J_{12} & 0 & 0\\ 0 & 0 & -J_{21} & J_{11}\\ -J_{21} & J_{11} & J_{22} & -J_{12}\end{bmatrix}\begin{bmatrix}\dfrac{\partial}{\partial\xi} & 0\\ \dfrac{\partial}{\partial\eta} & 0\\ 0 & \dfrac{\partial}{\partial\xi}\\ 0 & \dfrac{\partial}{\partial\eta}\end{bmatrix}\begin{bmatrix}N_1 & 0 & \cdots & N_8 & 0\\ 0 & N_1 & \cdots & 0 & N_8\end{bmatrix}$$

弹性系数矩阵为

$$\boldsymbol{D}=\frac{E}{1-\mu^2}\begin{bmatrix}1 & \mu & 0\\ \mu & 1 & 0\\ 0 & 0 & \dfrac{1-\mu}{2}\end{bmatrix}=E\begin{bmatrix}1 & 0 & 0\\ 0 & 1 & 0\\ 0 & 0 & \dfrac{1}{2}\end{bmatrix}$$

选择 4 点高斯积分，即积分位置及权函数为

$$\begin{cases}\xi_i = \eta_j = \pm\dfrac{\sqrt{3}}{3} \\ A_i = A_j = 1\end{cases}$$

该单元的刚度矩阵为

$$\boldsymbol{K} = \int \boldsymbol{B}^{\mathrm{T}}\boldsymbol{D}\boldsymbol{B}\,\mathrm{d}v = \int_{\xi}\int_{\eta} \boldsymbol{B}^{\mathrm{T}}\boldsymbol{D}\boldsymbol{B}\,|\,\boldsymbol{J}\,|\,t\,\mathrm{d}\xi\mathrm{d}\eta = t\sum_{i=1}^{2}\sum_{j=1}^{2}\{A_iA_j(B^{\mathrm{T}}DB)\,|_{\xi_i,\eta_j}\,|\,\boldsymbol{J}(\xi_i,\eta_j)\,|\}$$

$$= \begin{bmatrix}
-2.49 & 0.73 & -2.14 & 0.82 & 0.25 & 0.125 & 4.97 & -0.99 & -2.27 & 0.52 & -3.36 & 0.01 & -0.5 & 0.29 & 5.53 & -1.51 \\
 & -2.65 & 1.16 & -1.31 & 0.04 & 0.5 & -0.99 & 8.97 & 0.52 & -3.85 & 0.01 & -7.19 & 0.375 & 0 & 1.84 & 5.53 \\
 & & -7.89 & 2.26 & 2.03 & -0.36 & -10.33 & 1.18 & 3.47 & -0.32 & 9.89 & -1.81 & -2.03 & 0.64 & 7 & -2.74 \\
 & & & -11.33 & -0.03 & 3.81 & 1.18 & -20.78 & -0.32 & 7.47 & -1.81 & 17.33 & 0.64 & -2.64 & -2.74 & 7.44 \\
 & & & & 5.18 & 0.28 & 4.36 & -1.75 & -2 & 0.625 & -9.86 & 0.97 & 2.23 & -0.06 & -2.19 & -0.08 \\
 & & & & & 10.49 & -1.41 & 8.14 & 0.54 & -3.75 & 0.97 & -19.31 & -0.05 & 4.43 & -0.08 & -4.31 \\
 & & & & & & -47.22 & 7.37 & 18.69 & -3.18 & 36.33 & -4.52 & -2.69 & 0.03 & -4.11 & 1.52 \\
 & & & & & & & -91.33 & -2.84 & 35.86 & -4.52 & 71.44 & 0.03 & -5.64 & 1.52 & -6.67 \\
 & & & & & & & & -7.49 & 1.23 & -13.31 & 1.82 & 0.75 & 0.04 & 2.14 & -0.99 \\
 & & & & & & & & & -14.15 & 2.16 & -26.64 & -0.04 & 1.75 & -0.99 & 3.31 \\
 & & & & & & & & & & -26.56 & 1.81 & 1.19 & -0.25 & 5.67 & 1.63 \\
 & & & & & & & & & & & -47.33 & 0.08 & 1.80 & 1.63 & 9.89 \\
 & & & & & & & & & & & & -0.15 & 0.17 & 1.19 & -1.19 \\
 & & & & & & & & & & & & & 0.1528 & -0.86 & 0.14 \\
 & & & & & & & & & & & & & & -15.22 & 3.37 \\
\text{sym} & & & & & & & & & & & & & & & -15.33
\end{bmatrix}$$

求得刚度矩阵后便可开展一系列有限元求解。

习　　题

1. 试分析四节点矩形元当求解边与坐标轴不平行时，存在的非协调现象。
2. 试述雅可比矩阵满足的条件对于实际网格划分有何需要注意的地方。
3. 试列举一种超参数单元。

第 8 章　薄板弯曲有限元

8.1　经典薄板弯曲的力学基本方程

薄板是指厚度与其他两个方向的尺寸相比很小的平板，它是一类常见的、重要的结构元件，广泛应用于工程中，如汽车车身、火车车厢、飞机等。设计中要计算这类结构的强度、刚度及应力应变关系，必须研究薄板的弯曲问题。

薄板弯曲属于弹性力学研究的内容。由于薄板在几何上有一个方向的尺度比其他两个方向小的特点，在弹性力学中引入了一定的假设，使之简化为二维问题，如图 8-1 所示。设板厚为 t，平分板厚 t 的平面称为中面。取 xOy 平面为中面，z 轴沿板厚方向，构成右手坐标系。

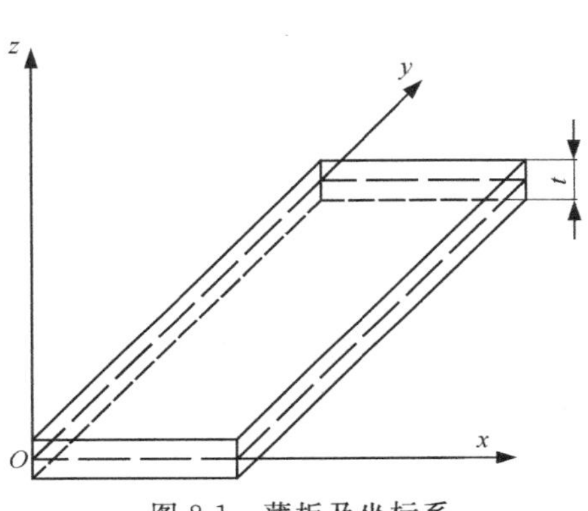

图 8-1　薄板及坐标系

8.1.1　基本假设条件

本章研究经典薄板弯曲问题，只考虑板在垂直于中面的横向载荷作用下的弯曲情况。尽管薄板的厚度 t 很小，但认为板有足够的刚度，即薄板弯曲变形时挠度(沿板厚方向的位移) w 远比厚度 t 小。通常采用如下假设，将薄板弯曲问题简化为二维问题。

(1)薄板弯曲前垂直于中面的法线，在板弯曲后仍保持为直线，并垂直于弯曲后的中面。此假设忽略了板内的剪应变 γ_{zx} 和 γ_{yz}，即

$$\gamma_{zx} = 0, \quad \gamma_{yz} = 0 \tag{8-1}$$

(2)薄板的法线没有伸缩，变形前后板的厚度不变化，即

$$\varepsilon_z = 0 \tag{8-2}$$

(3)薄板中面内的各点没有平行于中面的位移，即在中面上

$$u(x,y,0) = v(x,y,0) = 0 \tag{8-3}$$

(4)忽略挤压应力 σ_z 引起的变形。

8.1.2　经典薄板弯曲的力学基本方程

由于 $\varepsilon_z = \dfrac{\partial w}{\partial z} = 0$，可知挠度 w 与 z 无关，即

$$w = w(x,y) \tag{8-4}$$

根据弹性力学的几何方程，中面内的剪应变表示为

$$\begin{cases} \gamma_{zx} = \dfrac{\partial w}{\partial x} + \dfrac{\partial u}{\partial z} \\ \gamma_{yz} = \dfrac{\partial w}{\partial y} + \dfrac{\partial v}{\partial z} \end{cases} \tag{8-5}$$

根据假设式(8-1),式(8-5)等于零,即

$$
\begin{cases}
\dfrac{\partial u}{\partial z}=-\dfrac{\partial w}{\partial x}\\
\dfrac{\partial v}{\partial z}=-\dfrac{\partial w}{\partial y}
\end{cases}
\tag{8-6}
$$

将式(8-6)两端对 z 积分,并由式(8-3)得

$$
\begin{cases}
u=-z\dfrac{\partial w}{\partial x}\\
v=-z\dfrac{\partial w}{\partial y}
\end{cases}
\tag{8-7}
$$

代入弹性力学几何方程,得到薄板内各点 3 个不等于零的应变分量表达式,即薄板弯曲问题的几何方程:

$$
\begin{cases}
\varepsilon_x=-z\dfrac{\partial^2 w}{\partial x^2}\\
\varepsilon_y=-z\dfrac{\partial^2 w}{\partial y^2}\\
\gamma_{xy}=-2z\dfrac{\partial^2 w}{\partial x\partial y}
\end{cases}
\tag{8-8}
$$

在 $\sigma_z=0$ 的假设条件下,根据弹性力学物理方程,得到一个不等于零的应变分量表达式,即薄板弯曲问题的物理方程:

$$
\begin{cases}
\varepsilon_x=\dfrac{1}{E}(\sigma_x-\mu\sigma_y)\\
\varepsilon_y=\dfrac{1}{E}(\sigma_y-\mu\sigma_x)\\
\gamma_{xy}=\dfrac{2(1+\mu)}{E}\tau_{xy}
\end{cases}
\tag{8-9}
$$

将式(8-8)代入式(8-9),并利用挠度表示应力,即

$$
\begin{cases}
\sigma_x=-\dfrac{Ez}{1-\mu^2}\left(\dfrac{\partial^2 w}{\partial x^2}+\mu\dfrac{\partial^2 w}{\partial y^2}\right)\\
\sigma_y=-\dfrac{Ez}{1-\mu^2}\left(\dfrac{\partial^2 w}{\partial y^2}+\mu\dfrac{\partial^2 w}{\partial x^2}\right)\\
\tau_{xy}=-\dfrac{Ez}{1+\mu}\dfrac{\partial^2 w}{\partial x\partial y}
\end{cases}
\tag{8-10}
$$

由式(8-10)易知,应力分量沿板厚方向(z 向)呈线性变化,且在中面($z=0$)上为零。由奇函数的性质,应力分量沿板厚方向的积分恒为零。因此,σ_x、σ_y、τ_{xy} 在板侧面上的合力为零,只能形成力偶矩。将正应力 σ_x 和 σ_y 形成的力偶矩称为弯矩,与板的弯曲有关。将剪应力 τ_{xy} 形成的力偶矩称为扭矩,与板的扭转有关。

从薄板内取出一平行六面体微元,三边长分别为 $\mathrm{d}x$、$\mathrm{d}y$ 和 t,如图 8-2 所示。

在垂直于 x 轴的侧面 $ABCD$ 上,正应力 σ_x 合成的弯矩为

$$
\left(\int_{-t/2}^{t/2} z\sigma_x\,\mathrm{d}z\right)\mathrm{d}y=M_x\,\mathrm{d}y
$$

式中,M_x 为薄板在单位宽度上的弯矩:

$$M_x = \int_{-t/2}^{t/2} z\sigma_x \mathrm{d}z$$

在侧面 $ABCD$ 上剪应力 τ_{xy} 合成的扭矩为

$$\left(\int_{-t/2}^{t/2} z\tau_{xy} \mathrm{d}z\right)\mathrm{d}y = M_{xy}\mathrm{d}y$$

式中，M_{xy} 为薄板在单位宽度上的扭矩

$$M_{xy} = \int_{-t/2}^{t/2} z\,\tau_{xy} \mathrm{d}z$$

类似地，在侧面 $CDEF$ 上，由应力分量 σ_x 和 τ_{yx} 合成的单位宽度上的弯矩和扭矩为

$$M_y = \int_{-t/2}^{t/2} z\sigma_y \mathrm{d}z,\quad M_{yx} = \int_{-t/2}^{t/2} z\tau_{yx} \mathrm{d}z$$

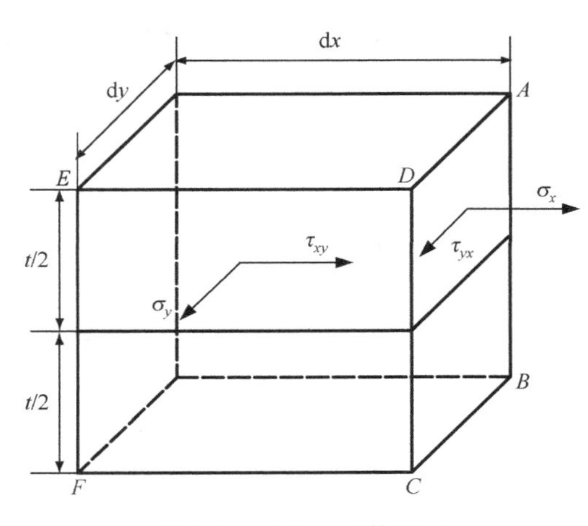

图 8-2 薄板六面体微元

将式(8-10)代入上述弯矩和扭矩的表达式，并积分得

$$\begin{cases} M_x = -\dfrac{Et^3}{12(1-\mu^2)}\left(\dfrac{\partial^2 w}{\partial x^2} + \mu\dfrac{\partial^2 w}{\partial y^2}\right) \\ M_y = -\dfrac{Et^3}{12(1-\mu^2)}\left(\dfrac{\partial^2 w}{\partial y^2} + \mu\dfrac{\partial^2 w}{\partial x^2}\right) \\ M_{xy} = M_{yx} = -\dfrac{Et^3}{12(1+\mu)}\dfrac{\partial^2 w}{\partial x\partial y} \end{cases} \tag{8-11}$$

比较式(8-10)和式(8-11)，可得应力分量与弯矩、扭矩之间的关系

$$\begin{cases} \sigma_x = \dfrac{12M_x}{t^3}z \\ \sigma_y = \dfrac{12M_y}{t^3}z \\ \tau_{xy} = \dfrac{12M_{xy}}{t^3}z \end{cases} \tag{8-12}$$

引入广义应变向量

$$\boldsymbol{\kappa} = \begin{bmatrix} -\dfrac{\partial^2 w}{\partial x^2} \\ -\dfrac{\partial^2 w}{\partial y^2} \\ -2\dfrac{\partial^2 w}{\partial x\partial y} \end{bmatrix}$$

$\boldsymbol{\kappa}$ 中各个分量分别代表薄板弯曲后中面在 x 方向的曲率、y 方向的曲率以及 x 和 y 方向间的扭率。将薄板内的弯矩和扭矩、应力、应变分别表示为矩阵形式

$$\boldsymbol{M} = \begin{bmatrix} M_x \\ M_y \\ M_{xy} \end{bmatrix},\quad \boldsymbol{\sigma} = \begin{bmatrix} \sigma_x \\ \sigma_y \\ \sigma_{xy} \end{bmatrix},\quad \boldsymbol{\varepsilon} = \begin{bmatrix} \varepsilon_x \\ \varepsilon_y \\ \varepsilon_{xy} \end{bmatrix}$$

板弯曲问题的广义应力应变关系可表示为

$$\boldsymbol{M} = \boldsymbol{D}\boldsymbol{\kappa} \tag{8-13}$$

式中，$\boldsymbol{D}$ 是弹性关系矩阵，对于各向同性材料有

$$\boldsymbol{D}=\frac{Et^3}{12(1-\mu^2)}\begin{bmatrix}1 & \mu & 0\\ \mu & 1 & 0\\ 0 & 0 & \dfrac{1-\mu}{2}\end{bmatrix}=D_0\begin{bmatrix}1 & \mu & 0\\ \mu & 1 & 0\\ 0 & 0 & \dfrac{1-\mu}{2}\end{bmatrix}\tag{8-14}$$

式中，$D_0=\dfrac{Et^3}{12(1-\mu^2)}$ 是薄板的弯曲刚度。

式(8-8)和式(8-12)分别可写为矩阵形式

$$\varepsilon=z\boldsymbol{\kappa}\tag{8-15}$$

$$\boldsymbol{\sigma}=\frac{12z}{t^3}\boldsymbol{M}=\frac{12z}{t^3}\boldsymbol{D\kappa}\tag{8-16}$$

8.2　经典薄板弯曲的有限元分析

采用位移函数——虚功原理，利用第 3 章使用过的五步推导矩形单元薄板弯曲问题的有限元方程。

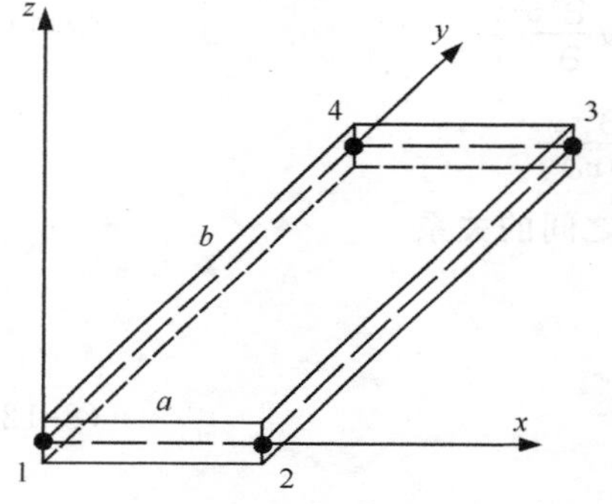

图 8-3　矩形薄板单元及其坐标系

(1)明确单元形式。

首先选择合适的坐标系和节点变量。采用位于中面的坐标系，如图 8-3 所示，坐标原点与第一个节点位置重合。该矩形单元包含 4 个节点，每个节点取挠度 w、转角 θ_x 和转角 θ_y 作为节点变量，相应的节点力为 F，m_x 和 m_y。在几何上，θ_x 表示中面上过节点与 x 轴垂直的直线在板弯曲时绕 x 轴的转角，θ_y 表示中面上过节点与 y 轴垂直的直线在板弯曲时绕 y 轴的转角，分别可表示为

$$\theta_x=\frac{\partial w}{\partial y},\quad \theta_y=-\frac{\partial w}{\partial x}\tag{8-17}$$

节点变量确定后，即可得到矩形单元的位移向量和力向量为

$$\boldsymbol{\delta}^{\mathrm{e}}=\begin{bmatrix}\delta_1\\ \delta_2\\ \delta_3\\ \delta_4\end{bmatrix}=[w_1\ \theta_{x1}\ \theta_{y1}\ w_2\ \theta_{x2}\ \theta_{y2}\ w_3\ \theta_{x3}\ \theta_{y3}\ w_4\ \theta_{x4}\ \theta_{y4}]^{\mathrm{T}}$$

$$\boldsymbol{F}^{\mathrm{e}}=\begin{bmatrix}F_1\\ F_2\\ F_3\\ F_4\end{bmatrix}=[F_{z1}\ m_{x1}\ m_{y1}\ F_{z2}\ m_{x2}\ m_{y2}\ F_{z3}\ m_{x3}\ m_{y3}\ F_{z4}\ m_{x4}\ m_{y4}]^{\mathrm{T}}$$

每个向量包含 12 个分量，即单元的自由度数为 12，因此单元刚度矩阵的维数为 12×12，即 $\boldsymbol{F}^{\mathrm{e}}=\boldsymbol{K}^{\mathrm{e}}\boldsymbol{\delta}^{\mathrm{e}}$。

(2)选择适当的位移函数。

由于不能确定薄板上各点的位移是如何随载荷变化的，选择一个简单函数，用节点上位移表示单元上各点的位移。

选择多项式表示位移函数 $\boldsymbol{\delta}=[w \quad \theta_x \quad \theta_y]^{\mathrm{T}}$，多项式的系数个数与单元自由度数目相同，以便各点的位移可以用节点处位移表示。

由于一个矩形薄板单元共有 12 个自由度，则位移函数中可以有 12 个待定系数，令

$$
\begin{aligned}
w= & \alpha_1+\alpha_2 x+\alpha_3 y+\alpha_4 x^2+\alpha_5 x y+\alpha_6 y^2+\alpha_7 x^3 \\
& +\alpha_8 x^2 y+\alpha_9 x y^2+\alpha_{10} y^3+\alpha_{11} x^3 y+\alpha_{12} x y^3
\end{aligned} \tag{8-18}
$$

由式(8-17)和式(8-18)，可得

$$
\theta_x=\frac{\partial w}{\partial y}=\alpha_3+\alpha_5 x+2 \alpha_6 y+\alpha_8 x^2+2 \alpha_9 x y+3 \alpha_{10} y^2+\alpha_{11} x^3+3 \alpha_{12} x y^2
$$

$$
\theta_y=-\frac{\partial w}{\partial x}=-\left(\alpha_2+2 \alpha_4 x+\alpha_5 y+3 \alpha_7 x^2+2 \alpha_8 x y+\alpha_9 y^2+3 \alpha_{11} x^2 y+\alpha_{12} y^3\right)
$$

因此，对于单元上任意一点位移 $\boldsymbol{\delta}^{\forall}=\delta(x, y)$ 均可表示为 $\boldsymbol{\delta}^{\forall}=[f(x, y)] \boldsymbol{\alpha}$，或

$$
\begin{bmatrix} w \\ \theta_x \\ \theta_y \end{bmatrix}=\begin{bmatrix}
1 & x & y & x^2 & x y & y^2 & x^3 & x^2 y & x y^2 & y^3 & x^3 y & x y^3 \\
0 & 0 & 1 & 0 & x & 2 y & 0 & x^2 & 2 x y & 3 y^2 & x^3 & 3 x y^2 \\
0 & -1 & 0 & -2 x & -y & 0 & -3 x^2 & -2 x y & -y^2 & 0 & -3 x^2 y & -y^3
\end{bmatrix}\begin{bmatrix}
\alpha_1 \\ \alpha_2 \\ \alpha_3 \\ \alpha_4 \\ \alpha_5 \\ \alpha_6 \\ \alpha_7 \\ \alpha_8 \\ \alpha_9 \\ \alpha_{10} \\ \alpha_{11} \\ \alpha_{12}
\end{bmatrix} \tag{8-19}
$$

下面检查构造的位移函数的相等性、完备性、完全性和协调性。显然，位移函数的未知数个数与单元自由度的个数相同，均为 12 个，满足相等性条件。而且位移函数是完全多项式，可以保证收敛，满足完全性。

现在检查构造的位移函数的完备性。式(8-18)的前三项 $\alpha_1+\alpha_2 x+\alpha_3 y$ 代表薄板的刚体位移，其中 α_1 代表薄板在 z 方向的移动，α_2 和 α_3 分别代表薄板绕 y 轴和 z 轴的刚体转动。$\alpha_4 x^2+\alpha_5 x y+\alpha_6 y^2$ 代表薄板弯曲的常应变项，其中 α_4 和 α_6 代表常曲率，α_5 代表常扭率。因此，式(8-18)构造的位移函数包含了刚体位移和常应变，满足完备性要求。

接着检查构造的位移函数的协调性。考虑矩形单元节点 1 和节点 4 所在的边，此时 $x=0$，相应的挠度和横向转角为

$$
\begin{cases}
w=\alpha_1+\alpha_3 y+\alpha_6 y^2+\alpha_{10} y^3 \\
\theta_x=\alpha_3+2 \alpha_6 y+3 \alpha_{10} y^2 \\
\theta_y=-\left(\alpha_2+\alpha_5 y+\alpha_9 y^2+\alpha_{12} y^3\right)
\end{cases}
$$

w 和 θ_x 在这一边上可以由节点 1 和节点 4 的值，即 w_1、θ_{x1}、w_4、θ_{x4} 唯一确定，保证了两个相邻单元公共边上挠度 w 和 θ_x 连续。但是 θ_y 无法由节点 1 和节点 4 的值唯一确定，因此两个相邻单元的公共边上挠度函数的法向导数不连续。所以，矩形单元在求解区域 0 阶连续，而未达到一阶连续，是非协调单元。

下面进一步体现单元中任一点的位移和节点位移的关系。

将矩形薄板的 4 个节点坐标(0,0)、$(a,0)$、(a,b)和$(0,b)$代入式(8-19)中，得到

$$\boldsymbol{\delta}^{\mathrm{e}}=\begin{bmatrix}[f(x_1,y_1)]\\ [f(x_2,y_2)]\\ [f(x_3,y_3)]\\ [f(x_4,y_4)]\end{bmatrix}\boldsymbol{\alpha}=\boldsymbol{A}\boldsymbol{\alpha}$$

式中

$$\boldsymbol{A}=\begin{bmatrix}1&0&0&0&0&0&0&0&0&0&0&0\\0&0&1&0&0&0&0&0&0&0&0&0\\0&-1&0&0&0&0&0&0&0&0&0&0\\1&a&0&a^2&0&0&a^3&0&0&0&0&0\\0&0&1&0&a&0&0&a^2&0&0&a^3&0\\0&-1&0&-2a&0&0&-3a^2&0&0&0&0&0\\1&a&b&a^2&ab&b^2&a^3&a^2b&ab^2&b^3&a^3b&ab^3\\0&0&1&0&a&2b&0&a^2&2ab&3b^2&a^3&3ab^2\\0&-1&0&-2a&-b&0&-3a^2&-2ab&-b^2&0&-3a^2b&-b^3\\1&0&b&0&0&b^2&0&0&0&b^3&0&0\\0&0&1&0&0&2b&0&0&0&3b^2&0&0\\0&-1&0&0&-b&0&0&0&-b^2&0&0&-b^3\end{bmatrix}$$

则待定系数可表示为

$$\boldsymbol{\alpha}=\boldsymbol{A}^{-1}\boldsymbol{\delta}^{\mathrm{e}} \tag{8-20}$$

由于薄板上任意一点位移为$\boldsymbol{\delta}^{\forall}=[f(x,y)]\boldsymbol{\alpha}$，将式(8-20)代入可得到用节点位移$\boldsymbol{\delta}^{\mathrm{e}}$表示的$\boldsymbol{\delta}^{\forall}$为

$$\boldsymbol{\delta}^{\forall}=[f(x,y)]\boldsymbol{\alpha}=[f(x,y)]\boldsymbol{A}^{-1}\boldsymbol{\delta}^{\mathrm{e}}=\boldsymbol{N}\boldsymbol{\delta}^{\mathrm{e}} \tag{8-21}$$

式中，$\boldsymbol{N}=[f(x,y)]\boldsymbol{A}^{-1}$是形函数矩阵，将单元上的任意点位移与节点位移联系起来。

(3)明确几何关系，即为单元应变-节点位移之间的关系。

通过材料力学可知，单元内任意一点的应变$\boldsymbol{\varepsilon}=\{\varepsilon(x,y)\}$可以通过该点的位移$\boldsymbol{\delta}$微分得到。由式(8-8)可知：

$$\boldsymbol{\varepsilon}=\begin{bmatrix}-z\dfrac{\partial^2 w}{\partial x^2}\\ -z\dfrac{\partial^2 w}{\partial y^2}\\ -2z\dfrac{\partial^2 w}{\partial x\partial y}\end{bmatrix}$$

将位移差值函数式(8-18)代入上式，并写成矩阵形式，得到

$$\boldsymbol{\varepsilon}=z\boldsymbol{C}\boldsymbol{\alpha} \tag{8-22}$$

式中

$$\boldsymbol{C}=\begin{bmatrix}0&0&0&-2&0&0&-6x&-2y&0&0&-6xy&0\\0&0&0&0&0&-2&0&0&-2x&-6y&0&-6xy\\0&0&0&0&-2&0&0&-4x&-4y&0&-6x^2&-6y^2\end{bmatrix}$$

将式(8-20)代入式(8-22)，有

$$\boldsymbol{\varepsilon} = z\boldsymbol{C}\boldsymbol{\alpha} = z\boldsymbol{C}\boldsymbol{A}^{-1}\boldsymbol{\delta}^{e} = z\boldsymbol{B}\boldsymbol{\delta}^{e} \tag{8-23}$$

式中，$\boldsymbol{B} = \boldsymbol{C}\boldsymbol{A}^{-1}$ 为几何矩阵，也称为应变矩阵，将单元应变与节点位移联系起来。

(4)明确物理关系，即求应力-应变-节点位移之间的关系。

根据式(8-15)和式(8-16)，得到应力与应变的关系为

$$\boldsymbol{\sigma} = \frac{12}{t^3}\boldsymbol{D}\boldsymbol{\varepsilon} \tag{8-24}$$

将式(8-23)代入式(8-24)中，得到应力与节点位移之间的关系为

$$\boldsymbol{\sigma} = \frac{12z}{t^3}\boldsymbol{D}\boldsymbol{B}\boldsymbol{\delta}^{e} = \boldsymbol{S}\boldsymbol{\delta}^{e} \tag{8-25}$$

式中，$\boldsymbol{S} = \dfrac{12z}{t^3}\boldsymbol{D}\boldsymbol{B}$ 为应力矩阵，将单元应力与节点位移联系起来。

(5)明确力与位移之间关系，即节点力-节点位移之间的关系。

利用虚功原理，即节点外力在虚位移上所做的虚功等于内应力所做的功，即

$$(\boldsymbol{\delta}^{e*})^{\mathrm{T}}\boldsymbol{F}^{e} = \int_{v}(\boldsymbol{\varepsilon}^{*})^{\mathrm{T}}\boldsymbol{\sigma}\,\mathrm{d}v = \int_{v} z\,(\boldsymbol{\delta}^{e*})^{\mathrm{T}}\boldsymbol{B}^{\mathrm{T}}\frac{12z}{t^3}\boldsymbol{D}\boldsymbol{B}\boldsymbol{\delta}^{e}\,\mathrm{d}v \tag{8-26}$$

整理得到节点力与节点位移的关系：

$$\boldsymbol{F}^{e} = \left(\int_{v}\frac{12z^2}{t^3}\boldsymbol{B}^{\mathrm{T}}\boldsymbol{D}\boldsymbol{B}\,\mathrm{d}v\right)\boldsymbol{\delta}^{e} = \boldsymbol{K}^{e}\boldsymbol{\delta}^{e} \tag{8-27}$$

对于矩形板单元，单元刚度矩阵为

$$\boldsymbol{K}^{e} = \int_{0}^{a}\int_{0}^{b}\int_{-t/2}^{t/2}\frac{12z^2}{t^3}\boldsymbol{B}^{\mathrm{T}}\boldsymbol{D}\boldsymbol{B}\,\mathrm{d}x\mathrm{d}y\mathrm{d}z = \int_{0}^{a}\int_{0}^{b}\boldsymbol{B}^{\mathrm{T}}\boldsymbol{D}\boldsymbol{B}\,\mathrm{d}x\mathrm{d}y \tag{8-28}$$

式中，几何矩阵 $\boldsymbol{B}=\boldsymbol{C}\boldsymbol{A}^{-1}$，是 x、y 的函数，弹性矩阵 $\boldsymbol{D}$ 由式(8-14)定义，是常量矩阵。因此，矩形单元的刚度矩阵可以通过积分运算显示得到，因公式冗长，这里从略。

8.3　中厚板与平面壳体单元

经典薄板弯曲理论适合研究厚度方向的尺寸比其他两个方向尺寸小很多的薄板，忽略了板内的剪应力，即薄板弯曲前垂直于中面的法线，在板弯曲后仍保持为直线，并垂直于弯曲后的中面。然而，对于中厚板的弯曲问题，横向剪切变形不能再被忽略，经典薄板弯曲理论不再完全适用，需要对其进行拓展，发展新的 Mindlin 平板单元。

与薄板类似，薄壳也是广泛应用于工程中的结构件，如航海工程中的潜艇、鱼雷以及机械、石化、电力等工程中的各类容器等都广泛采用各种形式的壳体结构。薄壳与薄板的相同点就是在几何上有一个方向的尺度比其他两个方向小很多，不同点是薄板的中面是平面，而薄壳的中面是曲面。薄板的中面只有垂直于中面的位移，即挠度 w，而没有面内的位移。而壳体由于中面是曲面，工作时中面内的位移 u、v 和垂直于中面的位移 w 通常是同时发生的，并且相互耦合。因此，薄壳问题的力学分析比薄板问题复杂得多，如何将薄板弯曲有限元进行扩展以分析薄壳问题，是需要研究的内容。

针对工程中的中厚板弯曲问题和薄壳问题，下面分别介绍 Mindlin 平板单元和平面壳体单元的构造方法和特点。

8.3.1 Mindlin 平板单元

与经典薄板理论不同的是，Mindlin 平板单元假设原来垂直于板中面的直线在变形后虽仍保持直线，但因为横向剪切变形的结果，不一定再垂直于变形后的中面。Mindlin 平板单元挠度 w 和法线转动 θ_x 及 θ_y 为各自独立的场函数，独立插值。

当位移和转动是各自独立的场函数时，系统的总位能可表示为

$$\overline{\Pi}_{\mathrm{p}} = \Pi_{\mathrm{p}} + \iint_{\Omega} \alpha_1 \left(\frac{\partial w}{\partial x} - \theta_x\right)^2 \mathrm{d}x\mathrm{d}y + \iint_{\Omega} \alpha_2 \left(\frac{\partial w}{\partial y} - \theta_y\right)^2 \mathrm{d}x\mathrm{d}y \tag{8-29}$$

式中，Π_{p} 为系统总位能，可进一步表示为

$$\Pi_{\mathrm{p}} = \iint_{\Omega} \left(\frac{1}{2}\boldsymbol{\kappa}^{\mathrm{T}} \boldsymbol{D}_{\mathrm{b}} \boldsymbol{\kappa} - qw\right)\mathrm{d}x\mathrm{d}y - \int_{S_3} \bar{Q}_{\mathrm{n}} w \mathrm{d}s + \int_{S_3+S_3} (\bar{M}_s\theta_s + \bar{M}_n\theta_n)\mathrm{d}s \tag{8-30}$$

式中，$\boldsymbol{D}_{\mathrm{b}}$ 为弹性关系矩阵，由式(8-14)定义，$\bar{Q}_n$、$\bar{M}_s$ 和 $\bar{M}_n$ 分别表示横向剪力、边界截面的切向扭矩和法向扭矩，下标 n 和 s 表示边界的法向和切向。在位移和转动各自独立的情况下，广义应变 $\boldsymbol{\kappa}$ 可表示为

$$\boldsymbol{\kappa} = \begin{Bmatrix} \kappa_x \\ \kappa_y \\ \kappa_{xy} \end{Bmatrix} = \begin{bmatrix} -\dfrac{\partial \theta_x}{\partial x} \\ -\dfrac{\partial \theta_y}{\partial y} \\ -\left(\dfrac{\partial \theta_x}{\partial y} + \dfrac{\partial \theta_y}{\partial x}\right) \end{bmatrix} \tag{8-31}$$

对于各向同性材料的平板单元，令式(8-29)中的系数：

$$\alpha_1 = \alpha_2 = \frac{Gt}{2k} \tag{8-32}$$

式中，G 是材料剪切模量；t 是板厚；k 是考虑实际的剪应变沿厚度方向非均匀分布而引入的校正系数，按照剪切应变能等效原则，取 $k=6/5$。用于薄板时，式(8-29)的后两项为罚函数，通过以下约束条件实现

$$C = \begin{bmatrix} \dfrac{\partial w}{\partial x} - \theta_x \\ \dfrac{\partial w}{\partial y} - \theta_y \end{bmatrix} = 0 \tag{8-33}$$

由于 Mindlin 平板单元挠度 w 和法线转动 θ_x 及 θ_y 为各自独立的场函数，独立插值，所以他们的插值函数只要求 C_0 连续，即只要求函数值连续，可以表示为

$$\begin{Bmatrix} \theta_x \\ \theta_y \\ w \end{Bmatrix} = N a^{\mathrm{e}} \tag{8-34}$$

式中，$\boldsymbol{N} = [N_1\boldsymbol{I} \quad N_2\boldsymbol{I} \quad \cdots \quad N_n\boldsymbol{I}]$，$\boldsymbol{I}$ 为 3×3 单位矩阵，$N_i\ (i=1,2,\cdots,n)$ 是 C_0 型 n 节点二维单元的插值函数：

$$\boldsymbol{a}^{\mathrm{e}} = \begin{Bmatrix} \boldsymbol{a}_1 \\ \boldsymbol{a}_2 \\ \vdots \\ \boldsymbol{a}_n \end{Bmatrix}$$

式中，$\boldsymbol{a}_i = \begin{Bmatrix} \theta_{xi} \\ \theta_{yi} \\ w_i \end{Bmatrix}\ (i=1,2,\cdots,n)$。

由式(8-34)可得各场函数的独立插值表示形式：

$$\theta_x = \sum_{i=1}^{n} N_i \theta_{xi}, \quad \theta_y = \sum_{i=1}^{n} N_i \theta_{yi}, \quad w = \sum_{i=1}^{n} N_i w_i \tag{8-35}$$

将式(8-34)代入式(8-31)和式(8-33)，分别可得

$$\boldsymbol{\kappa} = \boldsymbol{B}_b \boldsymbol{a}^e, \quad \boldsymbol{C} = \boldsymbol{B}_s \boldsymbol{a}^e \tag{8-36}$$

其中

$$\boldsymbol{B}_b = [\boldsymbol{B}_{b1} \quad \boldsymbol{B}_{b2} \quad \cdots \quad \boldsymbol{B}_{bn}], \quad \boldsymbol{B}_s = [\boldsymbol{B}_{s1} \quad \boldsymbol{B}_{s2} \quad \cdots \quad \boldsymbol{B}_{sn}]$$

$$\boldsymbol{B}_{bi} = \begin{bmatrix} -\dfrac{\partial N_i}{\partial x} & 0 \\ 0 & -\dfrac{\partial N_i}{\partial y} \\ -\dfrac{\partial N_i}{\partial x} & -\dfrac{\partial N_i}{\partial x} \end{bmatrix}, \quad \boldsymbol{B}_{si} = \begin{bmatrix} -N_i & 0 & \dfrac{\partial N_i}{\partial x} \\ 0 & -N_i & \dfrac{\partial N_i}{\partial y} \end{bmatrix}$$

将式(8-34)代入泛函式(8-29)中，由泛函的变分为零可以得到

$$(\boldsymbol{K}_b + \alpha \boldsymbol{K}_s) a = \boldsymbol{K} a = \boldsymbol{P} \tag{8-37}$$

其中，$\boldsymbol{K}_b$ 为与弯曲分量有关的刚度矩阵；$\boldsymbol{K}_s$ 为与剪切分量有关的刚度矩阵。

$$\boldsymbol{K}_b = \sum_e K_b^e, \quad \boldsymbol{K}_s = \sum_e \boldsymbol{K}_s^e, \quad \boldsymbol{P} = \sum_e \boldsymbol{P}^e$$

进一步，单元刚度矩阵可表示为

$$\boldsymbol{K}_b^e = \iint_{\Omega_e} \boldsymbol{B}_b^T \boldsymbol{D}_b \boldsymbol{B}_b \mathrm{d}x\mathrm{d}y, \quad \boldsymbol{K}_s^e = \iint_{\Omega_e} \boldsymbol{B}_s^T \boldsymbol{B}_s \mathrm{d}x\mathrm{d}y$$

单元载荷为

$$\boldsymbol{P}^e = \iint_{\Omega_e} \boldsymbol{N}^T \begin{pmatrix} 0 \\ 0 \\ q \end{pmatrix} \mathrm{d}x\mathrm{d}y + \int_{S_{2e}+S_{3e}} \boldsymbol{N}^T \begin{pmatrix} \bar{M}_n \\ \bar{M}_n \\ 0 \end{pmatrix} \mathrm{d}s + \int_{S_{3e}} \boldsymbol{N}^T \begin{pmatrix} 0 \\ 0 \\ \bar{Q}_n \end{pmatrix} \mathrm{d}s$$

从上式可见，由于 Mindlin 平板单元是 C_0 型单元，即单元交界面上只要求函数值保持连续，它的表达格式相对简单，与平面应力单元类似，因此在工程中得到了广泛的应用。

8.3.2　平面壳体单元

平面壳体单元可以看作平面应力单元和薄板弯曲单元的组合，因此其单元刚度矩阵可以由这两种单元的刚度矩阵在局部坐标系内组合而成。为了建立壳体的刚度矩阵，需要确定一个总体坐标系，并将各单元在局部坐标系内的刚度矩阵转换到总体坐标系中。

在局部坐标系内，单元的节点位移参数不包含 θ_{zi}，为了将局部坐标系内的刚度矩阵转换到总体坐标系，需要将 θ_{zi} 包含在节点位移参数中，因此可建立 6 自由度的节点位移向量：

$$\boldsymbol{a}_i = [u_i \quad v_i \quad w_i \quad \theta_{xi} \quad \theta_{yi} \quad \theta_{zi}] \tag{8-38}$$

同时，平面壳体单元的刚度矩阵可表示为

$$\boldsymbol{K}_{ij} = \left[\begin{array}{cc:ccc:c} \multicolumn{2}{c:}{\multirow{2}{*}{$\boldsymbol{K}_{ij}^m$}} & 0 & 0 & 0 & 0 \\ & & 0 & 0 & 0 & 0 \\ \hdashline 0 & 0 & \multicolumn{3}{c:}{} & 0 \\ 0 & 0 & \multicolumn{3}{c:}{\boldsymbol{K}_{ij}^b} & 0 \\ 0 & 0 & \multicolumn{3}{c:}{} & 0 \\ \hdashline 0 & 0 & 0 & 0 & 0 & 0 \end{array}\right] \tag{8-39}$$

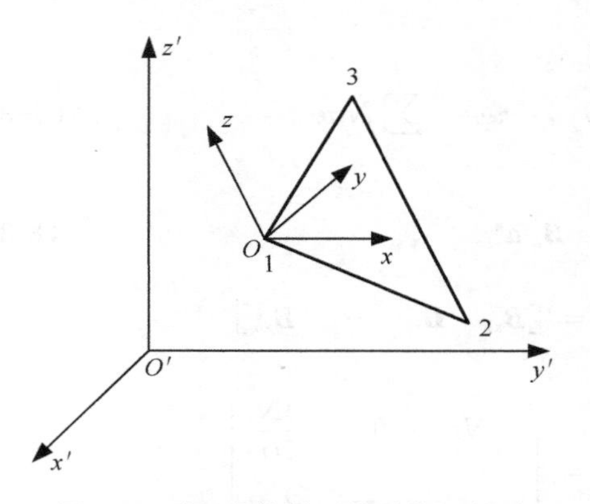

图 8-4 平面壳体单元的总体坐标系与局部坐标系

式中，$\boldsymbol{K}_{ij}^{m}$ 对应平面应力单元的刚度矩阵；$\boldsymbol{K}_{ij}^{b}$ 为薄板弯曲单元的刚度矩阵。

下面介绍单元刚度矩阵从局部坐标系到总体坐标系的转换。用 $x'y'z'$ 表示总体坐标系，用 xyz 表示局部坐标系，如图 8-4 所示。

与式(8-38)对应，在全局坐标系内，节点位移向量是

$$\boldsymbol{a}'_i = [u'_i \quad v'_i \quad w'_i \quad \theta'_{xi} \quad \theta'_{yi} \quad \theta'_{zi}] \tag{8-40}$$

局部与全局坐标系下节点位移向量之间的转换关系为

$$\boldsymbol{a}'_i = \boldsymbol{V}\boldsymbol{a}_i, \quad \boldsymbol{a}_i = \boldsymbol{V}^{\mathrm{T}}\boldsymbol{a}'_i \tag{8-41}$$

式中

$$\boldsymbol{V} = \begin{bmatrix} \lambda & 0 \\ 0 & \lambda \end{bmatrix}, \quad \lambda = [\lambda_x \quad \lambda_y \quad \lambda_z] = \begin{bmatrix} \lambda_{x'x} & \lambda_{x'y} & \lambda_{x'z} \\ \lambda_{y'x} & \lambda_{y'y} & \lambda_{y'z} \\ \lambda_{z'x} & \lambda_{z'y} & \lambda_{z'z} \end{bmatrix} \tag{8-42}$$

其中，$\lambda_{x'x} = \cos(x', x)$ 表示局部坐标系中 x 轴在总体坐标系 $x'y'z'$ 中与 x' 轴之间夹角的余弦值。

接着介绍局部坐标系在总体坐标系中的方向余弦 λ 的计算方法。

对于三角形单元，如图 8-4 所示，3 个角点的坐标在总体坐标系和局部坐标系中分别表示为

$$\boldsymbol{X}'_i = \begin{pmatrix} x'_i \\ y'_i \\ z'_i \end{pmatrix}, \quad \boldsymbol{X}_i = \begin{pmatrix} x_i \\ y_i \\ z_i \end{pmatrix} \quad (i = 1, 2, 3) \tag{8-43}$$

将局部坐标系的原点选在单元内的第一点，即 $\boldsymbol{X}'_0 = \boldsymbol{X}'_1$。$x$ 轴和 y 轴放在单元平面内，则 z 轴垂直于此平面，按右手法则确定 z 的正方向。令

$$\boldsymbol{X}'_{12} = \boldsymbol{X}'_2 - \boldsymbol{X}'_1 = \begin{pmatrix} x'_2 - x'_1 \\ y'_2 - y'_1 \\ z'_2 - z'_1 \end{pmatrix} = \begin{pmatrix} x'_{12} \\ y'_{12} \\ z'_{12} \end{pmatrix} \tag{8-44}$$

$$\boldsymbol{X}'_{13} = \boldsymbol{X}'_3 - \boldsymbol{X}'_1 = \begin{pmatrix} x'_3 - x'_1 \\ y'_3 - y'_1 \\ z'_3 - z'_1 \end{pmatrix} = \begin{pmatrix} x'_{13} \\ y'_{13} \\ z'_{13} \end{pmatrix} \tag{8-45}$$

则 z 轴的方向余弦是

$$\lambda_z = \begin{pmatrix} \lambda_{x'z} \\ \lambda_{y'z} \\ \lambda_{z'z} \end{pmatrix} = \frac{\boldsymbol{X}'_{12} \times \boldsymbol{X}'_{13}}{|\boldsymbol{X}'_{12} \times \boldsymbol{X}'_{13}|} = \frac{1}{S}\begin{pmatrix} \Delta_1 \\ \Delta_2 \\ \Delta_3 \end{pmatrix} \tag{8-46}$$

式中，$\Delta_1 = y'_{12}z'_{13} - y'_{13}z'_{12}$；$\Delta_2 = z'_{12}x'_{13} - z'_{13}x'_{12}$；$\Delta_3 = x'_{12}y'_{13} - x'_{13}y'_{12}$；$S = \sqrt{(\Delta_1)^2 + (\Delta_2)^2 + (\Delta_3)^2}$。

选择 x 轴沿单元边界 1-2 方向，则 x 轴的方向余弦：

$$\boldsymbol{\lambda}_x = \begin{pmatrix} \lambda_{x'x} \\ \lambda_{y'x} \\ \lambda_{z'x} \end{pmatrix} = \frac{1}{\sqrt{(x'_{12})^2 + (y'_{12})^2 + (z'_{12})^2}} \begin{pmatrix} x'_{12} \\ y'_{12} \\ z'_{12} \end{pmatrix} \tag{8-47}$$

y 轴的方向余弦由 x、y、z 这 3 个轴构成的右螺旋要求决定，即

$$\boldsymbol{\lambda}_y = \begin{pmatrix} \lambda_{x'y} \\ \lambda_{y'y} \\ \lambda_{z'y} \end{pmatrix} = \boldsymbol{\lambda}_z \times \boldsymbol{\lambda}_x = \begin{pmatrix} \lambda_{z'y}\lambda_{z'x} - \lambda_{z'z}\lambda_{y'x} \\ \lambda_{z'z}\lambda_{x'x} - \lambda_{x'z}\lambda_{z'x} \\ \lambda_{x'z}\lambda_{y'x} - \lambda_{y'z}\lambda_{x'x} \end{pmatrix} \tag{8-48}$$

接着讨论矩形单元用于柱壳的情况。此时局部坐标系的原点可设为矩形单元的中心，x 轴、x' 轴均与柱壳的母线平行，如图 8-5 所示。

局部坐标系的原点在全局坐标系的位置为

$$\boldsymbol{X}'_0 = \begin{pmatrix} x'_0 \\ y'_0 \\ z'_0 \end{pmatrix} = \frac{1}{4} \begin{pmatrix} \sum_{i=1}^{4} x'_i \\ \sum_{i=1}^{4} y'_i \\ \sum_{i=1}^{4} z'_i \end{pmatrix} \tag{8-49}$$

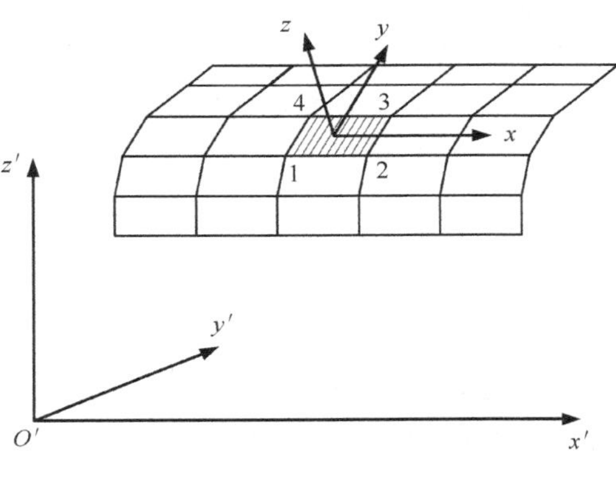

图 8-5　矩形单元的总体坐标系与局部坐标系

局部坐标系与全局坐标系的方向余弦为

$$\boldsymbol{\lambda}_x = \begin{pmatrix} 1 \\ 0 \\ 0 \end{pmatrix}, \quad \boldsymbol{\lambda}_y = \frac{1}{\sqrt{(y'_{14})^2 + (z'_{14})^2}} \begin{pmatrix} 0 \\ y'_{14} \\ z'_{14} \end{pmatrix}, \quad \boldsymbol{\lambda}_z = \frac{1}{\sqrt{(y'_{14})^2 + (z'_{14})^2}} \begin{pmatrix} 0 \\ -z'_{14} \\ y'_{14} \end{pmatrix} \tag{8-50}$$

式中，$y'_{14} = y'_4 - y'_1$；$z'_{14} = z'_4 - z'_1$。

局部坐标系与全局坐标系之间的坐标转换可表示为

$$\boldsymbol{X}' = \boldsymbol{X}'_0 + \boldsymbol{\lambda X}, \quad \boldsymbol{X} = \boldsymbol{\lambda}^{\mathrm{T}}(\boldsymbol{X}' - \boldsymbol{X}'_0) \tag{8-51}$$

式中，$\boldsymbol{X}' = \begin{pmatrix} x' \\ y' \\ z' \end{pmatrix}$，$\boldsymbol{X} = \begin{pmatrix} x \\ y \\ z \end{pmatrix}$。

单元节点位移向量之间的转换关系是

$$\boldsymbol{a}'^{e} = \boldsymbol{W}\boldsymbol{a}^{e}, \quad \boldsymbol{a}^{e} = \boldsymbol{W}^{\mathrm{T}}\boldsymbol{a}'^{e} \tag{8-52}$$

式中，$\boldsymbol{W}$ 是转换矩阵。对于三角形单元，$\boldsymbol{W} = \begin{bmatrix} \boldsymbol{V} & & 0 \\ & \boldsymbol{V} & \\ 0 & & \boldsymbol{V} \end{bmatrix}$；对于矩形单元，$\boldsymbol{W} = \begin{bmatrix} \boldsymbol{V} & & & 0 \\ & \boldsymbol{V} & & \\ & & \boldsymbol{V} & \\ 0 & & & \boldsymbol{V} \end{bmatrix}$。

相应的，两个坐标系间单元刚度矩阵和载荷向量的转换关系：

$$
\begin{aligned}
\boldsymbol{K}'^{\mathrm{e}} &= \boldsymbol{W}\boldsymbol{K}^{\mathrm{e}}\boldsymbol{W}^{\mathrm{T}}, \quad \boldsymbol{K}^{\mathrm{e}} = \boldsymbol{W}^{\mathrm{T}}\boldsymbol{K}'^{\mathrm{e}}\boldsymbol{W} \\
\boldsymbol{Q}'^{\mathrm{e}} &= \boldsymbol{W}\boldsymbol{Q}^{\mathrm{e}}, \quad \boldsymbol{Q}^{\mathrm{e}} = \boldsymbol{W}^{\mathrm{T}}\boldsymbol{Q}'^{\mathrm{e}}
\end{aligned}
\tag{8-53}
$$

将总体坐标系内各个单元的刚度矩阵和载荷向量进行集成，可以得到系统的求解方程。求解得到总体坐标系内的位移向量 $\boldsymbol{a}'$ 后，再转换到局部坐标系的位移向量 $\boldsymbol{a}$，进而计算单元内的应力应变等。

在集成总体刚度矩阵时，需要注意一个特殊情况，即汇交与一个节点 i 的各个单元在同一平面内。由于式(8-39)中将 θ_{zi} 方向的刚度系数置为零，则在局部坐标系中 θ_{zi} 方向的平衡方程将是 0=0。如果总体坐标系 z' 方向与局部坐标的 z 方向一致，显然总体刚度矩阵的行列式 $|\boldsymbol{K}| = 0$，导致系统方程得不到唯一解。如果总体坐标系 z' 方向与局部坐标的 z 方向不一致，经变换后，在此节点表面上得到 6 个平衡方程，但它们实际上是线性相关的，仍然导致 $|\boldsymbol{K}| = 0$，得不到唯一解。为了解决这一问题，有两种方法可供选择：

(1)在此节点上，删去 θ_{zi} 方向的平衡方程，使余下的方程组满足唯一解条件。

(2)在此节点上任意给定刚度系数 $K_{\theta_{zi}}$，代入计算。由于 θ_{zi} 与其他节点平衡方程无关，也不影响单元应力，所以 $K_{\theta_{zi}}$ 不会影响其他自由度的计算结果。

习　题

1. 如果需要对一个啤酒瓶进行有限元分析，应采用本章的哪种单元？如何剖分单元和开展分析？
2. 与弹性力学平面问题相比较，薄板弯曲问题在力学的基本假设和应力应变状态方面有什么异同？
3. 试按单刚阵推导的五个步骤，推导 Mindlin 平板单元的刚度矩阵。
4. 试比较壳体理论与薄板弯曲问题在力学描述上的异同。

第 9 章　有限元的多场分析

9.1　热传导有限元分析

9.1.1　传热学基础

热分析是指计算结构的温度分布、热梯度、热流密度等热物理参数的分析过程。热分析在许多工程应用中扮演着重要角色，如材料热处理、内燃机、涡轮机、换热器和管路系统热设计等。通常在完成热分析后将进行结构应力分析，计算由于热膨胀或收缩而引起的热应力[155]。

热分析主要基于傅里叶传热定律和能量守恒定律推导出的传热问题方程：[154]

$$\frac{\partial}{\partial x}\left(\kappa_x \frac{\partial T}{\partial x}\right)+\frac{\partial}{\partial y}\left(\kappa_y \frac{\partial T}{\partial y}\right)+\frac{\partial}{\partial z}\left(\kappa_z \frac{\partial T}{\partial z}\right)+\rho Q=\rho c_{\mathrm{T}} \frac{\partial T}{\partial t}$$

式中，T 是温度；ρ 为材料密度，kg/m^3；c_{T} 为比热，J/(kg·K)；κ_x、κ_y、κ_z 分别为沿 x、y、z 方向的热传导系数，W/(m·K)；$Q(x,y,z,t)$ 为物体内部的热源强度，W/kg。

传热边界条件有以下三类。

(1)给定温度分布：

$$T(x,y,z,t)=\bar{T}(t)$$

在边界 S_1 上。

(2)给定热流：

$$\kappa_x \frac{\partial T}{\partial x} n_x+\kappa_y \frac{\partial T}{\partial y} n_y+\kappa_z \frac{\partial T}{\partial z} n_z=\bar{q}(t)$$

在边界 S_2 上。

(3)给定环境对流换热：

$$\kappa_x \frac{\partial T}{\partial x} n_x+\kappa_y \frac{\partial T}{\partial y} n_y+\kappa_z \frac{\partial T}{\partial z} n_z=\bar{h}(T_{\infty}-T)$$

在边界 S_3 上。

式中，$\bar{T}(t)$ 为在边界 S_1 上给定的温度；$\bar{q}(t)$ 为在边界 S_2 上给定的热流密度，W/m^2；n_x、n_y、n_z 为边界外法线的方向余弦；$\bar{h}$ 为在边界 S_3 上物体与周围介质的对流换热系数，W/(m^2·K)；T_{∞} 为环境温度；物体 Ω 的边界为 $\partial\Omega=S_1+S_2+S_3$。

若一个问题的传热初始条件为 $T(x,y,z,t=0)=\bar{T}_0(x,y,z)$，则传热问题的求解可以转化为以下泛函极值问题：

$$\begin{aligned}\min\Pi=&\frac{1}{2}\int_{\Omega}\left[\kappa_x\left(\frac{\partial T}{\partial x}\right)^2+\kappa_y\left(\frac{\partial T}{\partial y}\right)^2+\kappa_z\left(\frac{\partial T}{\partial z}\right)^2-2\left(\rho Q-\rho c_{\mathrm{T}}\frac{\partial T}{\partial t}\right)T\right]\mathrm{d}\Omega\\&-\int_{S_2}\bar{q}T\mathrm{d}A+\frac{1}{2}\int_{S_3}\bar{h}(T_{\infty}-T)^2\mathrm{d}A\end{aligned} \tag{9-1}$$

9.1.2 稳态热分析有限元方程

当物体的温度保持为一个恒定的分布状态，即不随时间变化时，就成为稳态问题，则有 $\frac{\partial T}{\partial t}=0$。对于热分析中的离散单元，需要将单元的温度场表示为节点温度的插值关系，即

$$T(x,y,z)=\boldsymbol{N}(x,y,z)\boldsymbol{q}_{\mathrm{T}}^{\mathrm{e}}$$

式中，$\boldsymbol{N}(x,y,z)$ 为形函数矩阵；$\boldsymbol{q}_{\mathrm{T}}^{\mathrm{e}}$ 为节点温度向量，即

$$\boldsymbol{q}_{\mathrm{T}}^{\mathrm{e}}=[T_1 \quad T_2 \quad \cdots \quad T_n]^{\mathrm{T}}$$

式中，$T_1,T_2,\cdots,T_n$ 为节点温度自由度。

基于传热问题的泛函极值原理，即式(9-1)，可以得到传热问题的有限元方程为

$$\boldsymbol{K}_{\mathrm{T}}^{\mathrm{e}}\boldsymbol{q}_{\mathrm{T}}^{\mathrm{e}}=\boldsymbol{F}_{\mathrm{T}}^{\mathrm{e}}$$

其中

$$\boldsymbol{K}_{\mathrm{T}}^{\mathrm{e}}=\int_{\Omega^{\mathrm{e}}}\left[\kappa_x\left(\frac{\partial \boldsymbol{N}}{\partial x}\right)^{\mathrm{T}}\left(\frac{\partial \boldsymbol{N}}{\partial x}\right)+\kappa_y\left(\frac{\partial \boldsymbol{N}}{\partial y}\right)^{\mathrm{T}}\left(\frac{\partial \boldsymbol{N}}{\partial y}\right)+\kappa_z\left(\frac{\partial \boldsymbol{N}}{\partial z}\right)^{\mathrm{T}}\left(\frac{\partial \boldsymbol{N}}{\partial z}\right)\right]\mathrm{d}\Omega+\int_{S_3^{\mathrm{e}}}\bar{h}\boldsymbol{N}^{\mathrm{T}}\boldsymbol{N}\mathrm{d}A \tag{9-2}$$

$$\boldsymbol{F}_{\mathrm{T}}^{\mathrm{e}}=\int_{\Omega^{\mathrm{e}}}\rho Q\boldsymbol{N}^{\mathrm{T}}\mathrm{d}\Omega+\int_{S_2^{\mathrm{e}}}\bar{q}\boldsymbol{N}^{\mathrm{T}}\mathrm{d}A+\int_{S_3^{\mathrm{e}}}\bar{h}T_{\infty}\boldsymbol{N}^{\mathrm{T}}\mathrm{d}\Omega \tag{9-3}$$

式中，$\boldsymbol{K}_{\mathrm{T}}^{\mathrm{e}}$ 为单元传热矩阵；$\boldsymbol{F}_{\mathrm{T}}^{\mathrm{e}}$ 为单元节点等效温度载荷向量。

9.1.3 瞬态热分析有限元方程

瞬态热分析是指计算单元的温度场随时间变化的分析过程。对于离散单元，基于节点温度进行插值所表达的温度场为 $T(x,y,z,t)=\boldsymbol{N}(x,y,z)\boldsymbol{q}_{\mathrm{T}}^{\mathrm{e}}(t)$。

其中，节点温度 $\boldsymbol{q}_{\mathrm{T}}^{\mathrm{e}}(t)$ 是随着时间变化的，它是由节点温度所组成的列向量，即

$$\boldsymbol{q}_{\mathrm{T}}^{\mathrm{e}}=[T_1(t) \quad T_2(t) \quad \cdots \quad T_n(t)]^{\mathrm{T}}$$

与稳态温度场分析类似，基于传热问题的泛函极值，即式(9-1)，可得到

$$\boldsymbol{C}_{\mathrm{T}}^{\mathrm{e}}\dot{\boldsymbol{q}}_{\mathrm{T}}^{\mathrm{e}}+\boldsymbol{K}_{\mathrm{T}}^{\mathrm{e}}\boldsymbol{q}_{\mathrm{T}}^{\mathrm{e}}=\boldsymbol{F}_{\mathrm{T}}^{\mathrm{e}}$$

式中，$\boldsymbol{C}_{\mathrm{T}}^{\mathrm{e}}=\int\rho c_{\mathrm{T}}\boldsymbol{N}^{\mathrm{T}}\boldsymbol{N}\mathrm{d}\Omega$；$\dot{\boldsymbol{q}}_{\mathrm{T}}^{\mathrm{e}}=\frac{\mathrm{d}\boldsymbol{q}_{\mathrm{T}}^{\mathrm{e}}}{\mathrm{d}t}=\left[\frac{\mathrm{d}T_1}{\mathrm{d}t} \quad \frac{\mathrm{d}T_2}{\mathrm{d}t} \quad \cdots \quad \frac{\mathrm{d}T_n}{\mathrm{d}t}\right]^{\mathrm{T}}$。

而 $\boldsymbol{K}_{\mathrm{T}}^{\mathrm{e}}$ 和 $\boldsymbol{F}_{\mathrm{T}}^{\mathrm{e}}$ 与稳态分析的公式相同，见式(9-2)和式(9-3)。

可以看出，该方程是一组以时间为独立变量的常微分方程组，在进行数值分析时，还需要对时间域进行离散，将时间分为若干个步长，并进行时间的插值。

合理选择时间步长很重要，它影响求解的精度和收敛性。如果选择的时间步长太小，对于有中间节点的单元，会造成温度结果误差较大。若时间步长取得太大，就不能得到足够的温度梯度。计算中常用的方法是先指定一个相对保守的初始时间步长，然后使用自动时间步长迭代增加时间步长。

9.1.4 分析实例

一个铸铁梁左端简支，右端固定，跨距为100cm，截面宽4cm，高6cm，铸铁的弹性模量为 $1\times10^7\mathrm{N/cm^2}$，膨胀系数为 $1.2\times10^{-5}\mathrm{m/℃}$，传导率为1，梁初始温度为20℃，在顶部加热到50℃，在底部加热到100℃。试确定梁中温度分布。

ANSYS 分析如下。

(1)启动 ANSYS 软件。

(2)定义单元类型。选择菜单项 Preprocessor>Element Type>Add/Edit/Delete，定义单元类型为 Plane77。

(3)添加梁的材料参数。选择菜单项 Preprocessor>Material Props>Material Models，依次单击 Structural>Linear>Elastic>Isotropic，在弹出的对话框中输入材料的弹性模量 1×10^{11} 和泊松比 0.3，再在 Structural>Thermal Expansion>Secant Coefficient>Isotropic 中添加膨胀系数 1.2×10^{-5}，在 Thermal>Conductivity> Isotropic 中添加传导率 1。

(4)建立梁的有限元模型。首先创建关键点：选择菜单项 Preprocessor >Modeling >Create >Keypoints>In Active CS，依次创建关键点 1(0,0,0)，2(0.4,0,0)，3(0.4,0.06,0)，4(0,0.06,0)，5(1,0,0)，6(1,0.06,0)，再依次通过关键点 1 和 2，2 和 3，3 和 4，4 和 1，2 和 5，5 和 6，6 和 3 创建线，依次通过点 1、2、3、4 和点 2、5、6、3 创建面，并选择菜单项 Preprocessor >modeling>Operate>Booleans>Partitions>Area，将创建的两个面整合。

(5)对已建立的模型进行网格划分。选择菜单项 Preprocessor >Meshing >Size Cntrls >Smart Size >Adv Opts，网格尺寸设置为 0.01。选择菜单项 Preprocessor >Meshing> Mesh> Areas>Free，对创建的单元进行网格划分。

(6)对已建立的有限元模型施加边界条件。

首先设置梁的初始温度。选择菜单项 Preprocessor >Loads>Define Loads >Settings >Reference Temp，设置初始温度为 20℃。再选择梁顶部的所有节点，在 Preprocessor > Loads>Define Loads>Apply>Thermal>Temperature>On Nodes 中设置加热后温度 50℃，类似地，对梁底部设置加热后温度 100℃。

(7)求解，计算结果如图 9-1 所示。

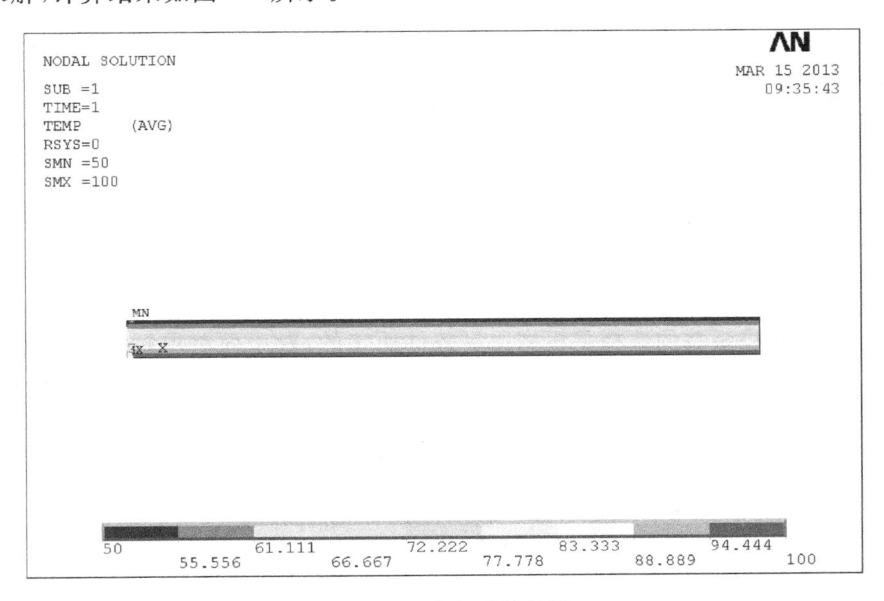

图 9-1　温度场计算结果

9.2　流体有限元分析

9.2.1　计算流体力学(CFD)工程意义

流体力学分析是计算力学领域的重要分支，在机械、能源、汽车、水利等领域应用广泛。典型如汽车外流场分析、海洋结构在波浪载荷作用下的动态分析、管道内流场计算等。

流体按其自身的性质和分析理论可进行以下分类。

(1)黏性流体和非黏性流体。前者运动时体积微元存在剪切应变和剪切应力。而后者体积微元只存在体积应变和法向压力，且如果运动开始时是无旋的，则始终保持为无旋状态。严格地讲，流体总是具有一定的黏性，但是在一定条件下，可以假设其为无黏性，所以称无黏流体为理想流体。

(2)可压缩流体和不可压缩流体。这种划分也是在一定条件下的理论假设。例如，在分析沉浸于水中的结构动力特性时，常可将水视为不可压缩的，从而使问题得到简化。但是研究波在水中传播时，必须考虑水的可压缩性[155]。

真实的流体都是可压缩的，只是可压缩的程度不同，在一般的工程问题中，可以不计流体的压缩性，本节根据通常遇到流场分析问题的特点，合理地假设流体是无黏性不可压缩的理想流体。

9.2.2　理想流体基本方程

根据流体力学理论，对于二维理想流体的流动，流函数 φ 和势函数 ψ 均满足拉普拉斯方程：

$$\frac{\partial^2 \varphi}{\partial x^2} + \frac{\partial^2 \varphi}{\partial y^2} = 0$$

$$\frac{\partial^2 \psi}{\partial x^2} + \frac{\partial^2 \psi}{\partial y^2} = 0$$

其中，水平方向的流体速度函数为 $u = \frac{\partial \varphi}{\partial x}, v = \frac{\partial \varphi}{\partial y}$；垂直方向的流体速度函数为 $u = \frac{\partial \psi}{\partial y}, v = -\frac{\partial \psi}{\partial x}$。

通常，流函数和势函数的选择是根据边界条件而定的，对于简单求解域，选择流函数或势函数都可以。对于理想流体，流体的运动不会穿透到所环绕的固体边界，也不会与固体脱离开以至于在固体和流体间形成空腔。因此，流体在边界上的法向速度分量应等于同一方向上固体边界的速度分量，即

$$\boldsymbol{V} = \boldsymbol{V}_{\mathrm{B}} \quad 或 \quad u l_x + v l_y = u_{\mathrm{B}} l_x + v_{\mathrm{B}} l_y$$

式中，$\boldsymbol{V}$ 为流体速度矢量；$\boldsymbol{V}_{\mathrm{B}}$ 是边界速度矢量；l_x、l_y 为边界方向余弦。如果固定边界（$\boldsymbol{V}_{\mathrm{B}} = 0$）在边界上没有流动，那么就没有边界上的法向速度分量，所有的边界都可以看作流线体。

9.2.3　二维理想流体的有限元分析

以图 9-2 的二维流场分析为例，说明流场计算的有限元分析过程。图 9-2 描述了流经平板间圆柱面的理想流体运动[156]。

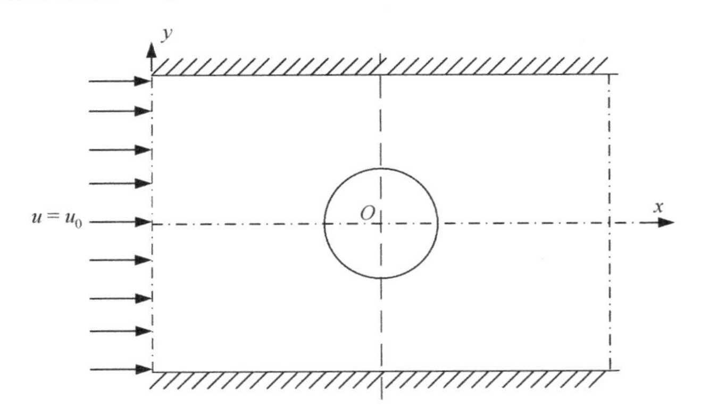

图 9-2　流经平板间圆柱面的理想流体运动

在给定的环绕曲线 C 的求解域 S 上，流函数 φ 满足：

$$\nabla^2\varphi=\frac{\partial^2\varphi}{\partial x^2}+\frac{\partial^2\varphi}{\partial y^2}=0\quad(\text{在 } S \text{ 上})\tag{9-4}$$

边界条件满足：

第 1 类边界条件(Dirichlet 边界)，$\varphi=\varphi_0$，在 C_1 上。

第 2 类边界条件(Neumann 边界)，$V_n=\dfrac{\partial\varphi}{\partial n}=\dfrac{\partial\varphi}{\partial x}l_x+\dfrac{\partial\varphi}{\partial y}l_y=V_0$，在 C_2 上。

其中，$C=C_1+C_2$；V_0 是边界上的法向速度；n 表示法向量。

式(9-4)流场微分方程的变分形式为

$$\Pi=\frac{1}{2}\iint_S\left[\left(\frac{\partial\varphi}{\partial x}\right)^2+\left(\frac{\partial\varphi}{\partial y}\right)^2\right]\mathrm{d}S-\int_{C_2}V_0\varphi\mathrm{d}C_2$$

满足边界条件 $\varphi=\varphi_0$，在 C_1 上。

流函数方程的伽辽金变分解法如下。

第 1 步：剖分区域 S 为 n 个单元，每个单元上有 m 个节点。

第 2 步：假设单元上的流函数插值模型为

$$\varphi^e(x,y)=\sum_{i=1}^{m}N_i(x,y)\varphi^e$$

式中，单元节点自由度 $\varphi^e=\begin{bmatrix}u\\v\\p\end{bmatrix}$；$u$、$v$ 分别为节点水平和垂直方向的速度分量；p 为节点压力；$N_i(x,y)$为形函数。

第 3 步：由变分法的数学定义可知，拉普拉斯型方程对应的泛函有极值的必要条件是泛函的一阶变分等于零。因此由流函数方程整理可得

$$\int_{C_1^e+C_2^e}N_i\left(\frac{\partial\varphi^e}{\partial x}l_x+\frac{\partial\varphi^e}{\partial y}l_y\right)\mathrm{d}C=\int_{C_2}V_0N_i\mathrm{d}C_2$$

其矩阵形式为

$$\boldsymbol{K}^{\mathrm{e}}\varphi^{\mathrm{e}}=\boldsymbol{P}^{\mathrm{e}}$$

式中

$$\boldsymbol{K}^{\mathrm{e}}=\iint_{S^{\mathrm{e}}}\boldsymbol{B}^{\mathrm{T}}\boldsymbol{D}\boldsymbol{B}\,\mathrm{d}S$$

$$\boldsymbol{P}^{\mathrm{e}}=-\int_{C_2^{\mathrm{e}}}V_0\boldsymbol{N}^{\mathrm{T}}\mathrm{d}C_2$$

$$\boldsymbol{B}=\begin{bmatrix}\dfrac{\partial N_1}{\partial x} & \dfrac{\partial N_2}{\partial x} & \cdots & \dfrac{\partial N_p}{\partial x}\\ \dfrac{\partial N_1}{\partial y} & \dfrac{\partial N_2}{\partial y} & \cdots & \dfrac{\partial N_p}{\partial y}\end{bmatrix}$$

$$\boldsymbol{D}=\begin{bmatrix}1 & 0\\ 0 & 1\end{bmatrix}$$

第 4 步:根据泛函分析,在全求解区域内的表达式等于各单元之和,即将所有单元在全流场区域内求和,可得整体方程组

$$\boldsymbol{K\varphi}=\boldsymbol{P}$$

第 5 步:施加在 C_1 边界条件,求解整体矩阵方程组,可得到各节点处的流场速度。

9.3 电磁有限元分析

9.3.1 电磁场理论基础

电磁场是有内在联系、相互依存的电场和磁场的统一体的总称。随时间变化的电场产生磁场,随时间变化的磁场产生电场,两者互为因果,形成电磁场。电磁场和带电物体之间的相互作用可以用麦克斯方程和洛伦兹力定律来描述。电磁场分析主要用于电容、电感、电场分布、涡流、磁通量密度、磁力线分布、力、能量损失、运动效应等电磁场问题的分析,还可以用于振动台、螺线管、调节器、发电机、变换器、磁体、加速器、电解槽及无损检测装置等的设计和分析领域。电磁场分析的核心问题是在一定边界条件和激励条件下麦克斯韦(Maxwell)方程组的求解问题,而有限元方法是求解微分方程的一种有效的数值技术。

1. *麦克斯韦方程*

麦克斯韦方程组实际上由四个定律组成,分别是安培环路定律、法拉第电磁感应定律、高斯磁通定律、高斯定律。麦克斯韦方程组的积分形式可以表示为下列四个方程:

$$\oint H(r,t)\cdot\mathrm{d}l=\int_S J(r,t)\cdot\mathrm{d}S+\int_S\frac{\partial D(r,t)}{\partial t}\cdot\mathrm{d}S$$

$$\oint E(r,t)\cdot\mathrm{d}l=-\int_S\frac{\partial B(r,t)}{\partial t}\cdot\mathrm{d}S$$

$$\oint B(r,t)\cdot\mathrm{d}S=0$$

$$\oint D(r,t)\cdot\mathrm{d}S=\int_V\rho(r,t)\cdot\mathrm{d}V$$

式中，$H(r,t)$ 为磁场强度（A/m）；$E(r,t)$ 为电场强度（V/m）；$B(r,t)$ 为磁通密度（T）；$D(r,t)$ 为电通密度（C/m^2）；$J(r,t)$ 为电流密度（A/m^2）；$\rho(r,t)$ 为电荷密度（C/m^3）；r 为位置；t 为时间；l 为一条闭合路径；S 为闭合路径所确定的曲面；V 为闭合曲面所围成的体积区域。根据矢量分析中心的散度定理 $\int_V \nabla \cdot A\mathrm{d}V = \oint_S A \cdot \mathrm{d}S$ 和旋度定理 $\int_S \nabla \times A \cdot \mathrm{d}S = \oint_l A \cdot \mathrm{d}l$，可以推出麦克斯韦方程的微分形式如下：

$$\nabla \times H(r,t) = J(r,t) + \frac{\partial D(r,t)}{\partial t}$$

$$\nabla \times E(r,t) = -\frac{\partial B(r,t)}{\partial t}$$

$$\nabla \times B(r,t) = 0$$

$$\nabla \times D(r,t) = \rho$$

2. 电磁场中常见的边界条件

电磁场分析的边界条件主要分三类：狄利克莱（dirichlet）边界条件、诺依曼（neumann）边界条件、混合边界条件（第一类和第二类的组合）。

（1）狄利克莱（dirichlet）边界条件。

$$\varphi \mid_{\Gamma} = g(\Gamma)$$

式中，Γ 为狄里克莱边界；$g(\Gamma)$ 为位置函数，可以为常数和零。当为零时，称此狄里克莱边界为奇次边界条件。

（2）诺依曼边界条件。

$$\frac{\partial \varphi}{\partial n} \mid_{\Gamma} + f(\Gamma)\varphi \mid_{\Gamma} = h(\Gamma)$$

式中，Γ 为诺依曼边界；n 为边界 Γ 的外法线矢量。$f(\Gamma)$ 和 $h(\Gamma)$ 为一般函数，可以为常数和零，当为零时称此为齐次诺依曼边界条件。

（3）混合边界条件。

混合边界条件为第一类和第二类边界的组合。

9.3.2　电磁场分析平台

ANSYS公司自收购 Ansoft 软件后，绝大部分的电磁场分析功能由 Ansoft 软件来完成，ANSYS workbench 软件原有的电磁场分析模块目前只有 Electric（电场分析）模块和 Magnetostatic（磁场分析）模块。Ansoft 系列软件包含：分析低频电磁场的 Maxwell 软件、分析高频电磁场的 HFSS、多域机电系统设计与仿真分析软件 Simplorer 以及 Designer、Nexxim、Q3D Extractor、Slwave 和 TPA 等用于各种分析和提取不同计算结果的软件。Ansoft Maxwell 基于麦克斯韦微分方程，采用有限元离散形式，将工程电磁场计算转变为矩阵求解，广泛应用于电器、电机、变压器、机械等领域的低频电磁场分析。Maxwell 包含 2D 电磁分析模块、3D 电磁分析模块、RMprt 旋转电机分析模块。2D 电磁分析模块的求解器类型包括静磁场求解器、涡流磁场求解器、瞬态磁场求解器、静电场求解器、直流传导电场求解、交流传导电场求解器；3D 电磁分析模块的求解器类型包括静磁场求解器、涡流场求解器、瞬态磁场求解器、静电场求解器、直流电场求解、瞬态电场求解器；RMprt 旋转电机分析模块能够分析通用旋转电机、直流电机等多种电机的电磁场问题。Maxwell 中的边界条件除了前面介绍的三种，还包括自然边界条件、对称边界条件、气球边界条件等，其中自然边界条件为 Ansoft 软件默认的边界条件。

9.3.3　分析实例

电动振动台内部有励磁线圈和动圈线圈，主要磁路如图 9-3 所示，电动振动台工作原理为：在励磁线圈上通直流电流，产生恒定磁场；在动圈线圈上通交流电流，处于恒定磁场中，会产生力，从而实现振动。现有一电动振动台，励磁线圈材料为铜 copper，外筒体、动圈骨架、铁芯材料为钢(steel)。试计算在励磁线圈施加 30kA(安匝数，电流值与线圈匝数的乘积)电流时，该电动振动台恒定磁场的分布情况。

Ansoft Maxwell 分析步骤如下：

(1)启动 Maxwell 软件，单击 project－insert Maxwell 3D design，新建一个 3D 电磁场分析项目，单击 Maxwell 3D－solution type 选择 Magnetic—Magnetostatic 作为求解器。

(2)建立模型，只保留跟静磁场相关的主要结构，包括铁芯、动圈骨架、励磁线圈、外筒体等，如图 9-4 所示。

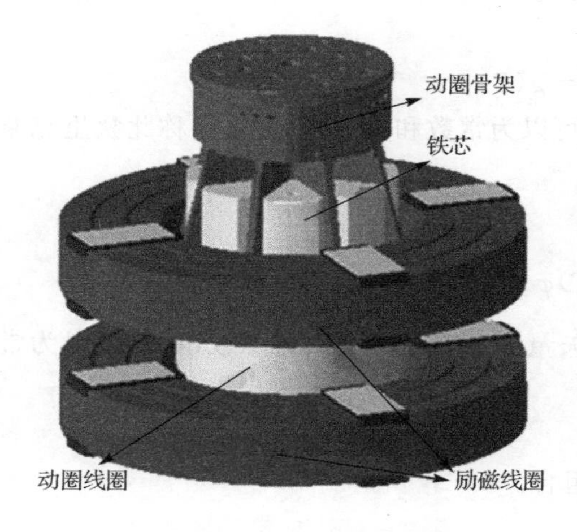

图 9-3　电动振动台主要磁路

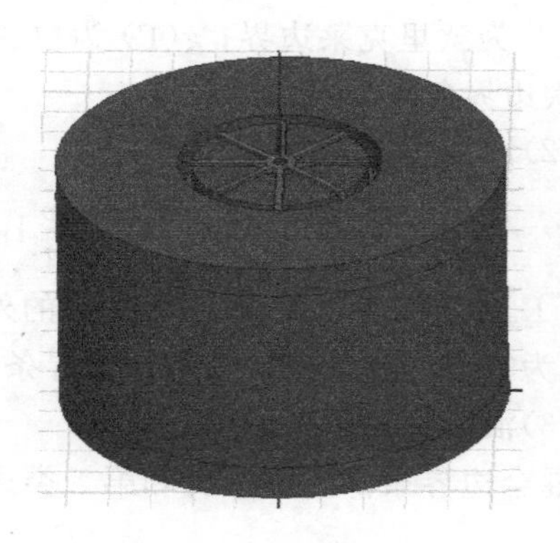

图 9-4　分析模型

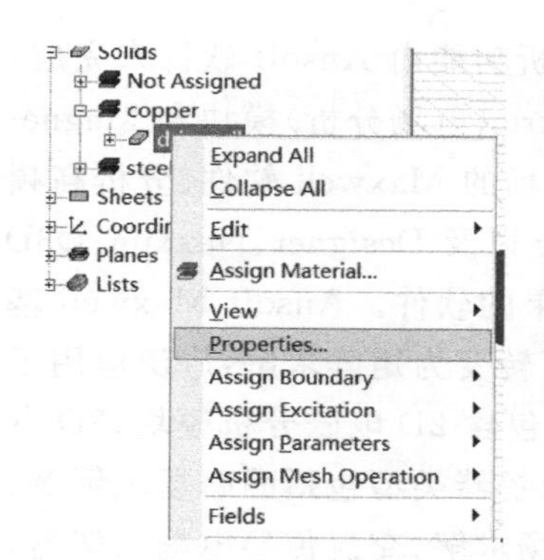

图 9-5　材料设置

(3)设置材料参数。将励磁线圈材料设置为 copper，将其余模型材料设置为 steel_1008。在分析树上右击模型名称，选择 properties 进入材料设置界面进行材料设置，如图 9-5 所示。

(4)施加激励。在励磁线圈上划分出“截面 section”，在 section 上施加电路，静磁场分析中，设置电流值为安匝数，即电流与匝数的乘积，这里直接设置为 30kA，在励磁线圈上施加电流如图 9-6 所示。

(5)建立求解区域。单击 draw－region，设置求解区域。

(6)网格划分方法和边界条件采用默认设置。单击 validate 键检测设置是否存在问题，如图 9-7 所示。

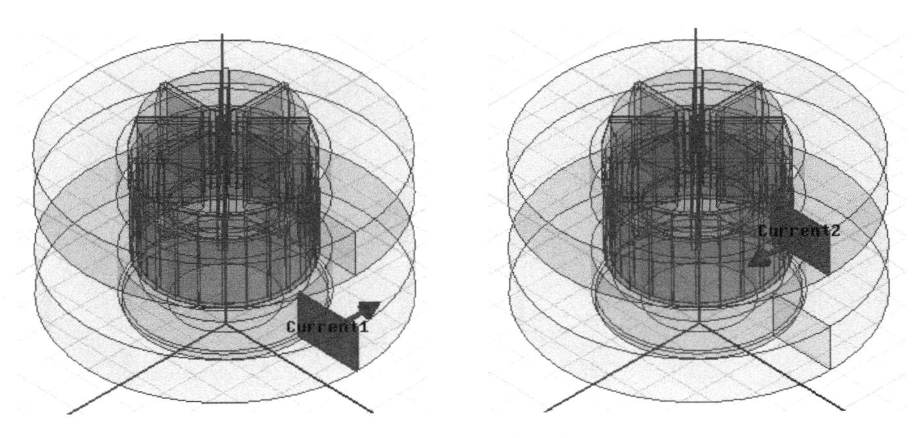

图 9-6　施加直流电流

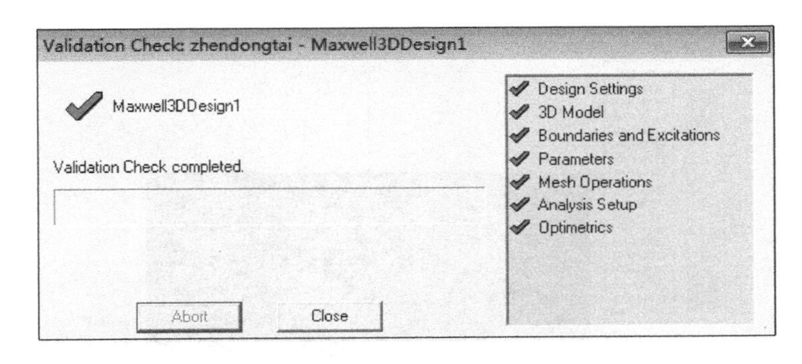

图 9-7　软件检查设置情况

(7)求解计算。当检查所有项设置完成后便可以计算，求解得到的结果如图 9-8～图 9-11 所示，其中，图 9-8 和图 9-9 分别为磁感应云图和磁感应矢量图。图 9-10 和图 9-11 分别为磁场分布云图和磁场矢量图。

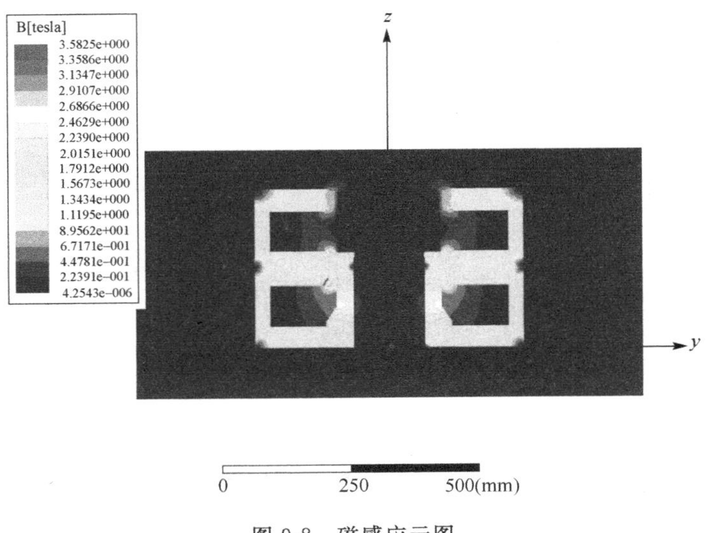

图 9-8　磁感应云图

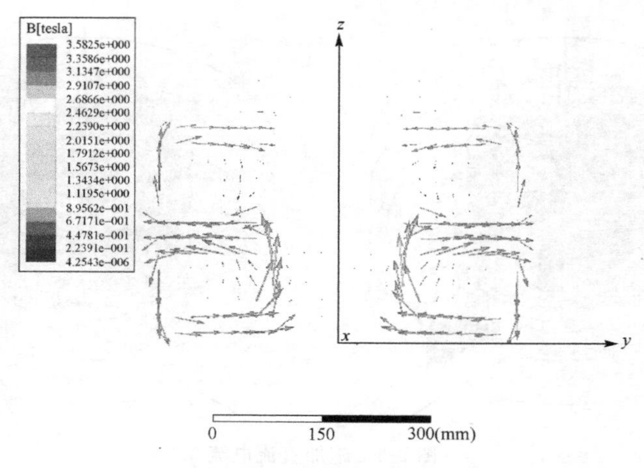

图 9-9　磁感应矢量图

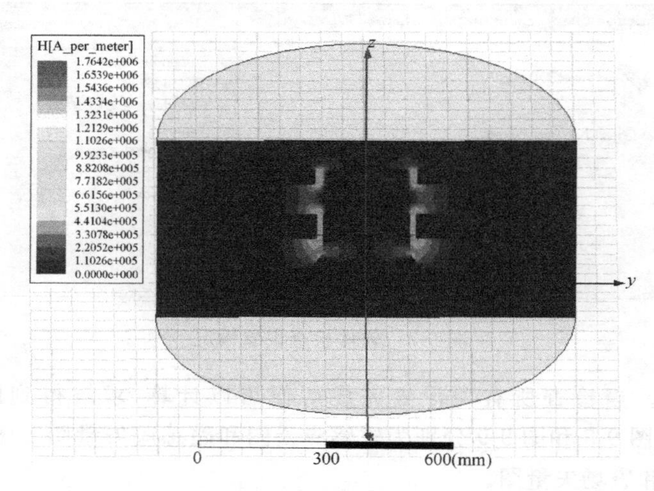

图 9-10　磁场分布云图

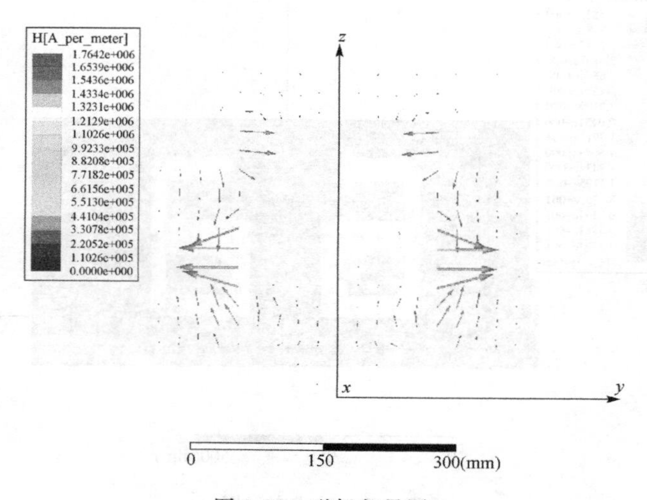

图 9-11　磁场矢量图

9.4 耦合分析

9.4.1 耦合分析基础

耦合场分析是指考虑了两个或多个物理场之间相互作用的分析。如热应力分析，是计算结构在受热或冷却时，不同位置出现温度差而导致热胀或冷缩不均所产生的应力。其他耦合场分析的例子有压电耦合分析、热电耦合分析、流固耦合分析等。需要进行耦合场分析的工程应用有压力容器(热-应力分析)、流体流动的压缩(流体结构分析)、感应加热(磁-热分析)，超声波换能器(压电分析)，磁体成形(磁-结构分析)，以及微电机械系统(MEMS)等。工程实际中，热应力耦合分析和流固耦合分析最为普遍，故本节仅介绍热应力分析和流固耦合系统分析的有限元方程，并以一个简单实例说明具体分析过程。

1. 热应力分析有限元方程

若结构的温度变化分布为 $\Delta T(x,y,z)$，它的热膨胀物理方程可以描述为

$$\begin{cases}\varepsilon_x = \dfrac{1}{E}[\sigma_x - \mu(\sigma_y + \sigma_z)] + \alpha\Delta T \\ \varepsilon_y = \dfrac{1}{E}[\sigma_y - \mu(\sigma_x + \sigma_z)] + \alpha\Delta T \\ \varepsilon_x = \dfrac{1}{E}[\sigma_z - \mu(\sigma_x + \sigma_y)] + \alpha\Delta T \\ \gamma_{xy} = \dfrac{1}{G}\tau_{xy}, \quad \gamma_{yz} = \dfrac{1}{G}\tau_{yz}, \quad \gamma_{zx} = \dfrac{1}{G}\tau_{zx}\end{cases}$$

方程的矩阵形式为 $\boldsymbol{\varepsilon} = \boldsymbol{C\sigma} + \boldsymbol{\varepsilon}^0$，其中 $\varepsilon^0 = [\alpha\Delta T \quad \alpha\Delta T \quad \alpha\Delta T \quad 0 \quad 0 \quad 0]^{\mathrm{T}}$，$\alpha$ 为材料的热膨胀系数。设单元的节点位移列阵为

$$\boldsymbol{q}^{\mathrm{e}} = [u_1 \quad v_1 \quad w_1 \quad \cdots \quad u_n \quad v_n \quad w_n]^{\mathrm{T}}$$

与一般弹性问题的有限元分析列式一样，在单元内的力学参量都表达为节点位移的关系，有

$$\boldsymbol{u} = \boldsymbol{N}\boldsymbol{q}^{\mathrm{e}}, \quad \varepsilon = \boldsymbol{B}\boldsymbol{q}^{\mathrm{e}}, \quad \boldsymbol{\sigma} = \boldsymbol{D}(\varepsilon^{\mathrm{e}} - \varepsilon^0)$$

式中，$\boldsymbol{D}$ 为弹性系数矩阵；$\boldsymbol{N}$、$\boldsymbol{B}$ 分别为单元的形状函数矩阵和几何矩阵，它们都与一般弹性问题中所对应的矩阵相同。利用虚功原理，可以得到单元的刚度方程

$$\boldsymbol{K}^{\mathrm{e}}\boldsymbol{q}^{\mathrm{e}} = \boldsymbol{F}^{\mathrm{e}} + \boldsymbol{F}_0^{\mathrm{e}}$$

式中

$$\boldsymbol{K}^{\mathrm{e}} = \int_{\Omega^{\mathrm{e}}} \boldsymbol{B}^{\mathrm{T}}\boldsymbol{D}\boldsymbol{B}\,\mathrm{d}\Omega, \quad \boldsymbol{F}^{\mathrm{e}} = \int_{\Omega^{\mathrm{e}}} \boldsymbol{N}^{\mathrm{T}}\bar{f}_b\,\mathrm{d}\Omega + \int_{S_p^{\mathrm{e}}} \boldsymbol{N}^{\mathrm{T}}\bar{f}_p\,\mathrm{d}A, \quad \boldsymbol{F}_0^{\mathrm{e}} = \int_{\Omega^{\mathrm{e}}} \boldsymbol{B}^{\mathrm{T}}\boldsymbol{D}\boldsymbol{\varepsilon}^0\,\mathrm{d}\Omega$$

式中，$\boldsymbol{F}_0^{\mathrm{e}}$ 称为温度等效载荷。与一般弹性问题的有限元列式相比，热应力分析方程式中的载荷端增加了温度等效载荷项 $\boldsymbol{F}_0^{\mathrm{e}}$。

针对热应力分析问题，有限元软件如 ANSYS 中提供了两种分析的方法：直接法和间接法。直接法是指直接采用具有温度和位移自由度的耦合单元，同时得到热分析和结构应力分析结果。间接法则是先进行热分析，然后将求得的节点温度作为体载荷施加到结构应力分析中。

1)直接法进行热应力分析单元

ANSYS运用直接法进行热应力分析主要采用热-应力耦合单元,常用的热-应力耦合单元见表9-1。

表9-1 ANSYS12.1常用的热耦合单元

单元名称	单元编号
热-应力耦合单元	PLANE13、SOLID5、SOLID98、TARGE169、TARGE170、CONTA171、CONTA172、CONTA173、CONTA175、CONTA223、SOLID226、SOLID227

2)间接法进行热应力分析单元

间接法一般是先采用常规热单元进行热分析,然后将热单元转换为相应的结构单元,并将求得的节点温度作为体载荷施加到模型上再进行结构应力分析,因此在整个分析过程中存在热单元与结构单元的转换问题,表9-2列出了热单元与相应的结构单元的对应关系。

表9-2 热单元与结构单元的转换表

热单元	结构单元	热单元	结构单元
LINK32	LINK1	PLANE75	PLANE25
LINK33	LINK8	PLANE77	PLANE82
PLANE35	PLANE2	PLANE78	PLANE83
PLANE55	PLANE42	SOLID87	SOLID92
SHELL57	SHELL63	SOLID90	SOLID95
PLANE67	PLANE42	SHELL131	SHELL181
LINK68	LINK8	SHELL132	SHELL91/SHELL93
SOLID69	SOLID45	SURF151	SURF153
SOLID70	SOLID45	SURF152	SURF154
MASS71	MASS21	SHELL157	SHELL63

2.流固耦合系统有限元方程

采用伽辽金法建立的流固耦合的有限元方程[3]为

$$\begin{bmatrix} M_s & 0 \\ -Q^T & M_f \end{bmatrix}\begin{Bmatrix} \ddot{a} \\ \ddot{p} \end{Bmatrix}+\begin{bmatrix} K_s & \dfrac{1}{\rho_f}Q \\ 0 & K_f \end{bmatrix}\begin{Bmatrix} a \\ p \end{Bmatrix}=\begin{Bmatrix} F_s \\ 0 \end{Bmatrix} \tag{9-5}$$

式中,p为流体节点压力向量;a为固体节点位移向量;Q为流固耦合矩阵;M_f和K_f分别为流体质量矩阵和流体刚度矩阵;M_s和K_s分别为固体质量矩阵和固体刚度矩阵;F_s为固体外载荷向量。各矩阵相应的单元矩阵表达式为

$$M_f^e=\int_{V_f^e}\frac{1}{c_0^2}N^T N dV+\int_{S_f^e}\frac{1}{g}N^T N dS$$

$$K_f^e=\int_{V_f^e}\frac{\partial N^T}{\partial x_i}\frac{\partial N}{\partial x_i}dV$$

$$Q^e=\int_{S_0^e}\rho_f \bar{N}^T n_s N dS$$

$$M_s^e=\int_{V_s^e}\rho_s \bar{N}^T \bar{N} dV$$

$$
\begin{aligned}
K_s^e &= \int_{V_s^e} B^T D B \, dV \\
F_s &= \int_{V_s^e} \bar{N}^T f dV + \int_{S_\sigma^e} \bar{N}^T \bar{T} dS
\end{aligned}
\tag{9-6}
$$

由式(9-6)可以看出，M_f^e 通常由两部分组成，即

$$M_f^e = M_{fV}^e + M_{fs}^e$$

式中，M_{fV}^e 为由流体可压缩性引起的质量矩阵；M_{fs}^e 为由流体自由表面波动引起的质量矩阵。

假定流体是不可压缩的，同时又不考虑流体自由液面波动的影响，则两项均为零。

这时式(9-5)可以简化为

$$(M_s + M'_s)\ddot{a} + K_s a = F_s$$

其中，$M'_s = \frac{1}{\rho_f} Q K_f^{-1} Q^T$，$M'_s$ 代表流体对固体的作用。

9.4.2　分析实例

一个铸铁梁左端简支，右端固定，跨距为 100cm，截面宽 4cm，高 6cm，铸铁的弹性模量为 1×10^7 N/cm²，膨胀系数为 1.2×10^{-5} cm/cm/℃，试确定梁中最大垂直挠度及其位置和最大弯曲应力。载荷是由均匀增加的分布载荷组成的，在距左端 40cm 处为 0，然后在右端增至 200 N/cm。此外，梁初始温度为 20℃，在顶部加热到 50℃，在底部加热到 100℃，从顶部到底部温度呈线性变化。根据文献[157]，此问题的理论解为：在 $x=39.7$cm 处最大挠度为 -0.061cm，最大弯曲应力为 7520N/cm²。

ANSYS 分析如下。

1)分析思路

本例为结构和热应力的耦合计算问题。计算中采用顺序耦合的方法，即先进行稳态热分析，然后进行结构静力分析，热分析的结果作为静力分析的热载荷。

2)分析步骤

(1)启动 ANSYS。

(2)定义单元类型。选择菜单项 Preprocessor>Element Type>Add/Edit/Delete，定义单元类型为 Plane77。

(3)添加梁的材料参数。选择菜单项 Preprocessor>Material Props>Material Models，依次单击 Structural>Linear>Elastic>Isotropic，在弹出的对话框中输入材料的弹性模量 1×10^{11} 和泊松比 0.3，再在 Structural>Thermal Expansion>Secant Coefficient>Isotropic 中添加膨胀系数 1.2×10^{-5}，在 Thermal>Conductivity> Isotropic 中添加传导率 1。

(4)建立梁的有限元模型。首先创建关键点：选择菜单项 Preprocessor >modeling > Create >Keypoints>In Active CS，依次创建关键点 1(0,0,0)，2(0.4,0,0)，3(0.4,0.06,0)，4(0,0.06,0)，5(1,0,0)，6(1,0.06,0)，再依次通过关键点 1 和 2，2 和 3，3 和 4，4 和 1，2 和 5，5 和 6，6 和 3 创建线，依次通过点 1、2、3、4 和点 2、5、6、3 创建面，并选择菜单项 Preprocessor >modeling>Operate>Booleans>Partitions>Area，将创建的两个面整合。

(5)对已建立的模型进行网格划分。选择菜单项 Preprocessor >Meshing >Size Cntrls >Smart Size >Adv Opts，网格尺寸设置为 0.01。选择菜单项 Preprocessor >Meshing>

Mesh> Areas>Free,对创建的单元进行网格划分。

(6)对已建立的有限元模型施加边界条件。

首先设置梁的初始温度。选择菜单项 Preprocessor >Loads>Define Loads >Settings >Reference Temp,设置初始温度为 20℃。再选择梁顶部的所有节点,在 Preprocessor > Loads> Define Loads > Apply> Thermal > Temperature> On Nodes 中设置加热后温度 50℃,类似的,对梁底部设置加热后温度为 100℃。

(7)求解。

以上是梁的稳态热分析,下面对其作结构静力分析。

(8)定义单元类型。在菜单项 Preprocessor>Element Type> Switch Elem Type 中选择 Thermal to Struc,将单元类型转换为对应的 Plane183。

(9)添加实常数。首先,设置单元的关键选项:在菜单项 Preprocessor >FLOTRAN Set Up >Flow Environment>FLOTRAN Coor Sys 中选择 Polar or Cylin 坐标系。然后在 Preprocessor>Real Constants>Add/Edit/Delete中添加梁的厚度 0.04m。

(10)对已建立的有限元模型施加边界条件。

先对节点施加位移约束。约束节点(0,0,0)的自由度 UY,并约束 $x=1$ 的平面上所有节点的自由度。

对模型施加力约束。对 x 坐标为 40～100 的梁单元顶部,即对通过关键点 6 和 3 创建的线单元施加压力约束 5×10^{-5}。

(11)耦合热应力分析和结构静力分析。选择菜单项 Preprocessor >Loads >Apply >Structure >Temperature >From Therm Analy,载入前面的热应力分析文件 file. rth,file 为文件名。

(12)求解。

(13)显示计算结果。选择菜单项 General Postproc>Plot Results>Contour Plot>Nodal Solu,选择 DOF Solution>Y－Component of displacement 得出梁的挠度和弯曲应力。计算结果如图 9-12 所示。

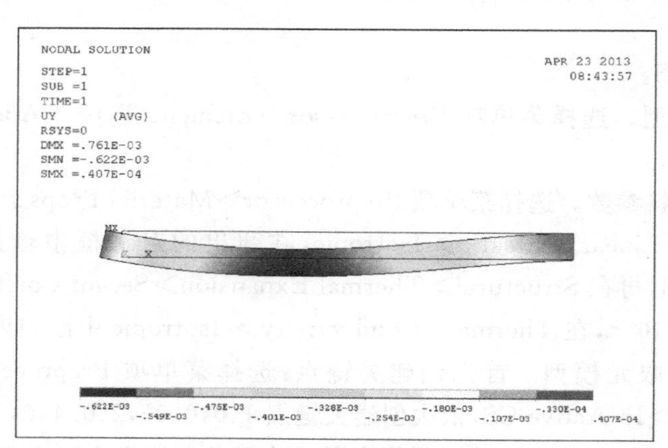

图 9-12　梁弯曲计算结果

习　题

热应力耦合分析中,直接耦合与间接耦合本质上有什么不同,分析结果会一致吗?

第10章　新型小波有限元方法

10.1　基本原理和提出思路

裂纹等工程奇异性问题的出现给传统有限元法造成困难，因为在奇异点附近，解的梯度大，还会发生突变，因此在准均匀的网格上，其解不能用分片的多项式函数在局部准确逼近。为了得到精确的解，需要在裂纹尖端区域采用十分精细的网格或更高阶的单元，随着裂纹发生扩展，在新的计算过程中相应的网格需要重新剖分，这样使得计算精度和求解效率大大降低。而采用小波函数作为有限元插值函数从而提出的新型有限元方法——小波有限元，作为一种优于传统单元网格加密和阶次升高的自适应有限元算法，能够提供多种具有多分辨性能的基函数作为有限元插值函数，弥补了传统有限元只以多项式作为插值函数的不足，对于解决传统的有限元法难以解决的奇异性等问题，具有很好的应用前景[158]。

小波在数值计算中的应用非常广泛。1991年，美国学者Beylkin、法国学者Jaffard、德国学者Dahmen等开展了相关的早期研究。美国Bell实验室学者Sweldens在1995年国际“小波圆桌会议”论述到应该将小波与有限元方法结合起来。随后欧盟一些研究所和学校、美国Bell实验室、美国MIT、我国学者等都先后开展了小波数值计算的研究，先后提出了小波伽辽金法、小波配置法和小波有限元等。

10.2　小波有限元基本理论

10.2.1　小波分析与有限元空间

在传统有限元法中，几乎无一例外地选用多项式作为单元容许函数空间的基底函数，也就是用多项式的线性组合表示待求的场函数。由于多项式简单、易于计算，这样做的优点是显而易见的。然而，在一些复杂的工程实际问题中，即便在很小的区域，未知场函数也可能会有很大的变化梯度，甚至产生剧烈波动。如果仍以低阶多项式作为基底函数去逼近这样的未知场函数，势必会产生较大误差，影响求解精度。对于这类问题，传统有限元方法中可采用逐次加密网格(即 h 收敛过程)，逐阶提高多项式阶数(即 p 收敛过程)，或二者联合使用(即 h-p 收敛过程)的办法提高分析精度。但上述方法在采用更密的网格或更高阶多项式重新分析时，均需重新计算单元矩阵，这无疑增大了计算量。可以看出，p 收敛的过程实质上就是单元容许函数空间扩大的过程。但是，在扩大过程中，原函数空间只是简单地作为扩大后函数空间的子空间，新增的函数空间与原函数空间并不具有嵌套互补性。这样，由于新增函数空间与原空间的干涉，使构造于原容许函数空间的单元矩阵就不可能保留使用。

与传统的多项式函数相比，小波基函数是属于平方可积实数空间 $L^2(R)$，且具有紧支性，而多项式函数不属于 $L^2(R)$，且是在整个实域空间取值，因此，当采用小波基作为逼近函数时，被逼近函数上一个突变的产生仅会改变小波逼近的局部系数值，这使得在逼近求解时可以采用少量的逼近系数达到最优的逼近效果。除此以外，当采用具有正交特性的小波函数（如 Daubechies 小波函数）作为逼近函数时，所获得的求解方程系数矩阵是稀疏的，可以大大减少数值积分和方程组求解的计算量。因此，在处理求解区域形状复杂、解函数拐点较多的问题时，选用局部刻画能力强的小波函数逼近将会产生很好的逼近效果。

小波有限元法是对传统有限元法的补充，其优越性主要体现在对大梯度、突变、应力集中、裂纹等奇异性问题的求解上。因此，对实际问题的分析，没有必要全部采用小波单元。由于与传统单元一样，小波单元最终也是以节点物理参数作为单元自由度，这就提供了小波单元与传统单元联合使用的可能性。这样，可凭借对分析对象的认识和经验，只在局部具有奇异性的区域采用小波单元，而在其他区域采用传统单元，使两类单元优势互补、相得益彰。

采用不同的小波插值可以构造不同的小波有限元，现有研究中已经提出有 Daubechies 小波有限元、区间 B 样条小波（BSWI）有限元和第二代小波有限元等。这里以一维小波梁单元和二维小波矩形薄板单元为例介绍小波有限元基本理论。

10.2.2 小波梁单元构造

梁是工程结构中的重要结构件，主要承受垂直于其中心线的横向载荷，并发生弯曲变形。梁单元如图 10-1 所示，由经典弯曲梁理论，梁的转角等于梁横向位移的一阶导数。梁弯曲单元势能泛函为

$$\Pi_{\mathrm{p}}(w)=\int_a^b \frac{EI}{2}\left(-\frac{\mathrm{d}^2 w}{\mathrm{d}x^2}\right)^2 \mathrm{d}x-\int_a^b q(x) w \mathrm{d}x-\sum_j P_j w(x_j)+\sum_k M_k\left(\frac{\mathrm{d}w}{\mathrm{d}x}\right)_k \tag{10-1}$$

式中，单元长度为 $l_{\mathrm{e}}=b-a$；EI 为抗弯刚度；$w(x)$ 为梁中面的挠度函数；$q(x)$ 为分布载荷；P_j 为集中载荷；M_k 为集中弯矩；x_j 为集中载荷在单元求解域上作用点位置坐标；$\left(\frac{\mathrm{d}w}{\mathrm{d}x}\right)_k$ 为集中弯矩作用点处的转角值。

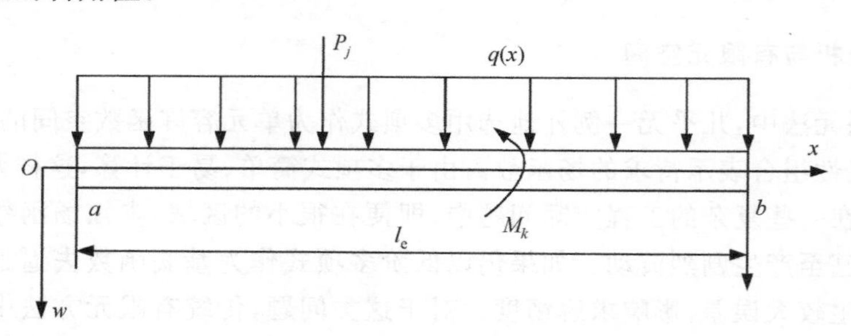

图 10-1 细长梁单元

如前所述所谓小波有限元，主要采用特定小波的小波函数或尺度函数插值构造单元。当采用小波尺度函数 $\boldsymbol{\Phi}_N$ 构造单元时，设单元内挠度函数 w 插值表示如下：

$$w=\boldsymbol{\Phi}_N \boldsymbol{a}^{\mathrm{e}} \tag{10-2}$$

式中，$\boldsymbol{a}^{\mathrm{e}}$ 为待求的小波系数。根据最小势能原理得

$$\widetilde{\boldsymbol{K}}^{\mathrm{e}} \boldsymbol{a}^{\mathrm{e}}=\widetilde{\boldsymbol{P}}^{\mathrm{e}} \tag{10-3}$$

式中，$\widetilde{\boldsymbol{P}}^{\mathrm{e}}$ 为小波空间单元载荷列阵；$\widetilde{\boldsymbol{K}}^{\mathrm{e}}$ 为小波空间单元刚度矩阵，其元素 $\widetilde{k}_{i,j}^{\mathrm{e}}$ 按式(10-4)计算：

$$\tilde{k}_{i,j}^{e} = \frac{EI}{l_e^3}\int_0^1 \varphi''_N(\xi - i)\varphi''_N(\xi - j)\mathrm{d}\xi \tag{10-4}$$

式中，ξ 为单元局部坐标。

为了实现相邻单元连接及边界条件处理，也应将单元待求参数——小波系数转化成节点物理参数。梁的弯曲问题分析中，不仅要求相邻单元公共节点位移相同，还要求公共节点处截面转角相同，即梁单元应属 C_1 型单元。

当采用 6 阶 0 尺度的 Daubechies 小波(记为 $D6_0$)构造小波单元时，如图 10-2 所示，单元共有 9 个节点，其中包括 2 个端部节点和 7 各内部节点，9 个节点在单元上等间隔布置。2 个端部节点各有节点位移和截面转角 2 个自由度，而每个内部节点只有节点位移一个自由度。这样，单元物理自由度数与待求小波系数个数相同，即均为 11。转换矩阵 $\boldsymbol{T}^e$ 应为矩阵 $\boldsymbol{R}^e$ 的逆阵

$$\boldsymbol{R}^e = \begin{bmatrix} \varphi(10) & \varphi(9) & \cdots & \varphi(1) & \varphi(0) \\ \varphi'(10) & \varphi'(9) & \cdots & \varphi'(1) & \varphi'(0) \\ \varphi\left(10+\frac{1}{8}\right) & \varphi\left(9+\frac{1}{8}\right) & \cdots & \varphi\left(1+\frac{1}{8}\right) & \varphi\left(\frac{1}{8}\right) \\ \varphi\left(10+\frac{2}{8}\right) & \varphi\left(9+\frac{2}{8}\right) & \cdots & \varphi\left(1+\frac{2}{8}\right) & \varphi\left(\frac{2}{8}\right) \\ \varphi\left(10+\frac{3}{8}\right) & \varphi\left(9+\frac{3}{8}\right) & \cdots & \varphi\left(1+\frac{3}{8}\right) & \varphi\left(\frac{3}{8}\right) \\ \varphi\left(10+\frac{4}{8}\right) & \varphi\left(9+\frac{4}{8}\right) & \cdots & \varphi\left(1+\frac{4}{8}\right) & \varphi\left(\frac{4}{8}\right) \\ \varphi\left(10+\frac{5}{8}\right) & \varphi\left(9+\frac{5}{8}\right) & \cdots & \varphi\left(1+\frac{5}{8}\right) & \varphi\left(\frac{5}{8}\right) \\ \varphi\left(10+\frac{6}{8}\right) & \varphi\left(9+\frac{6}{8}\right) & \cdots & \varphi\left(1+\frac{6}{8}\right) & \varphi\left(\frac{6}{8}\right) \\ \varphi\left(10+\frac{7}{8}\right) & \varphi\left(9+\frac{7}{8}\right) & \cdots & \varphi\left(1+\frac{7}{8}\right) & \varphi\left(\frac{7}{8}\right) \\ \varphi(11) & \varphi(11) & \cdots & \varphi(0) & \varphi(1) \\ \varphi'(11) & \varphi'(10) & \cdots & \varphi'(2) & \varphi'(1) \end{bmatrix} \tag{10-5}$$

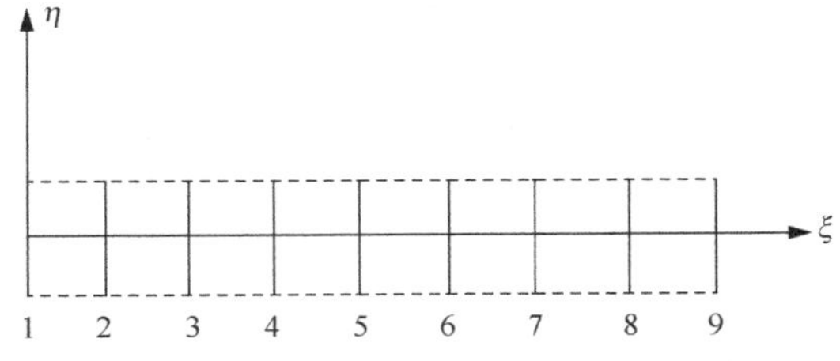

图 10-2　$D6_0$ 小波梁单元节点配置

这样，可以将小波系数 $\boldsymbol{a}^e$ 用物理坐标系中节点挠度和转角 $\boldsymbol{w}^e$ 表示为

$$\boldsymbol{a}^e = \boldsymbol{T}^e \boldsymbol{w}^e \tag{10-6}$$

式中，$\boldsymbol{w}^e = [w_1 \quad \theta_1 \quad w_2 \quad w_3 \quad w_4 \quad w_5 \quad w_6 \quad w_7 \quad w_8 \quad w_9 \quad \theta_9]^{\mathrm{T}}$。

可得到关于节点挠度和转角 $\boldsymbol{w}^e$ 的梁单元有限元求解方程组：

$$\boldsymbol{K}^{e}\boldsymbol{w}^{e}=\boldsymbol{P}^{e} \tag{10-7}$$

式中，单元刚度矩阵和单元载荷列阵分别为

$$\boldsymbol{K}^{e}=(\boldsymbol{T}^{e})^{\mathrm{T}}\widetilde{\boldsymbol{K}}^{e}\boldsymbol{T}^{e} \tag{10-8}$$

$$\boldsymbol{P}^{e}=(\boldsymbol{T}^{e})^{\mathrm{T}}\widetilde{\boldsymbol{P}}^{e} \tag{10-9}$$

当采用 m 阶 j 尺度的区间 B 样条小波（记为 BSWI_{m_j}）构造小波单元时，其节点配置如图 10-3 所示。

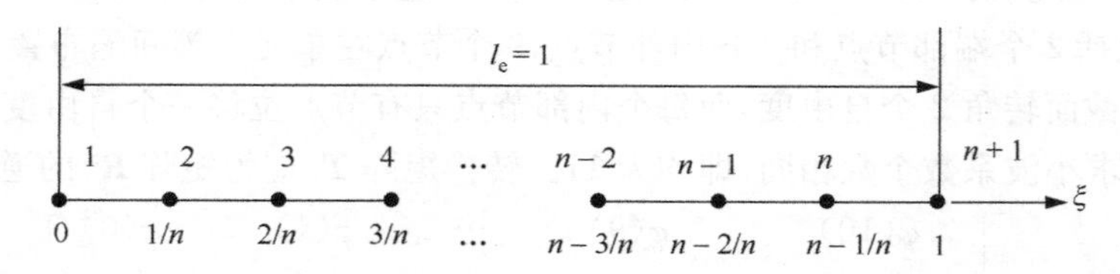

图 10-3　BSWI_{m_j} 小波梁单元节点配置

单元标准求解域等间隔分成 $n=2^j+m-4$ 段，节点数为 $n+1$，2 个端部节点各有节点位移和截面转角 2 个自由度，而每个内部节点只有节点位移一个自由度，单元总自由度数为 $n+3$。图 10-3 中边界节点为 $1, n+1$。内部节点为 $2,3,\cdots,n$。$0,\dfrac{1}{n},\dfrac{2}{n},\cdots,1$ 为标准单元中各节点的坐标值。相应的有限元列式推导同上，常用的有 $\mathrm{BSWI4}_3$ Euler 梁单元。采用相同的方法，可以构造其他更丰富的一维和二维小波单元。

10.2.3　小波矩形薄板单元构造

凡是厚度与其他两个方向的尺寸相比很小的平板，都称为薄板。工程中薄板是常见的和重要的结构元件。

薄板弯曲的总势能泛函为

$$\Pi_{p}=\frac{1}{2}\iint_{\Omega}\boldsymbol{\kappa}^{\mathrm{T}}\boldsymbol{D}\boldsymbol{\kappa}\,\mathrm{d}x\mathrm{d}y-\iint_{\Omega}wq\,\mathrm{d}x\mathrm{d}y \tag{10-10}$$

式中，w 为薄板挠度；q 为分布载荷；$\boldsymbol{\kappa}$ 为广义应变；$\boldsymbol{D}$ 为弹性矩阵。$\boldsymbol{\kappa}$ 和 $\boldsymbol{D}$ 分别表示为

$$\boldsymbol{\kappa}=\left[-\frac{\partial^2 w}{\partial x^2}\quad -\frac{\partial^2 w}{\partial y^2}\quad -2\frac{\partial^2 w}{\partial x\partial y}\right]^{\mathrm{T}} \tag{10-11}$$

$$\boldsymbol{D}=D_0\begin{bmatrix}1 & \mu & 0\\ \mu & 1 & 0\\ 0 & 0 & (1-\mu)/2\end{bmatrix} \tag{10-12}$$

式中，$D_0=\dfrac{Et^3}{12(1-\mu^2)}$ 是板的弯曲刚度；μ 是材料泊松比。

当采用 j 尺度 N 阶 Daubechies 小波尺度函数插值时，式(10-10)中的薄板挠度可以表示为

$$w=2^j\sum_{k,l}c_{j,k}\varphi(2^jx-k)\sum_{l=2-2N}^{2^j-1}c_{j,l}\varphi(2^jy-l)=\boldsymbol{\Phi}_k\otimes\boldsymbol{\Phi}_l\boldsymbol{C} \tag{10-13}$$

式中，k、l 取值范围由相应尺度函数支撑区间而定。把式(10-13)代入式(10-11)，得

$$\boldsymbol{\kappa}=\begin{Bmatrix}-\boldsymbol{\Phi}''(x)\otimes\boldsymbol{\Phi}(y)\boldsymbol{C}\\ -\boldsymbol{\Phi}(x)\otimes\boldsymbol{\Phi}''(y)\boldsymbol{C}\\ -2\boldsymbol{\Phi}'(x)\otimes\boldsymbol{\Phi}'(y)\boldsymbol{C}\end{Bmatrix} \tag{10-14}$$

把式(10-11)～式(10-14)代入式(10-10)，可得

$$\boldsymbol{\Pi}_{\mathrm{p}} = \frac{1}{2}\boldsymbol{C}^{\mathrm{T}}\widetilde{\boldsymbol{K}}\boldsymbol{C} - \boldsymbol{C}^{\mathrm{T}}\widetilde{\boldsymbol{P}} \tag{10-15}$$

式中

$$\begin{aligned}\widetilde{\boldsymbol{K}} = D_0(&\boldsymbol{\Lambda}^{j,0,0}(x) \otimes \boldsymbol{\Lambda}^{j,2,2}(x) + v((\boldsymbol{\Lambda}^{j,0,2}(y))^{\mathrm{T}} \otimes \boldsymbol{\Lambda}^{j,0,2}(x) + \boldsymbol{\Lambda}^{j,0,2}(y) \otimes (\boldsymbol{\Lambda}^{j,0,2}(x))^{\mathrm{T}}) \\ &+ \boldsymbol{\Lambda}^{j,2,2}(y) \otimes \boldsymbol{\Lambda}^{j,0,0}(x) + 2(1-v)\boldsymbol{\Lambda}^{j,1,1}(y) \otimes \boldsymbol{\Lambda}^{j,1,1}(x))\end{aligned} \tag{10-16}$$

$$\widetilde{\boldsymbol{P}} = \iint q\boldsymbol{\Phi}^{\mathrm{T}}(x) \otimes \boldsymbol{\Phi}^{\mathrm{T}}(y)\mathrm{d}x\mathrm{d}y \tag{10-17}$$

式中

$$\boldsymbol{\Lambda}^{j,m,n}(t) = \Lambda_{k,l}^{j,m,n} \quad (m,n = 0,1,2;\ t = x,y) \tag{10-18}$$

根据势能原理，有

$$\frac{\partial \boldsymbol{\Pi}_{\mathrm{p}}}{\partial \boldsymbol{C}} = \boldsymbol{0} \Rightarrow \widetilde{\boldsymbol{K}}\boldsymbol{C} = \widetilde{\boldsymbol{P}} \tag{10-19}$$

式中，刚度矩阵与载荷列阵的求解则化解为联系系数的计算，求解出小波空间的系数 $\boldsymbol{C}$，代入式(10-13)即可获得任意点的挠度值。

如图 10-4 所示，有一块正方形四边固支板，边长为 L，板厚为 $L/10$，泊松比为 0.3，抗弯刚度为 D_0，承受均布载荷 q，计算其中点的挠度值。

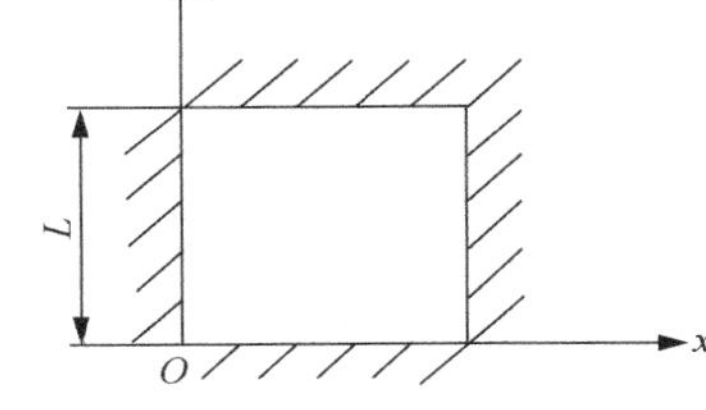

图 10-4　四边固支薄板

直接利用式(10-19)，并引入四周固支边界条件：

$$w = w' = 0 \tag{10-20}$$

选用 0 尺度 6 阶 Daubechies 小波，在 V_0 空间计算，即取 $\phi(x-k)$ 作为插值，求得结果为 $0.00126422\,qL^4/D_0$，与精确解 $0.00126532\,qL^4/D_0$ 相差 0.087%。该简单数值算例验证了该算法的精确性。

与经典有限元单元构造类似，通过坐标变换可以把局部坐标系中几何形状规则的单元(图 10-5(a))映射到总体坐标系中几何性质扭曲的单元(图 10-5(b))，从而满足对一般形状求解域进行离散化的需要。下面给出小波单元的构造方法。

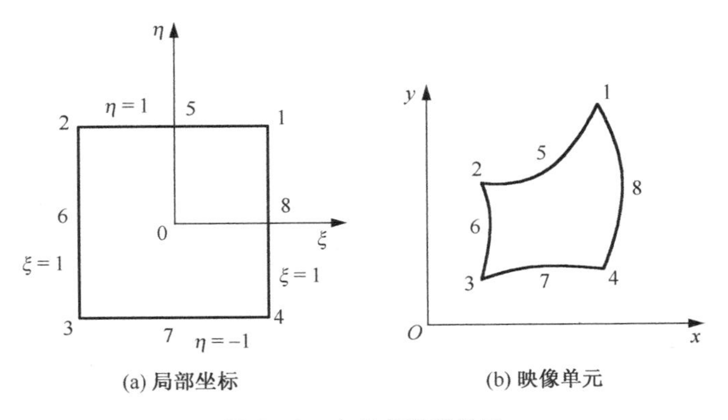

图 10-5　八节点矩形单元

基于经典薄板理论的板单元，即基于式(10-10)所表达的势能泛函、以 w 为场函数的板单元。这种弹性薄板理论在分析平板弯曲时，认为平行的各层互不挤压，可忽略厚度方向的正应

力。挠度沿着板厚度方向的变化可以略去，因而可以认为在同一厚度各点的挠度都等于中面的挠度。薄板中面的法线变形后仍保持为法线。利用上述假设将平板弯曲问题简化为二维问题，且全部应力和应变可用板中面的挠度 w 表示。

采用式(10-13)的插值形式，因图 10-5(a)中局部坐标系取值范围是[-1, 1]，结合Daubechies小波尺度函数的支撑区间为[0,2N-1]，可以确定出 k、l 的取值范围：

$$2-2N \leqslant k,\quad l \leqslant 2^j-2 \tag{10-21}$$

从而有

$$w = 2^j \sum_{k,l=2-2N}^{2^j-2} c_{j,k}\varphi(2^j\xi-k) \sum_{l=2-2N}^{2^j-1} c_{j,l}\varphi(2^j\eta-l) = \boldsymbol{\Phi}_k \otimes \boldsymbol{\Phi}_l \boldsymbol{C}^e \tag{10-22}$$

采用 3 阶 Daubechies 小波 V_0 空间的尺度函数插值，列向量 $\boldsymbol{C}^e$ 中含有 16 个尺度函数空间展开系数，借鉴一维小波单元中转换矩阵构造技术，构造二维板单元的转换矩阵。首先取图 10-5(a)中 4 个角节点(1,2,3,4)各有 3 个自由度：

$$\boldsymbol{u}_i = \begin{Bmatrix} w_i \\ \theta_{xi} \\ \theta_{yi} \end{Bmatrix} = \begin{Bmatrix} w_i \\ \dfrac{\partial w_i}{\partial y} \\ \dfrac{\partial w_i}{\partial x} \end{Bmatrix} \quad (i=1,2,3,4) \tag{10-23}$$

4 个中节点(5,6,7,8)各有一个挠度自由度，则单元自由度为

$$\boldsymbol{u}^e = [\boldsymbol{u}_1^T \quad \boldsymbol{u}_2^T \quad \boldsymbol{u}_3^T \quad \boldsymbol{u}_4^T \quad w_5 \quad w_6 \quad w_7 \quad w_8]^T \tag{10-24}$$

由式(10-22)可以获得单元自由度 $\boldsymbol{u}^e$ 与尺度函数空间展开系数 $\boldsymbol{C}^e$ 的关系式：

$$\boldsymbol{u}^e = \boldsymbol{R}^e \boldsymbol{C}^e \tag{10-25}$$

式中

$$\boldsymbol{R}^e = [\boldsymbol{R}_1 \quad \cdots \quad \boldsymbol{R}_8]^T \tag{10-26}$$

$$\boldsymbol{R}_i = \begin{Bmatrix} \varphi(2^j\xi_i-k)\otimes\varphi(2^j\eta_i-k) \\ \varphi(2^j\xi_i-k)\otimes\varphi^{(1)}(2^j\eta_i-k) \\ \varphi^{(1)}(2^j\xi_i-k)\otimes\varphi(2^j\eta_i-k) \end{Bmatrix} \quad (i=1,2,3,4) \tag{10-27}$$

$$\boldsymbol{R}_i = \varphi(2^j\xi_i-k)\otimes\varphi(2^j\eta_i-k) \quad (i=5,6,7,8) \tag{10-28}$$

式中，i 表示单元节点号；(ξ_i,η_i) 为其对应局部坐标。上标(1)表示一阶偏导数。记矩阵 $\boldsymbol{R}^e$ 的逆阵为 $\boldsymbol{T}^e$，并称 $\boldsymbol{T}^e$ 为转换矩阵，将式(10-25)代入式(10-19)中，得

$$\boldsymbol{K}^e \boldsymbol{u}^e = \boldsymbol{P}^e \tag{10-29}$$

式中，单元刚度矩阵和单元载荷列阵分别为

$$\boldsymbol{K}^e = (\boldsymbol{T}^e)^T \widetilde{\boldsymbol{K}} \boldsymbol{T}^e \tag{10-30}$$

$$\boldsymbol{P}^e = (\boldsymbol{T}^e)^T \widetilde{\boldsymbol{P}} \tag{10-31}$$

式(10-29)与传统有限元格式一致，因此小波单元在边界条件处理、协调性分析方面与以前相同，这使得小波单元融入传统有限元列式中很容易进行，同时利用类似的方法很容易构造其他小波单元。

10.2.4 薄板自由振动固有频率分析

对于薄板自由振动的线性系统，势能和动能具有平方形式：

$$U = \frac{1}{2}\sum_{i,j} k_{ij}x_i x_j \tag{10-32}$$

$$T = \frac{1}{2}\sum_{i,j} m_{ij}\dot{x}_i\dot{x}_j \tag{10-33}$$

式中，x_i、x_j 表示广义坐标；i、j 表示系统自由度数。考虑拉格朗日方程：

$$\frac{\mathrm{d}}{\mathrm{d}t}\left(\frac{\partial L}{\partial \dot{x}_i}\right) - \frac{\partial L}{\partial x_i} = Q_i \tag{10-34}$$

式中，$L=T-U$；Q_i 为非保守广义力。非保守力在广义坐标变分上的虚功表示为

$$\delta W = \sum_i Q_i \delta x_i \tag{10-35}$$

设只有黏性阻尼 $c_{i,j}$ 和外力 F_i 为非保守力，则虚功表示为

$$\delta W = \sum_{i,j} c_{i,j}x_j\delta x_j + \sum_i F_i \delta x_i \tag{10-36}$$

将式(10-32)、式(10-33)、式(10-35)代入式(10-34)得

$$\boldsymbol{M}\ddot{\boldsymbol{X}} + \boldsymbol{C}\dot{\boldsymbol{X}} + \boldsymbol{K}\boldsymbol{X} = \boldsymbol{F} \tag{10-37}$$

式中，$\boldsymbol{M}$ 为质量矩阵；$\boldsymbol{C}$ 为黏性阻尼矩阵；$\boldsymbol{K}$ 为刚度矩阵；$\boldsymbol{F}$ 为外力列阵。考虑系统在稳定平衡位置附近的小振动，各广义坐标的运动方程必有下列形式的方程组的特解：

$$x_i = A_i\cos(\omega_i t + \alpha_i) \tag{10-38}$$

式(10-38)代入式(10-37)，不考虑阻尼与外力，得

$$|\boldsymbol{K} - \omega^2\boldsymbol{M}| = 0 \tag{10-39}$$

利用式(10-39)可以求得薄板固有频率。设正方形薄板边界为四边简支，密度为 ρ，采用小波单元计算的固有频率与理论解对照如表 10-1 所示。

表 10-1　薄板固有频率参数值计算

方法		α_1 /(rad/s)	α_2 /(rad/s)	α_3 /(rad/s)
小波单元网格	2×2	19.720	49.327	78.763
	4×4	19.731	49.340	78.942
解析解		19.739	49.348	78.951

表 10-1 中所列值为固有频率系数值 α_i：

$$\omega_i = \frac{\alpha_i}{L^2}\sqrt{\frac{D_0}{\rho t}} \tag{10-40}$$

从表中可以看出小波有限元计算固有频率具有较高的分析精度。

10.3　基于小波有限元模型的裂纹故障诊断原理

基于小波有限元模型的裂纹故障诊断基本原理是[159]：首先从正问题(裂纹数值建模)入手，研究适宜裂纹奇异性建模与求解的小波有限元，构造小波裂纹单元，建立转子裂纹精确识别模型，求解裂纹转子动态特性，获得裂纹在转子前三阶固有频率上反映的本质征兆。然后从反问题(裂纹故障诊断)切入，针对工程中使用的转子等结构，研究其工作模态参数提取，获得其前三阶固有频率。正反问题结合，获得三条固有频率响应曲线，其交点所对应的横坐标和纵坐标分别是裂纹的位置与深度参数，从而实现结构裂纹故障的定量检测。

10.3.1 正问题:裂纹数值建模

图 10-6 所示为一个典型的横向裂纹转子简图。其中,图 10-6(a)为裂纹转子系统模型,图 10-6(b)为裂纹断面,各轴段长度分别为 L_1、L_2、L_3、L_4,转子系统总长为 L,转轴直径 d_1,圆盘直径 d_2,则相应的半径分别为 r_1 和 r_2。假定裂纹发生在 L_2 轴段,裂纹相对位置 $\beta = e/L_2$,裂纹相对深度 $\alpha = \delta/2r_1$。

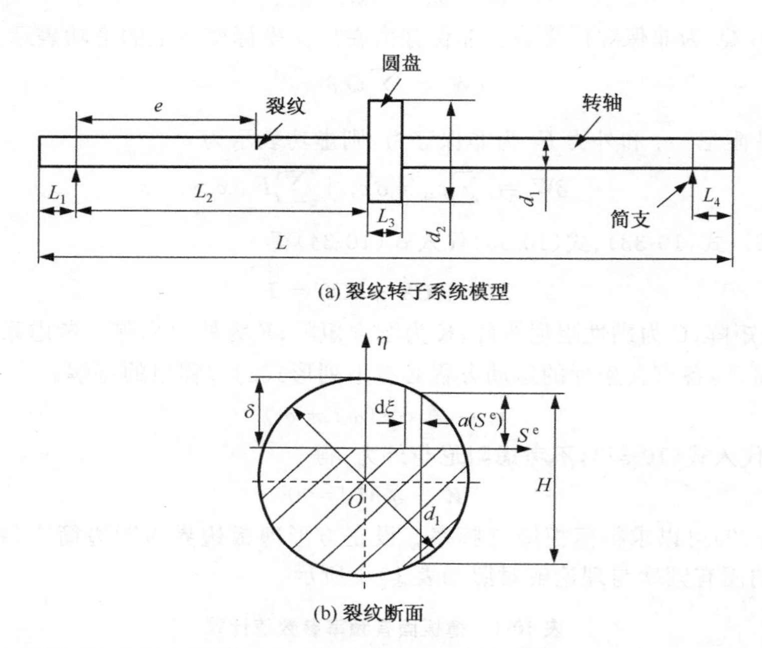

图 10-6 横向裂纹转子系统简图

裂纹定量识别正问题实际上是通过对含有任意相对位置 β 和相对深度 α 的裂纹转子进行模态分析,以获取裂纹定量诊断数据库,即确定关系式:

$$f_i = F_i(\alpha,\beta) \quad \text{或} \quad \omega_i = F_i(\alpha,\beta) \quad (i = 1,2,3) \tag{10-41}$$

式中,ω_i 或 f_i 为含裂纹结构动力系统前三阶固有频率,$F_i(i = 1,2,3)$ 为裂纹相对位置 β 和相对深度 α 与前含裂纹结构动力系统前三阶固有频率的函数关系式。

为确定式(10-41),首先,确定与裂纹相对深度 α 相关的扭转线弹簧刚度 k_t 及相应的裂纹刚度矩阵 $\boldsymbol{K}_s$ 为

$$\boldsymbol{K}_s = \begin{bmatrix} k_t & -k_t \\ -k_t & k_t \end{bmatrix} \tag{10-42}$$

式中,k_t 是裂纹应力强度因子的函数,可由断裂力学等相关理论求得,其中应力强度因子可以由手册查询,或者由小波有限元等计算获得。其次,将裂纹刚度矩阵 $\boldsymbol{K}_s$ 加入整体刚度矩阵中。裂纹左右两边单元节点排列如图 10-7 所示。

裂纹左边单元自由度排列为

$$\boldsymbol{w}_o^{\text{left}} = \{\cdots w_j \theta_j\}^{\mathrm{T}} \tag{10-43}$$

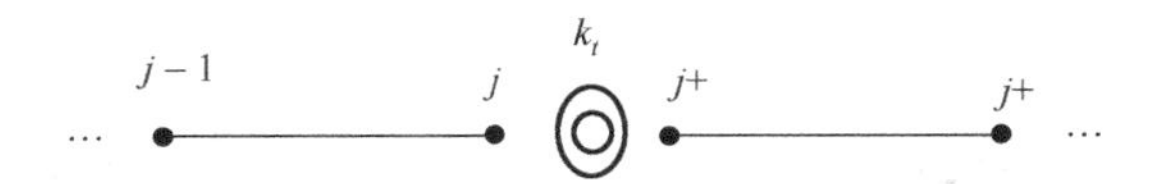

图 10-7　裂纹左、右两边单元节点排列

裂纹右边单元自由度排列为

$$\boldsymbol{w}^{\text{right}} = \{w_{j+1}\theta_{j+1}\cdots\}^{\mathrm{T}} \tag{10-44}$$

由于裂纹两端单元节点的位移一致，即 $w_j = w_{j+1}$，而转角 θ_j 和 θ_{j+1} 并不相等，而是通过裂纹刚度矩阵 $\boldsymbol{K}_s$ 联系。因此，改变式(10-43)中自由度排列为

$$\boldsymbol{w}^{\text{left}} = \{\cdots\theta_j w_j\}^{\mathrm{T}} \tag{10-45}$$

则相应的结构动力系统整体刚度矩阵 $\bar{\boldsymbol{K}}$ 和整体质量矩阵 $\bar{\boldsymbol{M}}$ 可通过初等行列变换交换与式(10-43)中自由度排列相对应的行列。此时，通过叠加式(10-43)和式(10-44)得到含裂纹结构动力系统整体自由度，表示为

$$\{\cdots\theta_j w_{j+1}\theta_{j+1}\cdots\}^{\mathrm{T}} \tag{10-46}$$

按照式(10-43)中转角自由度 θ_j，θ_{j+1} 在整体自由排列中的相应位置，可以将裂纹刚度矩阵 $\boldsymbol{K}_s$ 叠加进总体刚度矩阵 $\bar{\boldsymbol{K}}$ 中，而整体质量矩阵 $\bar{\boldsymbol{M}}$ 结构动力系统整体质量矩阵按有裂纹结构自由度重新排列叠加得到，因此，$\boldsymbol{K}_s$ 加入位置由裂纹相对位置 β 决定，得到隐含裂纹相对位置 β 和相对深度 α 的结构动力系统总体无阻尼自由振动频率方程：

$$|\omega^2\bar{\boldsymbol{M}} - \bar{\boldsymbol{K}}| = 0 \tag{10-47}$$

在给定不同的裂纹相对位置 β 和相对深度 α 的前提下，求解与不同 β 和 α 相关的结构动力系统总体无阻尼自由振动频率方程式(10-47)，可得到裂纹相对位置 β 和相对深度 α 与前三阶固有频率的对应关系式(10-41)。由于函数关系 F_j 未知，因此可由计算得到的离散值通过曲面拟合技术获得，即为结构系统裂纹定量诊断正问题模型数据库。图 10-8 所示为转子系统裂纹定量诊断正问题模型数据库 $\alpha,\beta \in [0.1, 0.9]$。

10.3.2　反问题:裂纹故障诊断

从式(10-41)中通过已知的 f_i 求解出 α 和 β，即通过结构系统裂纹定量诊断反问题求解，确定关系式：

$$(\alpha,\beta) = F_i^{-1}(f_i) \quad \text{或} \quad (\alpha,\beta) = F_i^{-1}(\omega_i) \quad (i = 1,2,3) \tag{10-48}$$

实际上，由式(10-48)可知，测量结构系统前两阶固有频率就可以确定裂纹相对位置 β 和相对深度 α。然而，当应用等高线法求解结构系统裂纹定量诊断问题时，前两阶频率等高线的交点在某些工况下会超过一个。因此，为唯一确定频率等高线的交点，即确定未知参数 β 和 α，最少需要前三阶固有频率等高线。

假定前三阶固有频率已知，在同一坐标系中做出结构系统裂纹定量诊断模型数据库式(10-41)的前三阶固有频率等高线，3 条等高线的公共交点可定量诊断出结构系统裂纹存在的相对位置和相对深度。交点横坐标为对应的裂纹相对位置 β，纵坐标为对应的裂纹相对深度 α。问题的关键是需要识别结构的模态参数。

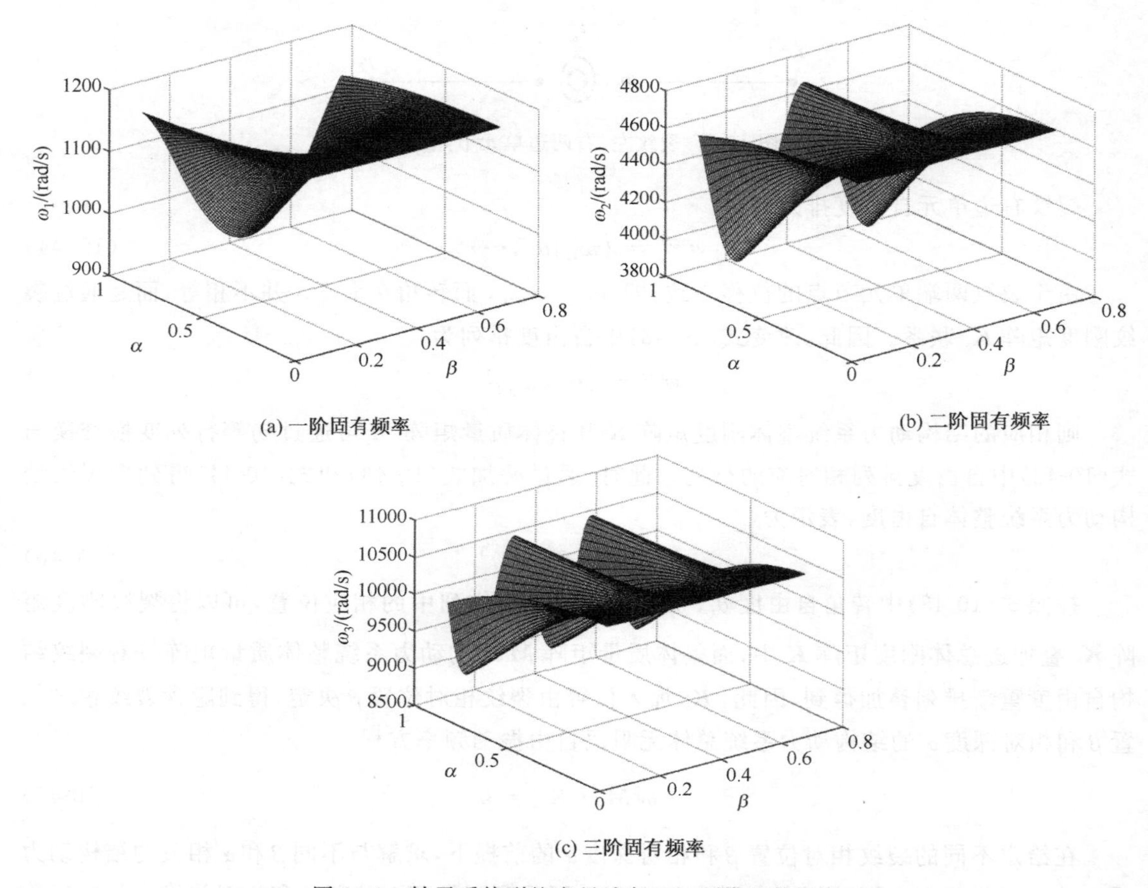

图 10-8 转子系统裂纹定量诊断正问题模型数据库

10.4 转子系统裂纹定量诊断仿真分析

以图 10-6 所示的单圆盘转子系统为例，裂纹相对位置 $\beta = e/L_2$ 和裂纹相对位置 $\alpha = \delta/(2r_1)$。本算例采用 400 个传统梁单元求解不同工况得到的含裂纹转子的固有频率作为“测试”频率，分别代入 14 个小波梁单元建立的转子裂纹定量诊断模型数据库，并作相应的等高线，如图 10-9所示。图中交点 A 对应的横坐标为识别出的裂纹相对位置 β^*，纵坐标为裂纹相对深度 α^*。诊断结果列于表 10-2 中，在不同的裂纹工况下，采用十分少的小波单元建立的转子裂纹定量诊断模型数据库诊断精度高，并且识别方法鲁棒性好，可以方便地进行转子系统裂纹定量诊断。

表 10-2 转子裂纹工况及识别结果

工况	β	α	400 个传统元计算结果			识别 β	识别 α
			f_1/Hz	f_2/Hz	f_3/Hz	相对误差	相对误差
1	0.3	0.2	86.222	556.883	1714.933	0.3001(0.01)	0.2001(0.01)
2	0.5	0.4	84.619	543.051	1666.765	0.4999(0.01)	0.5(0)
3	0.75	0.6	74.307	498.890	1726.280	0.7499(0.01)	0.6001(0.01)
4	0.8	0.1	86.184	557.293	1727.840	0.8001(0.01)	0.1(0)

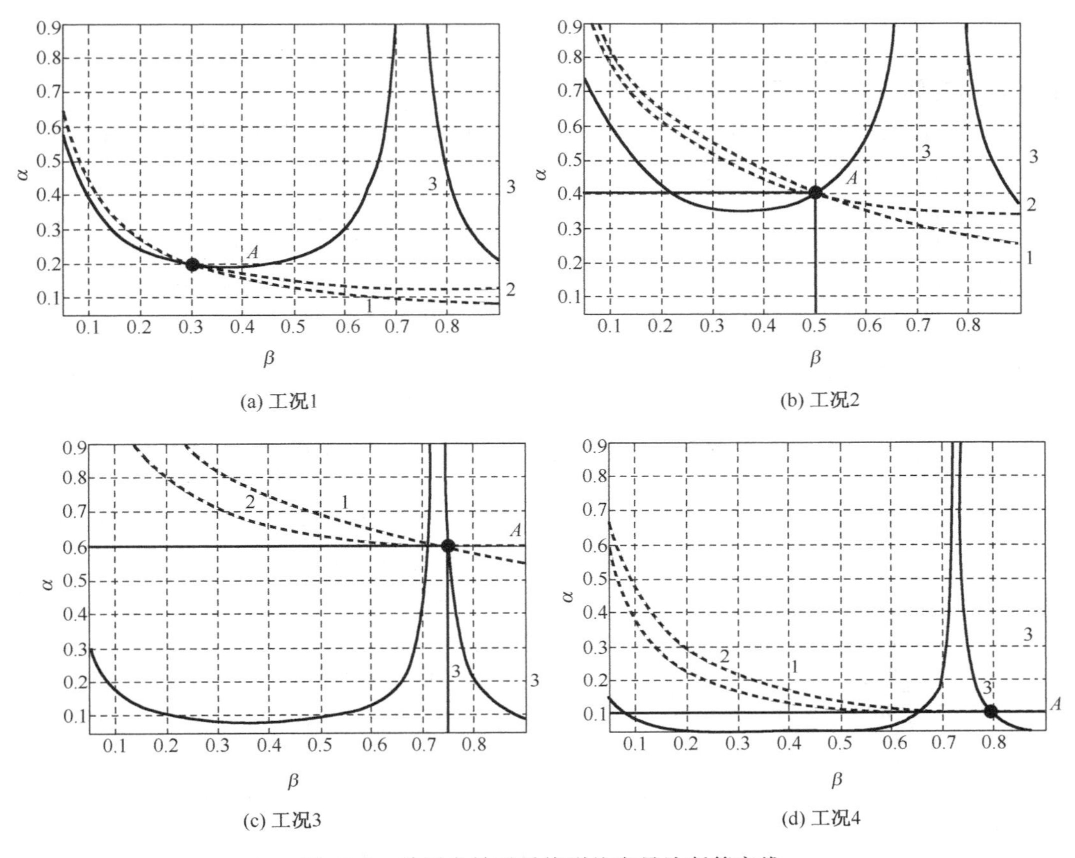

图 10-9　单圆盘转子系统裂纹定量诊断等高线

1—一阶固有频率；2—二阶固有频率；3—三阶固有频率

10.5　基于小波有限元模型的应力波传播仿真分析

基于应力波的结构健康监测技术是一种可以实现实时、在线、主动式的无损检测技术。该方法对结构的微小损伤较为敏感，并且应力波在被检测结构中传播距离远、衰减率低，适用于结构大面积检测。由于应力波频率较高，在有限元求解时为了得到高精度的结果需要划分较多的网格，导致传统有限元方法求解应力波传播问题存在着精度低、收敛速度慢、计算规模大等问题。考虑到小波有限元精度高、收敛速度快等优势，本节将介绍以区间 B 样条小波有限元技术为核心的应力波传播仿真分析。

一般结构的应力波传播问题均可归纳为如下二阶常微分方程组：

$$\boldsymbol{M}\ddot{\boldsymbol{X}} + \boldsymbol{C}\dot{\boldsymbol{X}} + \boldsymbol{K}\boldsymbol{X} = \boldsymbol{F} \tag{10-49}$$

结构中应力波传播速度快，为了准确地捕捉到应力波传播特征，要求时间步长 Δt 足够小，以满足直接积分法算法稳定性需求。中心差分法求解结构应力波传播问题很有效，将位移函数按 Taylor 级数展开，加速度和速度可以用位移表示，即

$$\ddot{\boldsymbol{X}}_t = \frac{1}{\Delta t^2}(\boldsymbol{X}_{t+\Delta t} - 2\,\boldsymbol{X}_t + \boldsymbol{X}_{t-\Delta t}) \tag{10-50}$$

$$\dot{\boldsymbol{X}}_t = \frac{1}{2\Delta t}(\boldsymbol{X}_{t+\Delta t} - \boldsymbol{X}_{t-\Delta t}) \tag{10-51}$$

式中，t 表示时间点；Δt 表示时间积分步。

将式(10-49)、式(10-50)代入式(10-48)，即可得到一般结构应力波传播问题的递推公式[160,161]为

$$\left(\frac{1}{\Delta t^2}\boldsymbol{M} + \frac{1}{2\Delta t}\boldsymbol{C}\right)\boldsymbol{X}_{t+\Delta t} = \boldsymbol{F} - \left(\boldsymbol{K} - \frac{2}{\Delta t^2}\boldsymbol{M}\right)\boldsymbol{X}_t - \left(\frac{1}{\Delta t^2}\boldsymbol{M} - \frac{1}{2\Delta t}\boldsymbol{C}\right)\boldsymbol{X}_{t-\Delta t} \tag{10-52}$$

由于求解式(10-51)需要前两个时间步的数据，不失一般性，可在初始条件中假设系统初始状态静止，即令 $\boldsymbol{X}_0 = \boldsymbol{X}_{-\Delta t} = \boldsymbol{0}$。

结构的高频特征对微小损伤敏感，因此高频调制正弦脉冲经常作为结构健康监测以及无损检测技术中应力波激励源。典型高频调制正弦脉冲激励的表达式为

$$F(t) = \left[\mathrm{He}(t-\tau) - \mathrm{He}\left(t-\tau-\frac{5}{f}\right)\right]\left[1-\cos\left(\frac{2\pi f}{\tau}t\right)\right]\sin(2\pi f t) \tag{10-53}$$

式中，He 表示 Heaviside 函数；τ 表示调制窗函数位置的时移因子；f 为激励信号的中心频率。中心频率为 100kHz 高频调制正弦脉冲激励的时域及频域波形如图 10-10 所示。

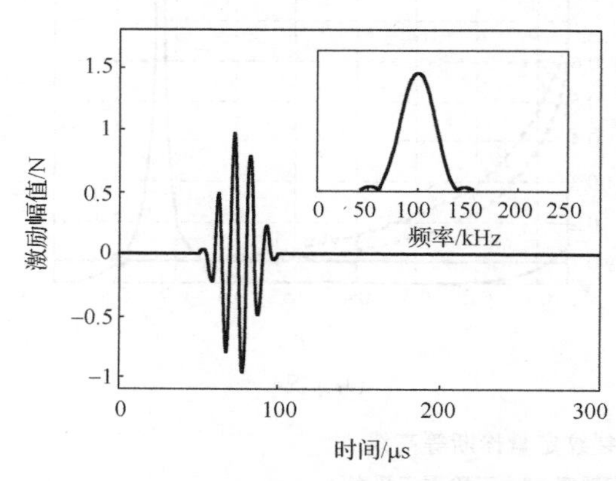

图 10-10 高频脉冲激励时域与频域波形

本节应力波分析所用材料为铝合金，材料参数为：弹性模量 $E=70\mathrm{GPa}$，密度 $\rho=2730\mathrm{kg/m^3}$，泊松比 $\mu=0.33$。边界条件均为自由边界条件，分析中忽略阻尼效应。

10.5.1 梁类结构的应力波传播仿真分析

以图 10-11 所示的矩形横截面裂纹梁结构为例，利用小波有限元分析梁类结构的应力波传播。裂纹梁结构的形状参数为：长度 $L=1\mathrm{m}$，横截面积 $a\times b=0.02\mathrm{m}\times0.02\mathrm{m}$，裂纹位置 $l=0.5\mathrm{m}$，裂纹深度 $h=0.1b$。

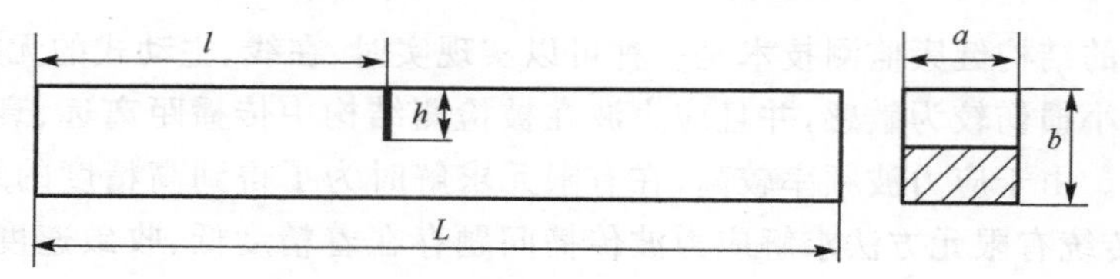

图 10-11 矩形横截面裂纹梁模型

在使用小波有限元进行应力波求解前，先将其与传统有限元方法在计算精度和计算效率作对比。针对无损梁结构中的应力波传播求解，分别使用 500 个和 1000 个传统梁单元与 50 个 $\mathrm{BSWI4_3}$ 小波梁单元求解结果对比，如图 10-12 所示。500 个传统梁单元与 50 个 $\mathrm{BSWI4_3}$ 小波梁单元求解误差较大，随着单元数目增加，1000 个传统梁单元与小波梁单元求解结果基本一致，但传统有限元求解规模更大。从表 10-3 可以看出，在相同的计算精度下，小波有限元求解波传播问题的时间约为传统单元的 7.5% 左右，由此可见小波有限元方法求解波传播是准确且高效的。

利用 50 个 $BSWI4_3$ 梁单元对无损梁和含裂纹损伤梁结构在高频脉冲激励下响应进行求解，不同时刻梁结构应力波响应如图 10-13 所示。从图 10-13(a)中可以看出，在 100kHz 为主要频率成分的激励作用下，梁结构中将出现两个群速度不同模式的应力波。通过捕捉应力波波前位置，得到两个模式应力波的群速度与理论波速吻合，也验证了小波有限元方法求解应力波问题的有效性和精确性。含裂纹损伤梁如图 10-13(b)所示，两个模式应力波遇到损伤均会产生对应的损伤回波。通过在梁结构中合理的布置传感器，并根据损伤回波传播时间与波速，就可以识别损伤位置参数。

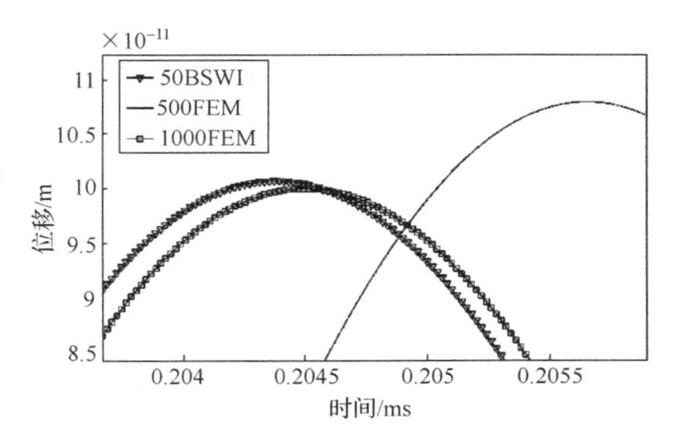

图 10-12 小波有限元与传统有限元求解精度对比

表 10-3 小波有限元与传统有限元求解精度对比

方法	单元数目（自由度数目）	时间消耗/s
传统有限元	500 **FEM** (1002)	1161.282
	1000 **FEM** (2002)	2583.423
小波有限元	50 $\mathbf{BSWI4_3}$ (1002)	187.5480

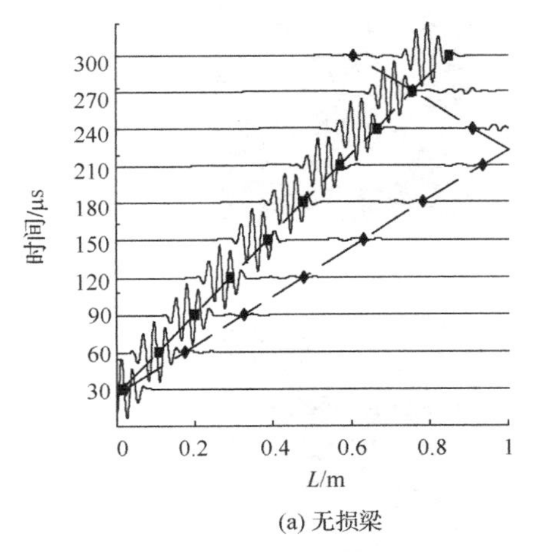

(a) 无损梁

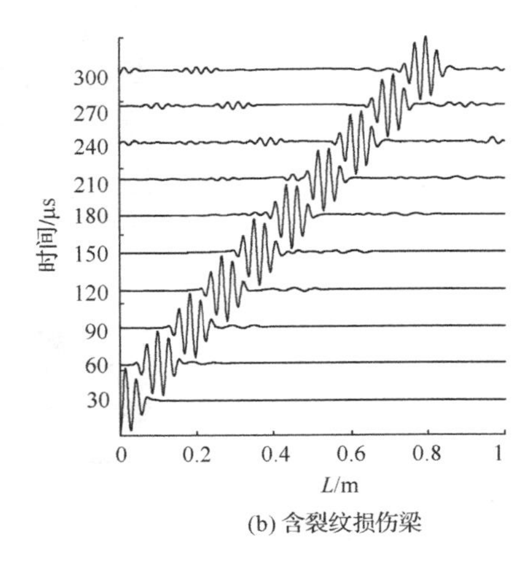

(b) 含裂纹损伤梁

图 10-13 梁结构高频应力波时域波形

■表示模式 1 理论波速；◆表示模式 2 理论波速

10.5.2 板类结构的应力波传播仿真分析

以图 10-14 所示的板类结构为例，利用小波有限元分析板类结构的应力波传播。板类结构模型参数为：长度 $a=1$ m，宽度 $b=1$ m，裂纹位置 $c=0.25$ m。

利用 50×50 个 $BSWI4_3$ 板单元对无损板和含裂纹损伤板结构在高频脉冲激励下响应进行求解，不同时刻板结构应力波响应如图 10-15 所示，白色线条表示裂纹的位置和大小。对比图 10-15(a)与图 10-15(b)，由于裂纹的存在，无损板和含裂纹损伤板结构应力波形响应存在明显的差异。对于无损板如图 10-15(a)所示，在 80μs 和 130μs 时刻板结构中存在着单一模态

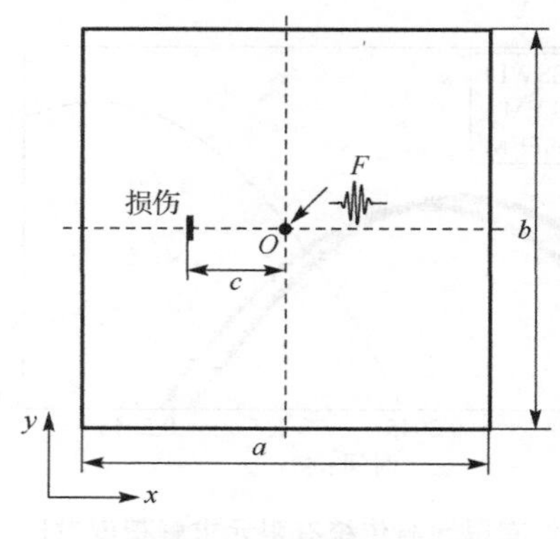

图 10-14　板结构模型参数

的应力波 A_0，应力波传播速度为 3030m/s，与理论波速基本一致。在 250μs 和 300μs 时刻，应力波从结构的边界反射。不同于无损板，当应力波传播至裂纹位置产生反方向传播的损伤回波，另外一部分应力波由于衍射的作用会继续向前传播，如图 10-15(b)中 130μs 时刻所示。边界反射回波会与裂纹损伤相互作用会生成二次损伤回波，如图 10-15(b)中 300μs 时刻所示。通过在板结构中合理的布置传感器，根据损伤回波传播时间与波速就可以识别板类结构损伤的位置参数。

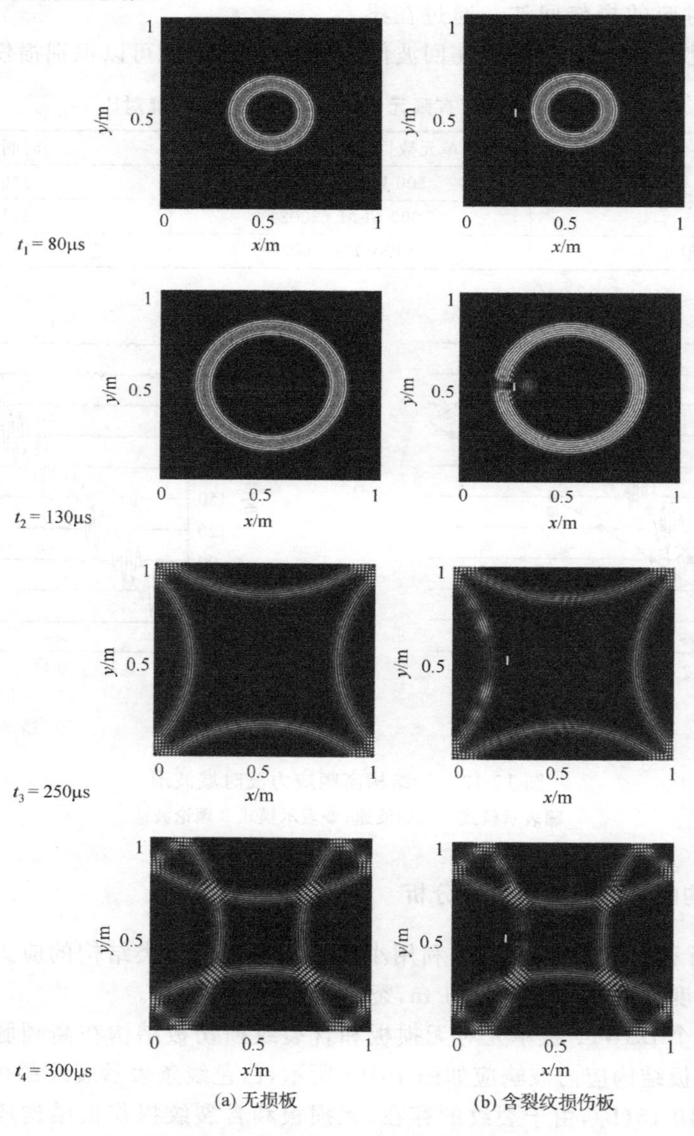

图 10-15　板结构高频应力波时域波形

通过上述算例分析，小波有限元非常适用于各向同性梁、板类结构的应力波分析，也适用于曲梁、复合材料梁、板等各类复杂结构的应力波传播问题的求解。相比于传统有限元方法，小波有限元对于结构高频应力波传播问题的求解效率和精度都非常高。

习　题

1. 结合所读论文和查阅的资料，讲述一种新型有限元的构造原理及其特点。

2. 小波方法在数值求解中的优点体现在哪些方面。

3. 试用小波求解一下奇异性方程，如边界问题。

第11章　工程案例

11.1　承载支架强度校核

11.1.1　工程背景

图 11-1 所示的汽车驱动桥是一种典型工程承载支架结构，它是汽车上的主要承载构件之一，其作用主要有：支撑并保护主减速器、差速器和半轴等，使左右驱动车轮的轴向相对位置固定。同从动桥一起支撑车架及其上的各总成质量。汽车行驶时，承受由车轮传来的路面反作用力和力矩并经悬架传给车架等。驱动桥壳应有足够的强度和刚度且质量小，并便于主减速器的拆装和调整。由于桥壳的尺寸和质量比较大，制造较困难，故其结构形式应在满足使用要求的前提下应尽可能便于制造。驱动桥壳分为整体式桥壳，分段式桥壳和组合式桥壳三类。整体式桥壳具有较大的强度和刚度，且便于主减速器的装配、调整和维修，因此普遍应用于各类汽车上。但是由于其形状复杂，所以应力计算比较困难。根据汽车设计理论，驱动桥壳的常规设计方法是将桥壳看成一个简支梁并校核几种典型计算工况下某些特定断面的最大应力值，然后考虑一个安全系数来确定工作应力，这种设计方法有很多局限性。因此近年来，许多研究人员利用有限元方法对驱动桥壳进行了计算和分析。为了说明分析方法和 ANSYS Workbench 中求解步骤，本节研究的对象是在某型号汽车上使用的整体式桥壳的简化模型。

根据 QC/T 533—1999《汽车驱动桥台架试验方法》的规定，汽车驱动桥壳台架试验包括驱动桥桥壳垂直弯曲刚度试验、垂直弯曲静强度试验、垂直弯曲疲劳试验。试验中支点、力点的位置如图 11-1 所示。图中箭头表示力点的位置。

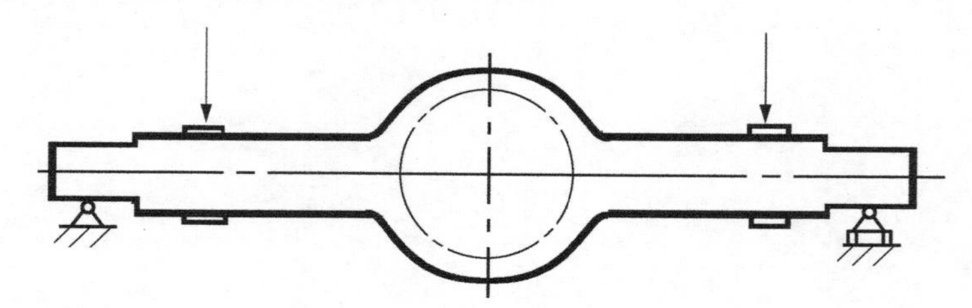

图 11-1　汽车驱动桥受力

驱动桥桥壳垂直弯曲刚度试验评估指标为满载轴荷时每米轮距最大变形不超过 1.5mm。垂直弯曲静强度试验评估指标为 K_n，$K_n > 6$ 为合格：

$$K_n = \frac{p_n}{p} \tag{11-1}$$

式中，K_n 为垂直弯曲破坏后备系数；p_n 为垂直弯曲破坏荷载；p 为满载轴荷。

11.1.2 分析关键

1)模型简化

简化模型是指忽略零件或装配中的细节。由于实际结构往往是复杂的,如果完全按实物建立有限元模型,实际上是不必要的,有时甚至是不可能的。因此,在进行有限元网格划分前,常常将零部件上的一些细节特征做压缩(Suppress)处理。在压缩这些特征之前,必须注意以下几点。

(1)压缩特征是否会改变分析模型的特性。换句话说,就是看特征是保证结构强度必需的基本特征还是仅为辅助特征,需要压缩的是辅助特征。这些特征一般包括圆角、棱角、小的槽和定位孔等。切记在进行所有的分析之前都要考虑特征的压缩。另外,对于模态分析或热分析、可以压缩的特征也许并不适用于强度分析,如在模态分析中可以忽略那些能够产生应力集中的特征,并且不影响刚度,但在强度分析中就必须考虑这些因素。

(2)压缩特征是否会影响敏感度和优化分析。如果分析目的是减少质量,那么上面提到的辅助特征就会起到关键作用,一个圆角的半径也许就是优化参数,虽然它只是一个辅助特征,但会显著影响优化分析过程。

本例在建立桥壳的有限元模型时,先对驱动桥壳实体做必要的简化。对主要承载件,均保留其原结构形状,以反映其力学特性,对非承载件进行了一定程度的简化。

2)网格划分

网格划分是建立有限元模型的一个重要环节,有限元结构网格数量的多少直接影响最后的分析结果。一般来说,网格数量增加,计算精度会有所提高,但同时计算规模也会增加,所以在确定网格数量时应综合考虑这两个因素。实际应用时可以划分疏密不同的两种网格,比较两种网格的计算结果,如果两者相差很大,应继续增加网格,重新计算,直到结果误差在允许范围之内。另外,在决定网格数量时还应考虑分析类型,如果仅是计算结构的变形,网格数量可以少一些。如果需要计算应力,则在精度要求相同的情况下取相对较多的网格。在计算结构的模态特性时,若仅是计算少数低阶模态,可以选择较少的网格,如果计算的模态阶次较高,则应选择较多的网格。在热分析中,结构内部的温度梯度不大,不需要大量的内部单元,这时可划分较少的网格。

3)位移约束

ANSYS Workbench 中支持的主要支撑方式和功能如下。

(1)固定约束 Fixed Support。

① 在顶点,边缘或面上约束所有的自由度。

② 对于实体,限制 x、y 和 z 的平移。

③ 对于壳和梁,限制 x、y 和 z 的平移和转动。

(2)给定位移 Displacement。

① 在顶点,边缘或面上给定已知的位移。

② 允许在 x、y 和 z 方向给予强制位移。

③ 输入"0"代表此方向上被约束。

④ 不设定某个方向的值则意味着实体在这个方向上自由运动。

(3)无摩擦约束 Frictionless Support。

① 在面上施加法向约束。

② 对于实体,这个约束可以用施加一个对称面边界条件实现,因为对称面等同于法向约束。

(4)圆柱面约束 Cylindrical Support。

① 施加在圆柱表面。

② 用户可以指定是轴向、径向或者切向约束。

③ 仅适用于小变形(线性)分析。

本例中,为了正确模拟图 11-1 中的试验工况,采用的约束方法是:对两端进行 y、z 方向自由度的约束,x 方向放开,然后在弹簧座处施加规定载荷。

11.1.3 分析步骤

1)选择 Static Structural 分析模块

启动 ANSYS Workbench,然后双击添加 Static Structural 分析模块,如图 11-2 所示。

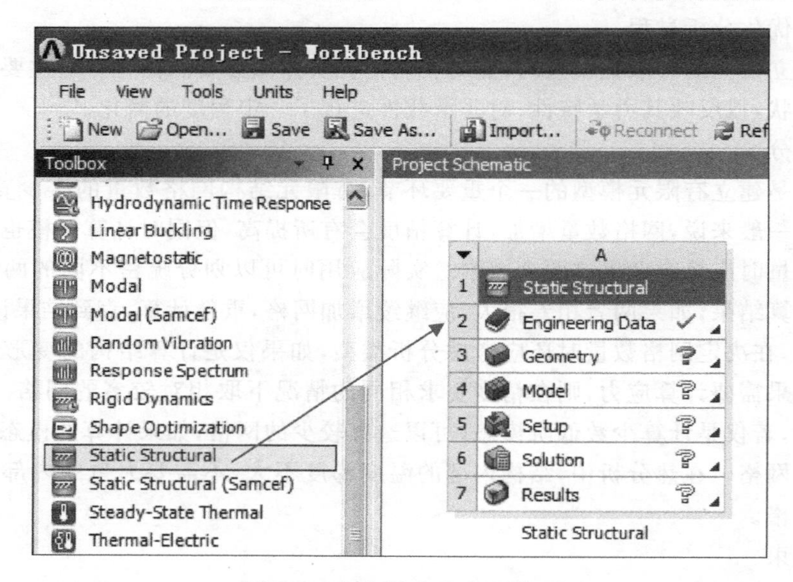

图 11-2 添加静力学分析模块

2)导入几何模型"桥壳.agdb"(图 11-3)

(1)选择 Gemetry>Import Geometry>Browse。

(2)在弹出菜单中,选中光盘中包含的桥壳几何模型文件——桥壳.agdb,并打开。

3)添加材料信息

桥壳本体材料为 B510L1,汽车大梁用钢:弹性模量为 2×10^{5}MPa,泊松比为 0.3,屈服应力为 355MPa,屈服极限为 610MPa。

(1)双击 Static Structural 中 2 Engineering Data ✓ 图标进入设置,如图 11-4 所示。

(2)在 Engineering Data 窗口中,新建材料"steel",添加弹性模量和泊松比,然后回到 Project窗口,双击 Model 进入设置分析界面,定义材料,如图 11-5 所示。

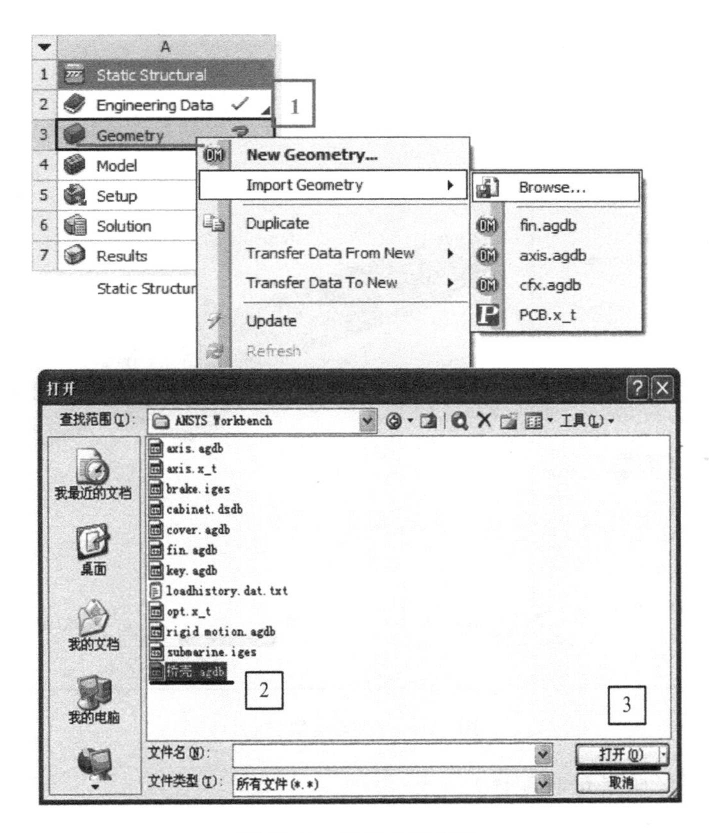

图 11-3　添加几何模型

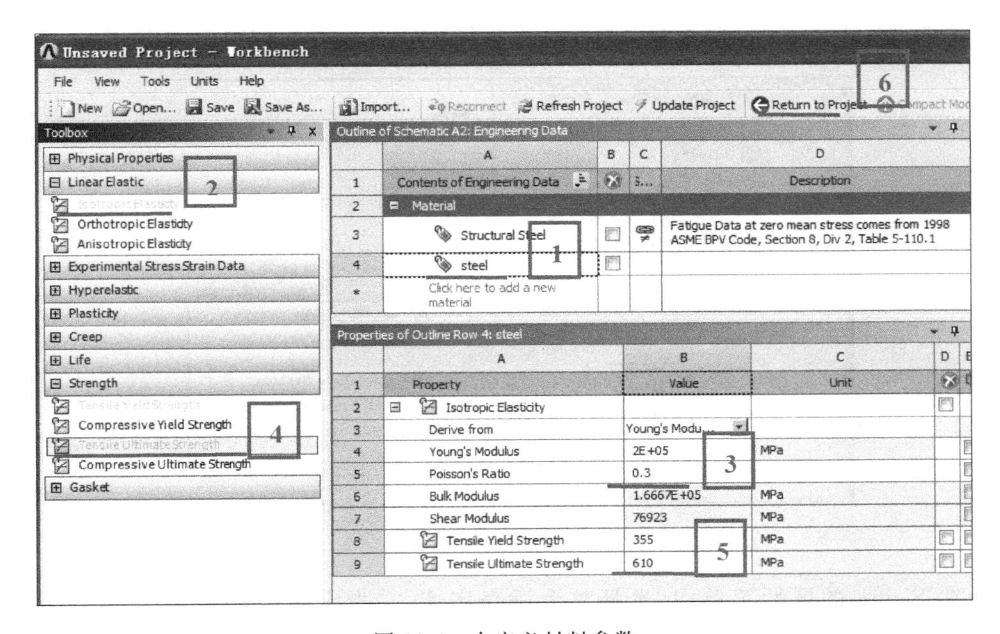

图 11-4　自定义材料参数

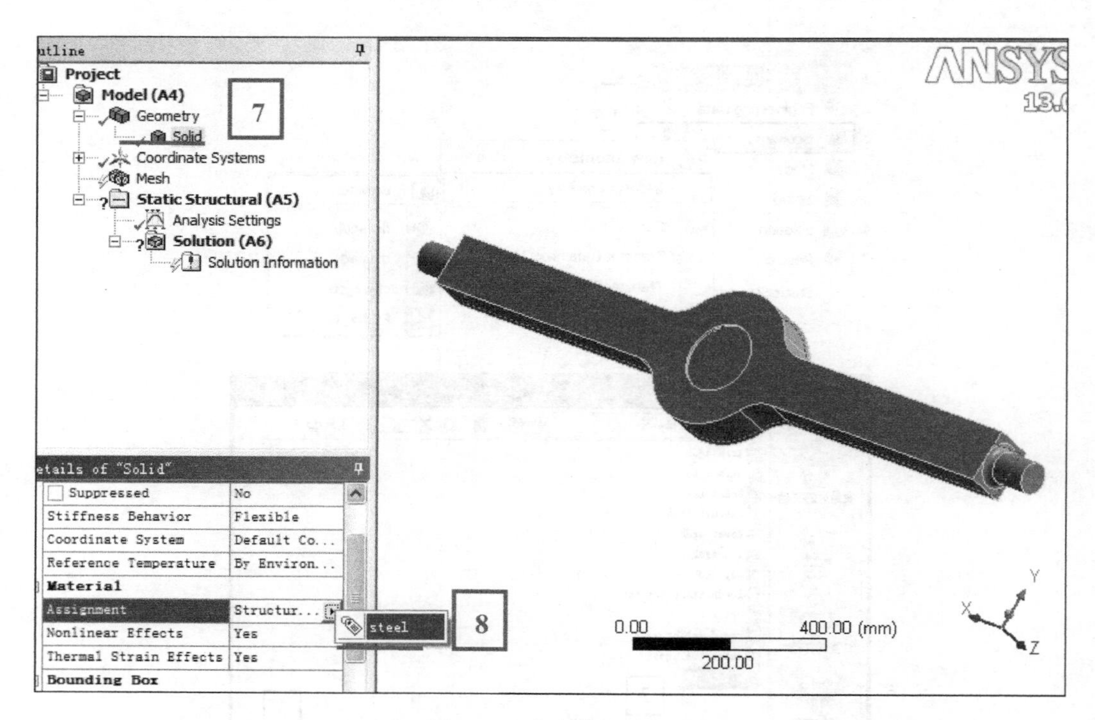

图 11-5　定义模型材料

4)设定接触选项(如果是装配体)

本例无须此步设置。

5)设定网格划分参数并进行网格划分

(1)选择 Mesh 并右击(单击右键),激活网格尺寸命令 Sizing,如图 11-6 所示。

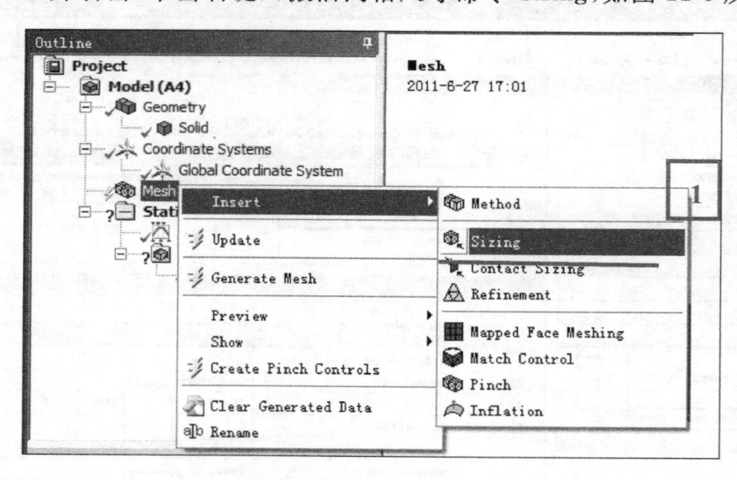

图 11-6　激活网格尺寸命令

(2)在 Sizing 的属性菜单中,选择整个桥壳实体,并指定网格尺寸为 15mm,如图 11-7 所示。

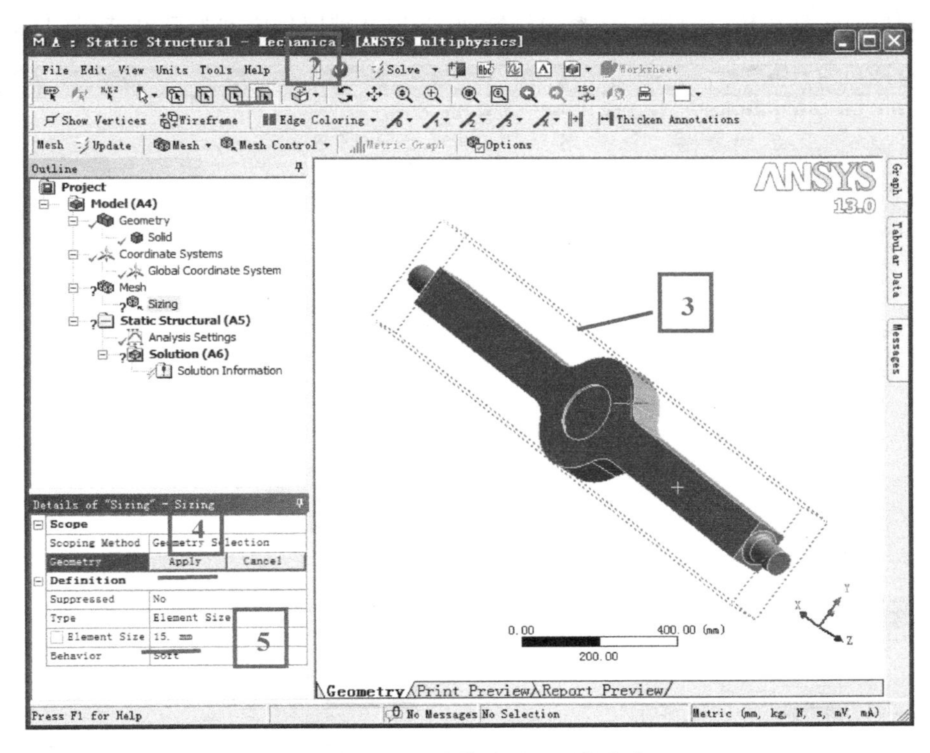

图 11-7　选择实体并设置网格大小

6)施加载荷以及约束

(1)施加位移约束。

① 选择 Supports>Cylindrical Support,如图 11-8 所示。

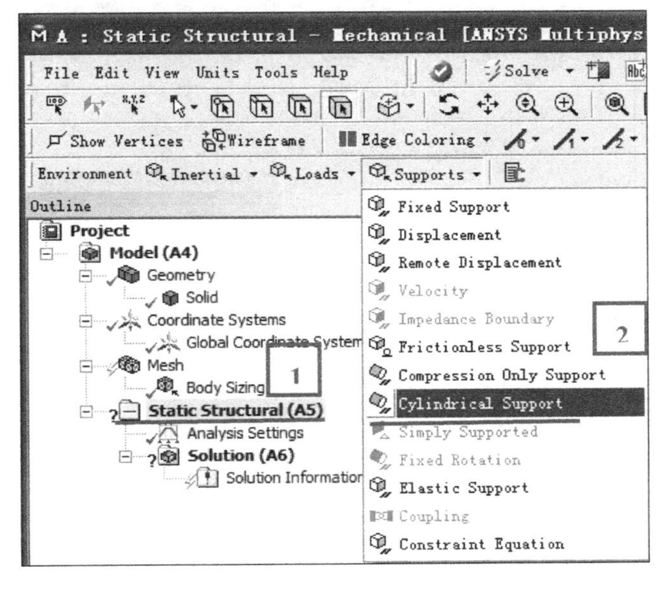

图 11-8　选择圆柱约束类型

② 按住 Ctrl 键在桥壳模型中选择两端轴面，并使其轴向自由度为自由，如图 11-9 所示。

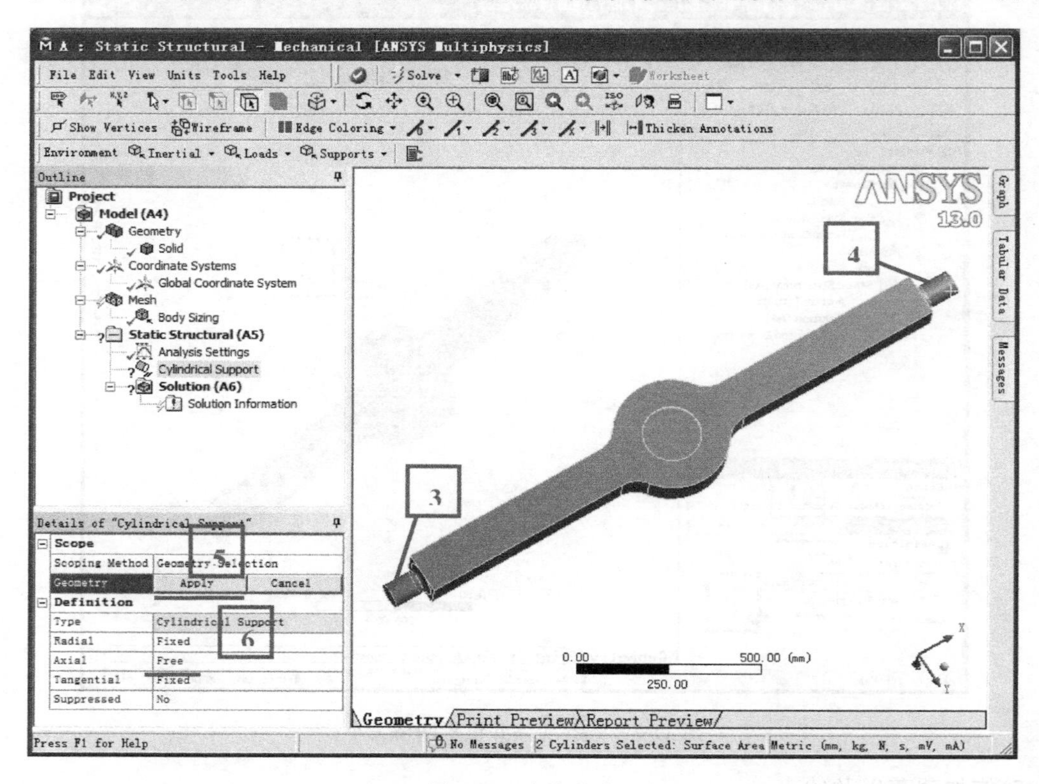

图 11-9　定义约束

③ 选择 Supports>Fixed Support，如图 11-10 所示。

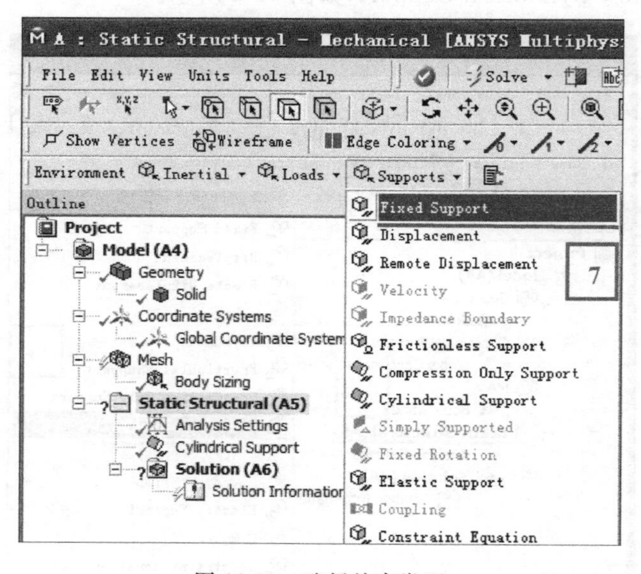

图 11-10　选择约束类型

④ 在桥壳模型中选择一端端面，如图 11-11 所示。

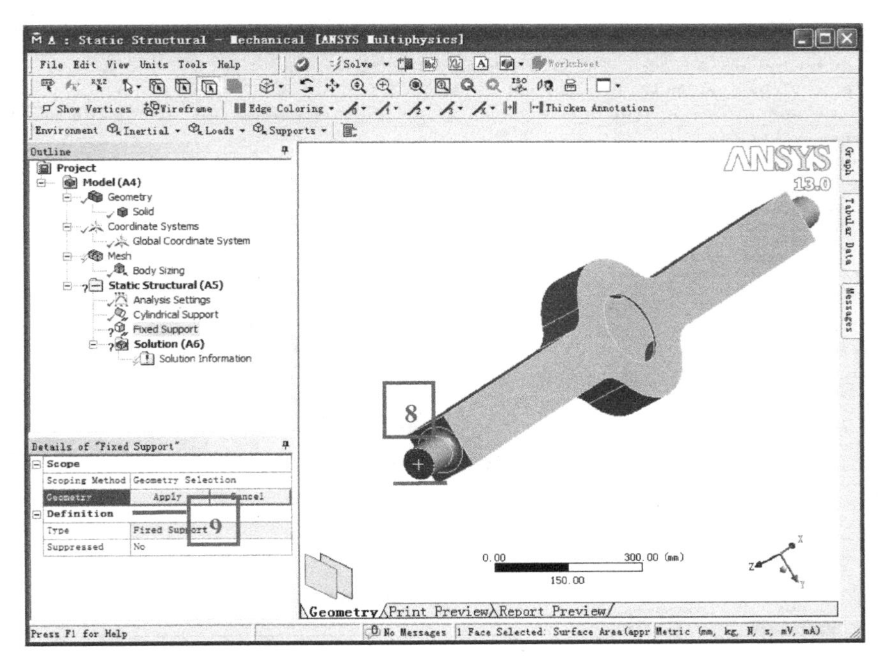

图 11-11　定义载荷

(2)施加载荷约束。

后桥最大负荷 30000N，轮距 1700mm，弹簧板座距 1232mm，厂家提供满载轴荷为 30000N，分别以面力方式施加在弹簧板坐下的桥壳部位。

① 选择 Loads>Remote Force，如图 11-12 所示。

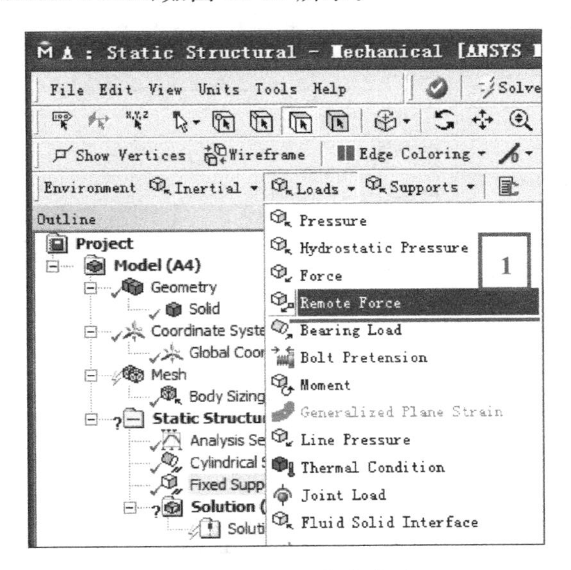

图 11-12　选择载荷类型

② 选择参考受力面，并指定受力点的坐标位置，$x=616$mm，载荷类型为 Components，方向沿 y 轴负方向，大小为 15000N，如图 11-13 所示。

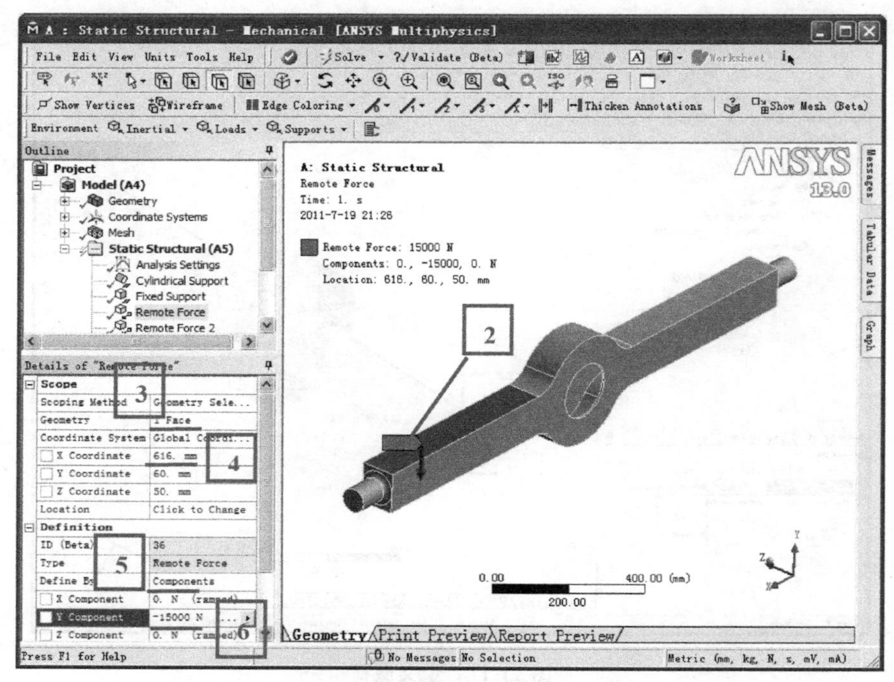

图 11-13　左端载荷定义

③ 类似地可以施加对称的载荷，选择参考受力面，并指定受力点的坐标位置，$x=-616\text{mm}$，载荷类型为 Components，方向沿 y 轴负方向，大小为 15000N，如图 11-14 所示。

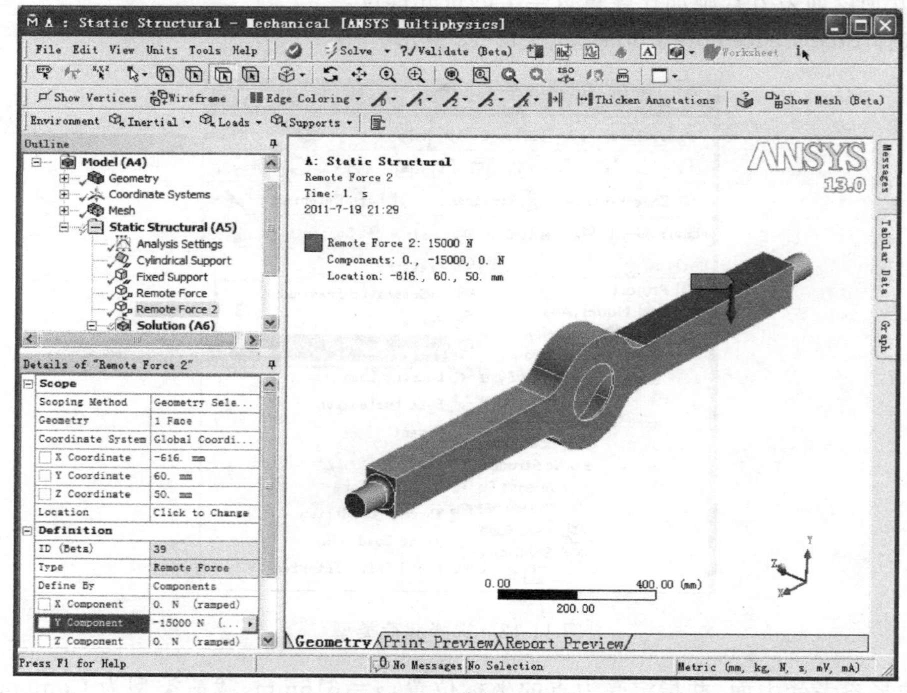

图 11-14　右端载荷定义

7)设定求解(结果)参数

即设定要求解何种问题,哪些物理量,如图 11-15 所示。

(1)选择 Deformation>Total。

(2)选择 Stress>Equivalent(von-Mises)。

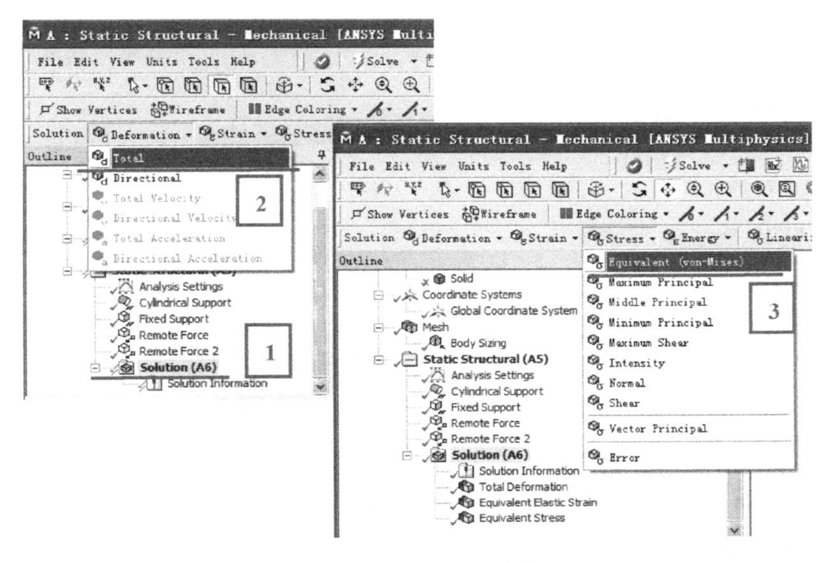

图 11-15　设定求解参数

8)求解

单击 Solve 求解,如图 11-16 所示。

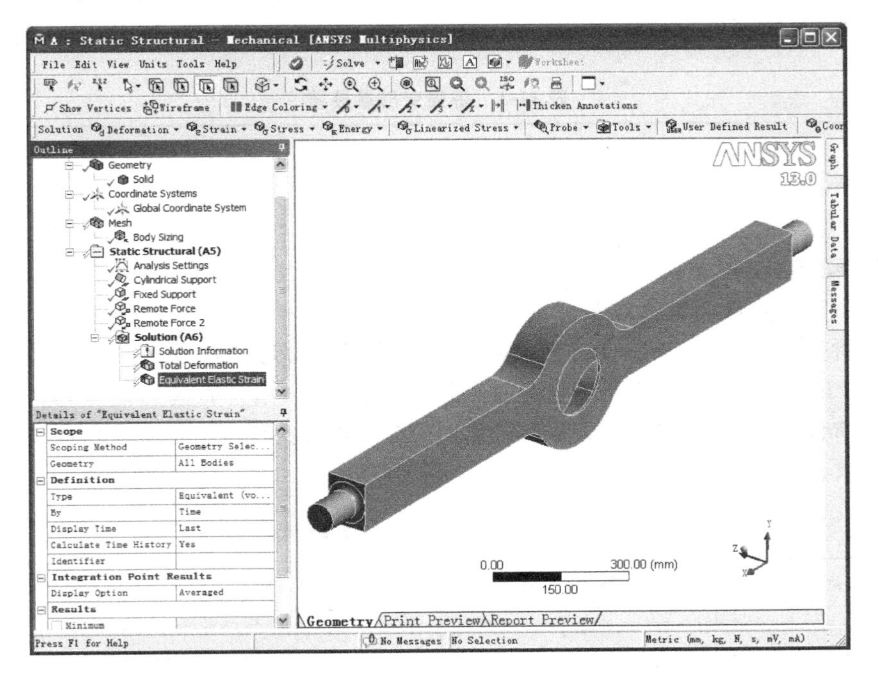

图 11-16　有限元求解

9)观察求解结果

通过计算,6mm 厚驱动桥桥壳在满载轴荷工况下,各点的位移云图如图 11-17 所示。根据驱动桥桥壳垂直弯曲刚度试验评估指标为满载轴荷时,每米轮距最大变形不超过 1.5mm。桥壳变形量校核结果如表 11-1 所示。

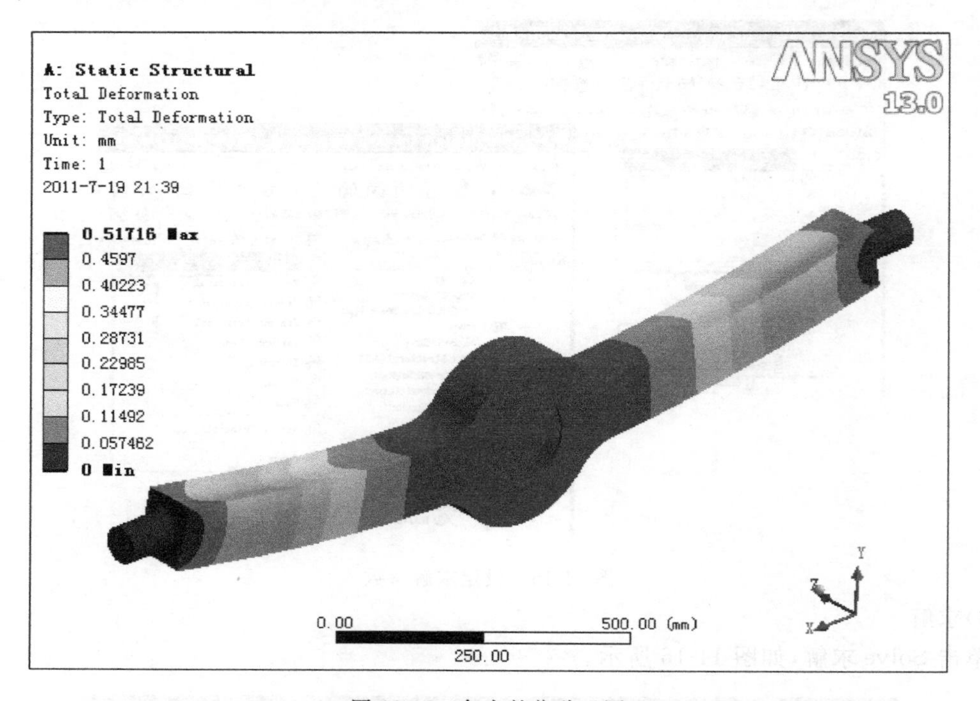

图 11-17　各点的位移云图

表 11-1　桥壳变形量校核

满载轴荷/N	满载轴荷最大位移/mm	轮距/mm	每米变形/mm	是否合格(≤1.5mm)
30000	0.52	1700	0.3	合格

通过计算，6mm 厚驱动桥桥壳在满载轴荷工况下,各点的 Mises 应力云图如图 11-18 所示。驱动桥桥壳各点应力计算结果除约束点出现应力集中外,应力较大区域位于板簧座至圆角过渡处的桥壳的上、下表面。为方便与其他厚度桥壳应力进行比较,故取应力较大点,该点应力值为 47.1MPa。驱动桥桥壳垂直弯曲失效载荷的确定,用桥壳应力值达到材料的屈服极限对应的载荷代替。根据材料的屈服极限为 610MPa 和试验评价指标垂直弯曲失效后备系数 $K_n>6$ 的要求,桥壳应力值校核结果如表 11-2 所示。

表 11-2　桥壳应力值校核

满载轴荷/N	节点应力值/MPa	后备系数 K_n	是否合格(>6)
30000	47.1	13	合格

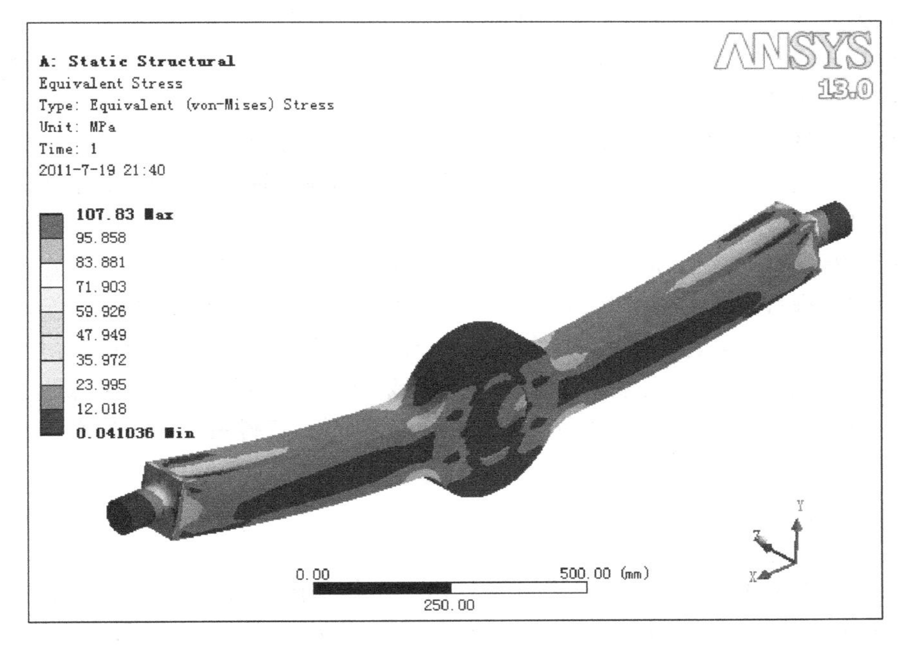

图 11-18　各点的 Mises 应力云图

11.2　高速主轴模态分析

11.2.1　工程背景

机床主轴(图 11-19)是高档数控机床的核心功能部件之一,它带动刀具或工件直接参与加工过程,其动态特性的好坏决定着零件的加工质量。高速主轴起源于磨削行业,最初应用于磨床上,后来随着高速切削技术的发展和需要,逐渐将高速主轴应用于数控加工中心,实现高速铣削、镗削加工等。目前世界上已形成许多著名的高速主轴制造商,它们生产的主轴功能部件已经系列化,并且已达到了非常高的水平。著名的高速主轴制造厂商有瑞士的 Fischer 公司、IBAG 公司,德国的 GMN 公司、Siemens-Weiss 公司,意大利 Faemat 公司等,它们的技术水平代表了这个领域的世界先进水平。这些公司生产的主轴具有以下特点:①功率大、转速高。在主轴的低速大转矩方面,国外产品低速段的输出转矩可以达到 300N · m 以上,有的更是高达 600N · m。在高速方面,国外用于加工中心主轴的转速已经超过 70000r/min(如瑞士 Fischer)。②采用高速、高刚度轴承。主要有陶瓷轴承和液体动静压轴承,特殊场合采用空气

(a) 德国Siemens-Weiss带驱动机械主轴

(b) 瑞士Fischer电主轴

图 11-19　两款典型的高速主轴

润滑轴承和磁悬浮轴承。③精密加工与精密装配工艺水平高。④配套控制系统水平高。这些控制系统包括转子自动平衡系统、轴承油气润滑系统、定子转子冷却温度精密控制系统、主轴变形温度补偿精密控制系统等。

主轴部件子系统通常由转子、轴承、电机、带轮、拉刀杆、套筒及主轴箱体等零部件组成，主轴的转速、刚性是衡量一台数控机床水平的重要指标。高速主轴设计阶段，除了考虑主轴的强度、静刚度、尺寸精度、公差配合、轴承寿命等因素，还需要对其在实际运行过程中的动态特性和加工性能进行准确的评估，从而达到主轴性能最优化设计的目的。

对高速主轴进行动力学建模时，有多种方法可供选择，如有限元法、传递矩阵法和集中参数法等。有限元法由于其计算精度高、处理复杂结构能力强、易扩展、实用性好等优点，已广泛应用于机械、航空航天、汽车、船舶及土木等许多领域，并一直受到研究者的青睐。本节针对某高速铣削主轴，运用有限元分析软件 ANSYS 进行模态分析，获得主轴固有频率、模态振型等，供设计人员参考。

11.2.2　分析步骤

以某型高速主轴为例进行说明。该主轴的内部结构如图 11-20 所示，由转子、滚动轴承、拉刀机构、带轮、松紧刀装置、主轴箱体、液压轴套等零部件组成。该主轴采用液压系统预紧，预紧力的大小可灵活调整。在对轴承进行预紧时，先利用外接的液压油泵将液压油充入主轴内腔，随着压强的升高，液压力将推动液压轴套向后平移（即图 11-20 中 x 轴正方向），依次带动后轴承、锁紧螺母、转子和前轴承向后运动，固定的主轴箱将产生一反作用力阻止前轴承向后运动，最终形成一个封闭的、平衡的力环，使前后轴承同时得到预紧。

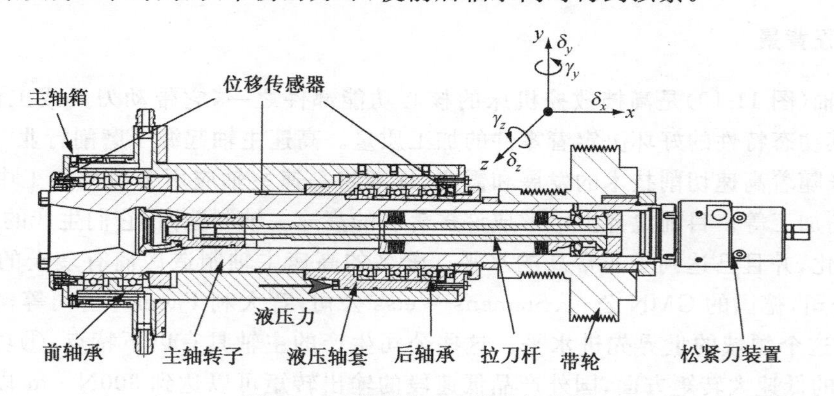

图 11-20　某型高速主轴内部结构

主轴的材料属性如表 11-3 所示。主轴内部所有轴承均为德国 GMN 公司生产的角接触球轴承，前端两个轴承的型号为 HYKH61914，后端 3 个轴承为 HYKH61911，采用背靠背配置形式，轴承的结构参数和材料属性如表 11-4 和表 11-5 所示。

表 11-3　主轴材料属性

材料	密度 $\rho/(\mathrm{kg \cdot m^{-3}})$	杨氏模量 $E/(\mathrm{N \cdot m^{-2}})$	泊松比 μ
不锈钢（主轴转子、主轴箱等）	7800	2.08E11	0.30
铝合金（带轮）	2700	0.69E11	0.33

表 11-4　轴承结构参数

型号	内圈内径/mm	外圈外径/mm	滚珠直径/mm	滚珠总数	接触角/(°)
HYKH61914	70	100	6.35	32	25
HYKH61911	55	80	5.56	30	−25

表 11-5　轴承材料属性

杨氏模量 $E/(\mathrm{N \cdot m^{-2}})$	泊松比 μ		
内、外圈	滚珠	内、外圈	滚珠
2.08E11	3.15E11	0.30	0.26
2.08E11	3.15E11	0.30	0.26

主轴模态分析的过程如下[162]。

1)启动 Workbench，进入项目管理界面，双击左侧工具栏中的 Modal，弹出 Modal (ANSYS)分析过程树

2)Engineering Data——添加材料信息

(1)主轴转子、主轴箱等材料为不锈钢：密度 $7800\mathrm{kg \cdot m^{-3}}$，杨氏模量 E 为 $2.08\times10^{11}\ \mathrm{N \cdot m^{-2}}$，泊松比为 0.30。

(2)带轮材料为铝合金：密度 $2700\mathrm{kg \cdot m^{-3}}$，杨氏模量 E 为 $6.9\times10^{10}\ \mathrm{N \cdot m^{-2}}$，泊松比为 0.33。

材料设置如图 11-21 所示。

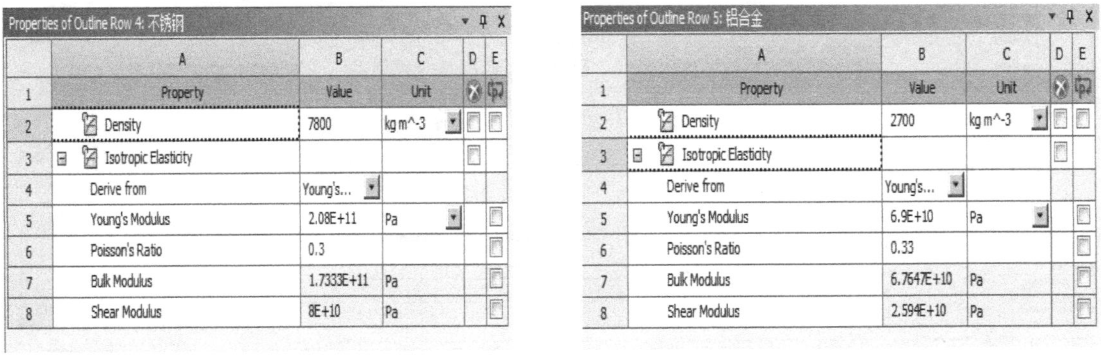

Properties of Outline Row 4: 不锈钢

	A	B	C	D	E
1	Property	Value	Unit		
2	Density	7800	kg m^-3		
3	Isotropic Elasticity				
4	Derive from	Young's...			
5	Young's Modulus	2.08E+11	Pa		
6	Poisson's Ratio	0.3			
7	Bulk Modulus	1.7333E+11	Pa		
8	Shear Modulus	8E+10	Pa		

Properties of Outline Row 5: 铝合金

	A	B	C	D	E
1	Property	Value	Unit		
2	Density	2700	kg m^-3		
3	Isotropic Elasticity				
4	Derive from	Young's...			
5	Young's Modulus	6.9E+10	Pa		
6	Poisson's Ratio	0.33			
7	Bulk Modulus	6.7647E+10	Pa		
8	Shear Modulus	2.594E+10	Pa		

图 11-21　材料设置

3)Geometry——导入几何模型

考虑主轴箱为旋转对称结构。

(1)在 Modal(ANSYS)分析过程树上右击 Geometry，选择 Input Geometry 选择要输入的几何模型，导入模型如图 11-22 所示。

(2)导入模型后选择添加材料。依次单击选择模型各部分(共 6 部分)，并分别选择材料，添加材料如图 11-23 所示。

4)Model——设置连接和约束

(1)在 Modal (ANSYS)分析过程树上右击 Model，选择 Edit，进入 Modal(ANSYS)>Mechanical环境。

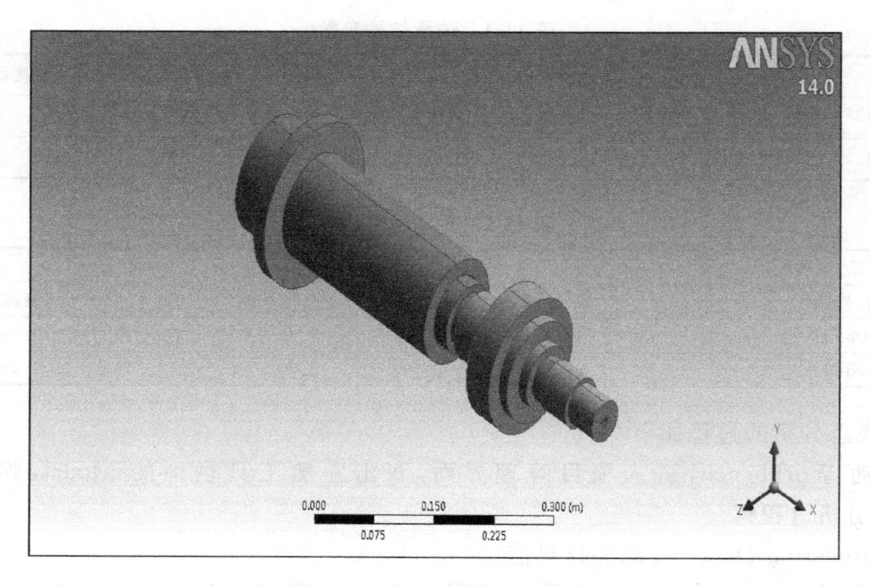

图 11-22　导入主轴几何模型

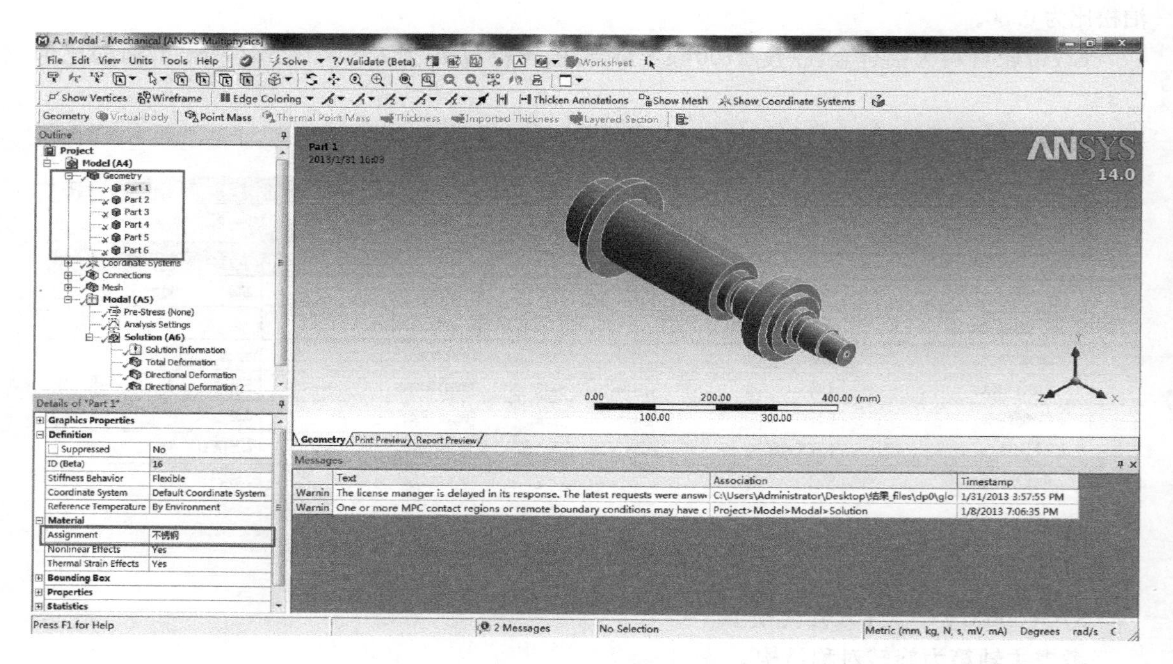

图 11-23　添加材料

(2)在轴承处增加拉伸弹簧和扭转弹簧约束。轴承刚度是主轴系统建模最重要的参数之一,可以利用滚动轴承力学模型求解,此处从略,只给出计算结果。根据轴承的几何参数和物理参数,计算出主轴前端轴承 HYKH61914 的径向线刚度为 $K_r=2.207\times10^8\ \mathrm{N\cdot m^{-1}}$,角刚度为 $K_t=9.09\times10^4\mathrm{N\cdot m^{-1}}$。后端轴承 HYKH61911 的径向线刚度为 $K_r=1.773\times10^8\mathrm{N\cdot m^{-1}}$,角刚度为 $K_t=4.596\times10^4\mathrm{N\cdot m^{-1}}$。

(3)在增加弹簧约束时，根据主轴二维工程图计算出弹簧两端点坐标，轴承的径向刚度采用两个相互垂直方向上的拉伸弹簧进行模拟，轴承的扭转刚度则采用两个相互垂直方向的扭转弹簧进行模拟。

(4)弹簧具体设置步骤为：在 Mechanical (ANSYS)分析过程树上单击 Connections>Body-body>Spring，在 Spring 选项中分别选择弹簧种类 Type(拉伸弹簧 Longitudinal、扭簧 Torsional)，填入弹簧刚度，并选中弹簧 Reference Body，填入端点相应坐标(这里以主轴转子为参考坐标 Reference)，再选中弹簧 Mobile Body，填入另一端点相应坐标，完成一个弹簧设置。设置弹簧参数如图 11-24 所示，设置弹簧坐标如图 11-25 所示。

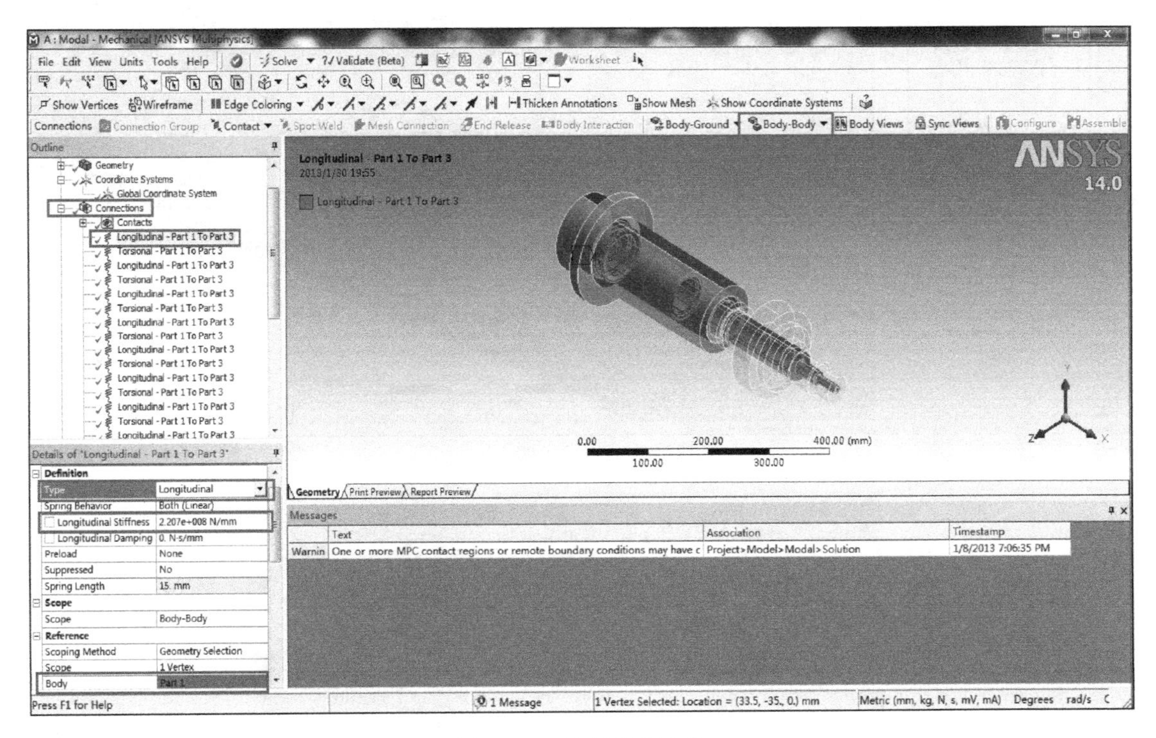

图 11-24　设置弹簧参数

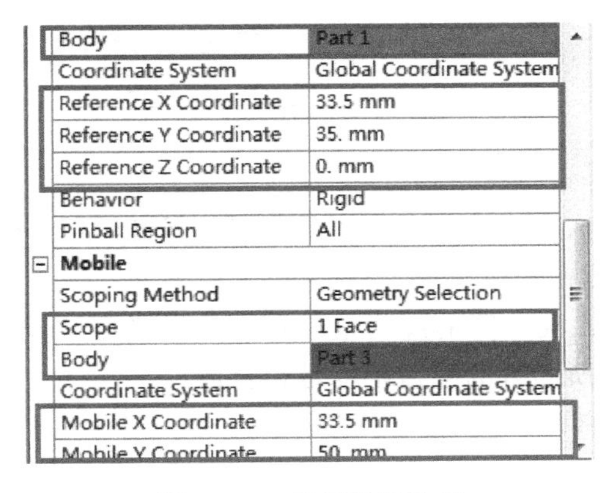

Body	Part 1
Coordinate System	Global Coordinate System
Reference X Coordinate	33.5 mm
Reference Y Coordinate	35. mm
Reference Z Coordinate	0. mm
Behavior	Rigid
Pinball Region	All
Mobile	
Scoping Method	Geometry Selection
Scope	1 Face
Body	Part 3
Coordinate System	Global Coordinate System
Mobile X Coordinate	33.5 mm
Mobile Y Coordinate	50. mm

图 11-25　设置弹簧坐标

(5)依次类推,分别完成5组轴承的模拟弹簧设置。完成后弹簧模型如图11-26所示(隐藏其他部分,只显示主轴转子和所加弹簧)。每组弹簧由两部分组成,为拉伸弹簧和扭转弹簧(由于重合只显示一个弹簧),每个轴承由这样相互垂直的完全相同的两组弹簧进行模拟(共5个轴承),即每个轴承需要建立4个弹簧Spring连接。

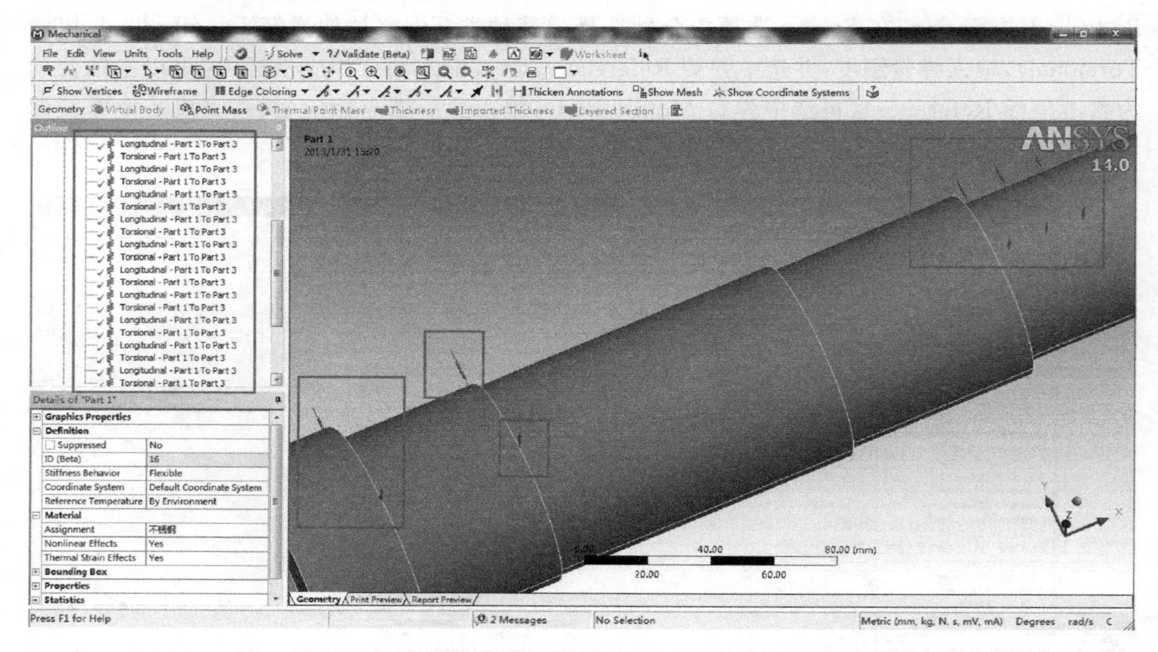

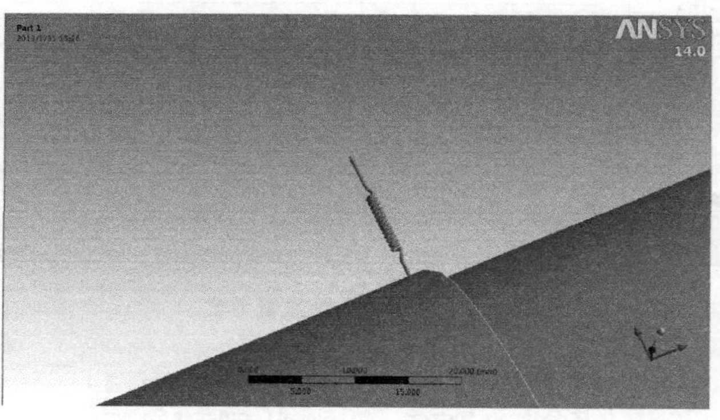

图11-26　弹簧模型

5)设定网格划分参数并进行网格划分

需要注意的是,非线性大变形计算需要划分较细的网格,但划分网格的密度过大又会导致计算量过大。为了选择合适的网格规模,一般可以先粗划分一次并计算,然后对网格单元尺寸减小50%,重新计算,若第二次计算的应力值较第一次相差了50%左右,则表明网格需要加密。重复此过程,可以判断所划分的网格密度是否合适。

(1)选择左侧Outline窗口中Project>Model (A4)>Mesh并右击,选择Insert>Sizing,激活网格尺寸命令。

(2)单击主菜单中[按钮图标]按钮，选择整个结构(共 6 个组成部分)，并在 Sizing 的属性菜单中，指定合适的网格尺寸(10mm)，在 Method 的属性菜单中，指定划分网格为 Automatic Method，然后单击 Generate Mesh 生成网格模型划分网格如图 11-27 所示。

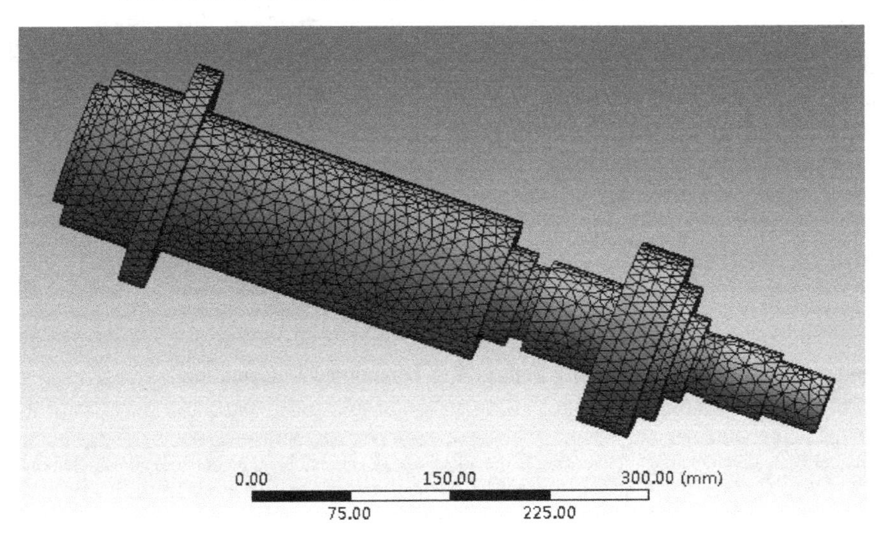

图 11-27　划分网格

6)Solution

选择 Solution 菜单中 Deformation>Total。

(1)选择模态 Mode 为 10 阶，可观察到主轴 10 阶模态固有频率大小如图 11-28 所示。

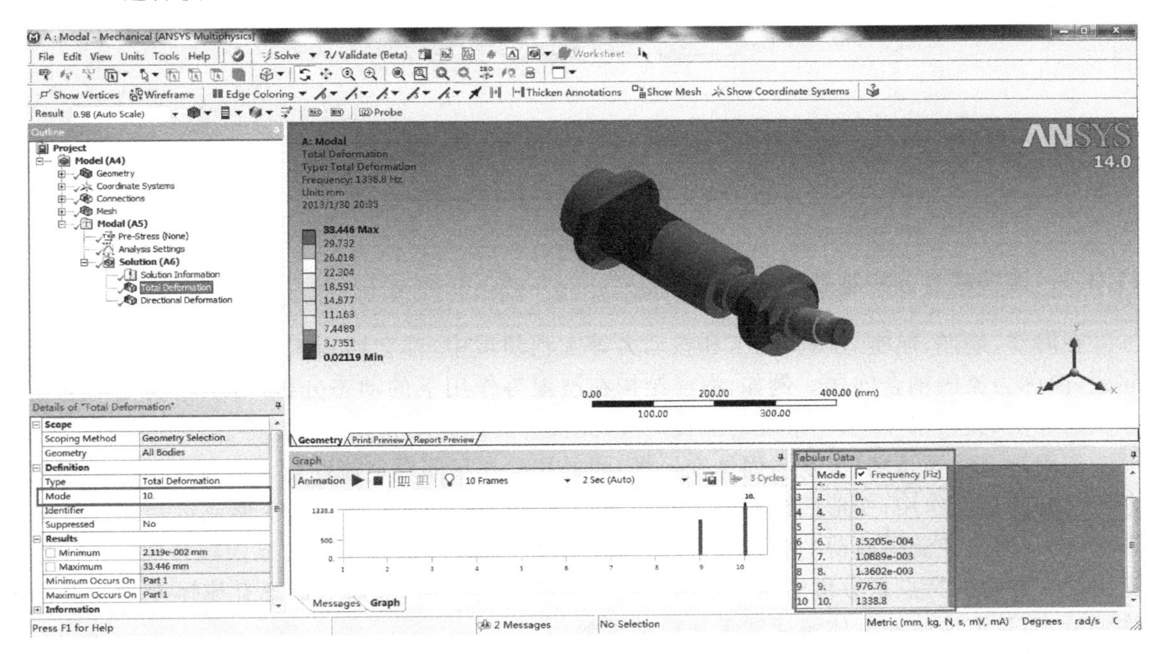

图 11-28　各阶固有频率

(2)选择 Solution 菜单中 Deformation>Directional 可以选择观察任意一阶的模态阵型结果，如图 11-29 和图 11-30 所示。

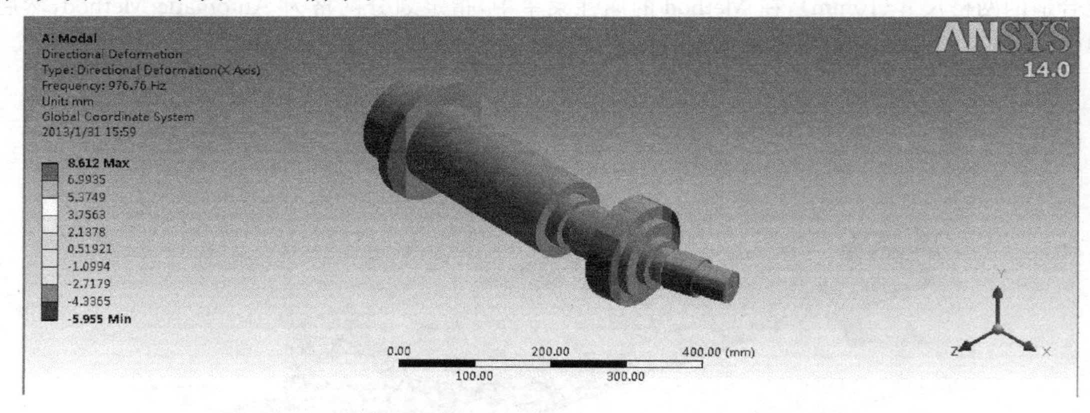

图 11-29　第 9 阶模态阵型 Directional Deformation

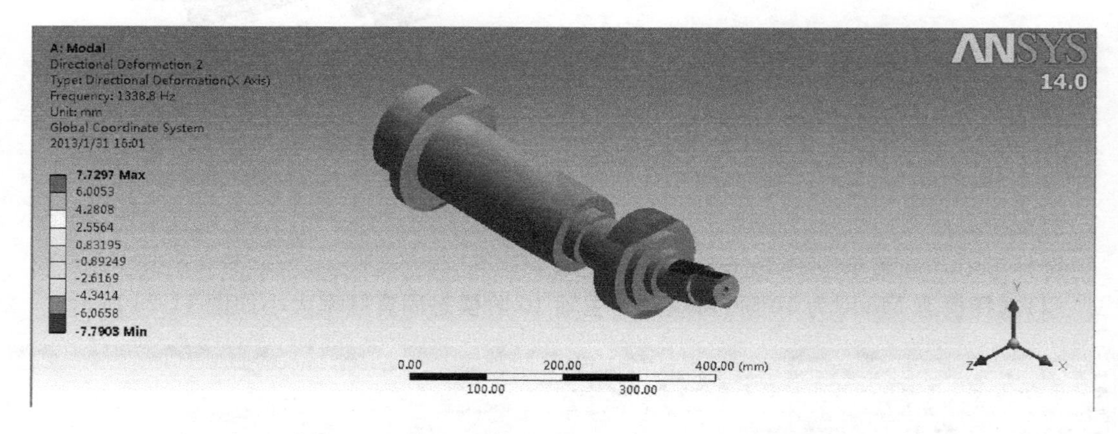

图 11-30　第 10 阶模态阵型 Directional Deformation

11.3　水力透平流固耦合分析

11.3.1　流固耦合分析基础

在海洋、船舶、航空、水利、化工和核动力等工程领域中，都会遇到流体和结构的相互作用问题，简称为流固耦合问题。例如，海洋结构在波浪等作用下的动态分析，潜水结构对水下爆炸波的冲击响应，水库-水坝系统的地震响应，充液容器的晃动和管道振动等。

流固耦合问题是场(流场与固体变形场)间的相互作用问题。流固耦合的重要特征是两相介质之间的相互作用，变形固体在流体载荷作用下会产生变形或运动。变形或运动又反过来影响流，从而改变流体载荷的分布和大小，这种相互作用产生各种不同的流固耦合现象。一般流固耦合方程的特点是方程的定义域同时有流体域和固体域，未知变量既有流体变量又有固体变量，而且流体域和固体域通常无法单独求解。

从总体上看，按照耦合机理流固耦合问题可以分为两大类。一类是两相域部分或全部重叠在一起，很难明显地分开，如渗流问题。另一类是耦合作用仅发生在两相交界面上。此类问题又可分为三种情况：一是流固间有大的相对运动，如飞机飞行状态下的气动弹性力学问题；二是有限流体运动的短周期，如流体受冲击和水下爆炸问题；三是有限流体位移的长周期，如含液容器的流固耦合振动问题。在研究流固耦合问题时，根据研究问题的特点和目的，可将重点放在流场或固体结构上进行研究，将另一部分作适当的简化。

流固耦合作为一个研究热点已经存在了很长时间，许多的软件公司也一直想在产品中融入最新的求解技术。计算技术的发展和流固耦合理论在不断地成熟和完善，使得流固耦合的求解更加快速和精确。

ANSYS Workbench 中有 CFX 与 FLUENT 两种模块进行流体分析，将其与力学模块分析结合就可以做流固耦合[162]。CFX 中流固耦合分为流-固单向耦合与流-固双向耦合两种类型。单向耦合应用于流场对固体作用后，固体变形不大的情况，即流场的边界形貌由于固体变形的改变很小，不影响流场分布。这样便可以先计算出流场的分布，然后将其中的关键参数(如压力)作为载荷加载到固体结构上，求出固体结构的变化。如小型飞机机翼在飞行时虽然有明显的应力，但形变很小，对流场不产生影响。而当固体结构变形比较大时，固体变形将会导致流场的边界形貌发生改变，流场分布受到固体变形影响明显，会产生显著的变化，此时需要考虑固体变形对流场的影响，需要进行双向耦合。如大型飞机的机翼在飞行时末端振动幅度相当大，需要考虑其振动对流场的影响。总之，在进行流固耦合分析之前需要估计固体结构的变形大小，如无法估算则先做单向耦合观察结果，根据单向耦合结果再判断是否需要进行双向耦合计算。

11.3.2 透平流固耦合分析

1. 工程背景

目前，国际性的能源危机和持续环境恶化使各国纷纷加大对可再生能源的开发力度。而且随着人口的增加等，可利用的空余陆地面积急剧减少，因此，人类已把目光转向海洋能源的开发利用。

海洋能源是一种永不枯竭且无任何污染的“可再生性”能源。它是以潮汐、波浪、海流、温度差、盐度等形式表达的物理量，为人类提供了大量宝贵能源。其中，潮汐能、波浪能、温差能和盐差能的开发成本较高、发电效率相对较低、规模发电利用难度大。而海流能的变化具有规律性、可预测性等特点，是一种开发成本相对较低，开发利用可行性较高的海洋能源。

本章针对一海流发电机透平模型，运用有限元分析软件 ANSYS 对透平的叶片进行流固耦合分析，校核设计的强度。

2. 分析关键

耦合场分析对分析软件要求非常高。众所周知，多物理场耦合分析的前提条件是：软件本身具有多种场的分析功能。多物理场分析要在统一的界面和统一的数据库下进行。软件本身有能同时模拟多种现象的单元。流固耦合分析可以分为间接耦合和直接耦合，Workbench 可以按照这两种方式进行流固耦合分析。Workbench 的流固耦合分析，是基于 CFD 技术，考虑流体流动和结构变形之间的相互作用。

3.分析步骤

透平流固耦合分析的过程如下。

1)流场分析(CFX)

(1) 启动 ANSYS Workbench,进入项目管理界面,双击左侧工具栏中的 Custom Systems >FSI: Fluid Flow (CFX)> Static Structural,弹出如图 11-31 所示的分析模块。

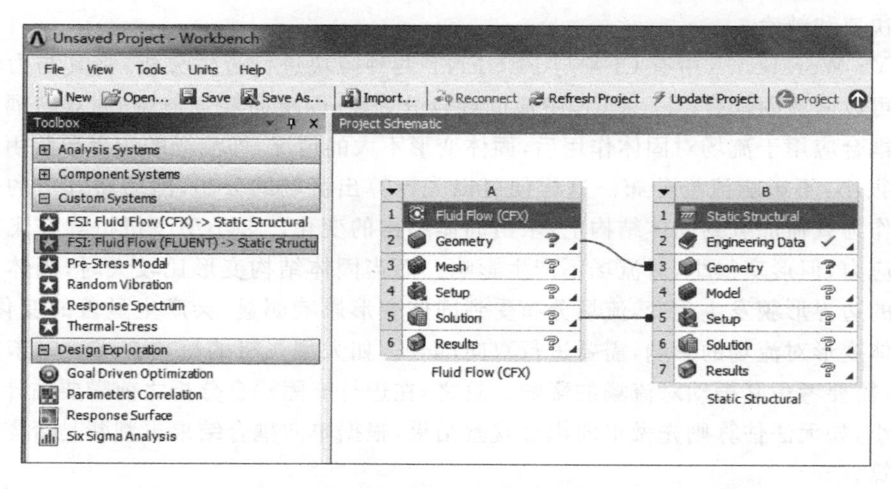

图 11-31　添加 Fluid Flow(CFX)-Static Structural

在 FSI 分析过程树左侧 A 子树上右击 Geometry,选择 Input Geometry 选择要输入的几何模型 CFX. agdb,如图 11-32 所示。

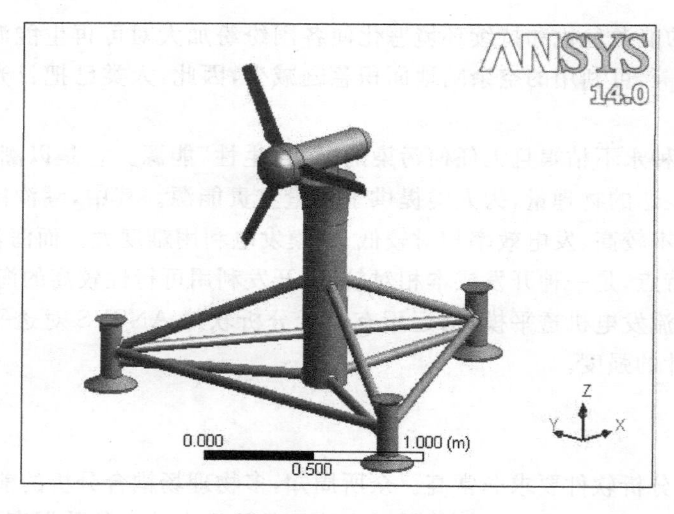

图 11-32　几何模型

(2)建立流体域模型。

① 双击 Fluid Flow(CFX)中 Geometry 图标进入模型编辑页面,在叶片周围创建圆柱形流体区域,直径 1.25m,厚度 0.3m,首先创建草绘,步骤如图 11-33 所示。

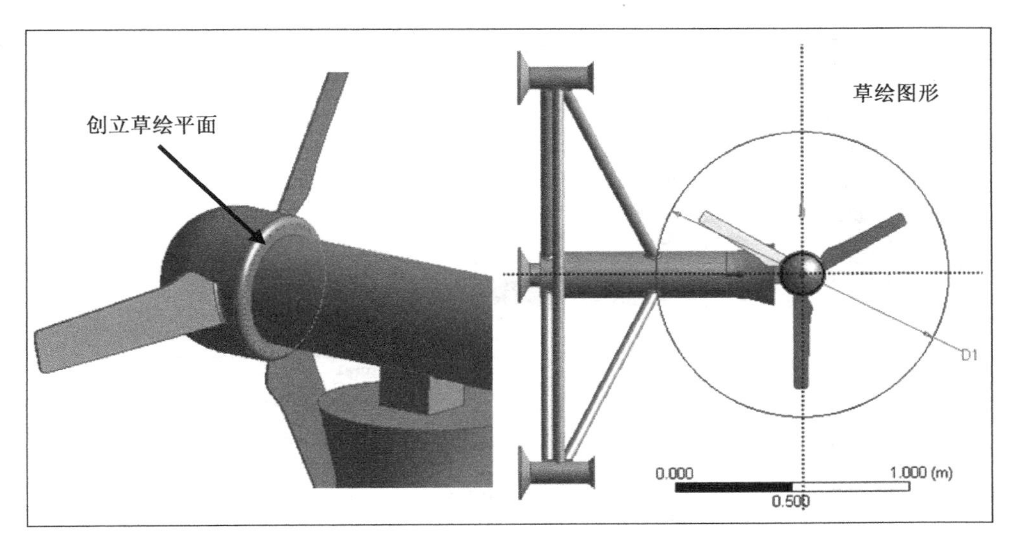

图 11-33　依托模型几何面建立草绘平面并草绘图形

② 拉伸图元并设置 Operation 类型为 Add Frozen，深度 0.3m，如图 11-34 所示。

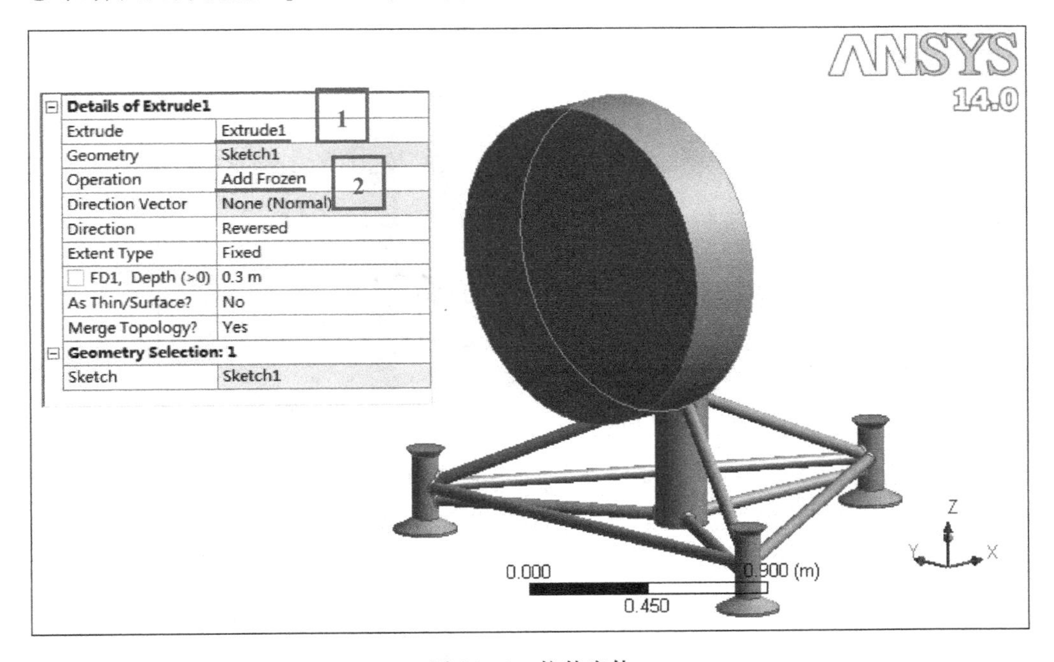

图 11-34　拉伸实体

③ 将实体转换成为流体几何，shape 中选择 User Defined，User Defined Body 选择图 11-34 中拉伸的实体，在 Target Body 上选择 yepian 实体，如图 11-35 所示。

④ 将生成的流场域模型重命名为 neiliuyu，模型如图 11-36 所示。

⑤ 依托支架底座建立草绘平面，建立外流场域模型，如图 11-37～图 11-39 所示。

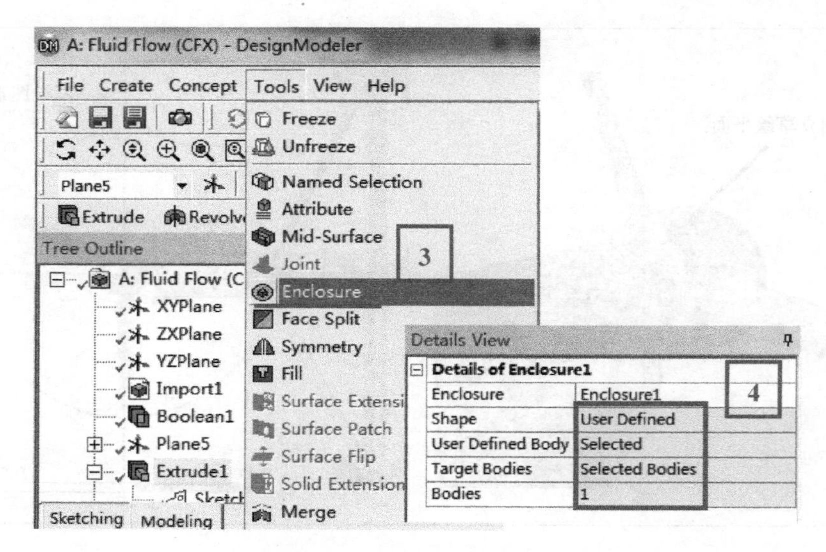

图 11-35　定义流体几何区域

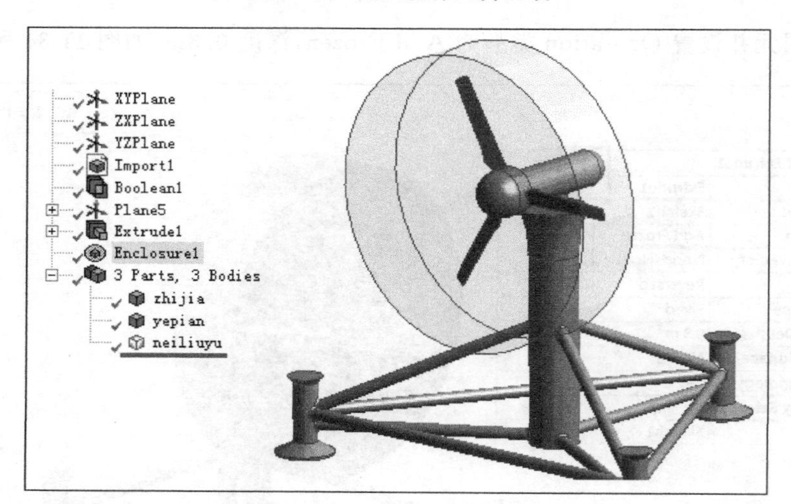

图 11-36　neiliuyu 模型图

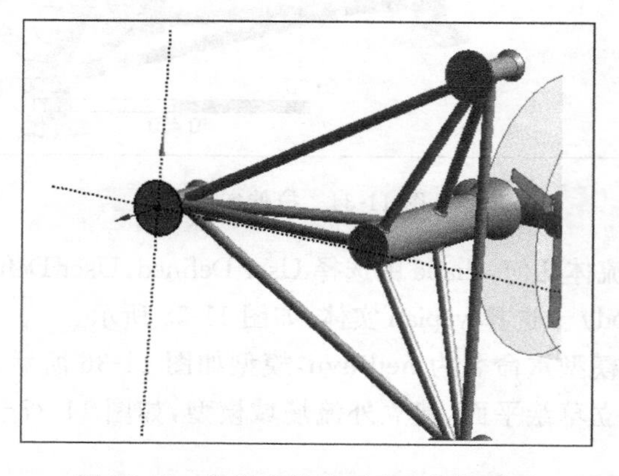

图 11-37　依托底座平面建立草绘平面

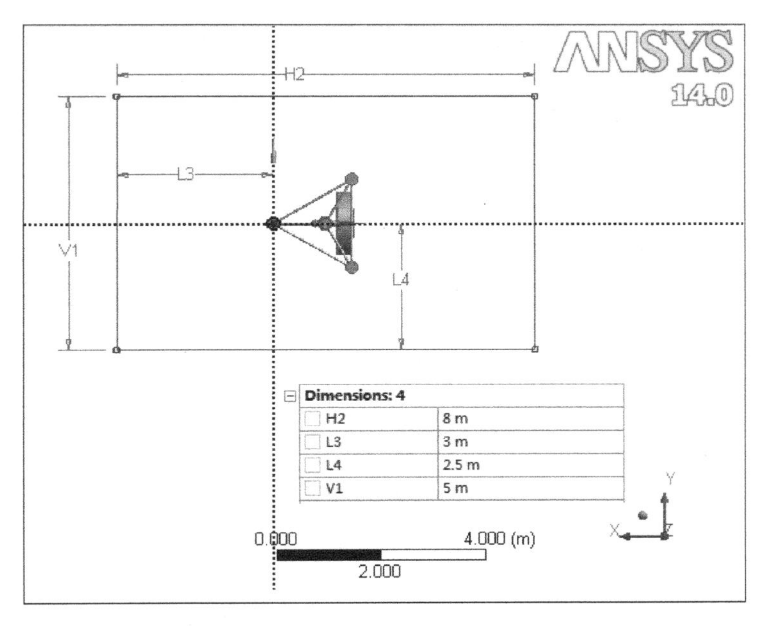

图 11-38 流场域模型截面尺寸

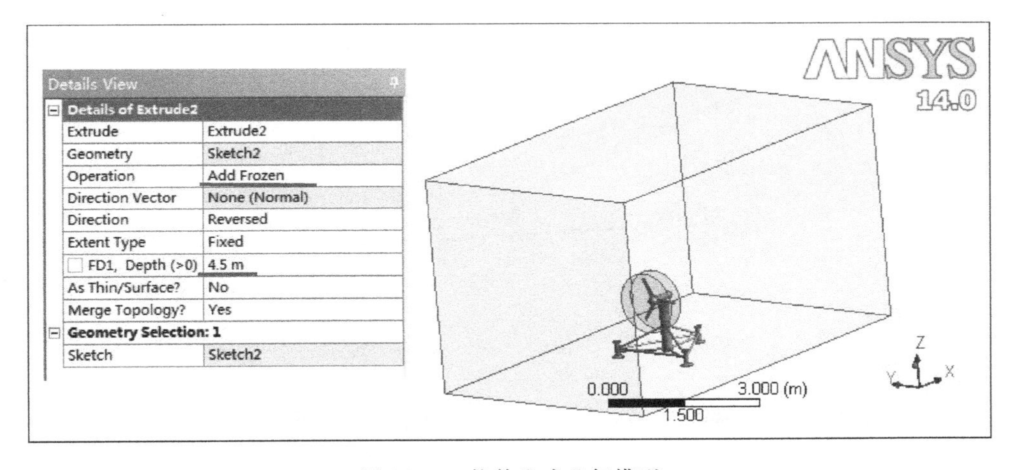

图 11-39 拉伸生成几何模型

⑥ 类似 neiliuyu 模型的生成，建立 wailiuchang 模型，如图 11-40 所示。

⑦ 返回项目管理界面。

(3)划分流体网格。

上面为了提高计算的精度，所建立的流体域模型由两部分组成：wailiuchang 和 neiliuyu。具体形状如图 11-41 所示。较大的 wailiuchang 能够保证流场的入口速度、出口背压以及开口压力不会受到实体域模型的影响。而较小的 neiliuyu 则能更加准确地分析透平叶片上所受的流体作用力。

Workbench 自身提供了极其强大的自动网格划分功能，所以对流域 wailiuyu 和 neiliuyu 采用自动划分网格。为了提高透平叶片上所受作用力的计算精度，对划分好的 neiliuyu 网格再进行一次加密处理。

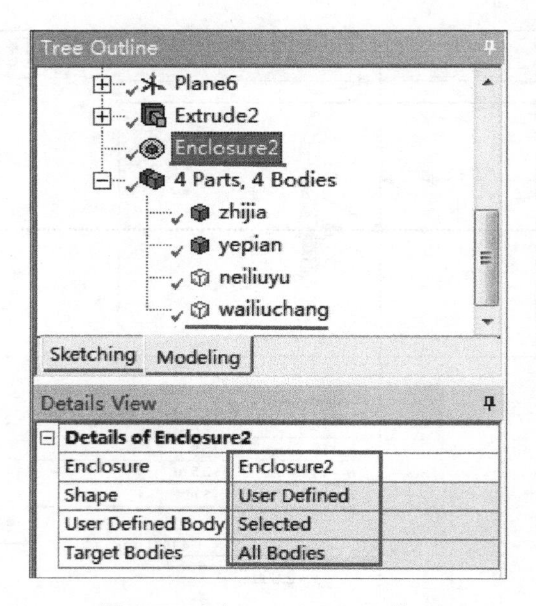

图 11-40　建立 wailiuchang 模型

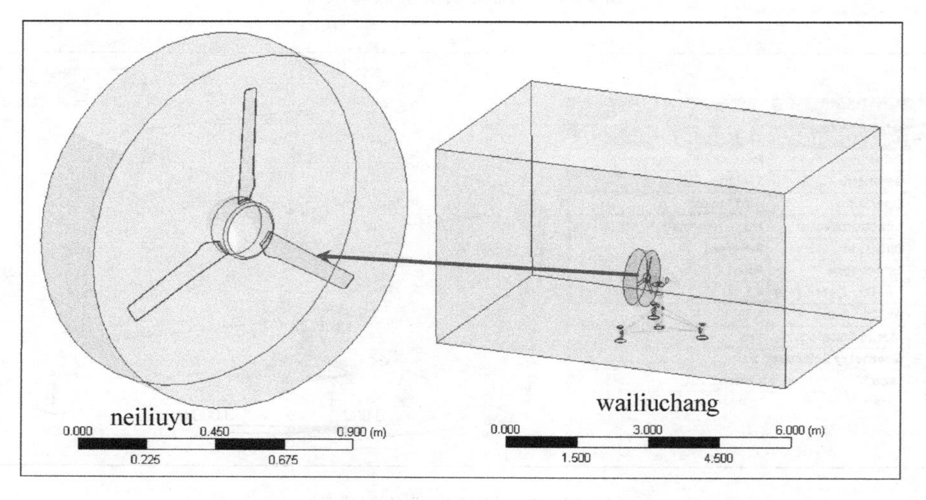

图 11-41　neiliuyu 模型与 wailiuchang 模型

具体网格剖分过程如下。

① 双击 Fluid Flow(CFX)模块中 Mesh 图标，进入 A：Fluid Flow-Meshing [ANSYS AI * Environment]环境进行网格划分。选择左侧 Outline 窗口中 Project＞Model (A3)＞ Geometry 下的 zhijia 和 yepian，右击选择 Suppress Body，抑制这两个模型，如图 11-42 所示，这两个实体模型在以下的 CFX 分析中将不会被用到。

选择左侧 Outline 窗口中 Project＞Model (A3)＞Mesh，在 Details of “Mesh”中设置参数，如图 11-43 所示，激活 Generate Mesh，生成网格模型。最终得到的 wailiuchang 和 neiliuyu 的网格如图 11-44 和图 11-45 所示。

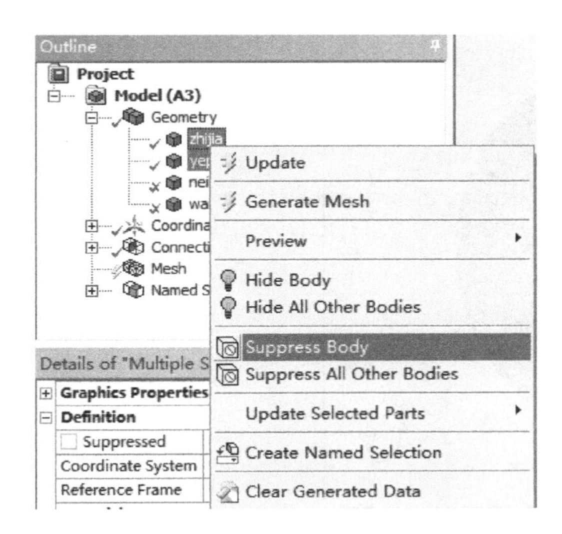

图 11-42 抑制 zhjia 与 yepian 两个实体模型

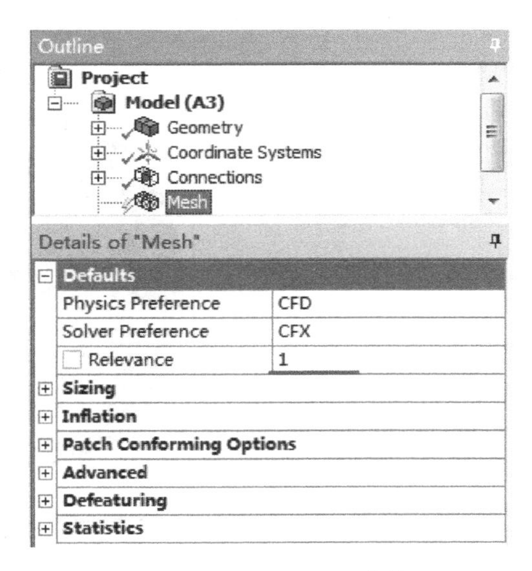

图 11-43 设置 Mesh 参数

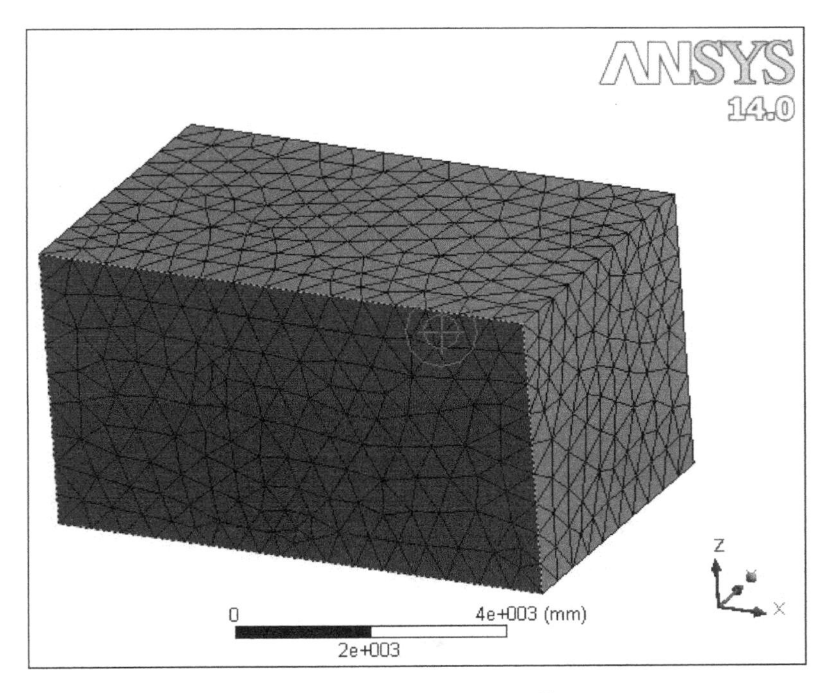

图 11-44 wailiuchang 网格模型

② 建立界面组。wailiuchang 与 neiliuyu 之间的流体交换需要通过界面，通过建立界面组方便准确地建立两个流域之间的界面连接，界面组建立如图 11-46 所示，单击平面选择界面，右击选择 Create Named Selection 建立一个界面组，命名为 nei1。类似地分别建立 neiliuyu 与 wailiuchang 其他接触面的界面组，对应命名为 wai1、nei2、wai2、nei3、wai3。

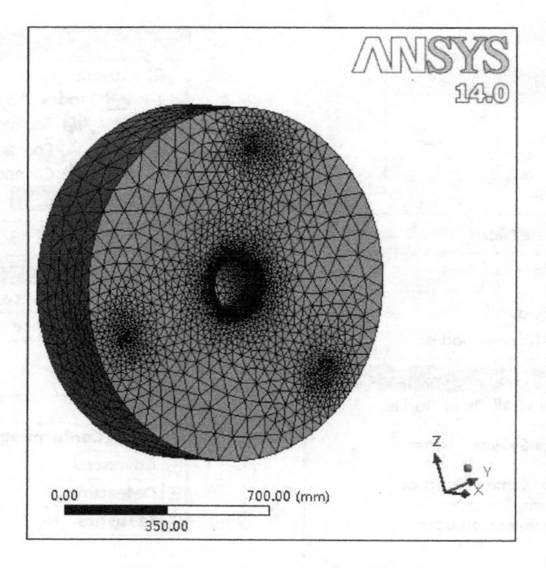

图 11-45　neiliuyu 网格模型

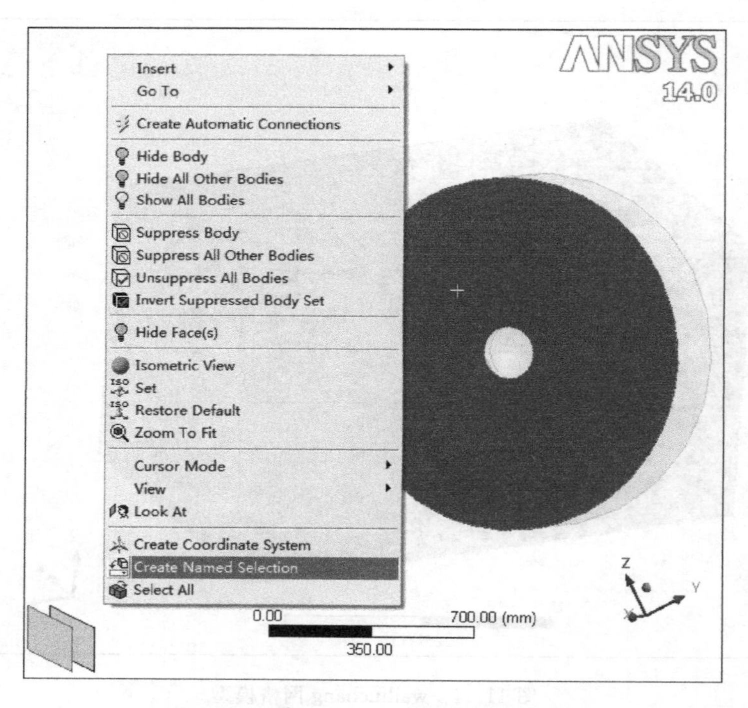

图 11-46　建立 neiliuyu 上平面的界面组

③ 返回项目管理界面，更新 Mesh，如图 11-47 所示。

(4)设定分析选项并施加边界条件(CFX-Pre)。

本例中，将 wailiuchang 的流域运动模式设置成为 Stationary 而 neiliuyu 的设置成 Rotating。湍流模型选用收敛性好的 Shear Stress Transport 模型，并设定如下进口、出口、壁面和周期边界。根据海流能发电装置的工作环境，可以对流场进行如下设置：由于海流能发电装置安装在

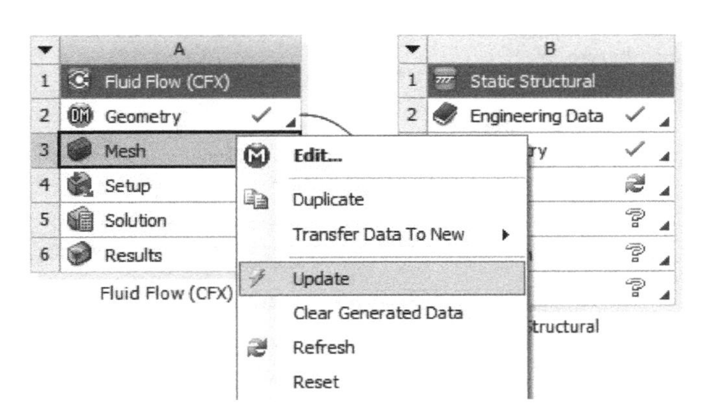

图 11-47　更新 Mesh

80m 深的海底，可以设定流场的介质为水，水的温度约为 10℃，流场的相对压强为0.8MPa。设定进口的海流速度为 2m/s。出口的背压为 0Pa。开口的压力也为 0Pa。此外，选择收敛性较好的 Shear Stress Transport 模型。

① 在 FSI 分析过程树左侧 A 子树上右击 Setup，选择 Edit，进入 A4：Fluid Flow-CFX-Pre 环境。

② 删除默认的流域，在 Outline 中右击 Default Domain，删除该默认的流域(删除之后在 message 栏会出现错误信息，不需理会它，在建立了新的流域后自然消失)。

③ 建立新的流域 wailiuchang 与 neiliuchang。右击 Outline 中 Flow Analysis，插入新流域，命名为 neiliuchang，如图 11-48 所示。之后设置 neiliuchang 流域 Basic 栏的各项参数，如图 11-49 所示。

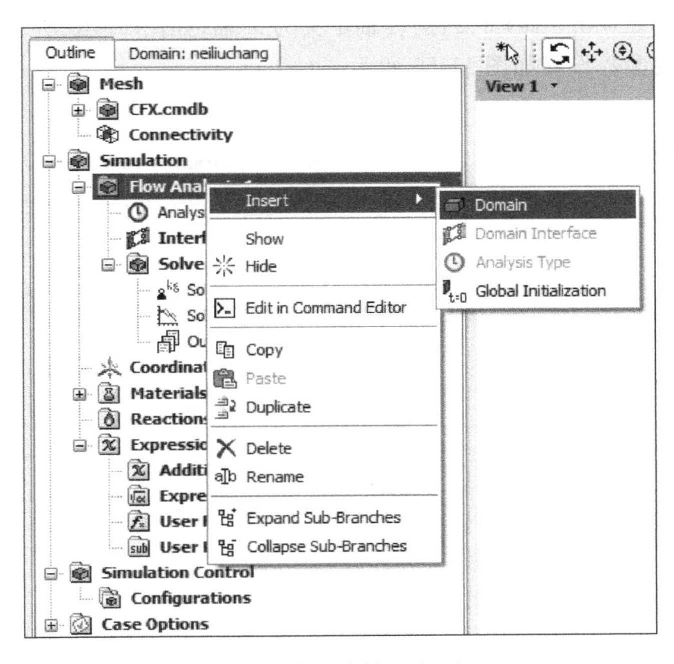

图 11-48　建立流域 neiliuchang

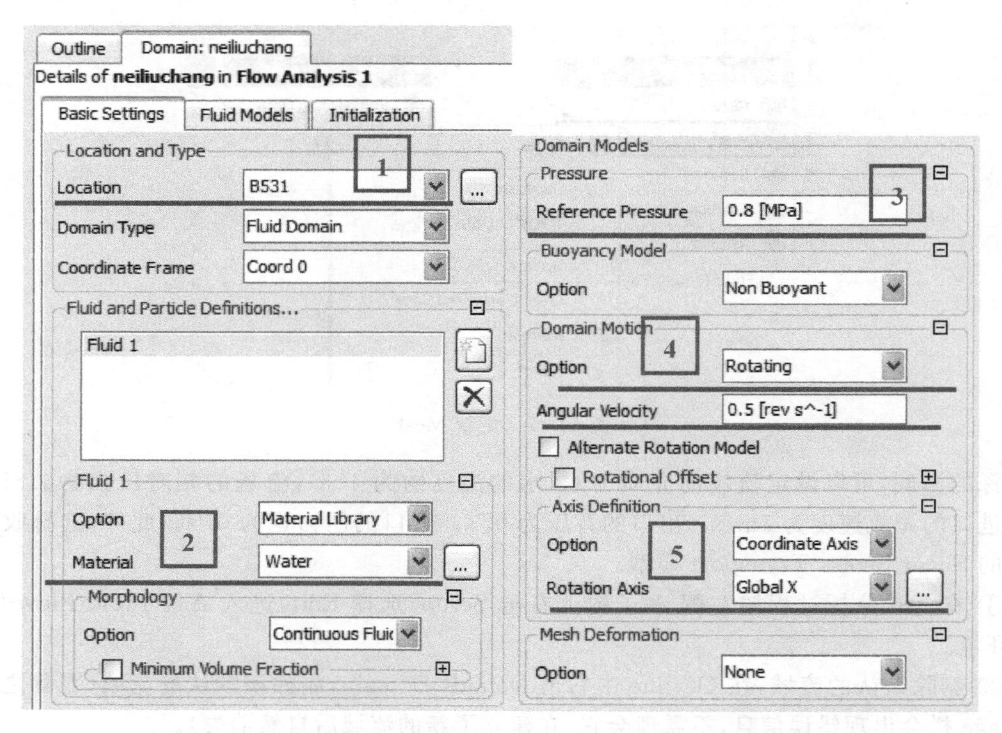

图 11-49　设置 neiliuchang 流域 Basic 栏的各项参数

neiliuchang 的各项参数设置：在 Location 中选择代表 neiliuyu 的 B531 区域，Material 选择 Water，Reference Pressure 设置成为 0.8MPa，Domain Motion 中 Option 设置为 Rotating，Angular Velocity 定义为 0.5 rev s^-1，旋转轴定义为 x 轴，如图 11-49 所示。Fluid Models 栏和 Initialization 栏的参数设置如图 11-50 所示。

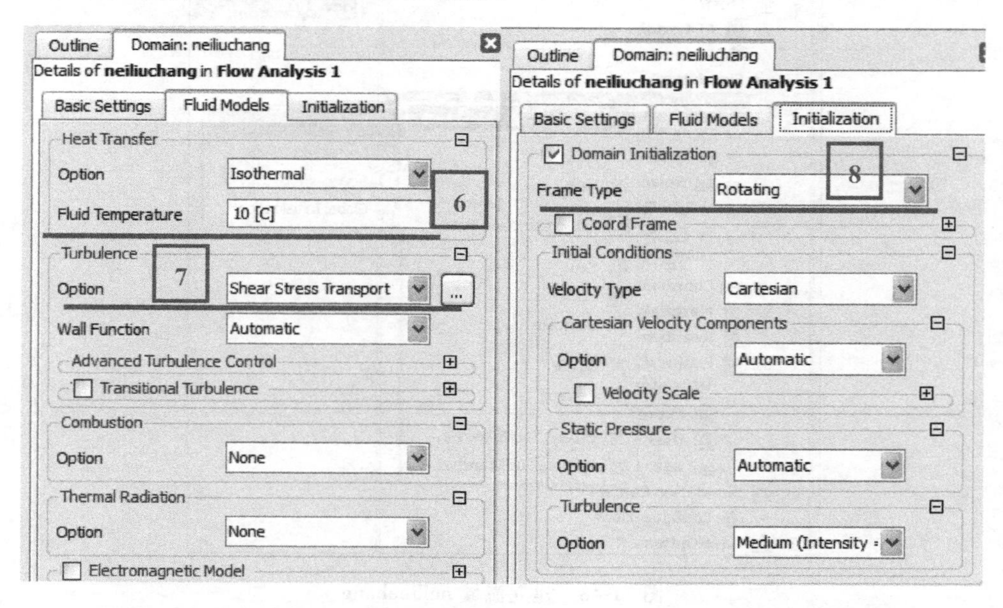

图 11-50　设置 neiliuchang 流域 Fluid Models 栏和 Initialization 栏的各项参数

用同样的方法建立另一个流域，命名为 wailiuchang，其设置如图 11-51 所示。

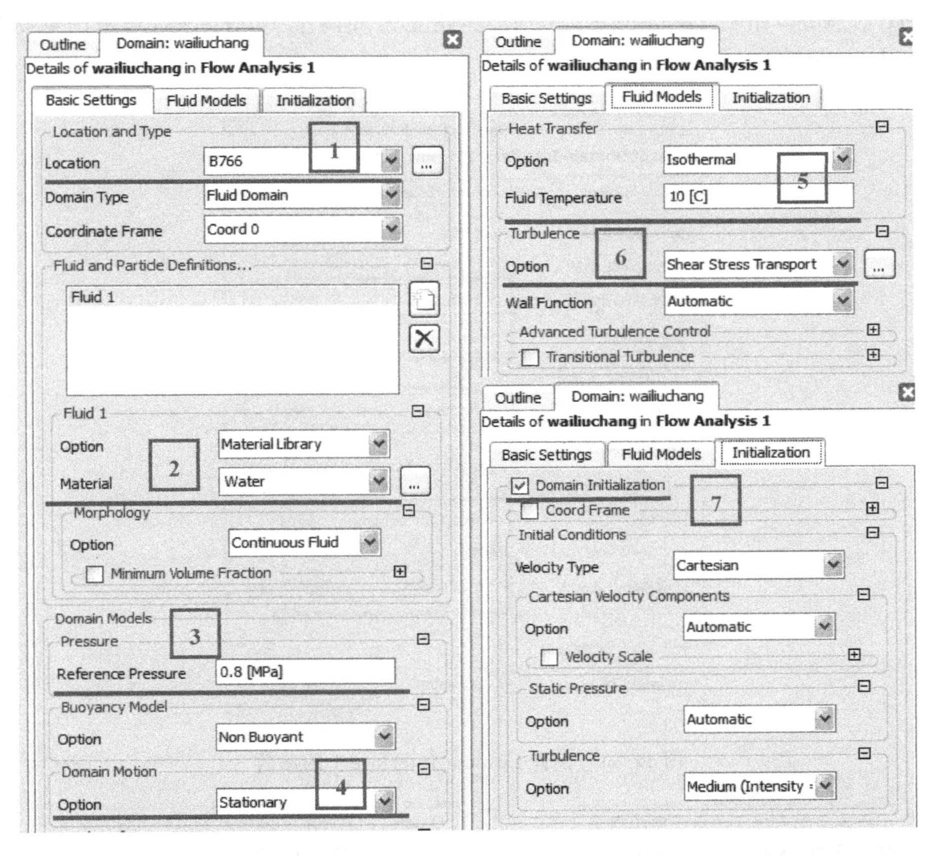

图 11-51　设置 wailiuchang 流域的各项参数

④ 建立 neiliuchang 与 wailiuchang 之间的 Interface，如图 11-52 所示，右击 Interfaces，插入 Domain Interface，采用其默认名称即可。

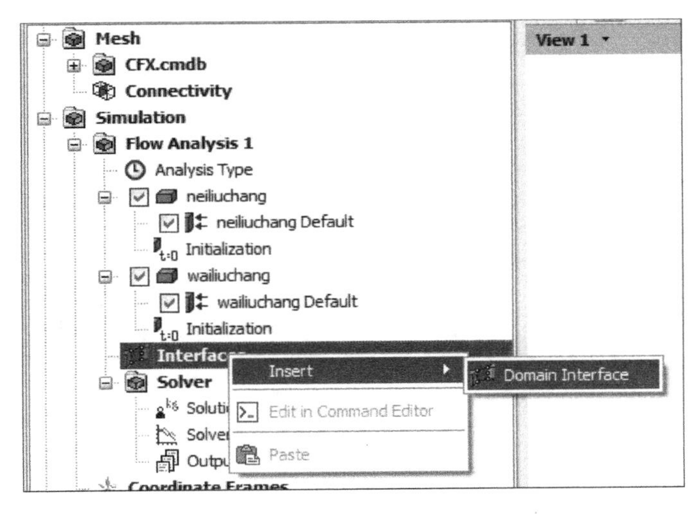

图 11-52　插入 Domain Interface

在 Domain Interface 1 中设置 neiliuchang 与 wailiuchang 的接触面分别为之前所定义的界面组 nei1 与 wai1,如图 11-53 所示。类似地,建立另外两个 Interfaces,均采用默认的名称,设置如图 11-54 所示。

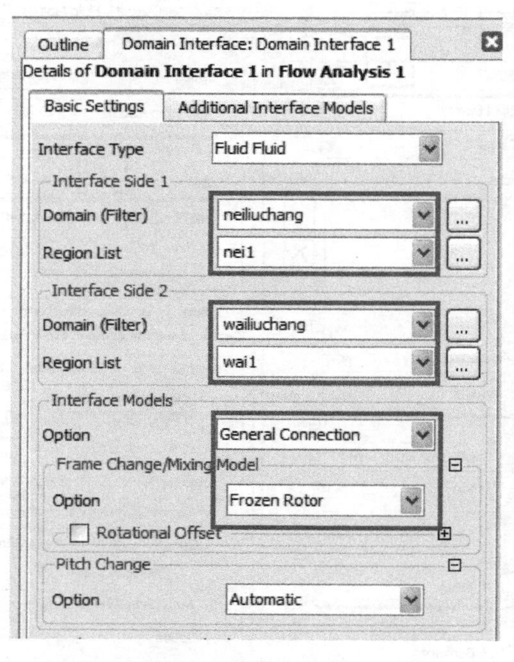

图 11-53 设置 Domain Interface 1 的参数

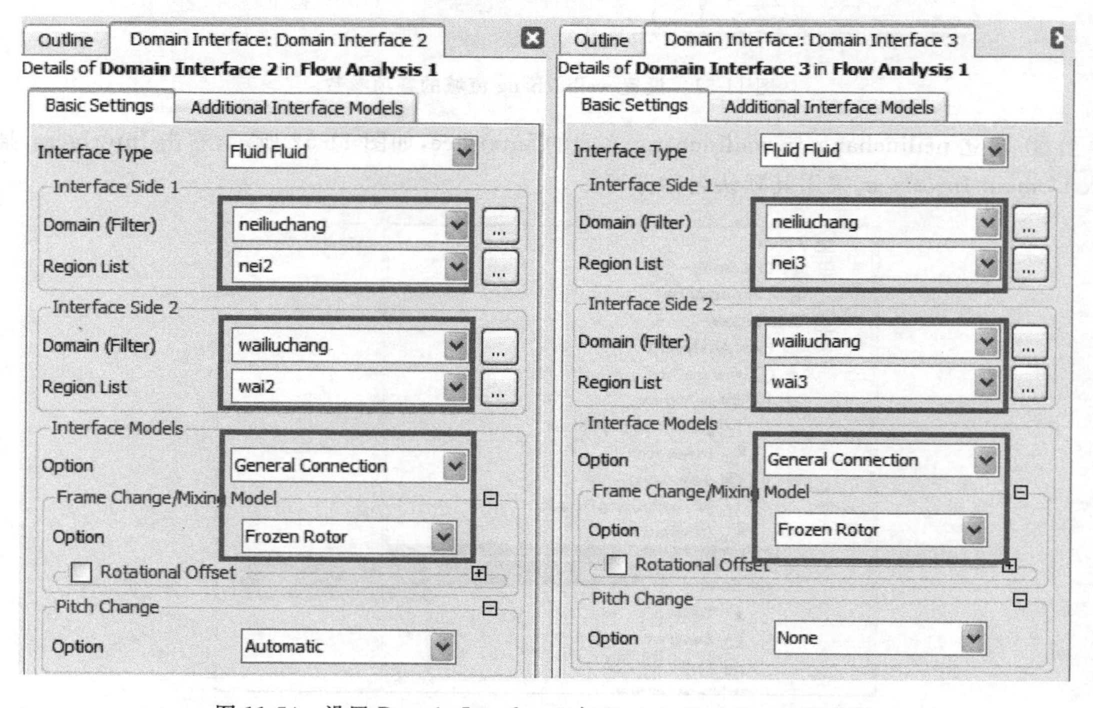

图 11-54 设置 Domain Interface 2 与 Domain Interface 3 的参数

⑤ 设置 wailiuchang 边界条件。右击 wailiuchang，插入 Boundary 命名为 inlet，如图 11-55 所示，类似地，可以设置出口边界、对称边界和开口边界等。

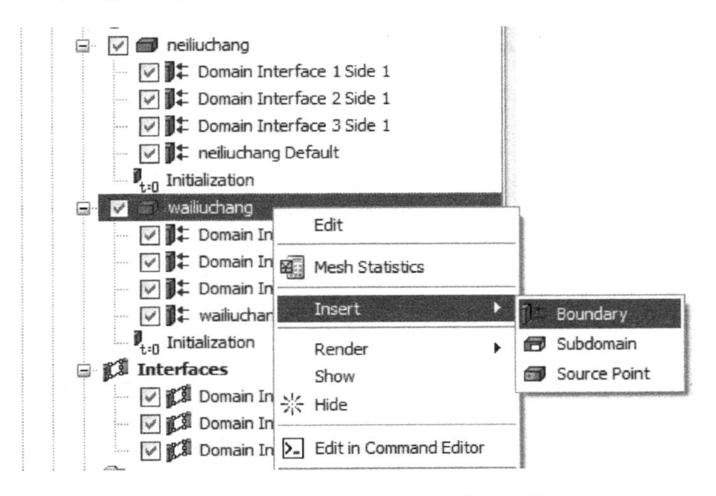

图 11-55 插入 wailiuchang 进口边界

进口：进口边界选速度进口边界条件，选择进口面，如图 11-56 所示，给定水流速度大小为 2m/s、流动方向为轴向进水，如图 11-57 所示。这时，可以根据不同的水流速度条件计算出透平的输出功率。

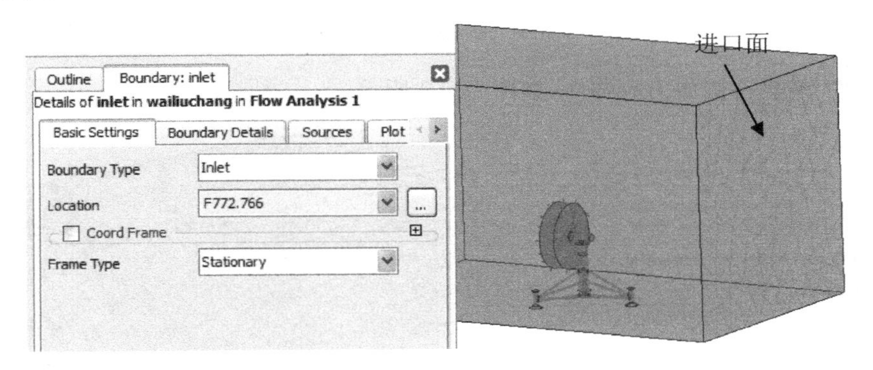

图 11-56 选择进口面

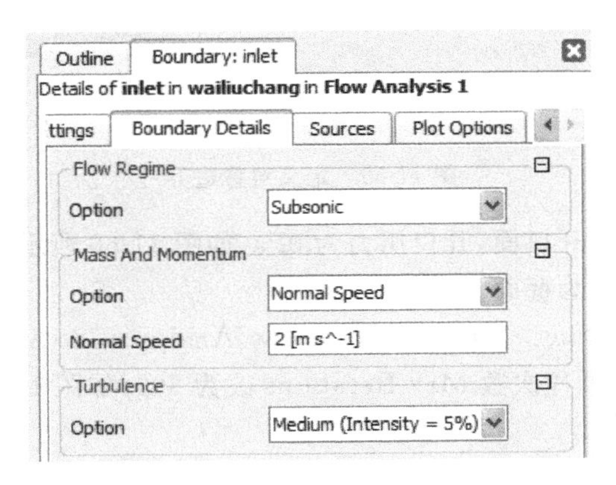

图 11-57 设置进口边界参数

出口边界：设置背压为出口边界条件，背压为 0Pa，如图 11-58 所示。

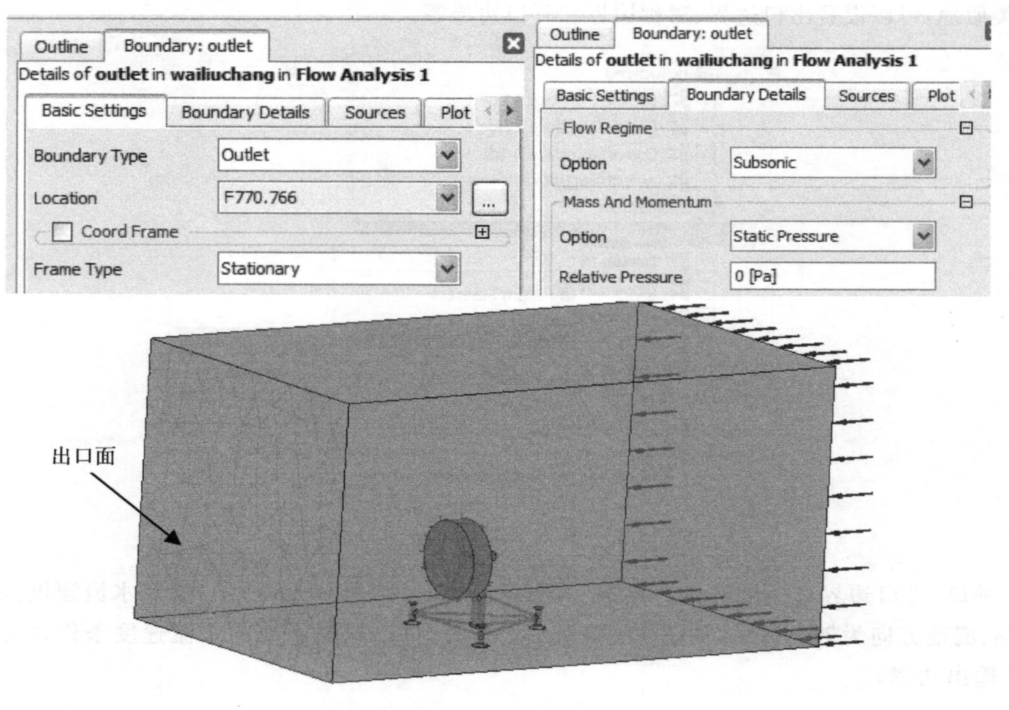

图 11-58　定义出口边界

对称边界：选择两侧面为对称面，如图 11-59 所示。

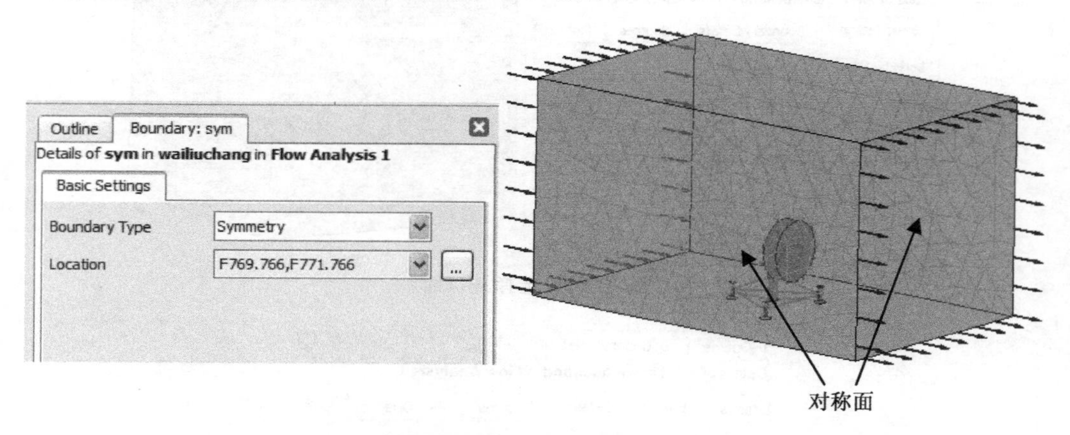

图 11-59　定义对称边界

开口边界：选择顶面为开口面，开口压力为 0Pa，如图 11-60 所示。

壁面：默认的边界全部为壁面。

求解控制。双击 Outline＞Simulation＞Flow Analysis 1＞Solver＞Solver Control，将 Basic Setting 栏目中最大循环次数 Max Iterations 改为 500，如图 11-61 所示。

⑥ 返回项目管理界面。

Outline
Boundary: opening
Details of opening in wailiuchang in Flow Analysis 1
Basic Settings
Boundary Details
Sources
Plot
Boundary Type
Opening
Location
F767.766
Coord Frame
Frame Type
Stationary
Flow Regime
Option
Subsonic
Mass And Momentum
Option
Opening Pres. and Dirn
Relative Pressure
0 [Pa]
开口面

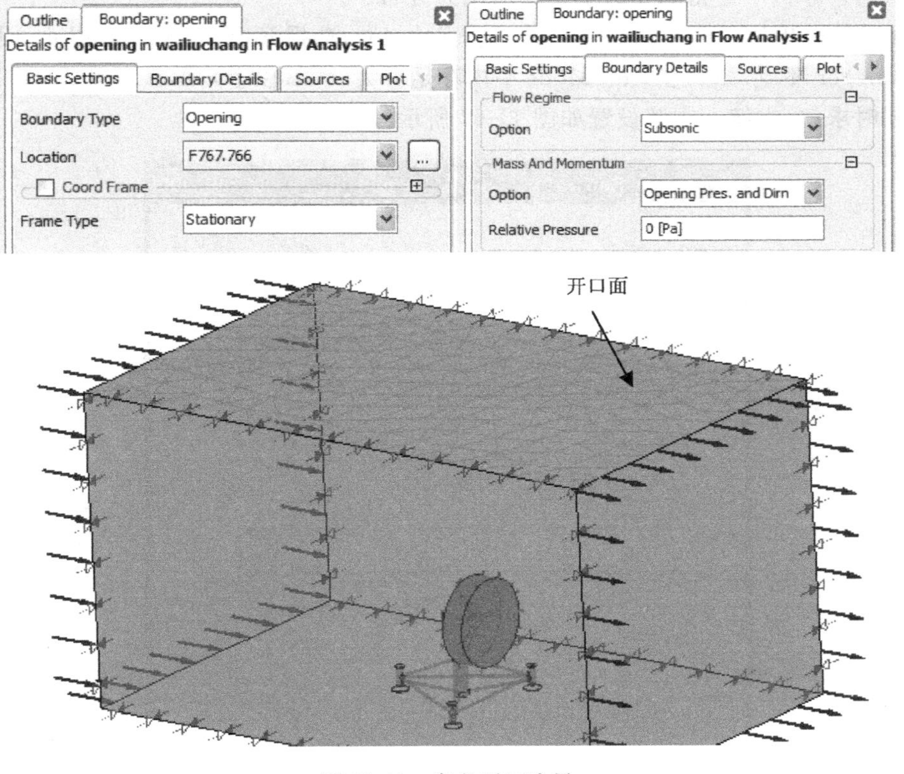

图 11-60　定义开口边界

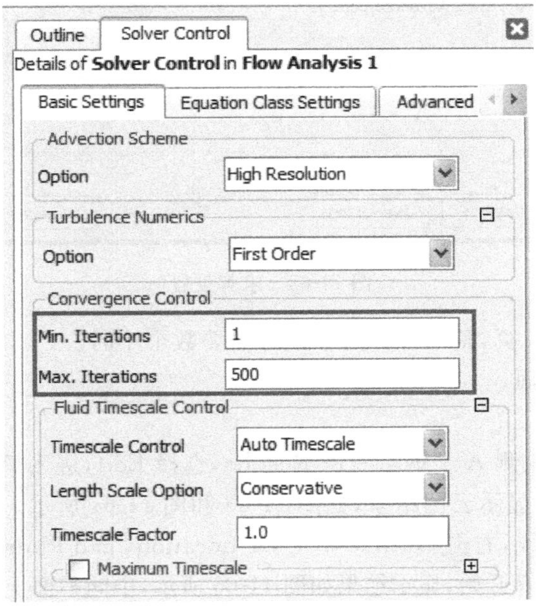

Outline
Solver Control
Details of Solver Control in Flow Analysis 1
Basic Settings
Equation Class Settings
Advanced
Advection Scheme
Option
High Resolution
Turbulence Numerics
Option
First Order
Convergence Control
Min. Iterations
1
Max. Iterations
500
Fluid Timescale Control
Timescale Control
Auto Timescale
Length Scale Option
Conservative
Timescale Factor
1.0
Maximum Timescale

图 11-61　设置 Solver Control 的参数

(5)求解。本例中需得到要透平叶片的压力分布。

① 在 FSI 分析过程树左侧 A 子树上右击 Solution,选择 Edit,进入 A5：Fluid Flow-CFX-Solver Manager 环境,如果在 Run Mode 中内存足够大(4GB 以上),那么可以选择其他的方式(多处理同时求解)求解。求解设置如图 11-62 所示。

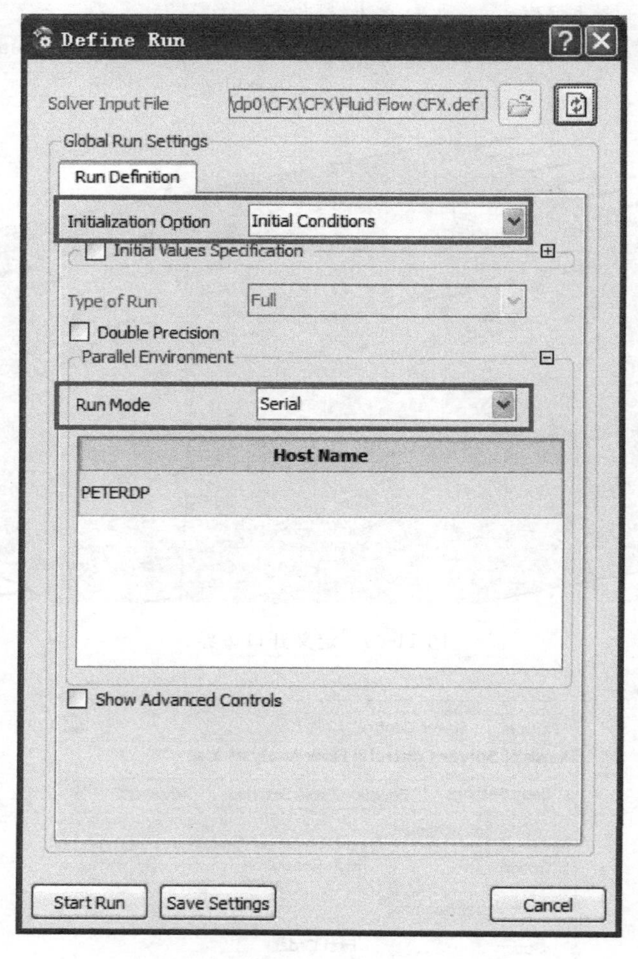

图 11-62 求解设置

② 单击 Start Run 计算,整个计算过程预计需要数个小时。

③ 回到项目管理界面。

(6)观察计算结果。

在 FSI 分析过程树左侧 A 子树上右击 Results,选择 Edit,进入 A6：Fluid Flow>CFD>Post 环境,添加叶片压力显示云图结果,如图 11-63 和图 11-64 所示。

① 查看流域内的流线,右击 Outline 中 User Locations and Plots,插入 Steamline,设置如图 11-65 所示,从 inlet 边界开始,显示结果如图 11-66 所示,中间平面上速度分布云图如图 11-67 所示。

② 回到项目管理界面。

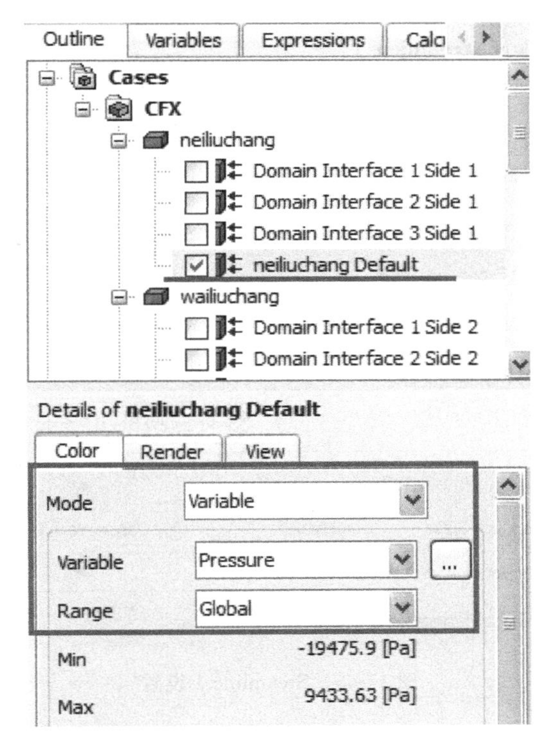

图 11-63　设置选项显示叶片压力

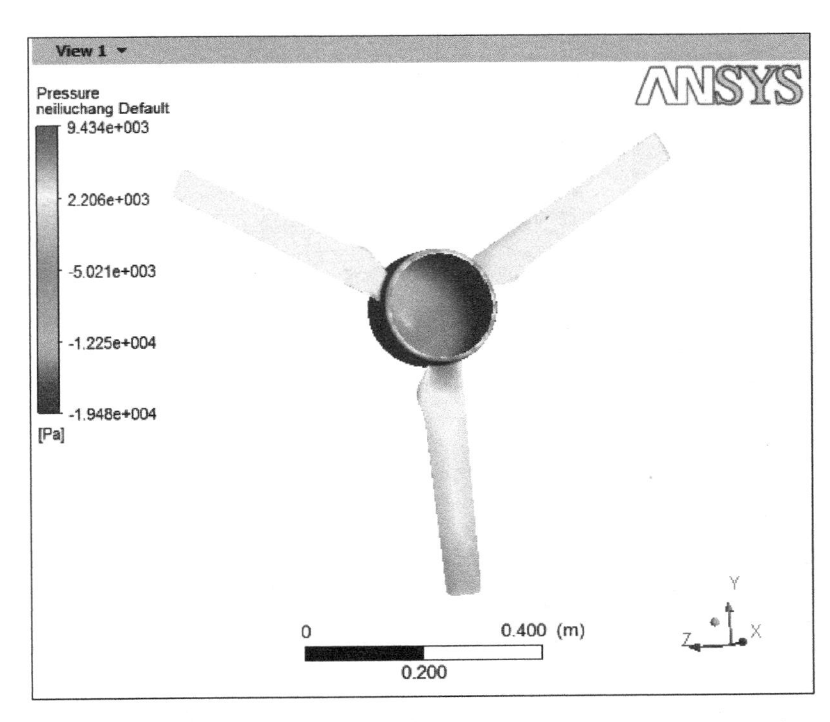

图 11-64　叶片表面压力显示

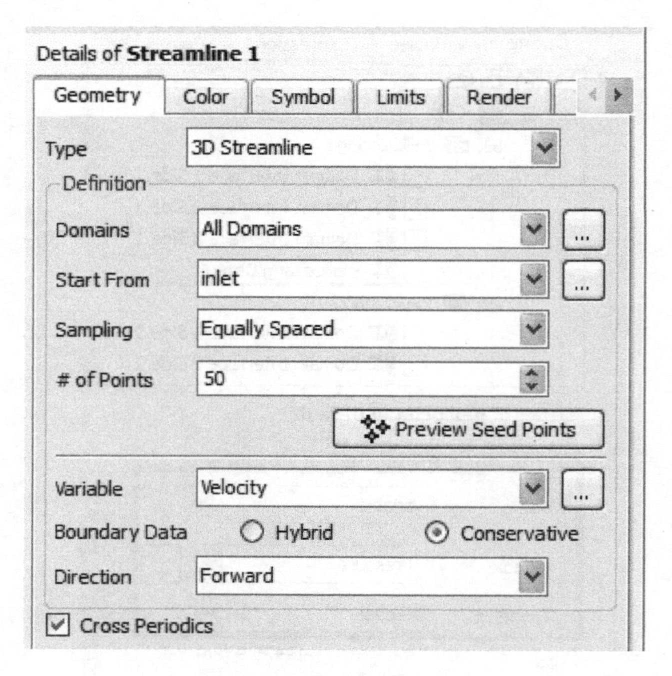

图 11-65　Steamline 1 设置

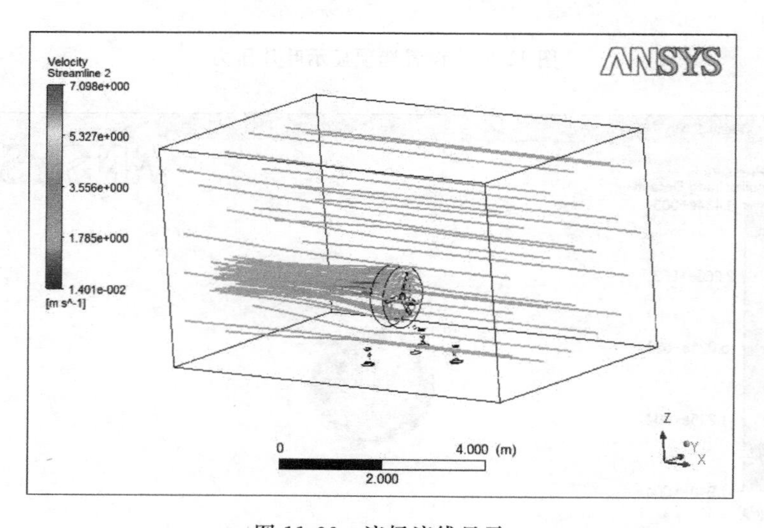

图 11-66　流场流线显示

2)静力学分析

(1)设定网格划分参数并进行网格划分。

① 在 FSI 分析过程树左侧 B 子树上右击 Model，选择 Edit，进入 B：Static Structural (ANSYS)＞Mechanical［ANSYS Multiphysics］环境。中间平面上速度分布云图如图 11-67 所示。

② 选择左侧 Outline 窗口中 Project＞Model (B4)＞Geometry，选择两个流域模型，将其抑制掉，在结构场分析中要将流场域的模型抑制才能进行分析，如图 11-68 所示。

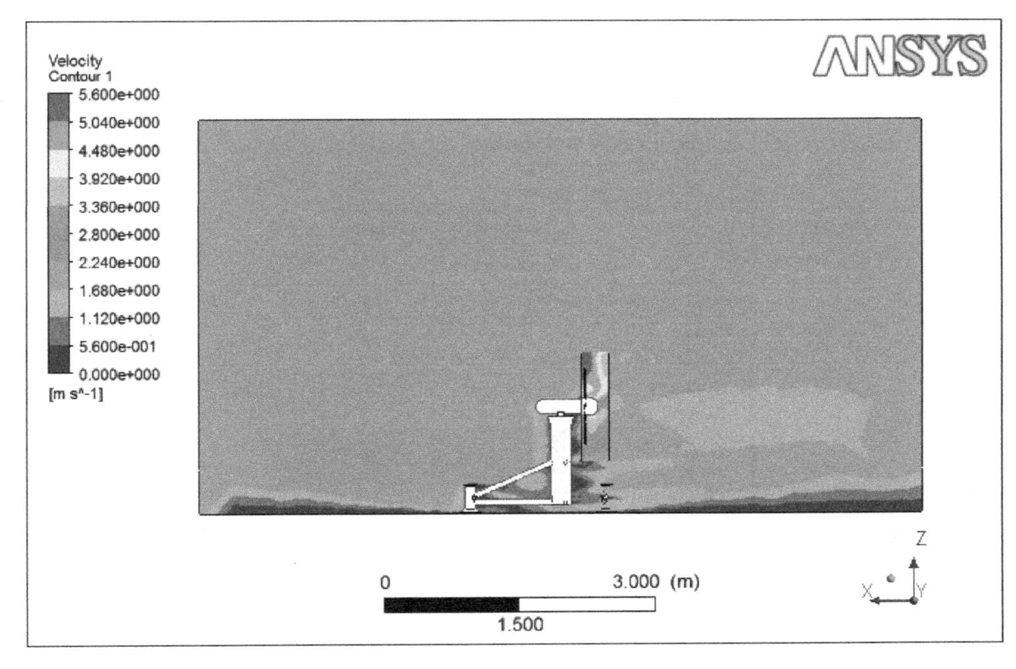

图 11-67 中间平面上速度分布云图

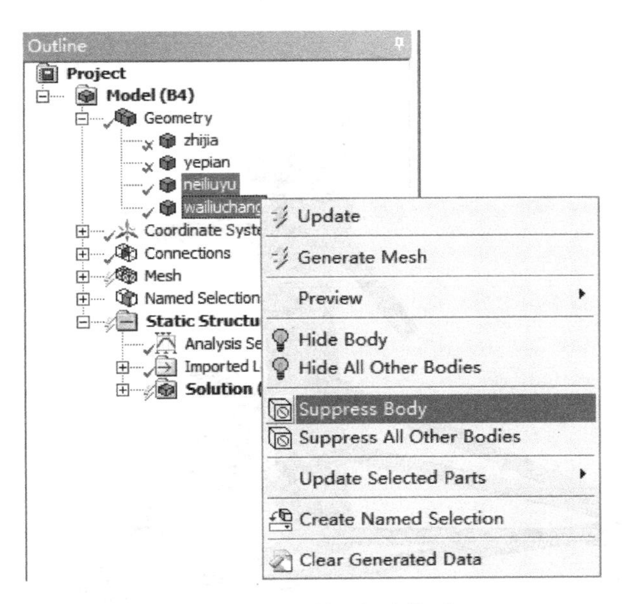

图 11-68 抑制流场域模型

③ 修改接触类型，改为 Bonded 类型，如图 11-69 所示。

④ 选择左侧 Outline 窗口中 Project>Model (B4)>Mesh 并右击，激活 Generate Mesh，生成网格模型，在自动网格划分完后，对叶片部分的网格再进行一次加密。最后得到的实体网格如图 11-70 所示。

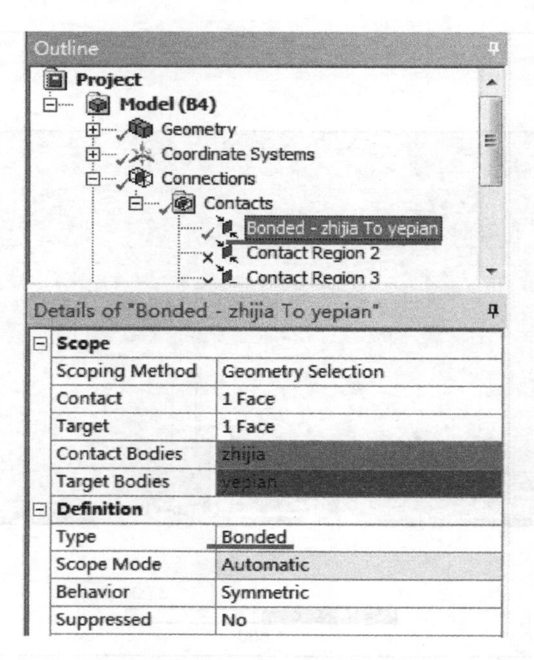

图 11-69　修改模型接触类型

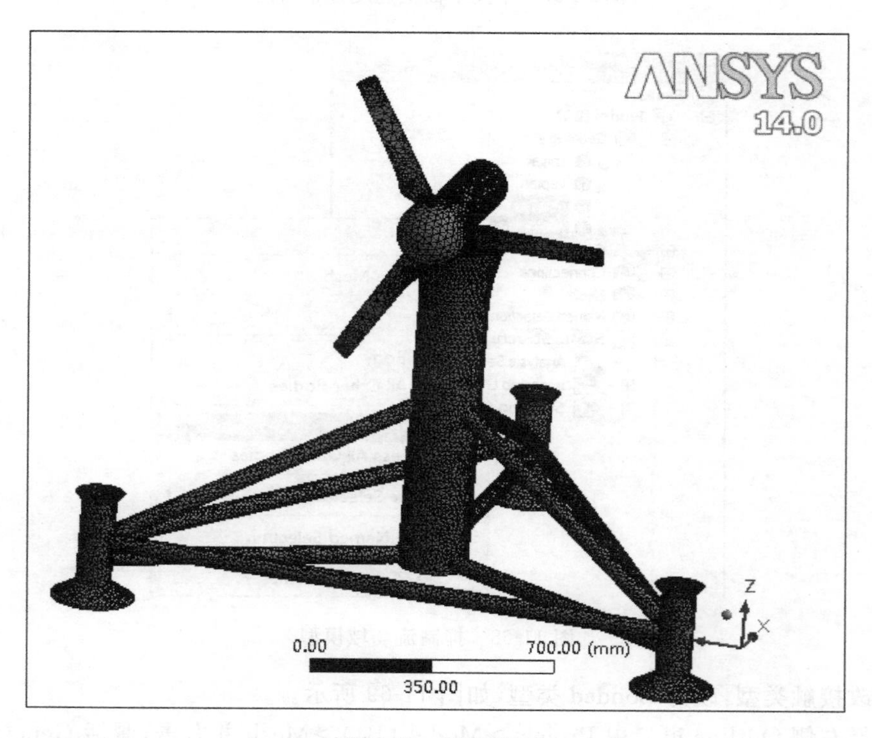

图 11-70　网格模型

(2)施加流体载荷及固定约束。

将 CFX 分析得到的压力场数据施加在透平的叶片上,并且对装置的底面施加固定约束。

① 选择大变形，在 Analysis Settings 中将 Large Deflection 选项设置为 on。

② 选择左侧 Outline 窗口中 Project＞Model (B4)＞Static Structural (B5)＞Imported Load (solution)＞Imported Pressure，在"Imported Pressure"属性栏中输入来自 CFX 分析的叶片压力场，如图 11-71 所示。导入的叶片表面压力如图 11-72 所示。

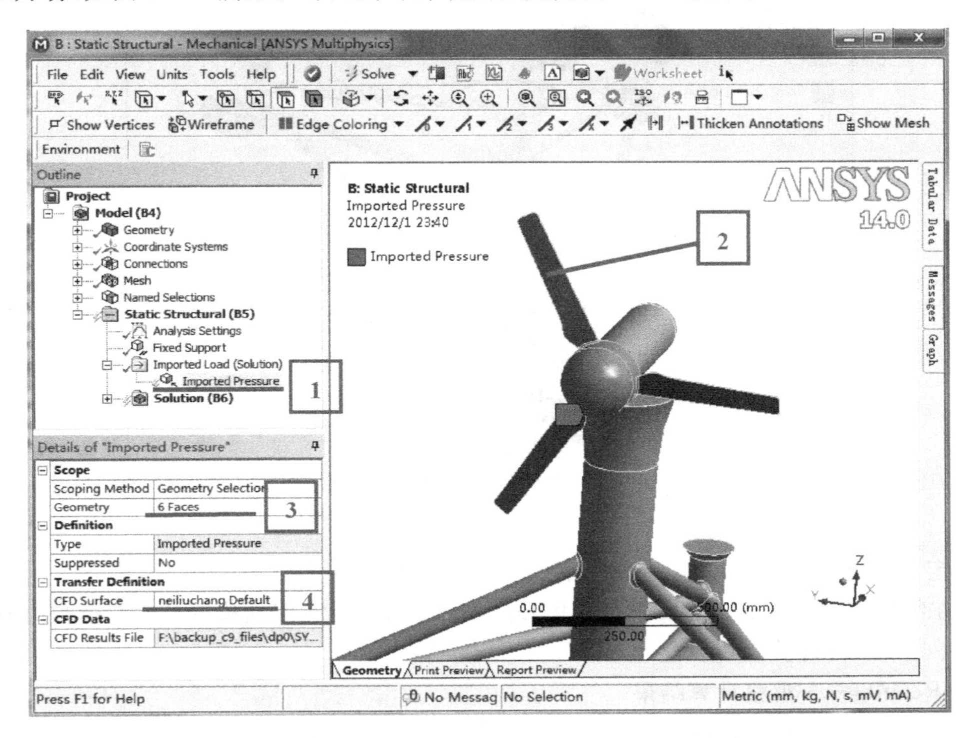

图 11-71　导入 CFD 中得到的叶片上压力结果

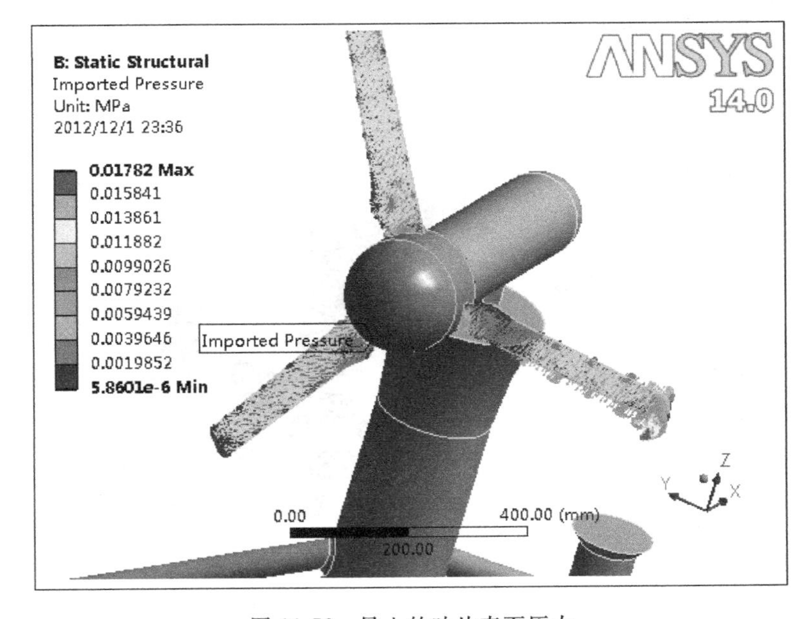

图 11-72　导入的叶片表面压力

③ 选择左侧 Outline 窗口中 Project>Model (B4)>Static Structural (B5)，在 Environment 菜单中 Supports>Fixed Support。选择透平支撑表面，对其施加固定约束，如图 11-73 所示。

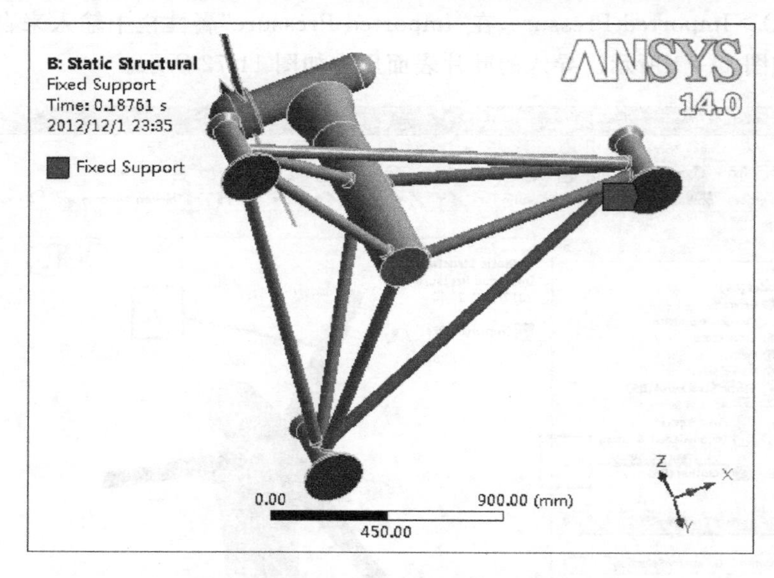

图 11-73　3 个支撑底面施加固定约束

(3)定义求解变量，并计算。本例中需透平叶片变形和应力分布。

① 在结果中选择 Total Deformation 和 Equivalent (Von-Mises)观察叶片的变形和应力。

② 单击 Solve 计算。

(4) Results——观察计算结果。

观察叶片的变形和等效应力分布，分别如图 11-74 和图 11-75 所示。

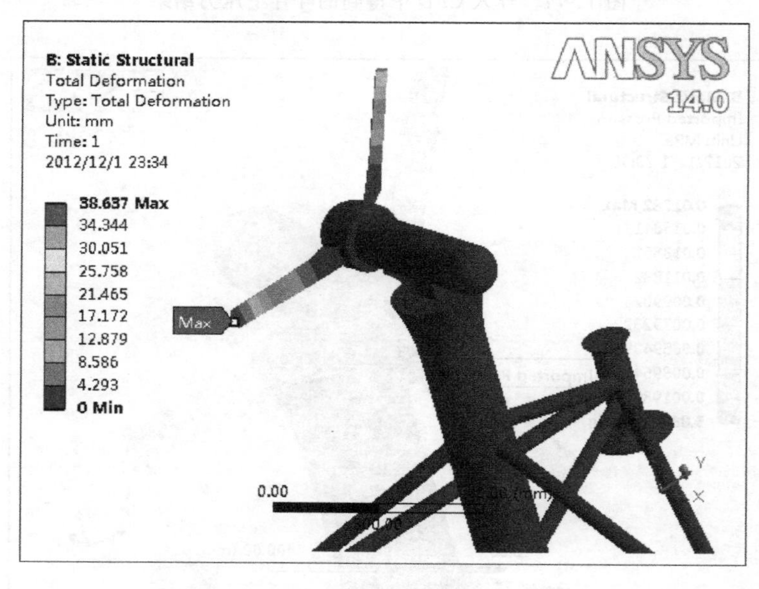

图 11-74　变形图

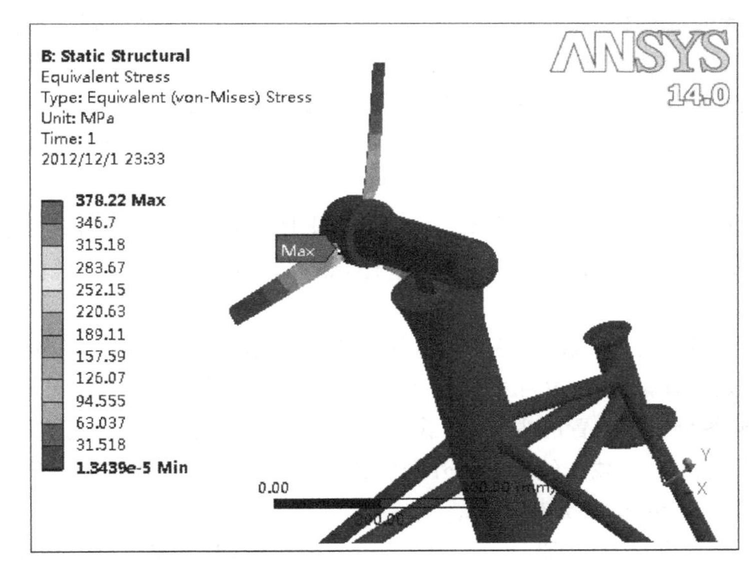

图 11-75　等效应力图

从图 11-74 中可以看出，叶片的最大变形为 38.5mm，而叶轮的半径为 500mm，因此叶片的相对变形率为 7.7%，该值可以接受。从图 11-75 中可以看出，叶片的最大应力为378.22MPa，出现在叶片的根部。因为结构钢的屈服强度为 250MPa，表明叶片的强度不够，需要改变结构或采用更高强度的材料才能满足要求。

11.4　铁路转辙机底壳有限元分析

转辙机是铁路转换道岔位置的器械。转换道岔的尖轨和可动心轨位置并在转换结束时，即尖轨密贴基本轨，将道岔锁定在一个极位并表示出道岔实际位置和状态。转辙装置起到改变列车或车列运行路径和与其他信号设备连锁保证机车车辆在道岔上安全运行的作用。按转辙动力分人力和机械力两类。前者为手动转辙器，后者为各类电动、液压、空压转辙机。动力转辙机主要由转辙动力源、传动、变速、换向等机械、锁闭和表示器件等部分组成。

为了满足近年来铁路提速的要求，转辙机的功率、结构等方面都发生了很大的变化。转辙机运行的准确可靠，对于列车的行车安全以及保证高效的运输效率，都有极其重要的影响。优化转辙机的动作结构、提高设备的工作性能，不仅可以减轻行车人员的劳动强度，而且对于延长转辙机的使用寿命也至关重要。为了保证转辙机设备动态响应特性好、运行可靠、维修方便，迫切需要搭建面向高速铁路道岔转换设备的数字化动态测试平台，并从中寻求针对产品的设计、动态特性的优化以及提高和保证产品质量的最优方案。为此开展了转辙机整机与关键零部件的有限元分析与测试，本节以转辙机底壳为对象，介绍其静力学分析、模态分析、谐响应分析、内部流场分析、疲劳分析、模态测试与扫频实验。

11.4.1　铁路转辙机底壳静力学分析

转辙机底壳是承载所有内部零件和传动机构的重要零件，是整个设备的基座。主要作用是连接地面和支持内部机构，在执行动作时将力传递到地面上，锁闭后列车通过时传递地面振动。转辙机的正常工作是列车正常通行和铁路安全的保证，为了保证其长期在恶劣的工作环境中正常工作，各个零件，尤其是底壳的强度和刚度必须满足要求，另外还要满足在交变载荷下的疲劳分析要求。相对于内部的功能部件，底壳为薄壁件，强度和刚度都相对较弱，因此单独分析它是很有必要的。

Ansys Workbench(AWE)中的 Static Structural 具有强大的静力分析功能，这为设计人员的分析工作提供了方便。与几何建模工作一样，熟悉 Static Structural 模块的主界面和功能菜单的使用方法是分析的前提。

本例中，为了正确地模拟试验工况，采用的约束方法是：在四个角的螺栓孔采用固定约束(fixed support)约束所有自由度，并在模型底面与安装面重合的四个面添加无摩擦支撑(frictionless support)；根据各个安装位置的零件，加载力和远程力模拟其重力，根据实际使用条件，将设备工作时推力的反作用力加载在丝杠轴承外圈的在安装位置。交互式的静力分析过程如下。

(1)选择 Static Structural 分析模块。

(2)启动 AWE，然后双击添加 Static Structural 分析模块，如图 11-76 所示。

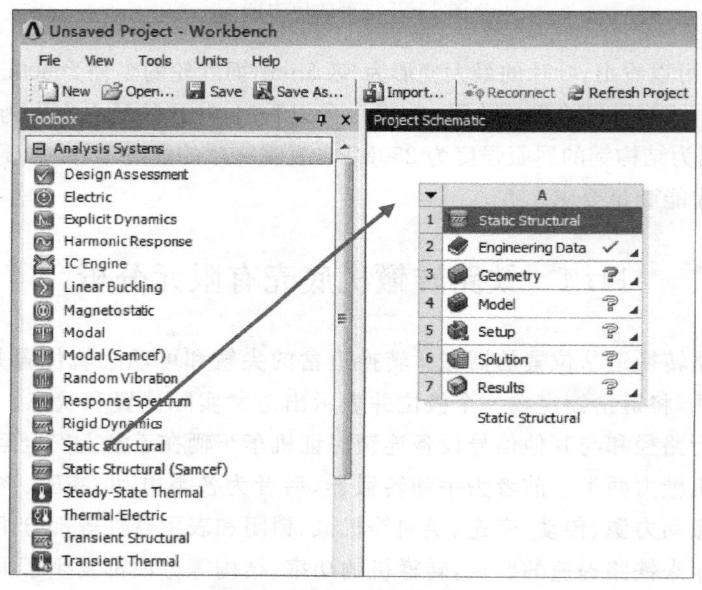

图 11-76　添加静力学分析模块

(3)导入几何模型“底壳. stp”，如图 11-77 所示。

选择 Geometry＞Import Geometry＞Browse，在弹出菜单中选择桥壳几何模型文件——底壳. stp，并打开。

添加材料信息，底壳材料为铝合金：弹性模量 7.1×10^4MPa，泊松比 0.33。双击 Static Structural 中 2 Engineering Data ✓ 图标进入设置，如图 11-78 所示。在 Engineering Data 窗口中，单击材料库；选择通用材料(General Materials)；找到铝合金(Aluminum Alloy)，单击右侧的“＋”。双击 model，进入分析界面，选择实体，将模型材料改为铝合金，如图 11-79 所示。

(4)设定接触选项(如果是装配体)。

本例无须此步设置。

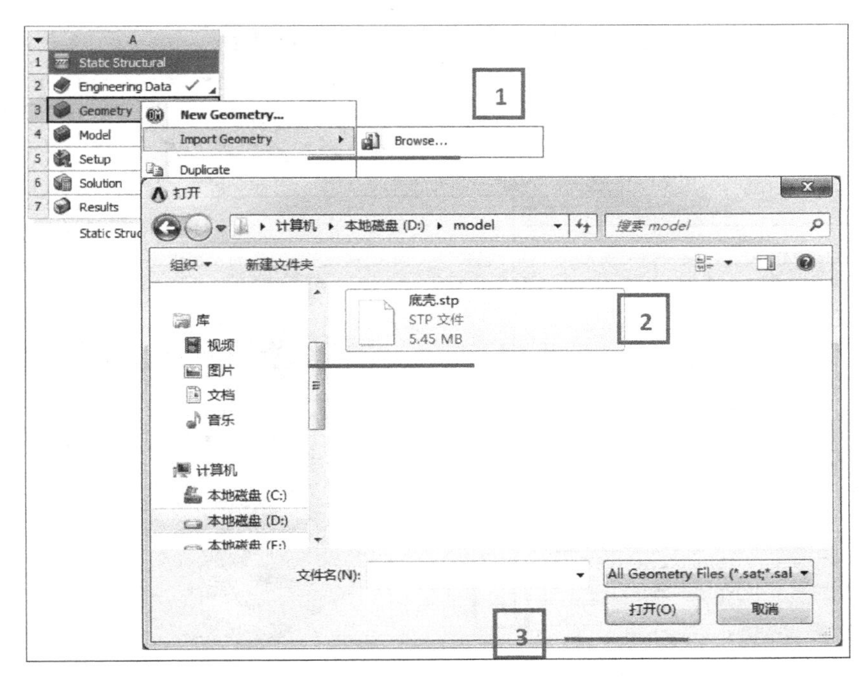

图 11-77　添加几何模型

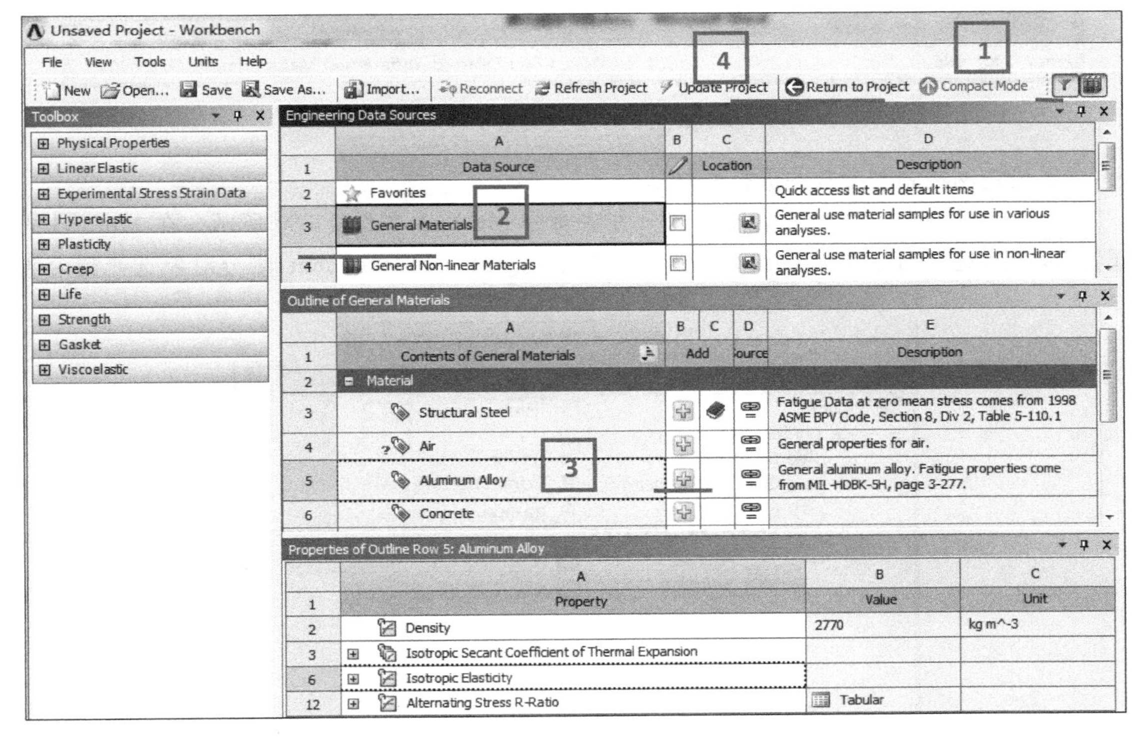

图 11-78　添加材料

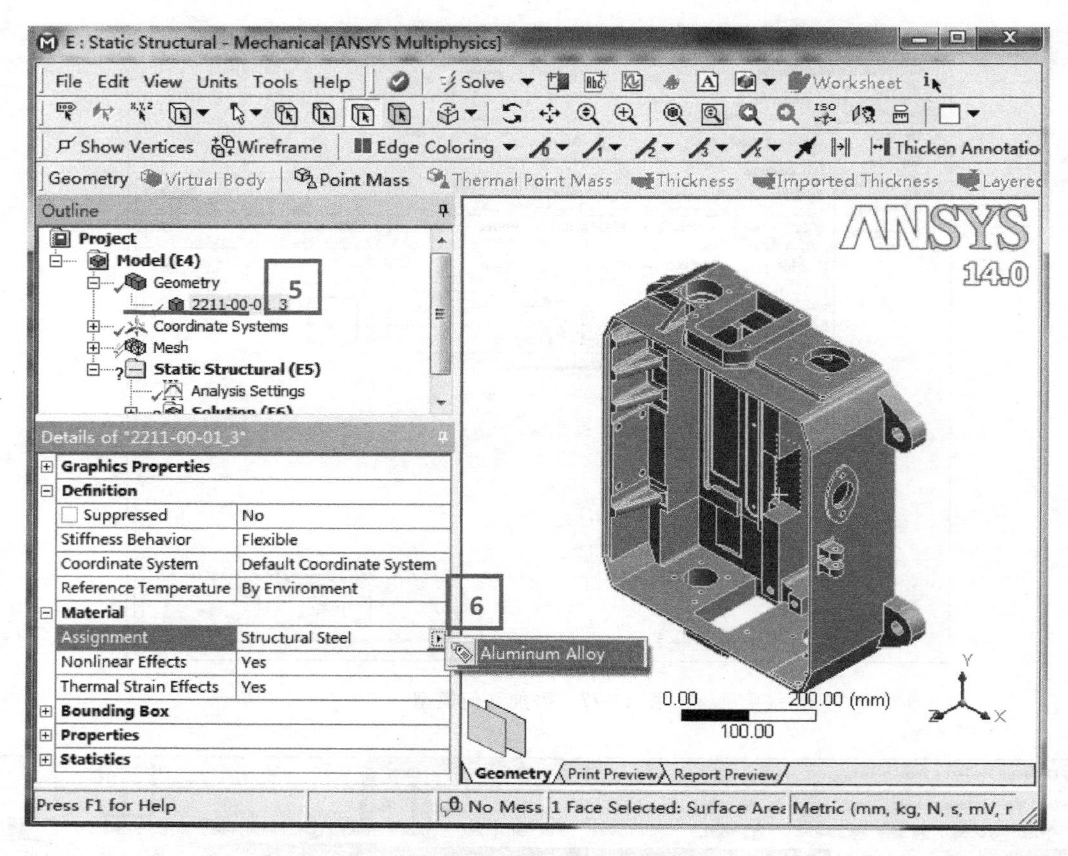

图 11-79　定义模型材料

(5)设定网格划分参数并进行网格划分。

选择 Mesh,单击右键,激活网格划分方法命令 Method,如图 11-80 所示。在 Method 的属性菜单中,选择划分方法为 Tetrahedrons,算法为 Patch Independent,划分对象选择整个底

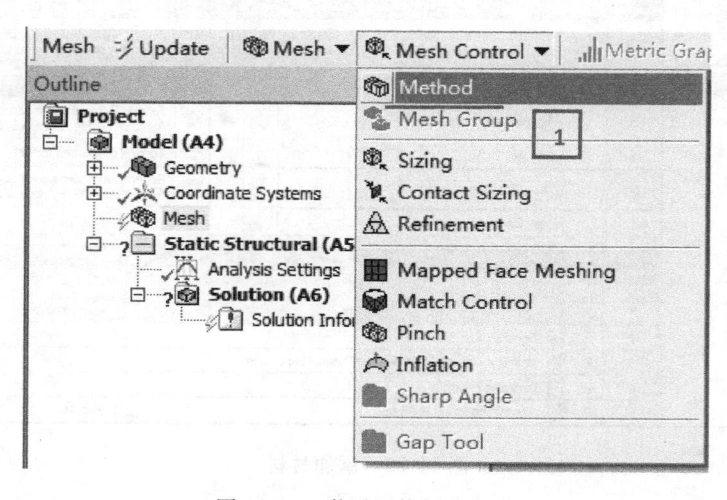

图 11-80　激活网格划分方法

壳实体,如图 11-81 所示。选择 Mesh 并右击,激活网格尺寸命令 Sizing,如图 11-82 所示。在 Sizing 的属性菜单中,选择整个底壳实体,并指定网格尺寸为 8mm,如图 11-83 所示。

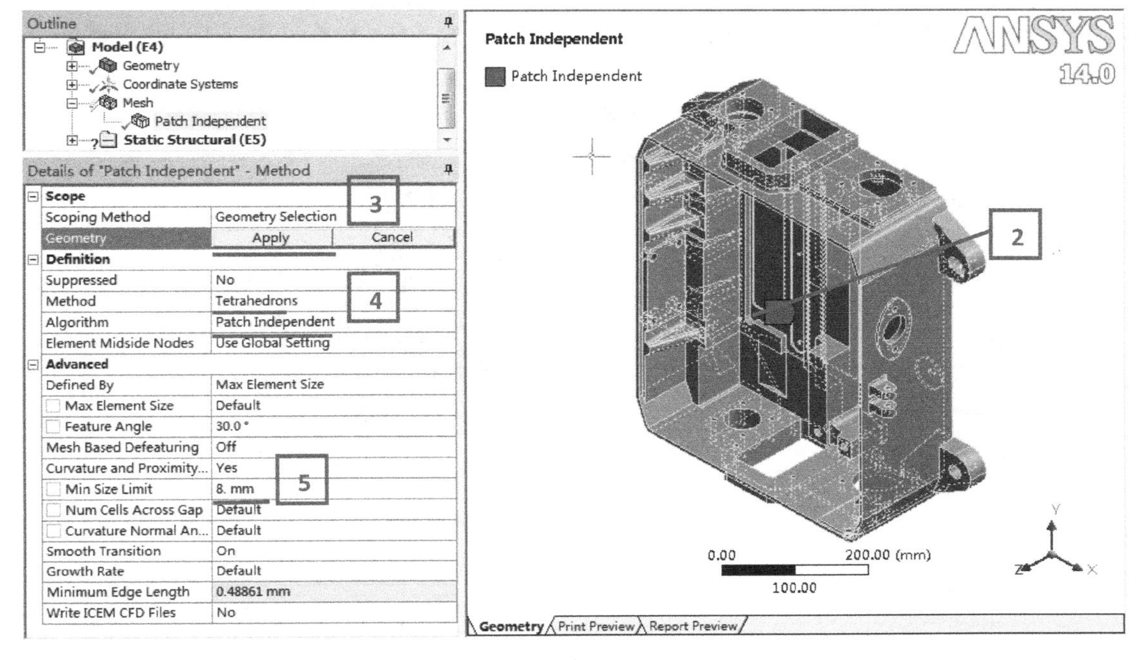

图 11-81 设置网格划分方法及参数

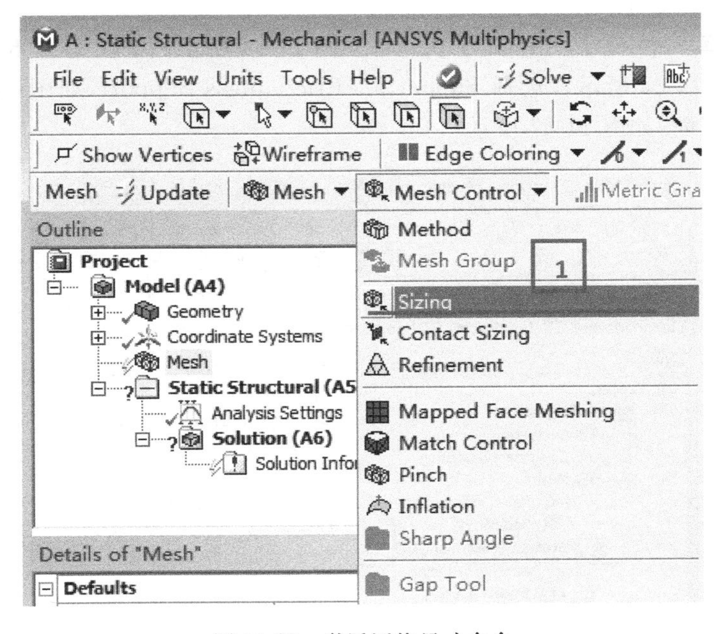

图 11-82 激活网格尺寸命令

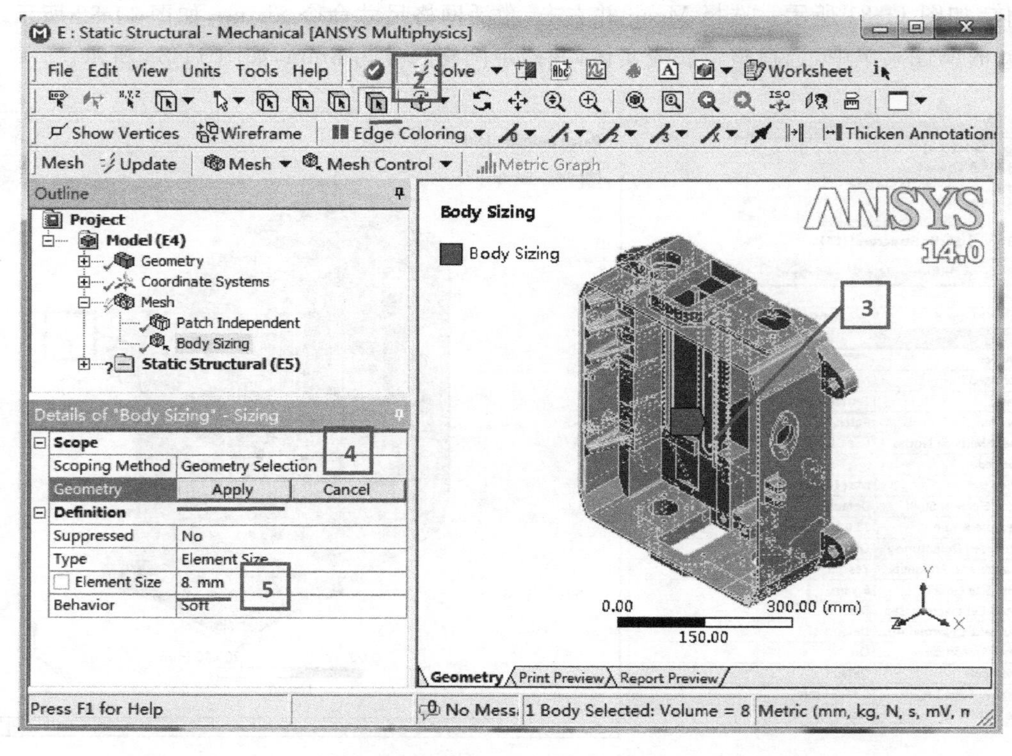

图 11-83　选择实体并设置网格大小

(6)施加载荷以及约束。

施加约束选择 Supports>Fixed Support,如图 11-84 所示。按住 Ctrl 键选择 4 个螺栓孔的内圆柱面,如图 11-85 所示。选择 Supports>Frictionless Support,如图 11-86 所示。按住 Ctrl 键选择 4 个底面,如图 11-87 所示。

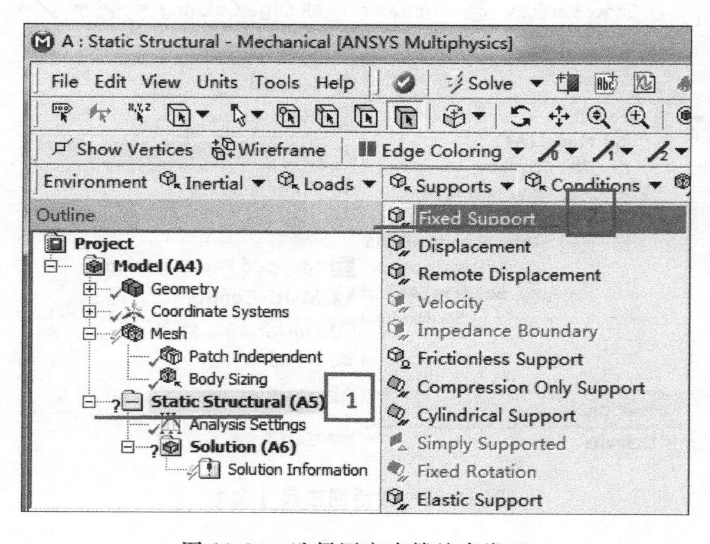

图 11-84　选择固定支撑约束类型

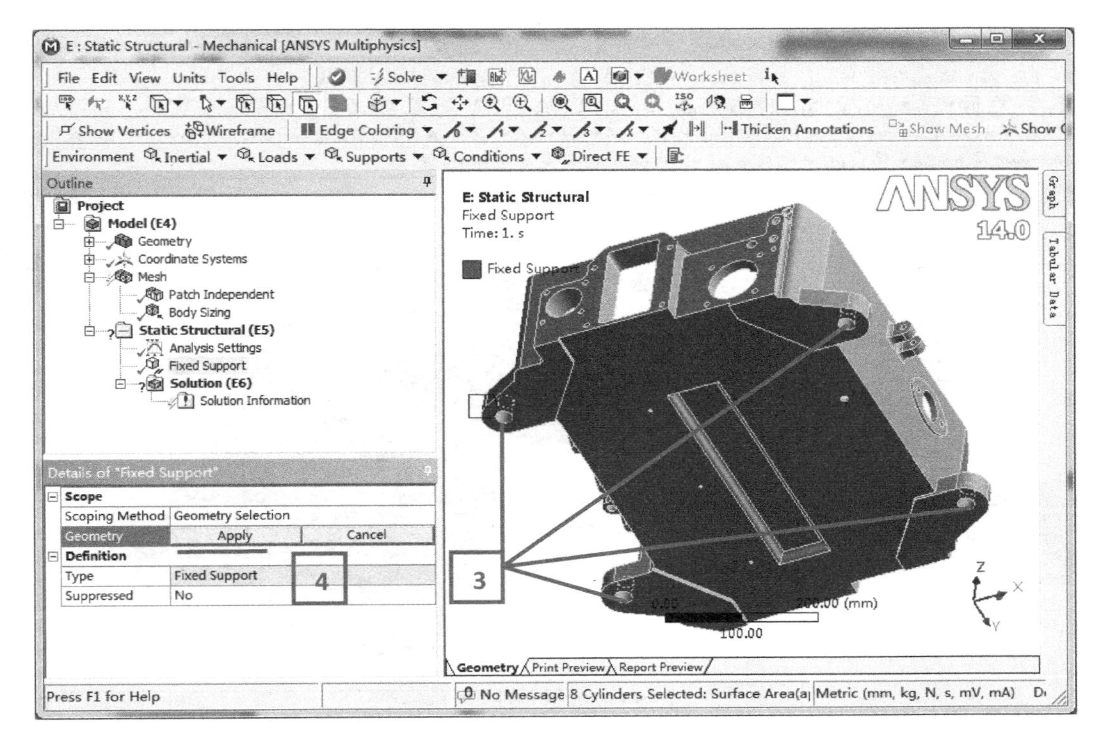

图 11-85　定义底座固定支撑约束

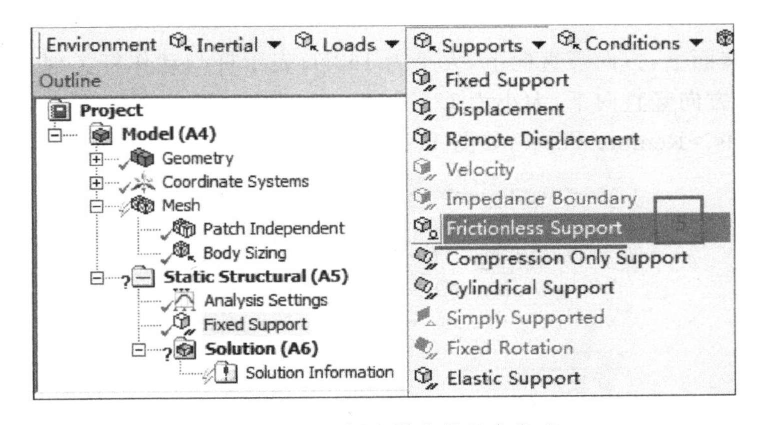

图 11-86　选择光滑支撑约束类型

(7)施加载荷约束。

底壳承受的载荷包含两项。内部零件的重力和道岔传递过来的负载。内部零件可以简化为几个大的部件结构:电机减速器组件、锁闭铁及接点座部分、动作杆与锁块装配体、表示杆组件、丝杠副。在加载时添加整体重力、根据各个部件安装位置添加重力的等效力。经过实际测量,得到各个部件的重量,转换为力和远程力添加情况:电机安装面上添加远程力(remote force),方向竖直向下,大小为 248N,偏离作用面距离为 55mm;接点座安装面上施加力载荷,方向竖直向下,大小为 152N;丝杠安装面上施加竖直向下的力 132N 和沿丝杠轴向的推力 5000N;动作杆装配在方孔套内,通过螺栓连接在底壳上,因此将动作杆的重力等效的压力

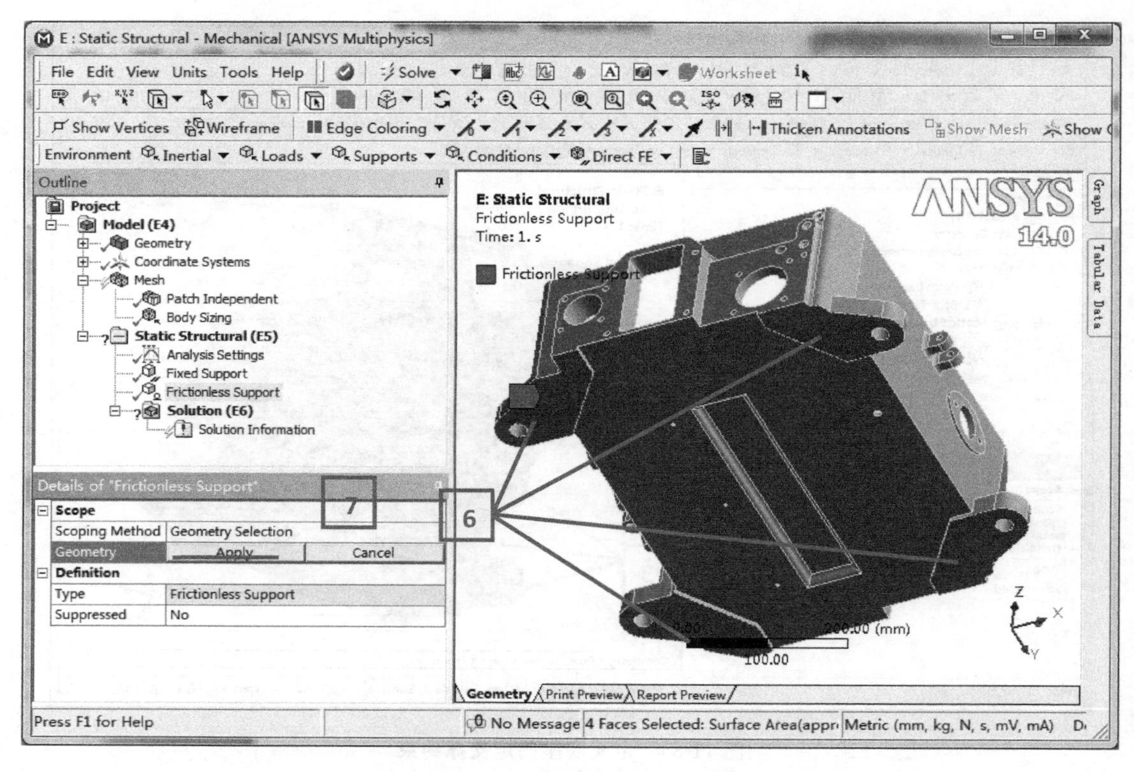

图 11-87 定义底座光滑支撑约束

施加在方孔套安装面上，方向竖直向下，大小为 163N；表示杆与动作杆类似，在安装面上施加其重力的等效力，方向竖直向下，大小为 124N。

① 选择 Loads>Remote Force，如图 11-88 所示。

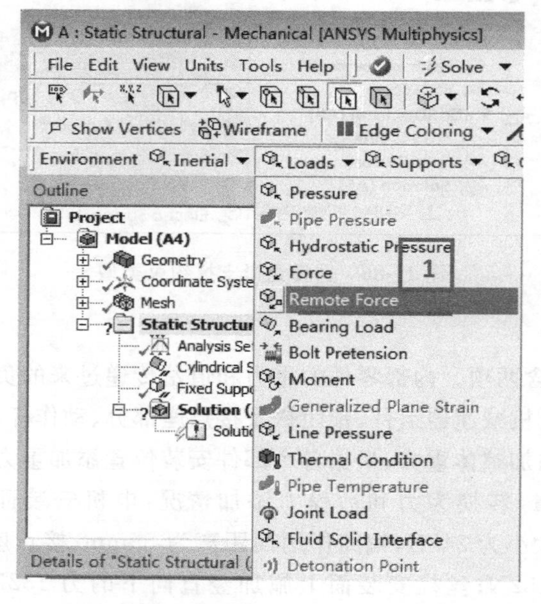

图 11-88 选择载荷类型——远程力

② 选择参考受力面，并指定受力点的坐标位置，$x=100\mathrm{mm}$，$y=265\mathrm{mm}$，$z=-45\mathrm{mm}$，载荷类型为 Components，方向沿 z 轴负方向，大小为 248N，如图 11-89 所示。

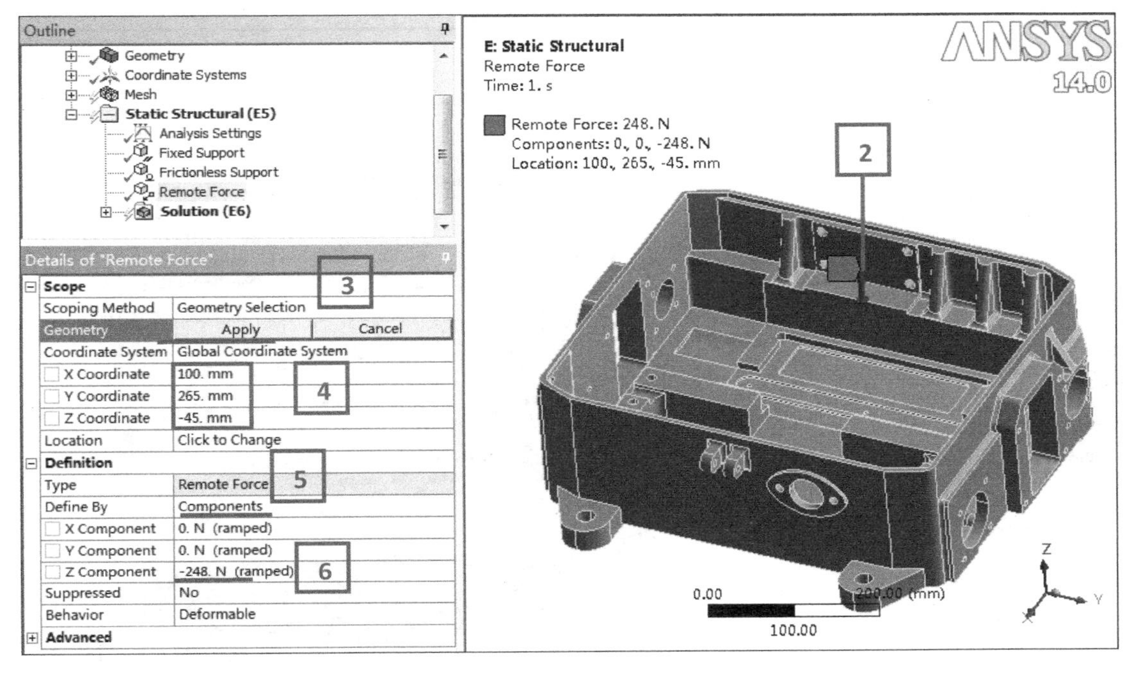

图 11-89　底壳中部载荷定义

③ 选择 Loads> Force，如图 11-90 所示。

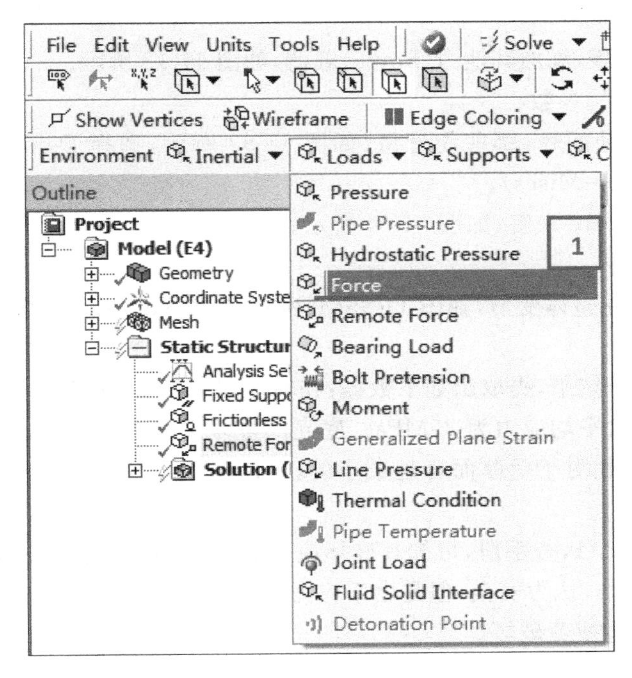

图 11-90　载荷定义——集中力

④ 选择参考受力面，载荷类型为 Components，方向沿 z 轴负方向，大小为 152N，如图 11-91 所示。

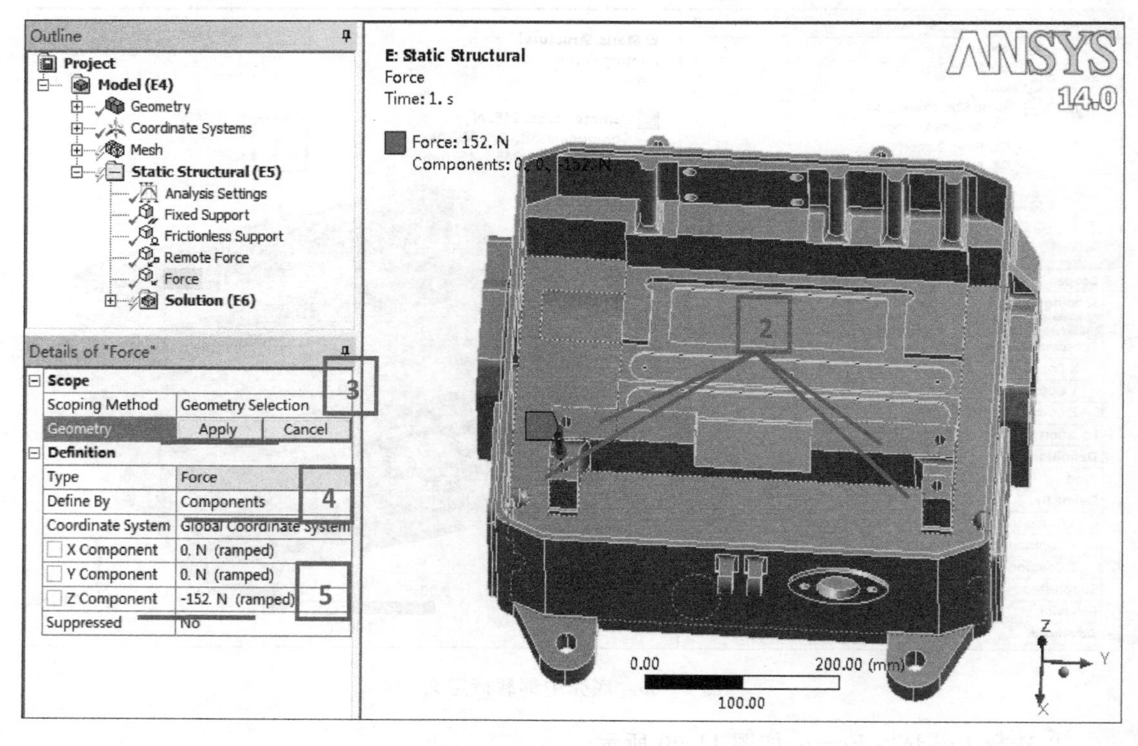

图 11-91　底壳两侧载荷定义

⑤ 按照上面的步骤，添加其他力(Force)载荷，如图 11-92 所示。

(8)设定求解(结果)参数。

即设定要求解何种问题，哪些物理量，如图 11-93 所示，选择 Deformation>Total，选择 Stress>Equivalent(von-Mises)。

(9)求解。单击 Solve 求解，如图 11-94 所示。

(10)观察求解结果。

通过计算获得底壳整体变形，如图 11-95(a)所示，底壳 von-Mises 应力分布如图 11-95(b)所示。

由图 11-95 的计算结果，提取出如下数据：在转辙机承受 5000N 载荷时，整体最大变形量为 0.085mm，整体最大平均应力为 25MPa。底壳的整体尺寸为长 570mm，宽 528mm，最薄处壁厚为 6mm。变形量相对于壁厚而言是微小的，可以忽略不计。可以得到结论：底壳在牵引动作时不变形。

底壳的材料是 ZL111，查手册，可知其破坏应力为 310MPa。此次分析中底壳的最大应力为 25MPa。应力值很小，认为安全，但是由于应力最大的位置为薄壁处，可以在此处通过添加肋板或加大壁厚来防止疲劳破坏。

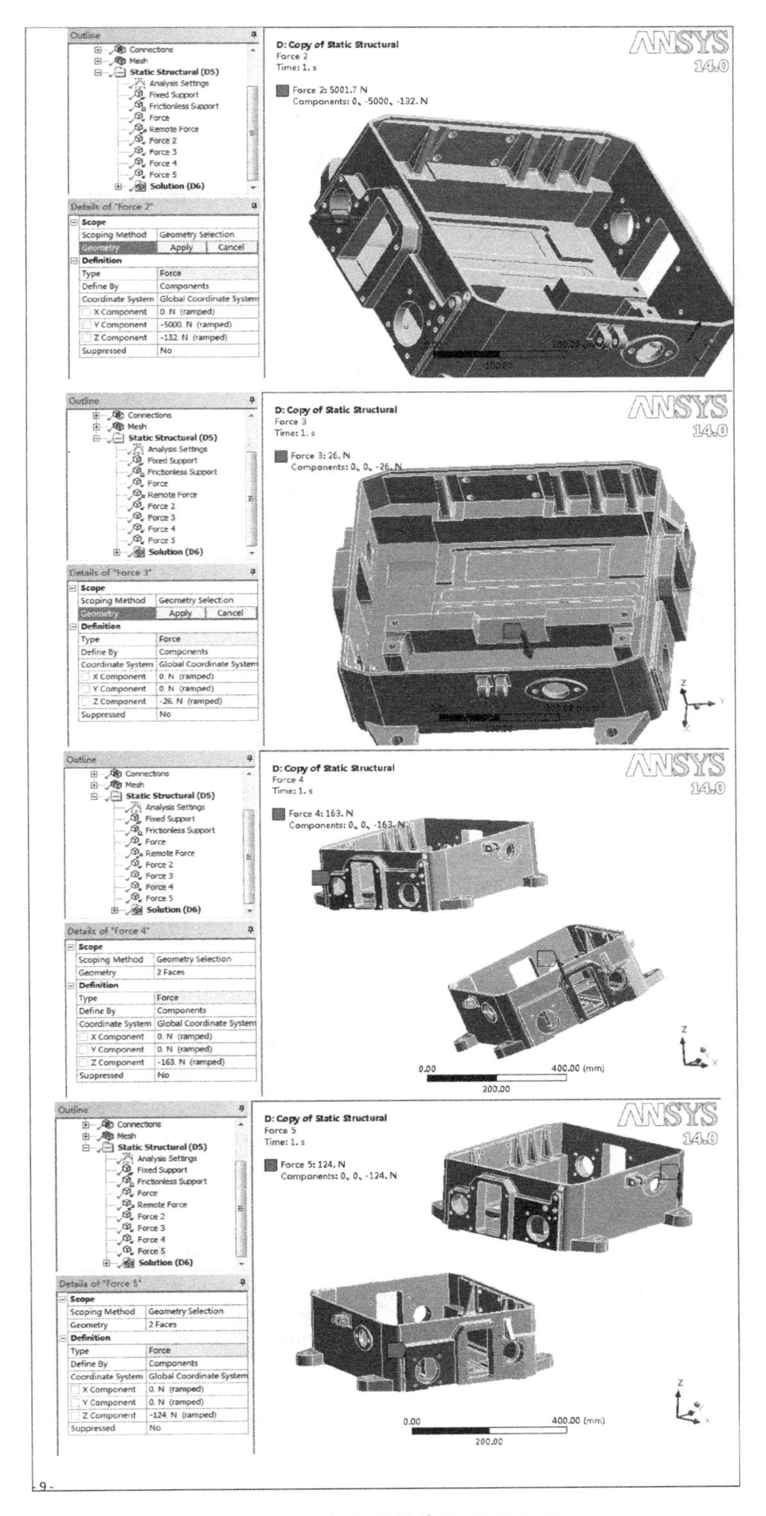

图 11-92　底壳其他位置载荷定义

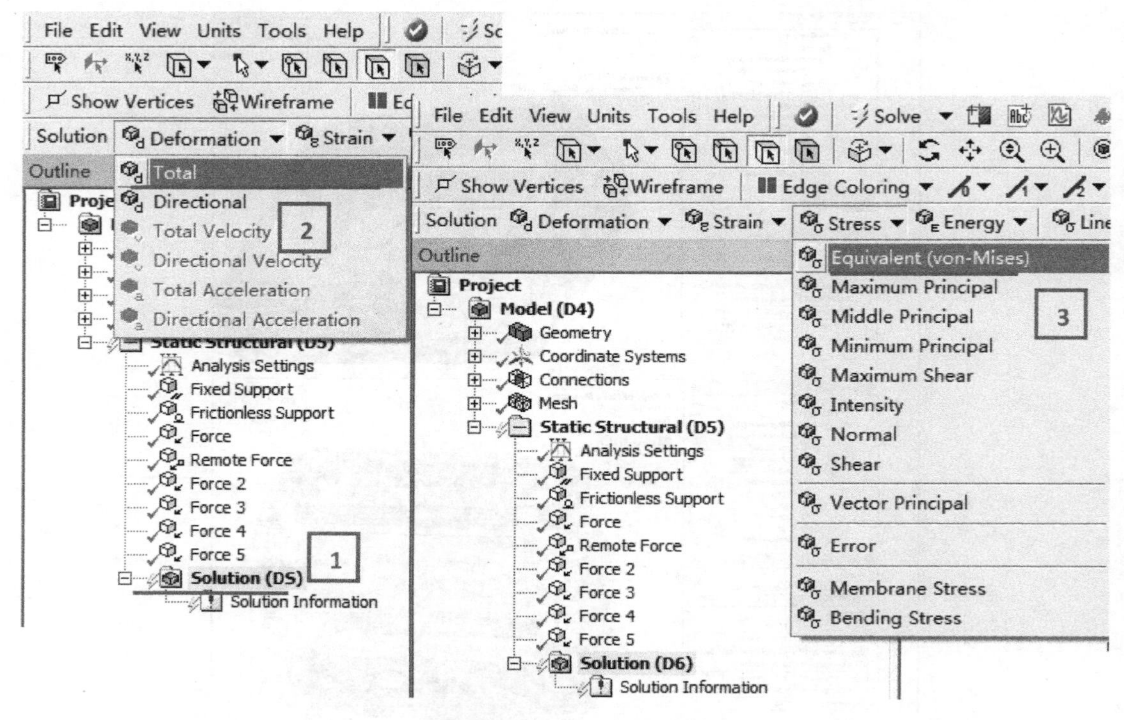

图 11-93　设定求解参数

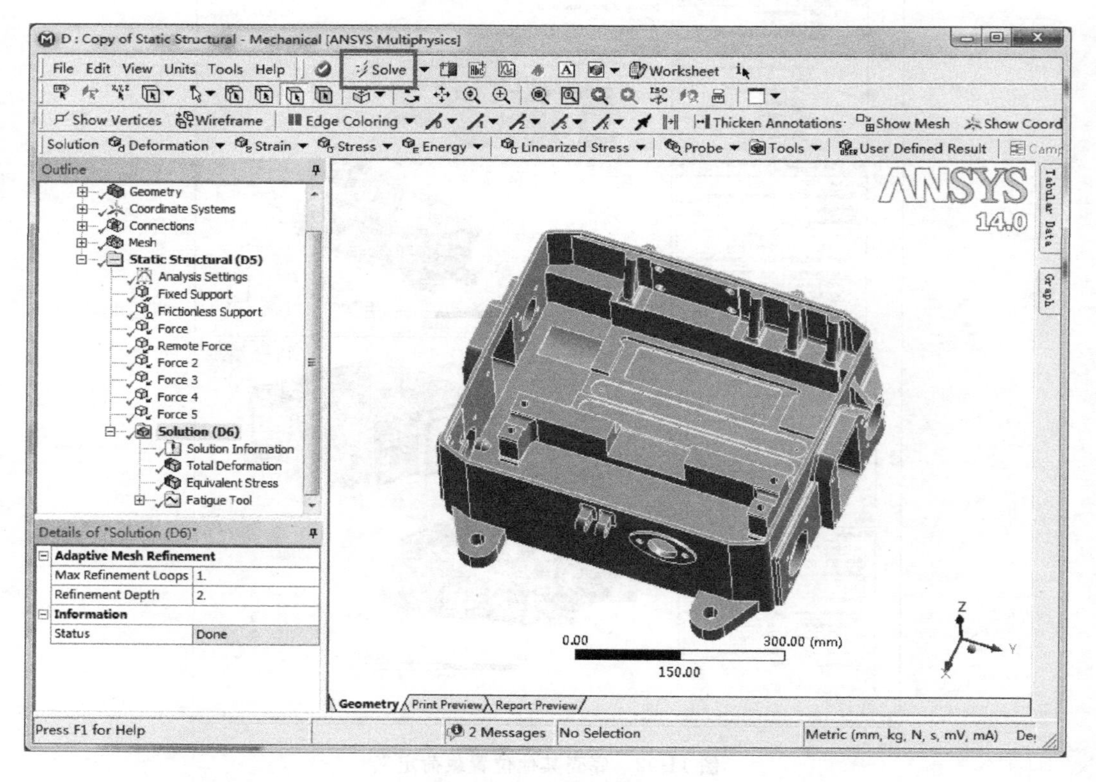

图 11-94　有限元求解

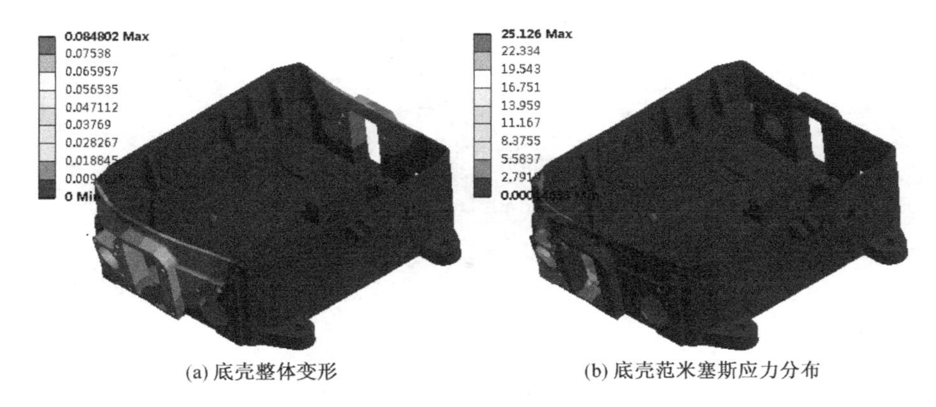

(a) 底壳整体变形　　(b) 底壳范米塞斯应力分布

图 11-95　底壳有限元分析结果

11.4.2　铁路转辙机底壳模态分析

模态分析的经典定义是指将线性定常系统振动微分方程组中的物理坐标表换为模态坐标，使方程组解耦，成为一组以模态坐标及模态参数描述的独立方程，以便求出系统的模态参数的一种分析方法。概括来说，模态分析是一种依据结构的固有特性(如频率、阻尼和模态振型)对结构进行描述的一种方法。模态是机械结构的固有振动特性，结构的每一阶模态都有与其对应的特定固有频率、阻尼比和模态振型。这些模态参数都可以由计算或者试验分析取得。如果已知系统的固有频率，就可以在结构的正常工作中避开其固有频率，并可以确保外部激励频率远离设备的固有频率，从而防止共振现象的发生，确保系统的安全运行。

底壳原始 CAD 模型如图 11-96 所示。

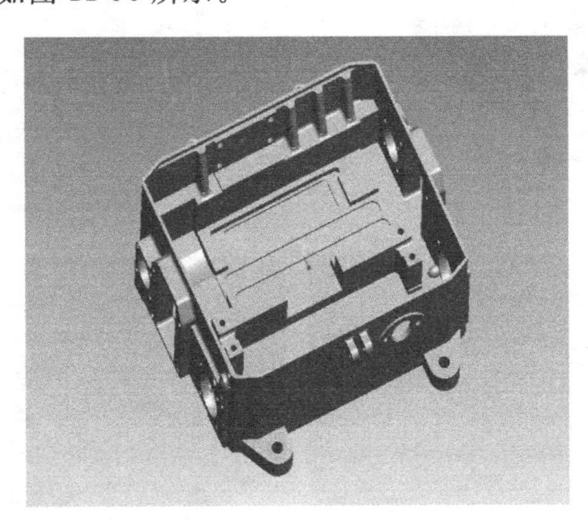

图 11-96　转辙机底壳原始模型

有限元模态分析对三维 CAD 模型的前处理要求很高。由于采用 CAD 软件建立的模型本身存在一些半径较小的倒角、硬边、短边等对划分有限元网格不利的缺陷，在建立有限元模型之前需要对已建立的 CAD 模型进行适当的预处理和简化。预处理的目的是保证结构的有限元模型网格分布均匀、网格密度适中。经过预处理的底壳模型如图 11-97 所示。

建立底壳的有限元模型(单元数:200 703，节点数 795 460)，如图 11-98 所示。

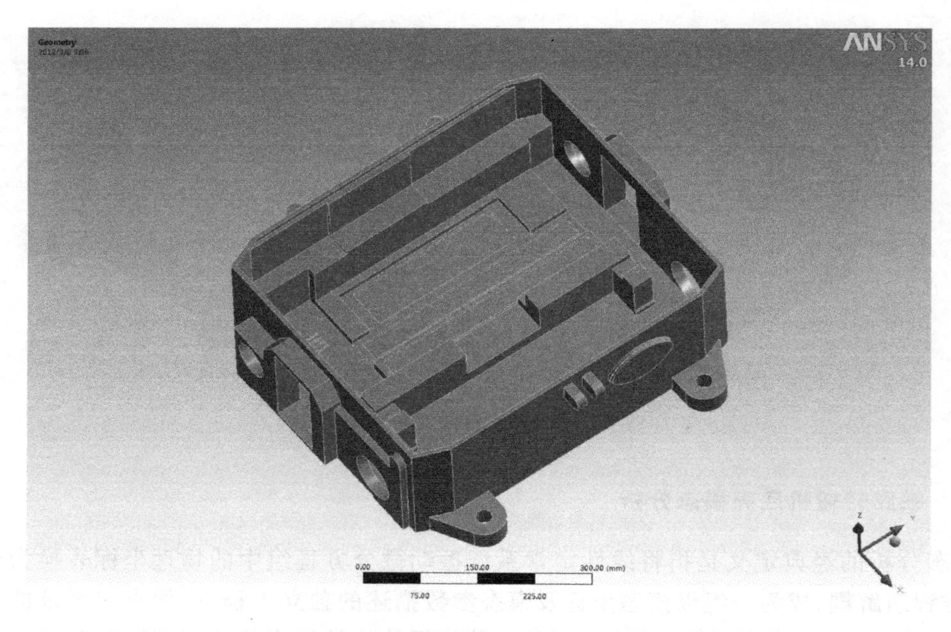

图 11-97　完成预处理的底壳(无加强筋)模型

图 11-98　转辙机底壳有限元模型及其局部网格

1)设置边界条件

本次分析是对转辙机底壳进行自由模态分析,底壳在各个方向上均不施加约束。

2)有限元求解

求解后所得底壳自由模态各阶振型如图11-99所示,各阶频率及振型变化情况如表11-6所示。

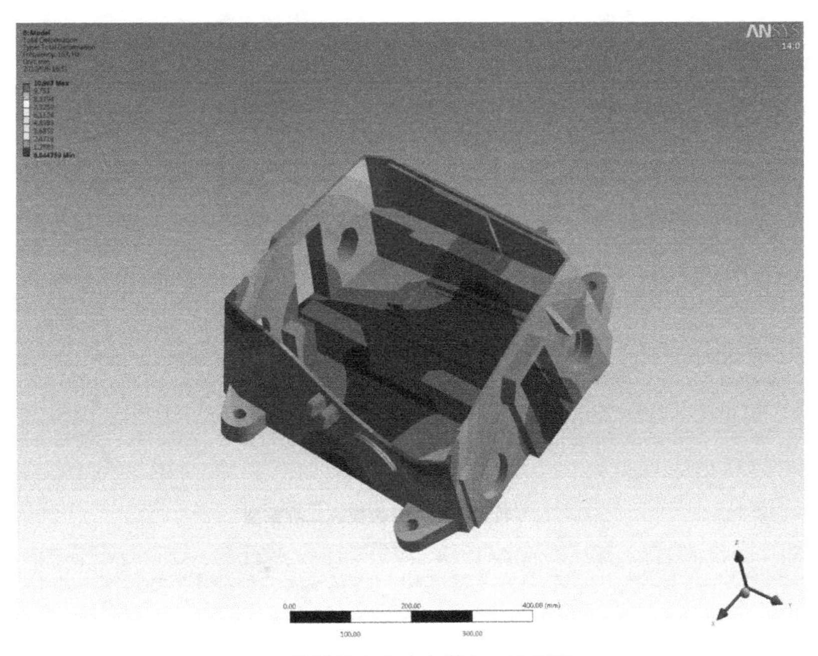

(a) 转辙机底壳自由模态一阶振型

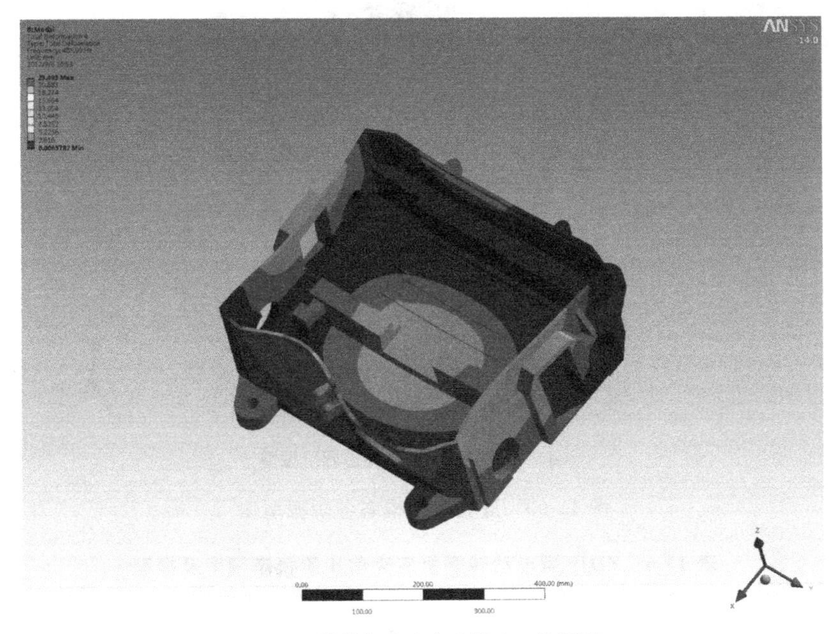

(b) 转辙机底壳自由模态二阶振型

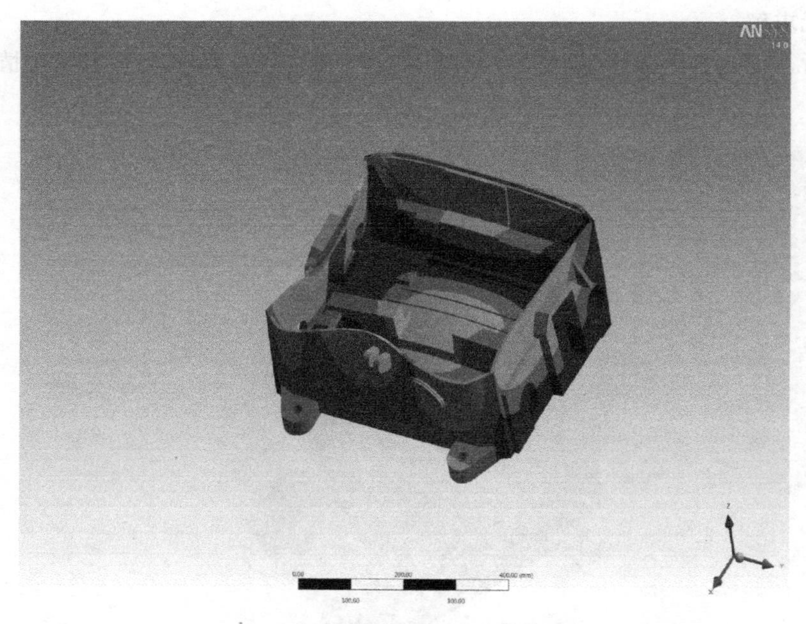

（c）转辙机底壳自由模态三阶振型

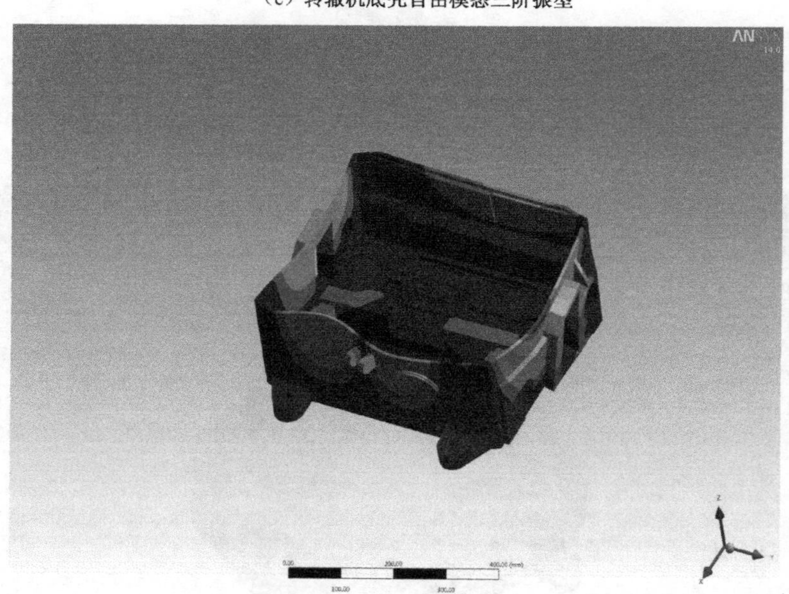

（d）转辙机底壳自由模态四阶振型

图 11-99　底壳自由模态各阶振型图

表 11-6　ZDJ9 型电动转辙机底壳前 4 阶模态频率及振型

阶次	固有频率/Hz	振型描述
1	163	底壳发生扭转变形
2	485	侧壁、底面向内弯曲，一处侧壁发生二次弯曲
3	527	侧壁、底面向内弯曲，一处侧壁发生三次弯曲
4	597	一处侧壁向内弯曲、两处侧壁向外弯曲，一处侧壁发生二次弯曲

11.4.3 铁路转辙机底壳谐响应分析

谐响应分析是确定一个结构在已知频率的正弦(简谐)载荷作用下结构响应的技术。其输入为已知大小和频率的谐波载荷(力、压力和强迫位移);或同一频率的多种载荷,可以是相同的和不相同的。其输出为每一个自由度上的简谐位移,通常和施加的载荷不相同;或其他多种导出量,如应力和应变等。

任何持续的周期载荷将在结构系统中产生持续的周期响应(谐响应)。谐响应分析使设计人员能预测结构的持续动力特性,从而使设计人员能够验证其设计能否成功地克服共振、疲劳,及其他受迫振动引起的有害效果。

谐响应分析是计算出结构在几种频率下的响应,并得到一些响应值(通常是位移)对频率的曲线。从这些曲线上可以找到“峰值”响应,并进一步观察峰值频率对应的应力。这种分析技术只计算结构的稳态受迫振动,发生在激励开始时的瞬态振动不在谐响应分析中考虑。谐响应分析是一种线性分析。任何非线性特性,如塑性和接触(间隙)单元,即使被定义了也将被忽略。但在分析中可以包含非对称矩阵,如分析在流体-结构相互作用中的问题。

谐响应分析可以采用两种方法:完全法和模态叠加法。完全法是所有方法中最简单的。使用完全结构矩阵,允许存在非对称矩阵(如声学)。模态叠加法是从模态分析中叠加模态振型,是所有方法中最快的。模态叠加法首先自动进行一次模态分析,程序会自动确定获得准确结果所需要的模态数。虽然首先进行的是模态分析,谐响应分析部分的求解还是很迅速且高效的,因此,总的来说,模态叠加法通常比完全法要快得多。由于进行了模态分析,将会获得结构的固有频率。谐响应分析中,响应的峰值与结构的固有频率相对应。由于固有频率已知,谐响应分析能够将结果聚敛到固有振动频率附近。

现以转辙机壳体作为分析对象。将壳体的底部 4 个面固定约束,对整体结构施加惯性载荷——加速度载荷,对转辙机壳体进行谐响应分析。这里用模态叠加法进行分析。

分析关键主要分为以下两点。

(1)谐响应分析的载荷描述方式。

谐响应分析假定所施加的所有载荷随时间按简谐(正弦)规律变化。指定一个完整的简谐载荷需要输入三条信息:Amplitude(幅值)、Phase Angle(相位角)和 Forcing Frequency Range(强制频率范围)。

Amplitude 指载荷的最大值,Phase Angle 指载荷滞后(或领先)于参考时间的量度。在复平面上,相位角是以实轴为起始的角度。当同时要定义多个相互间存在相位差的简谐载荷时,必须分别指定相位角。Forcing Frequency Range 指简谐载荷的频率范围。

(2)载荷类型。

谐响应分析中可施加的载荷,除了惯性载荷,可以在实体模型(由关键点、线、面组成)上定义载荷。在分析过程中,可以施加、删除载荷。Workbench 谐响应支持的载荷类型有加速度载荷、压力载荷、力载荷、轴承力、力矩、位移载荷、远端力载荷、远端位移载荷、线压力载荷。

分析步骤如下。

1)选择谐响应分析模块

由于本例采用模态叠加法,在模态分析的基础上直接选择谐响应分析模块,如图 11-100 所示。

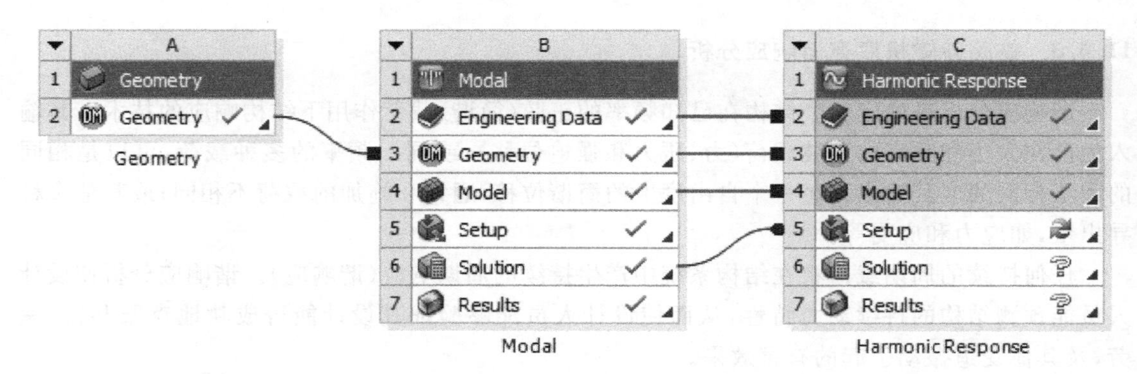

图 11-100　选择谐响应分析模块

2)设定频率范围及施加载荷

设定扫频范围和频率点步长,在 Analysis Settings 的属性栏中,输入 Range Minimum=38Hz,Range Maximum=1000Hz,Solution Intervals=50,如图 11-101 所示。

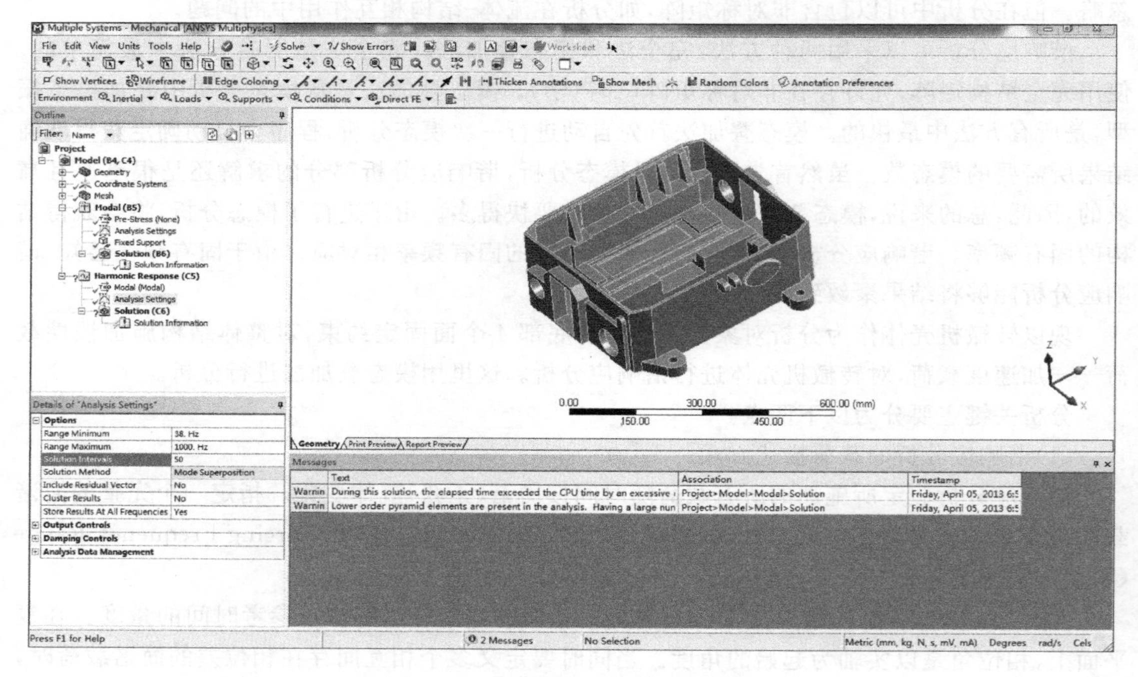

图 11-101　设定频率范围及频率点步长

施加载荷,底部 4 个面固定约束在模态分析中已经施加,本节只考虑给转辙机壳体施加整体的惯性载荷——加速度载荷,选择 Inertial>Acceleration,选择整体结构,选择如图 11-102(a)所示的方向,输入幅值力 Magnitude=10.5×9.8=102.9mm/s^2,如图 11-102(b)所示。

3)设定求解参数

设定求解参数,选择 Frequency Response>Deformation,选择所有的面,设定 Spatial Resolution 为 Use Maximum,方向选择 z 轴,如图 11-103 所示。

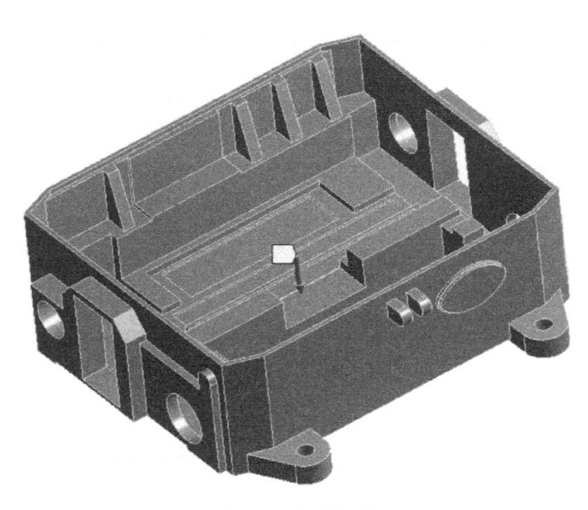

(a) 转辙机壳体加载图

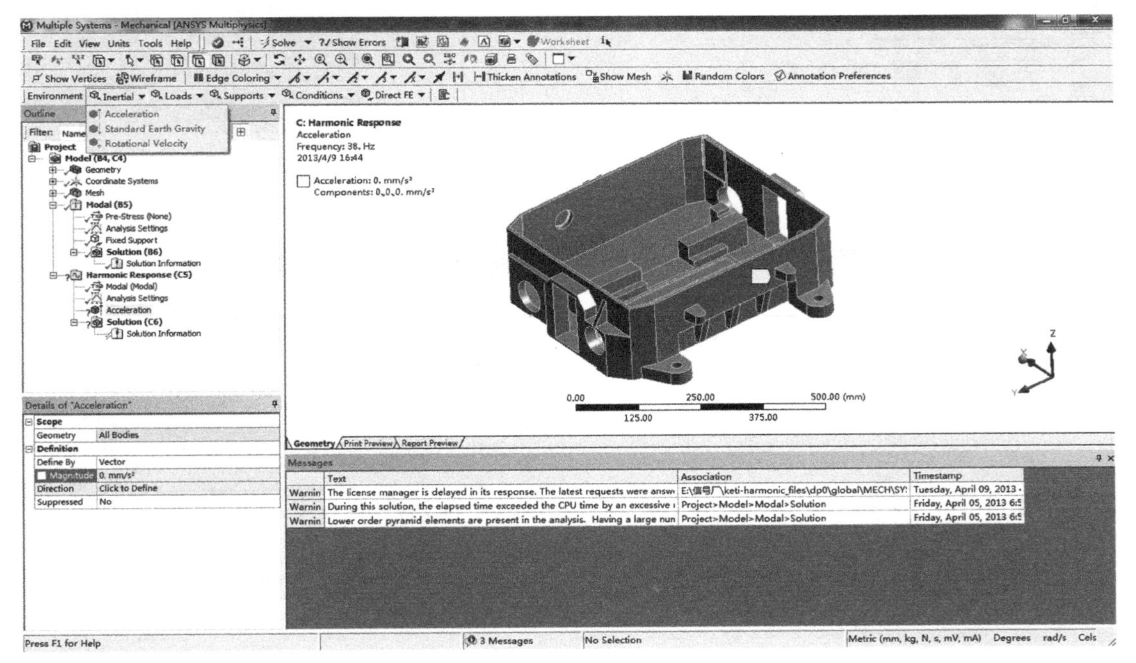

(b) 施加惯性载荷

图 11-102　底壳谐响应分析的载荷定义

4)求解

单击 Solve 求解。

5)观察求解结果

(1)观察计算得到的最大位移频响函数曲线,如图 11-104 所示。

(2)计算不同频率点的位移和等效应力值,频率值 $f=500$Hz,如图 11-105 所示。

计算得到的位移和等效应力分布图,如图 11-106 所示。

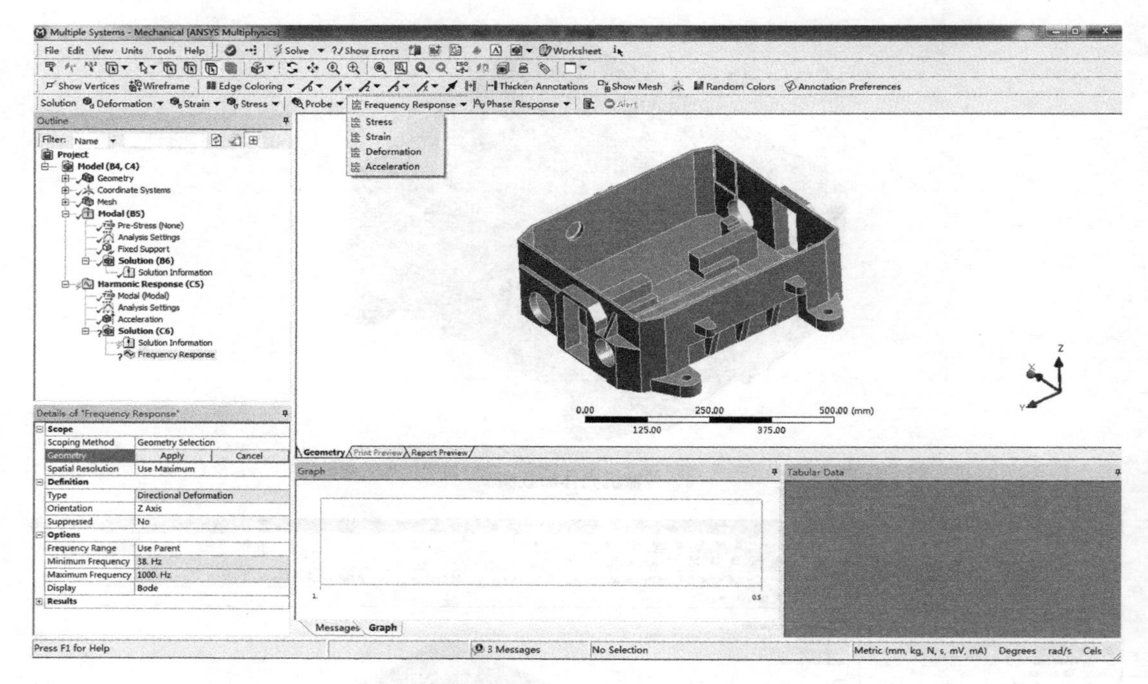

图 11-103　设定求解参数

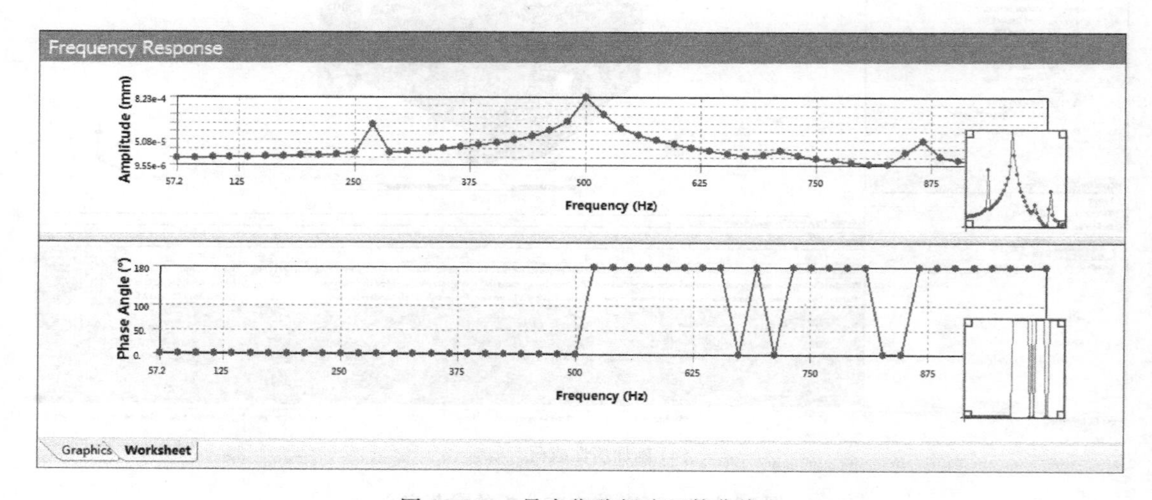

图 11-104　最大位移频响函数曲线

11.4.4　铁路转辙机内部流场分析

转辙机使用地域广泛，由于气候条件的不同，设备也面临着不同的工作环境，影响其正常工作的因素包括：昼夜温差大，空气湿度极大或极小，低温环境等，这些问题都使得在实验室正常工作的转辙机在道岔上出现各种问题：转辙机的动作杆推出拉入将潮湿空气抽进设备内腔，冷却后出现液滴，严重时会发生结霜现象，加速内部接点的腐蚀，造成接点加速生锈，接线座出现发霉现象，这都会导致线路出现故障，甚至液滴的存在直接造成内部短路，给铁路安全带来巨大威胁。

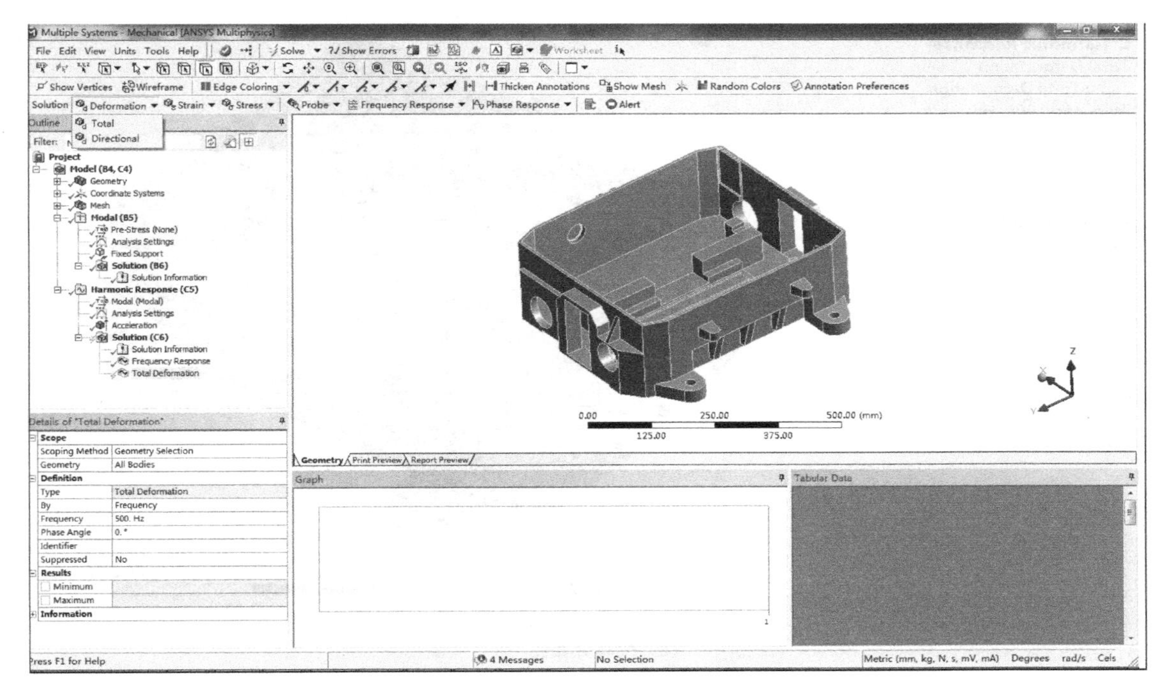

(a) 500Hz频率点的位移

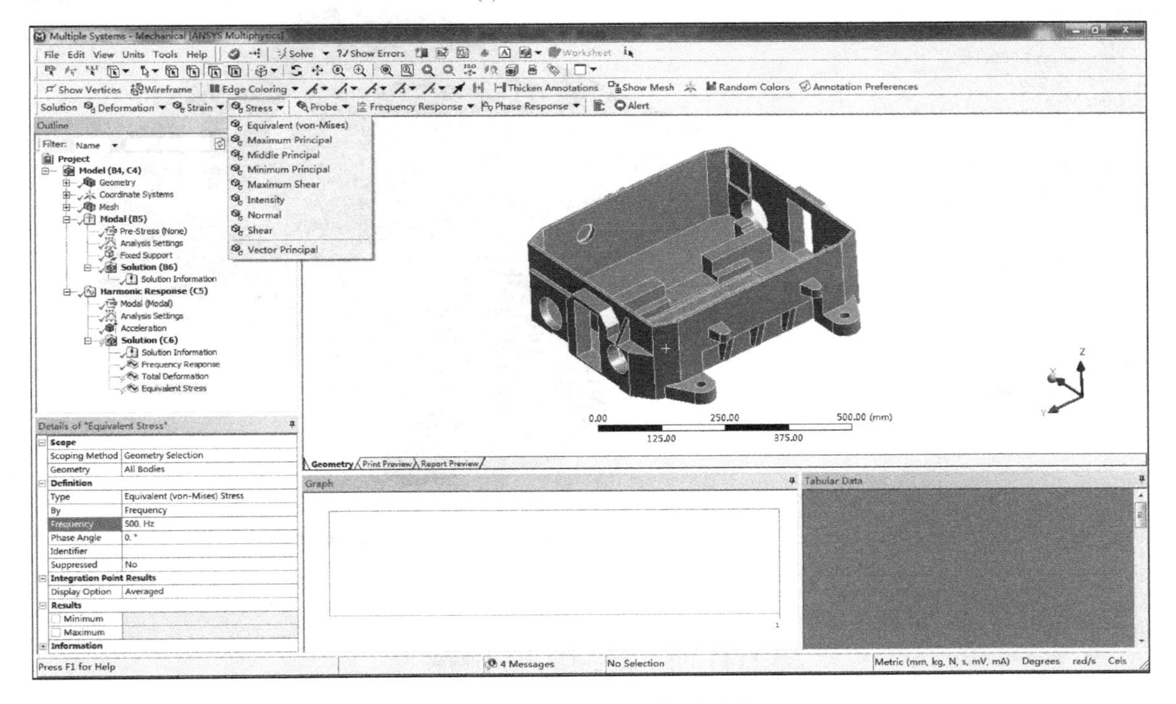

(b) 500Hz频率点的等效应力值

图 11-105　底壳位移和等效应力值

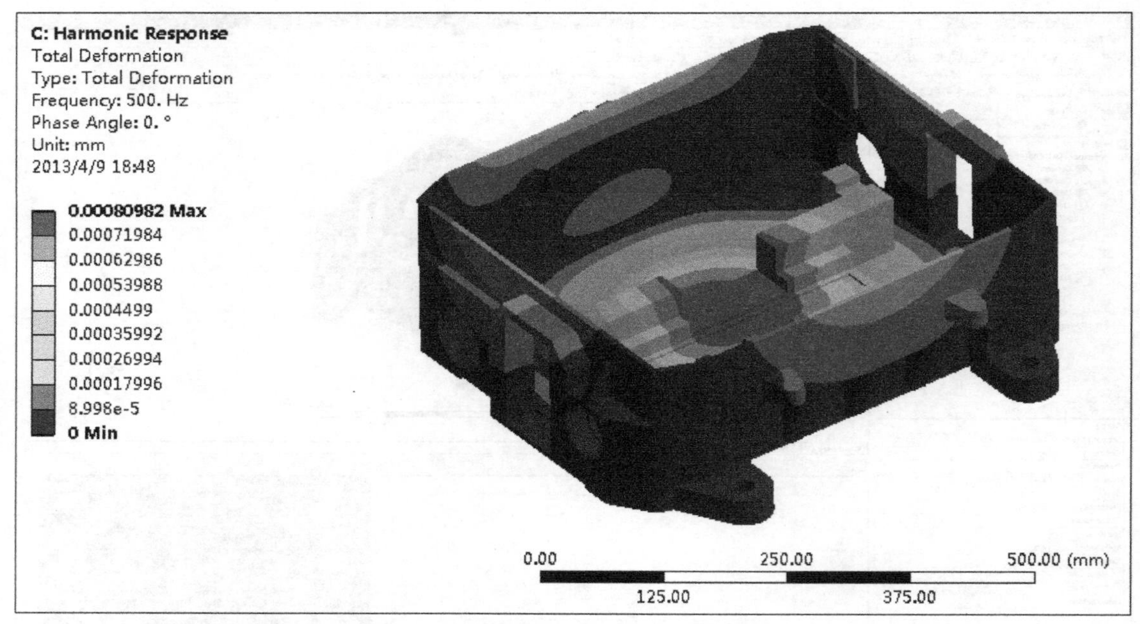

（a）位移分布图

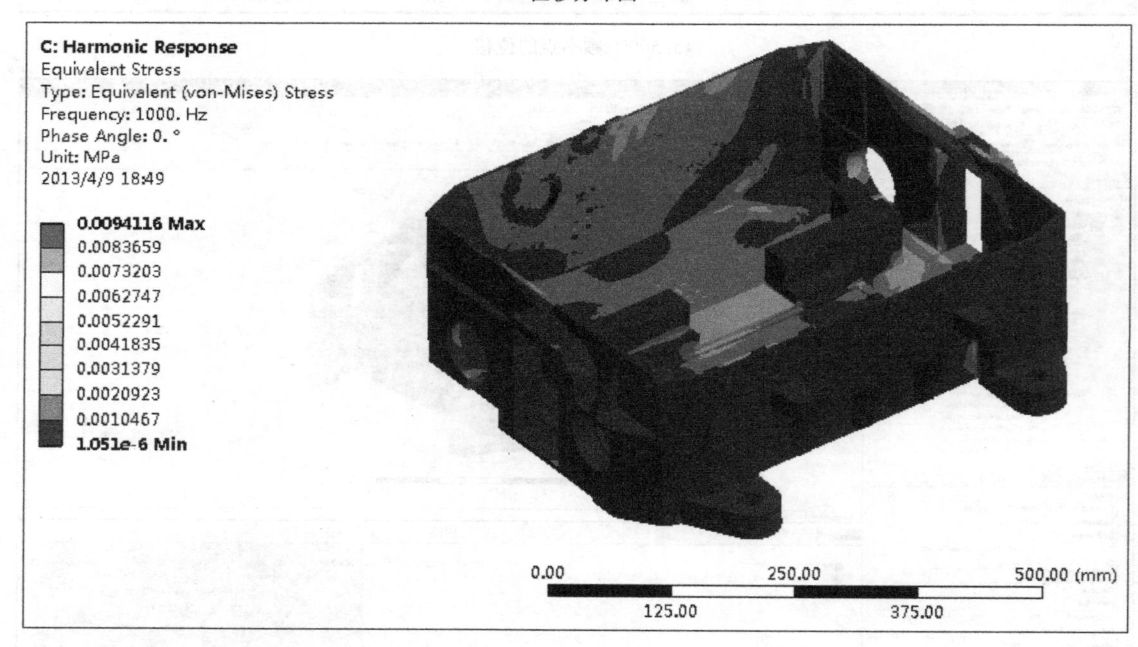

（b）等效应力分布图

图 11-106　底壳有限元分析结果

基于此，转辙机内部空腔的除潮问题尤为重要。之前的转辙机设计，都是完全密封，装配时给设备内部放置一定量的干燥剂。这种设计能保证使用初期设备内部干燥，能正常工作。随着使用时间的加长和我国南方的湿润气候，干燥剂的功效总有一天被消耗殆尽，之后设备的工作情况就无法保证。需要在转辙机盖上开通气孔，防止内部水汽堆积。

1)建立模型

启动 AWE,进入项目管理界面,双击左侧工具栏中的 Component Systems>Mesh;拖动 FLUENT 图标到 3 Mesh 上,弹出如图 11-107 所示的分析模块。

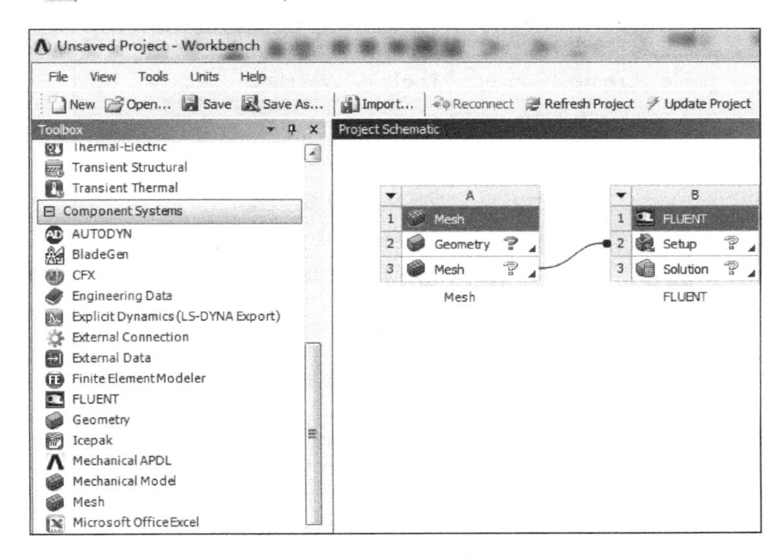

图 11-107　分析模块

在 FSI 分析过程树左侧 A 子树上右击 Geometry,在 Input Geometry 中选择要输入的几何模型 FLUENT. agdb,如图 11-108 所示。

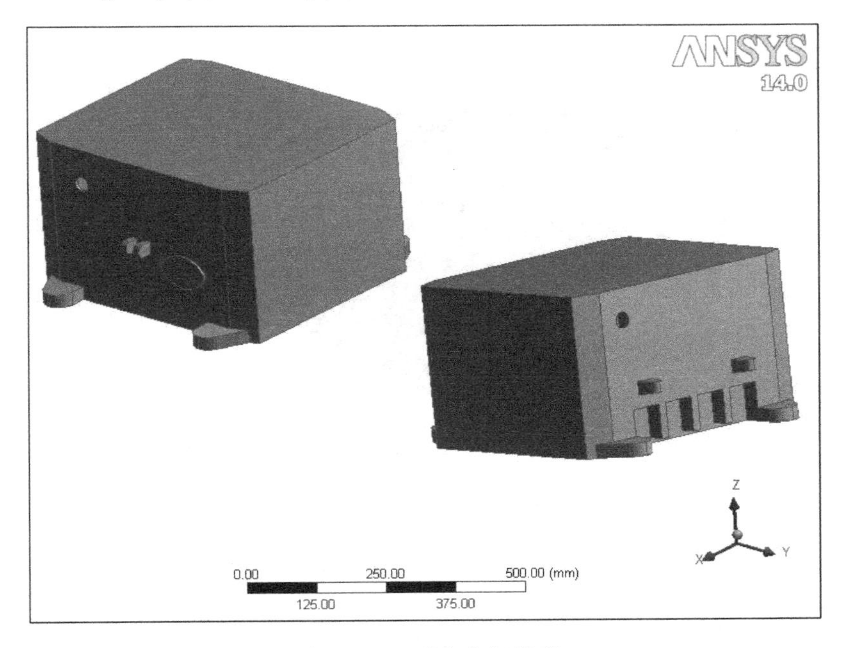

图 11-108　引入几何模型

2)建立流体域模型

双击 Geometry 图标进入模型编辑页面。选择 Tools>Fill,如图 11-109 所示。选择所有内部面。有一个小技巧，内部空腔面太多的情况下，可以选择面过滤器，在空白位置右击选择 Select All，然后按住 Ctrl 再选择外部面，可选择出所有内部面。

单击 Generate，形成内部流场如图 11-110 所示。

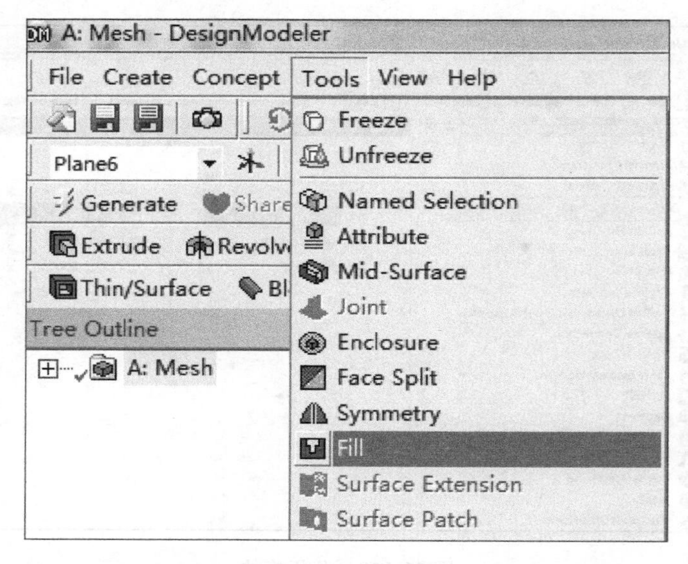

图 11-109 模型编辑页面

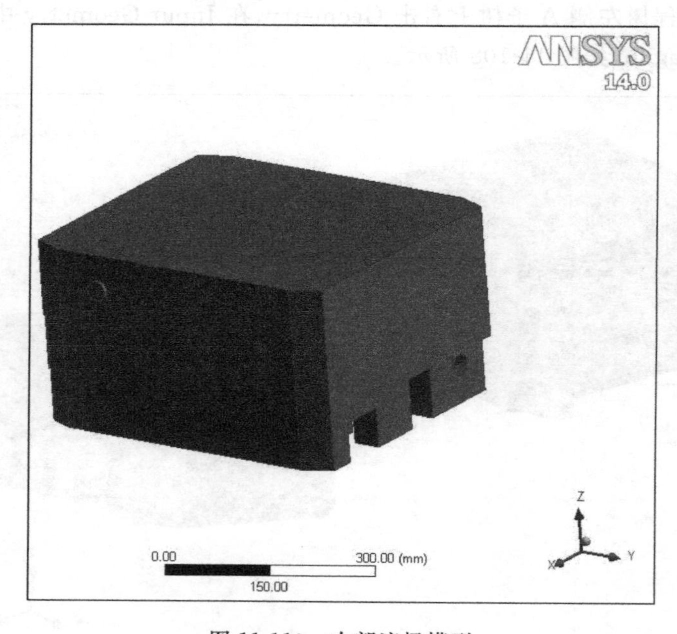

图 11-110 内部流场模型

选择 Tools>Enclosure，设置流场边界偏离实体模型各个方向都是 100mm，如图 11-111 所示；单击 Generate，形成外部流场如图 11-112 所示。

将实体模型，内部流场和外部流场合并：选择体过滤器，在空白处右击选择 Select All，在选择的模型上右击，选择 Form New Part，如图 11-113 所示。

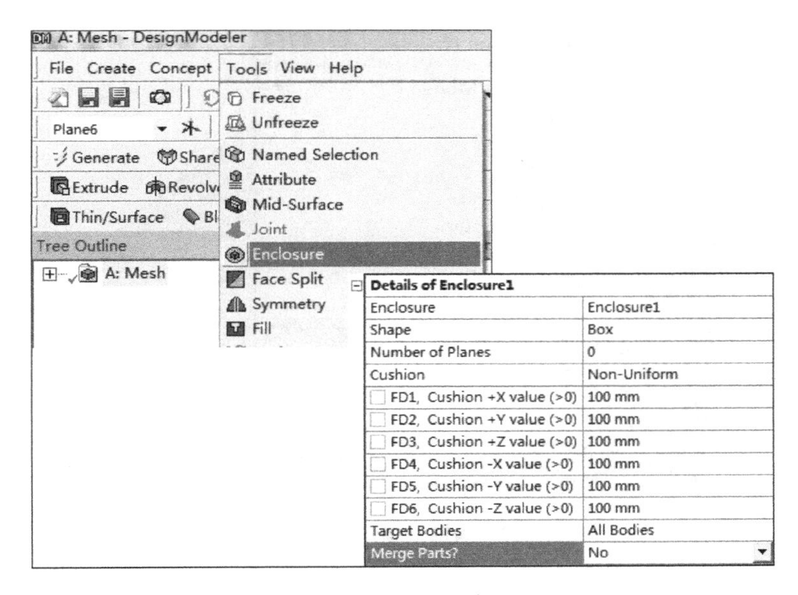

图 11-111 选择偏距

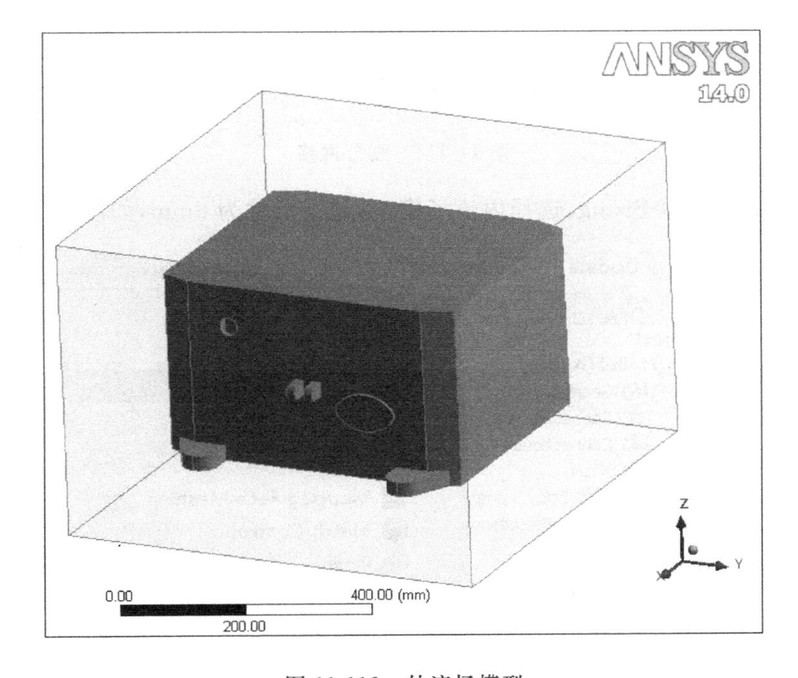

图 11-112 外流场模型

建立 Name Selection：选择孔 1 一侧的外流场壁面，右击选择 Name Selection，单击 Generate。在流程管理树上，重命名该命名组为 inlet。同理，将孔 2 一侧的外流场壁面建立 Name Selection，并将其重命名为 outlet。

3）网格划分

返回主界面，双击 Mesh 进入网格划分界面。首先选择划分网格的 Physics Preference 为 CFD，Solver Preference 为 Fluent，如图 11-114 所示。

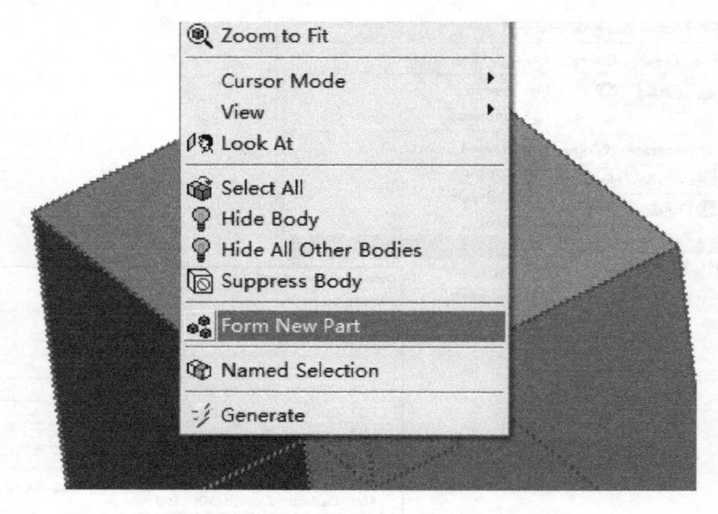

图 11-113　内部流场和外部流场合并

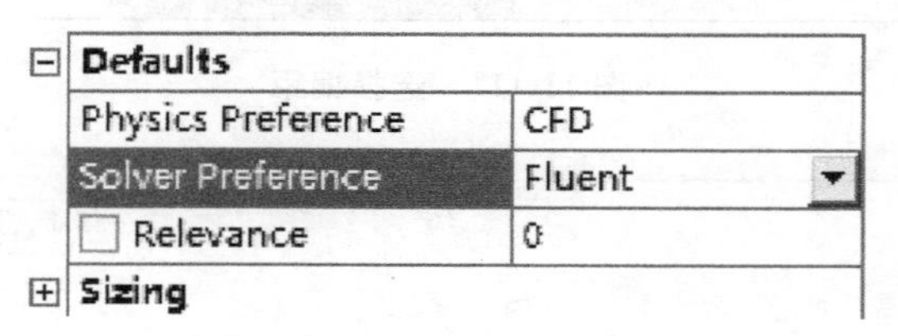

图 11-114　划分网格

选择 Mesh Control>Sizing，选择内流场模型，定义尺寸为 8mm，如图 11-115 所示。

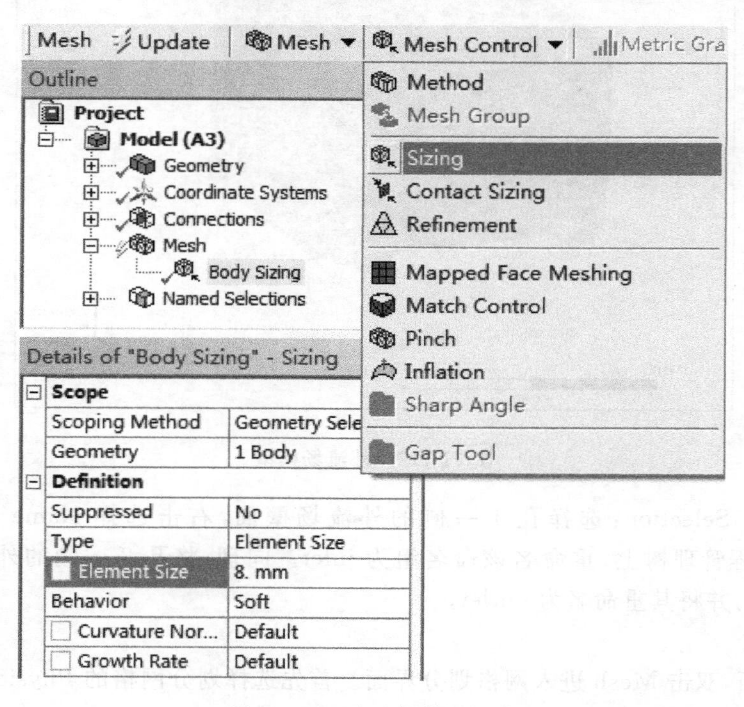

图 11-115　内流场模型尺寸

选择 Mesh Control>Sizing，选择实体模型，定义尺寸为 20mm。选择 Mesh Control>Sizing，选择外流场模型，定义尺寸为 24mm。单击 Generate，生成网格，如图 11-116 所示。

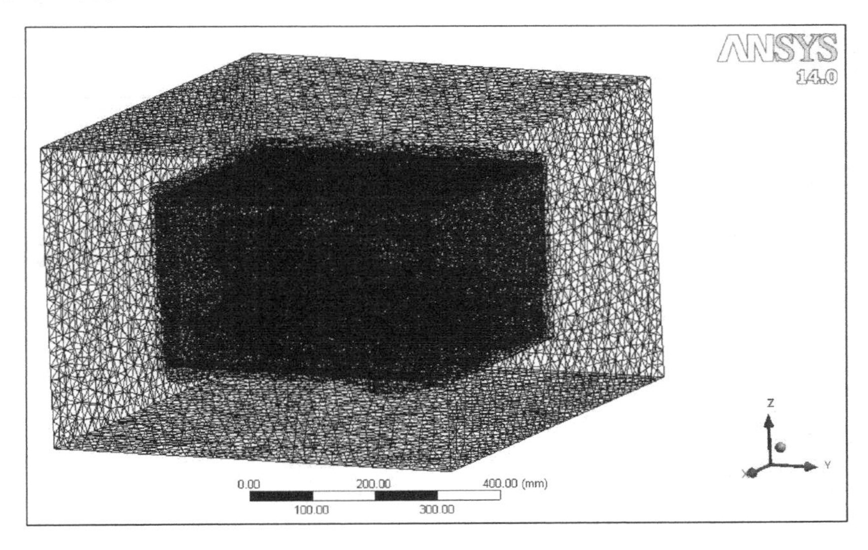

图 11-116　生成网格

完成网格划分后，Name Selection 中会自动生成 Open Domain，在本次分析中并不需要，因此要删除。

4)流体分析参数设置

在 Mesh 模块后添加 Fluent 模块，双击进入设置求解界面。分析类型设置：设为瞬态(Transient)，添加重力为 z 方向 -9.8m/s^2，如图 11-117 所示。

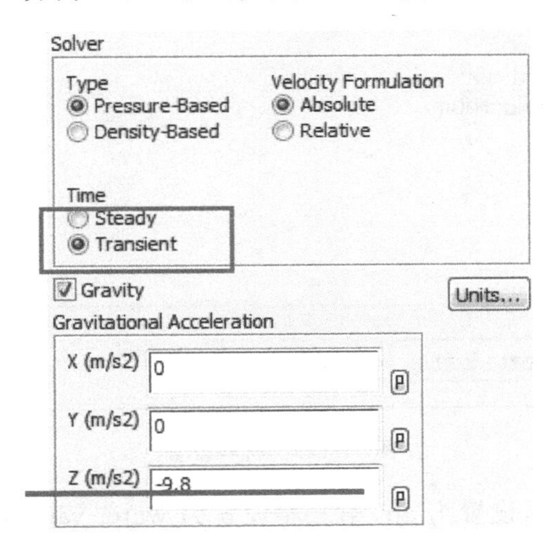

图 11-117　分析类型设置

模型设置：选择多相流模型为 Mixture；湍流模型为 Realizable K-epsilon；设置如图 11-118 所示材料设置；从材料库中添加水蒸气(water-vapor)到当前分析，如图 11-119 所示。

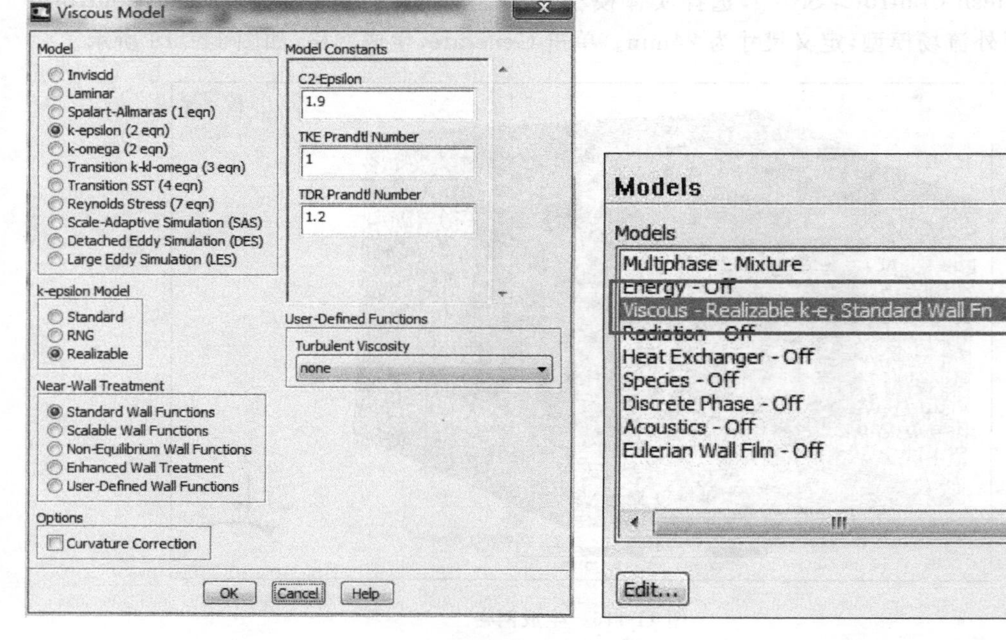

图 11-118　模型设置

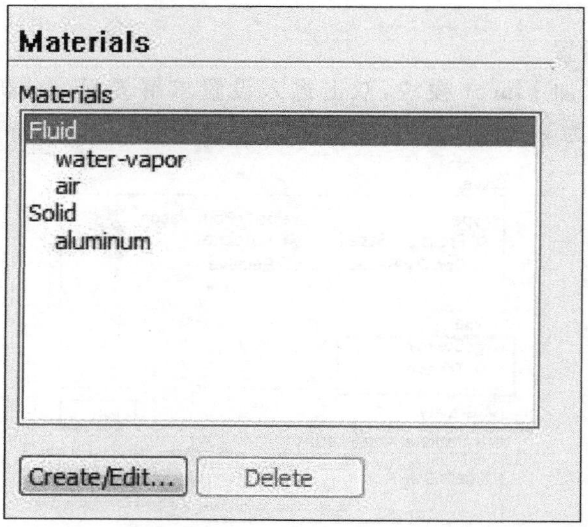

Materials

Materials

Fluid

water-vapor

air

Solid

aluminum

Create/Edit...　Delete

图 11-119　材料设置

物相设置：选择第一相，设置为 air，第二相设置为 water-vapor，如图 11-120 和图 11-121 所示。

边界条件设置：选择区域为 inlet，物相选择第一相空气，入口类型为速度入口（velocity-inlet），设置流速为 10m/s，如图 11-122 所示。

流场初始化：选择初始化区域为全部区域，如图 11-123 所示。

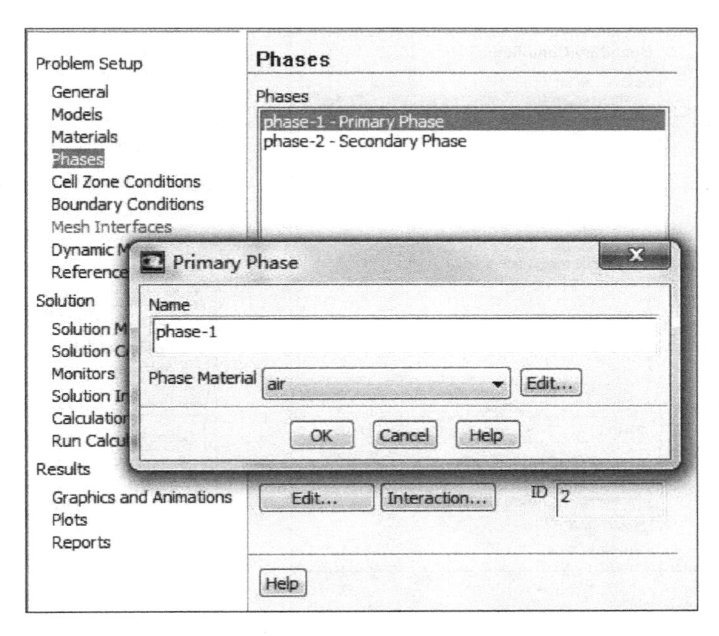

图 11-120　第一相设置

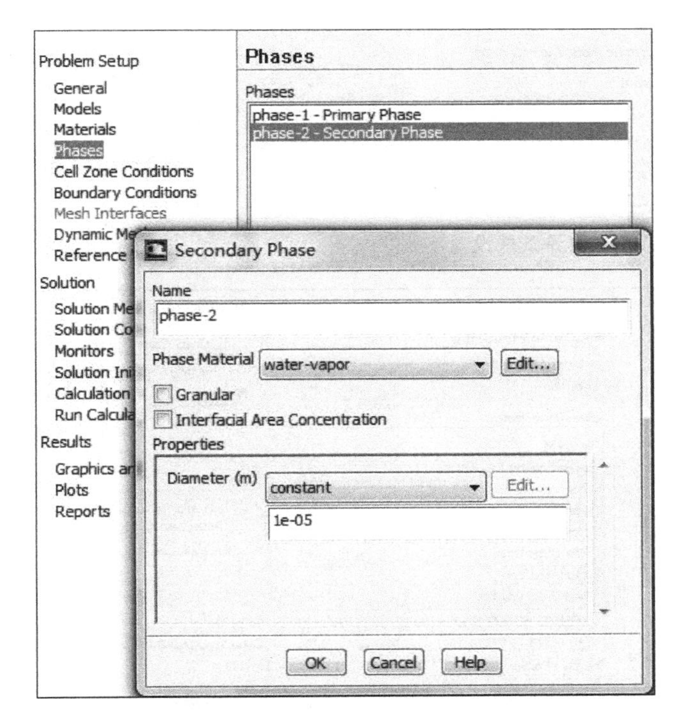

图 11-121　第二相设置

求解参数设置：打开 Solution Method，选择求解方法为耦合(Coupled)，打开 Run Calculation，设置求解时间步长为 0.01s，每步迭代次数最大 100 次，设置时间步为 8000 步，如图 11-124 所示。单击 Calculate 进行计算。

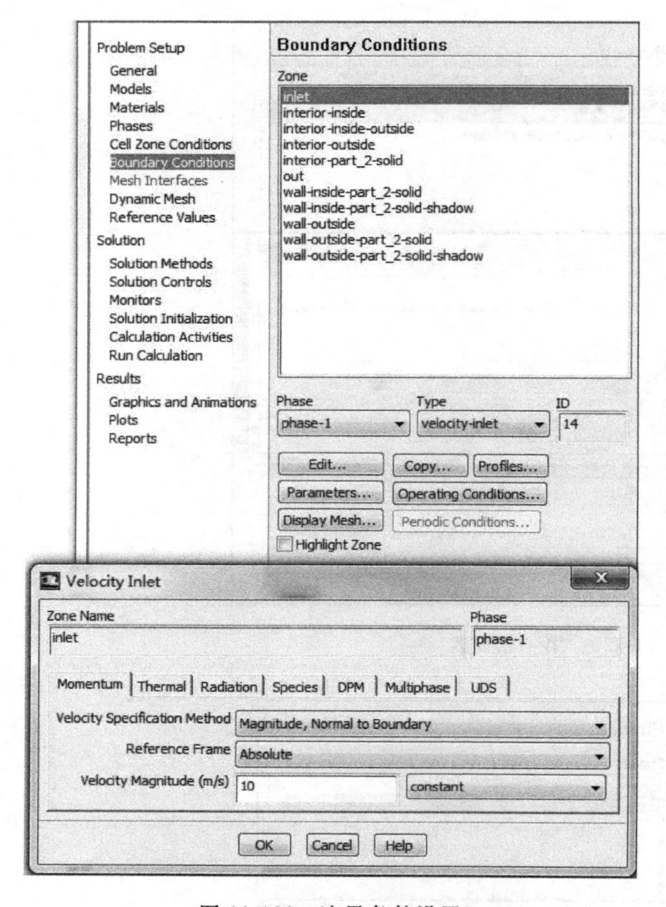

图 11-122　边界条件设置

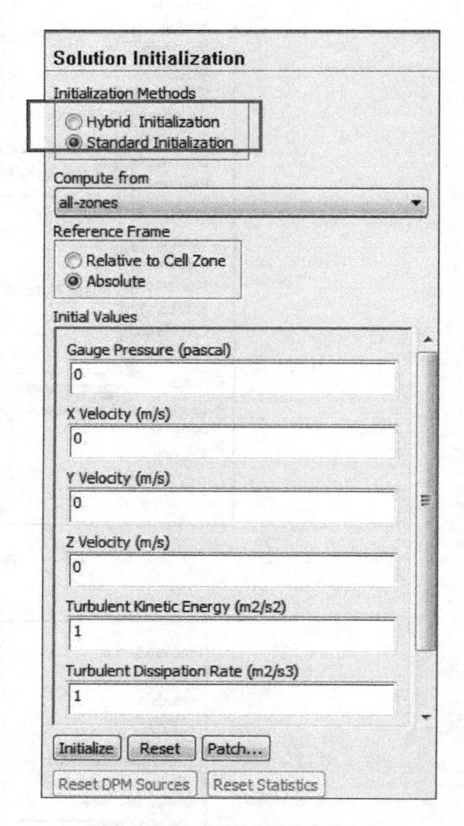

图 11-123　流场初始化设置

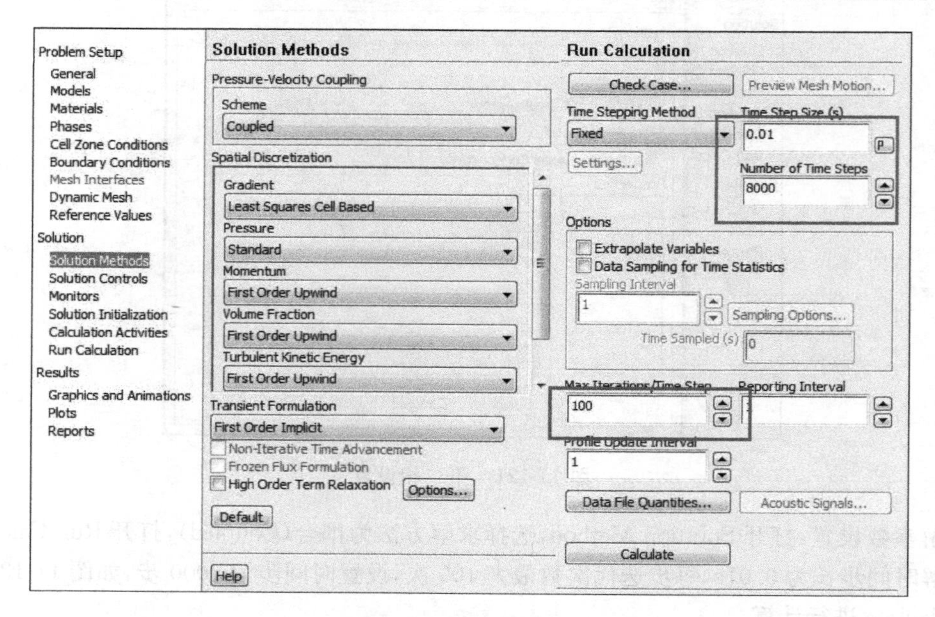

图 11-124　求解参数设置

5)计算结果

在最终时刻,即80s,整体流场的流速流线图如图11-125所示。

图11-125 整体流场流速流线图

内流场入口截面的流速云图,如图11-126(a)所示;内流场出口截面的流速云图,如图11-126(b)所示。

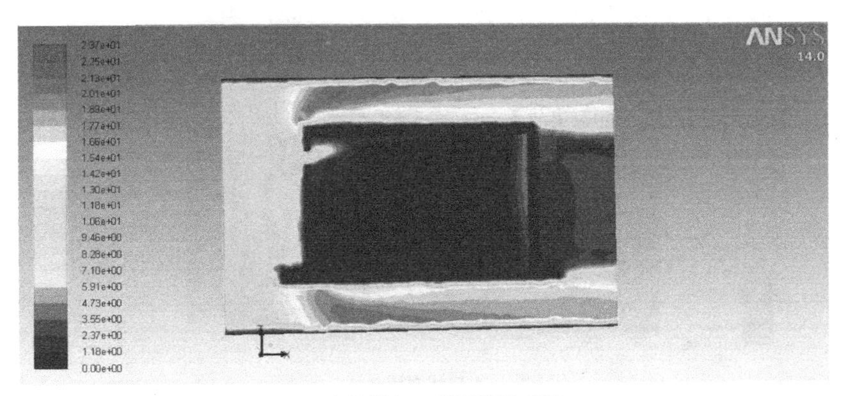

(a) 内流场入口截面流速云图

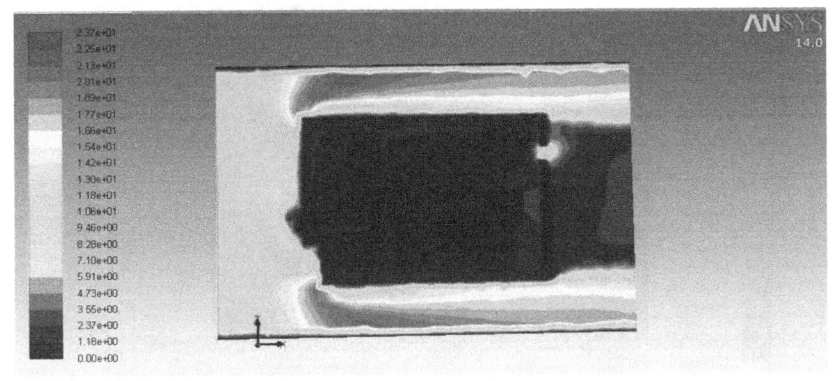

(b) 内流场出口截面流速云图

图11-126 内部流场流速云图

第一相(air)在 80s 的体积分数，如图 11-127 所示；内流场入口截面第二相(water-vapor)体积分数云图，如图 11-128(a)所示；内流场出口截面第二相(water-vapor)体积分数云图，如图 11-128(b)所示。

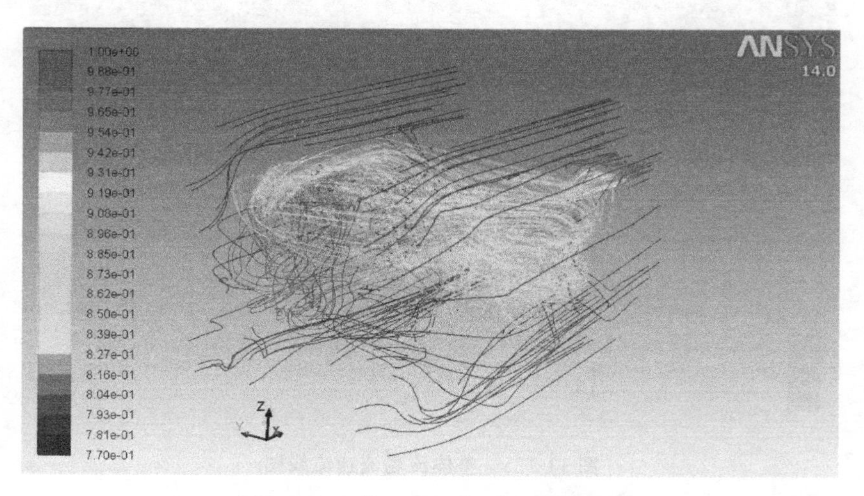

图 11-127　第一相的体积分数流线图

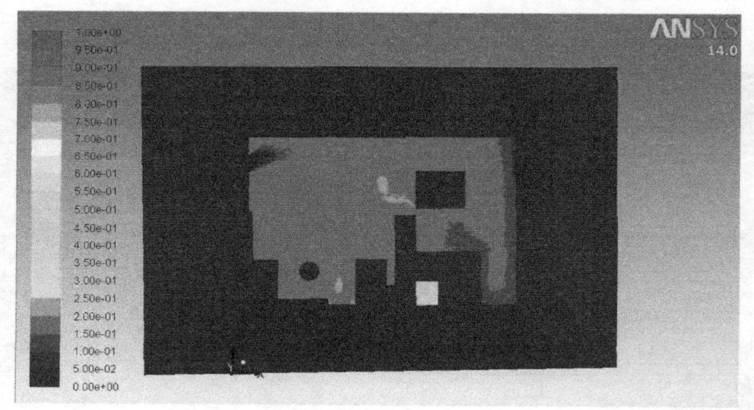

(a) 入口截面图

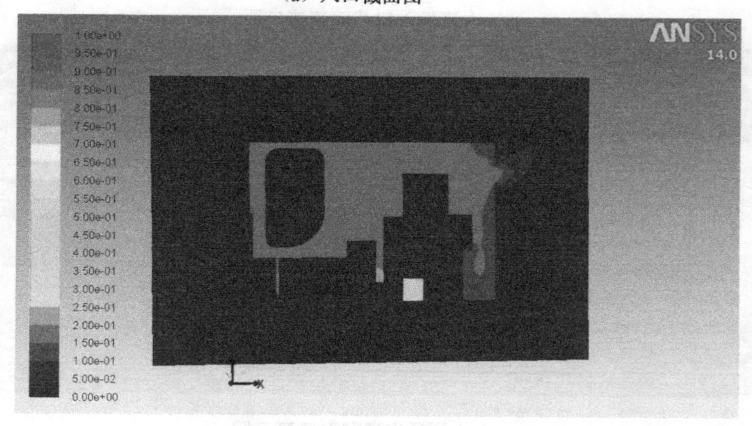

(b) 出口截面图

图 11-128　内流场第二相体积分数云图

由图11-125可知，经由对角线位置的对流孔流线显示出内部流场分布，空气流动由入口孔进入，贴着壁面向出口流出；气流在内部形成环流，从压力出口排出。由图11-126可知，内部流场最大速度大约是7m/s，靠近壁面的位置能达到这一数值，这对内部使用是没有影响的，但能有效带走内部空腔存在的水蒸气，防止水蒸气在壁面凝结。由图11-127可知，经过10m/s的空气持续流动80s，内部流场由最初的全部是水蒸气，已经变为空气所占体积分数已经达到82%以上；由图11-128可以看到，在80s时刻内部空腔中，水蒸气的体积分数都降至约20%。综上所述，在转辙机壁面开孔能较好地排出转辙机内部的水蒸气，能够达到一定的除潮效果。

11.4.5 铁路转辙机底壳疲劳分析

转辙机底壳是薄壁件，根据前述静力学分析结果，可知底壳所受力并未超过材料极限强度，从静态分析的角度，该零件是安全的；然而设备在实际工作中要承受反复的加载和卸载，从材料疲劳角度，需要考量交变载荷下零件的使用寿命，尤其是在受力不大、使用时间较长的情况下，进行疲劳寿命分析是很有必要的。

疲劳交互式的分析过程如下。

1)打开静力学分析界面，在结果中加入疲劳分析工具

选择 Solution 并右击，在弹出菜单中选择 Insert>Fatigue>Fatigue Tool。

在 Fatigue tool 属性菜单中，定义交变载荷类型 Type 为 Fully Reversed，考虑到实际使用中会发生碰撞，将比例因子设为4，平均应力理论选择 Goodman，设置如图11-129所示。

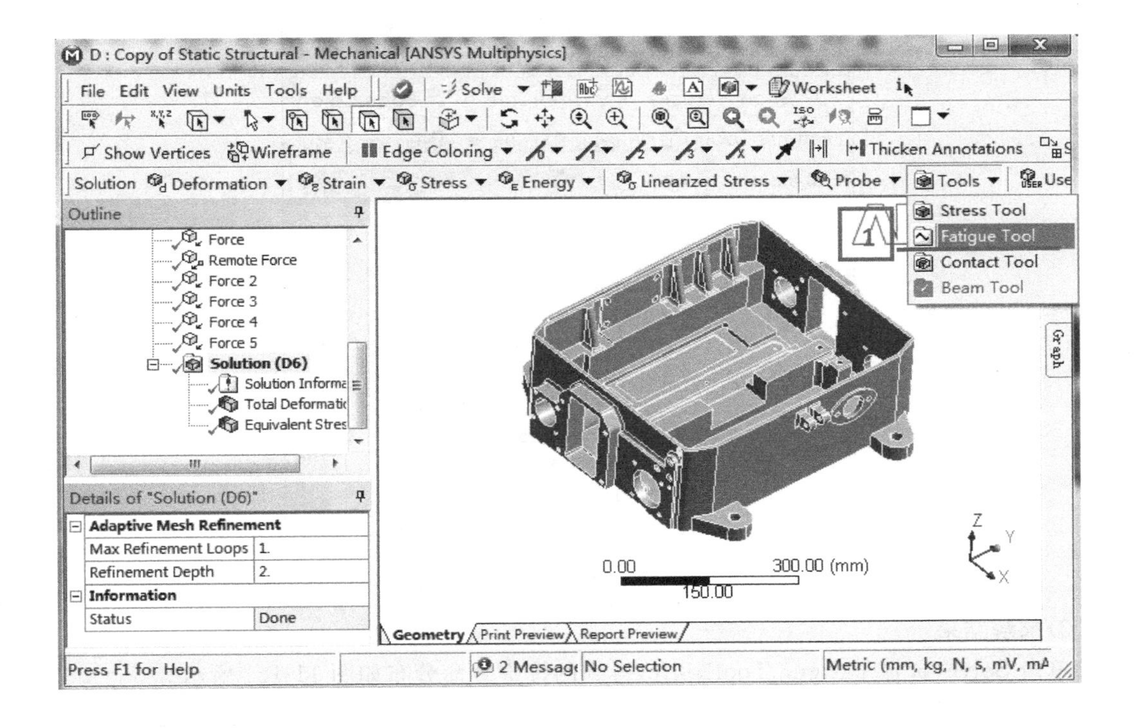

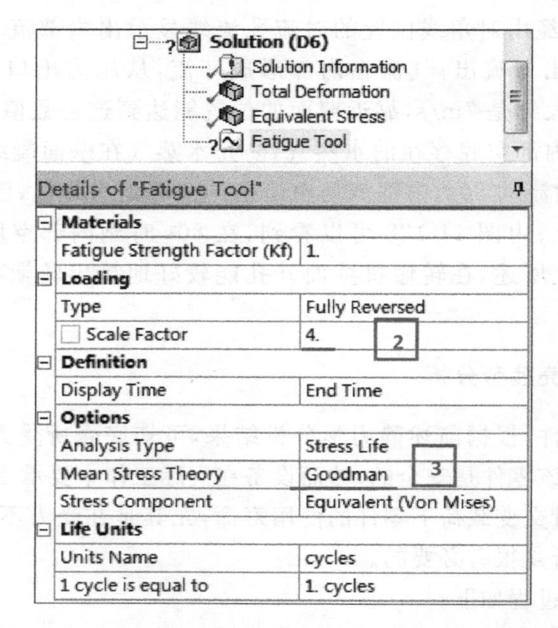

图 11-129　添加疲劳分析工具与设置疲劳载荷及计算参数

激活 Fatigue Tool，在菜单中选择 Contour Results>Life，如图 11-130 所示。

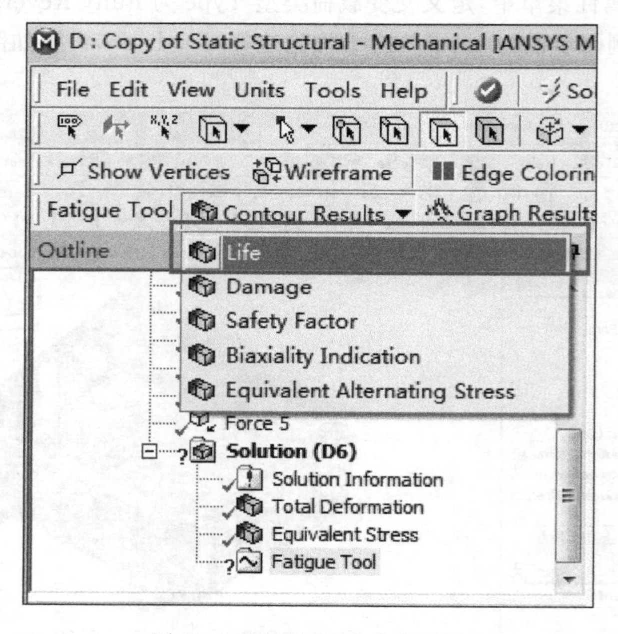

图 11-130　添加寿命分布云图

2)求解结果

单击 Solve，选择 Fatigue Tool>life，得到的按键寿命分布如图 11-131 所示。

从图 11-131 中可以看到，最小寿命为 1.599×10^{7}，满足国家标准中有关该设备的使用寿命 100 万次的规定。

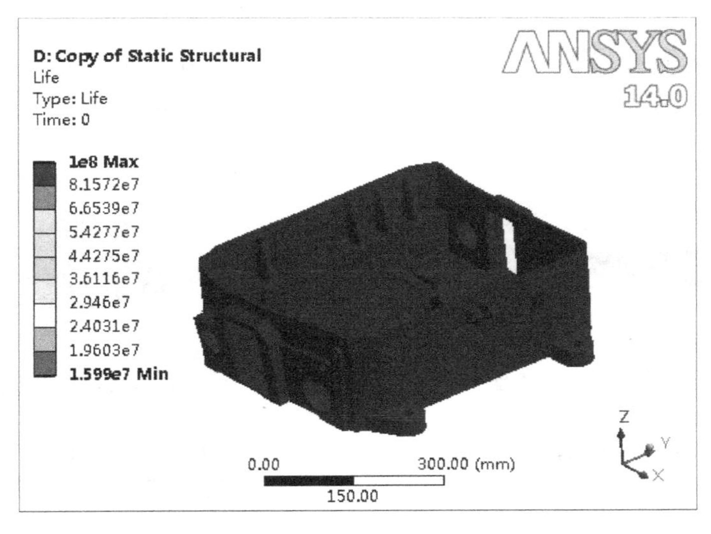

图 11-131 寿命分布图

11.4.6 转辙机底壳的模态测试

为了验证有限元仿真结果，需要对仿真对象进行试验测试。这里对上述的仿真对象——转辙机底壳进行锤击法模态测试。

本次模态测试采用 LMS 公司的 Test. lab 模态分析模块。测试主要使用 PCB 力锤、PCB 传感器、LMS 数据采集仪及数据采集模块、LMS 模态测试模块。

LMS 数据采集与模态测试设备如图 11-132 所示。本次试验测试采用 LMS 数据采集仪与测试软件，该仪器拥有强大的数据采集和分析功能模块，包含 16 个同步输入通道，最大限度地利用了内置的多 DSP 并行计算技术，保证了数据采集的实时性。LMS 内置的模态分析模块，可以精确提取测试结构的固有频率。

图 11-132 LMS 数据采集仪及模态测试模块

PCB 力锤 086C03 如图 11-133 所示。采用 PCB 公司型号为 086C03 的模态力锤对结构进行锤击激励。PCB 力锤主要参数如表 11-7 所示。传感器如图 11-134 所示。PCB 加速度传感器若干，利用蜂胶将其固定在试件上，测量振动响应。PCB 加速度传感器主要参数如表 11-8 所示。

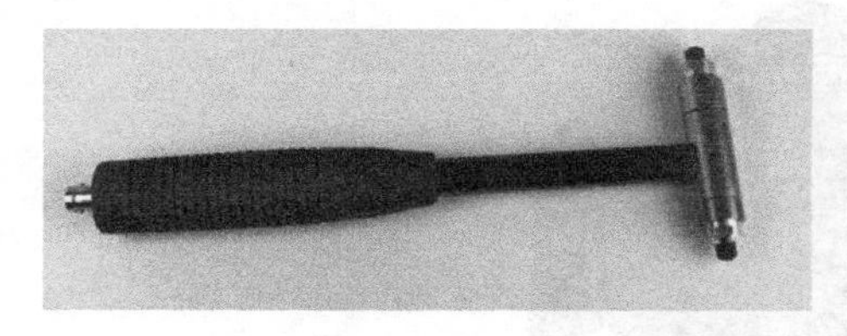

图 11-133　086C03 型 PCB 力锤

图 11-134　333B32 型 PCB 加速度传感器

表 11-7　086C03 型 PCB 为锤部分参数

性能指标	参数
灵敏度(±5%)	2.25mV/N
测力范围	± 2224N
共振频率	⩾ 22kHz
非线性度	⩽ 1%

表 11-8　333B32 型 PCB 加速度传感器性能参数

性能指标	参数
灵敏度(±5%)	100mV/(m/s^2)
测量范围	±490 m/s^{2}pk
响应频率	0.5～3000Hz
共振频率	⩾40kHz

实验步骤如下。

(1)边界条件：本次实验使用空气弹簧支撑，使转辙机底壳处于弹性支撑，如图 11-135 所示。

图 11-135　转辙机底壳自由模态支撑条件

(2)传感器布置：本次实验使用 4 个 PCB 加速度传感器，并将其分别布置在转辙机底壳 4 个侧壁处，如图 11-136 所示。

(3)通道设置：所需测试的响应点及力锤共需 5 个通道，对每一个通道进行相应的信号类型、灵敏度及测试方向等进行设置，如图 11-137 所示。

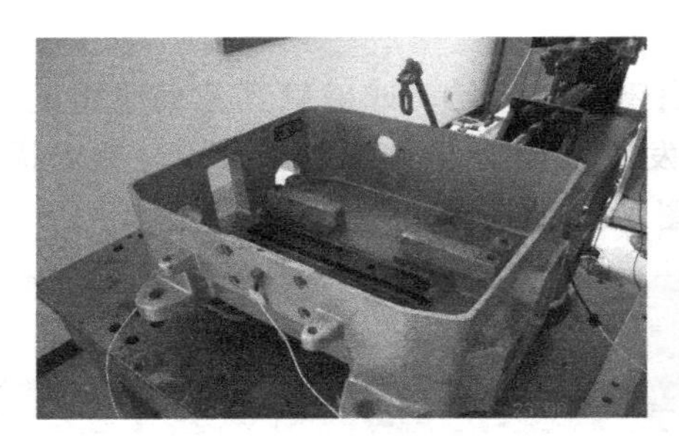

图 11-136　底壳自由模态传感器布置情况

Channel Setup　Save as Reference | Load Channel Setup... | Show All | Show Active | Channel Setup | Print Screen

Status:　Verification OK

	PhysicaChannelId	OnOff	Reference	UserChannelId	ChannelGroupId	Point	Direction	InputMode	Measured Quantity	Electrical Unit	Actual Sensitivity		Transducer Type	Trans
1	Input1	☑	☐		Vibration	Point1	+X	ICP	Acceleration	mV	100	mV/g		
2	Input2	☑	☐		Vibration	Point2	-Y	ICP	Acceleration	mV	100	mV/g		
3	Input3	☑	☐		Vibration	Point3	-X	ICP	Acceleration	mV	100	mV/g		
4	Input4	☑	☐		Vibration	Point4	+Y	ICP	Acceleration	mV	100	mV/g		
5	Input5	☑	☑		Vibration	Point9	-Z	ICP	Force	mV	0.23	mV/N		
6	Input6	☐	☐		Vibration	Point6	None	Voltage AC	Acceleration	mV	100	mV/g		
7	Input7	☐	☐		Vibration	Point7	None	Voltage AC	Acceleration	mV	100	mV/g		
8	Input8	☐	☐		Vibration	Point8	None	Voltage AC	Acceleration	mV	100	mV/g		
9	Input9	☐	☐		Vibration	Point9	None	Voltage AC	Acceleration	mV	100	mV/g		
10	Input10	☐	☐		Vibration	Point10	None	Voltage AC	Acceleration	mV	100	mV/g		
11	Input11	☐	☐		Vibration	Point11	None	Voltage AC	Acceleration	mV	100	mV/g		
12	Input12	☐	☐		Vibration	Point12	None	Voltage AC	Acceleration	mV	100	mV/g		
13	Input13	☐	☐		Vibration	Point13	None	Voltage AC	Acceleration	mV	100	mV/g		
14	Input14	☐	☐		Vibration	Point14	None	Voltage AC	Acceleration	mV	100	mV/g		
15	Input15	☐	☐		Vibration	Point15	None	Voltage AC	Acceleration	mV	100	mV/g		
16	Input16	☐	☐		Vibration	Point16	None	Voltage AC	Acceleration	mV	100	mV/g		
17	Tacho1	☐	☐		Tacho	Tacho1	None	Voltage DC						
18	Tacho2	☐	☐		Tacho	Tacho2	None	Voltage DC						

图 11-137　模态测试中通道设置

(4)锤击示波:将通道设置完毕后,需要进行锤击示波。在 Impact Scope 界面中可以通过锤击被测试结构设置测试的量程范围,因为确定合适的量程可以得到更精确的测试结果,如图 11-138 所示。

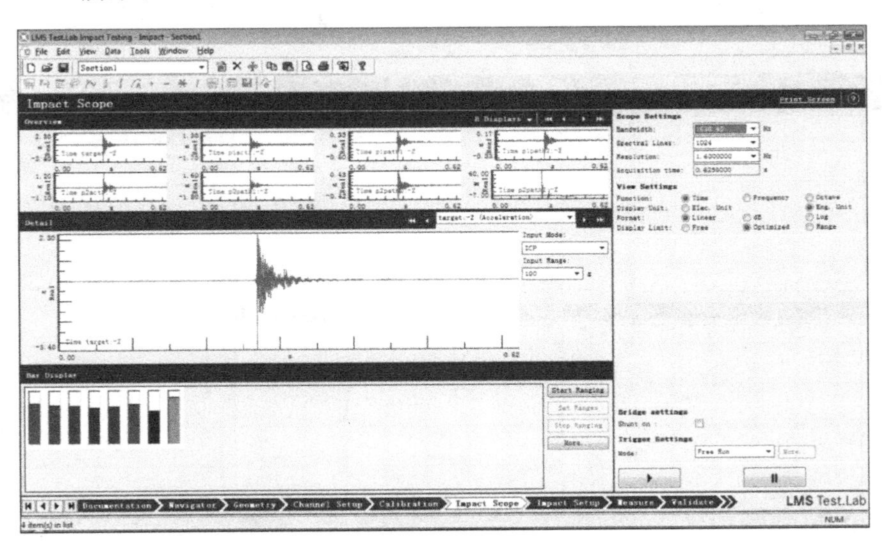

图 11-138　模态测试中锤击示波界面

(5)锤击设置:锤击设置中有 4 个子设置。

触发设置:在用力锤进行敲击试验时,由于力锤的晃动或碰触其他面时引起的轻微激励,可能会导致采集系统误识别为一次敲击而发生错误信号的采集。为了避免干扰信号的误触发,需要对力锤激励的触发级进行设置,如图 11-139 所示。

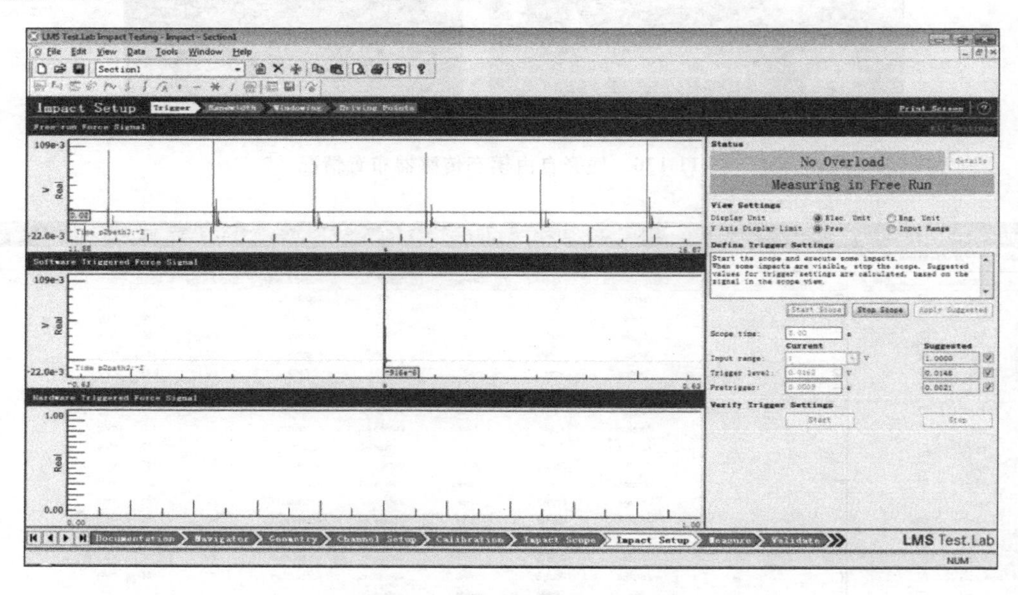

图 11-139　模态测试中触发设置

带宽设置:检查带宽范围是否合适,通过观察频带范围内激励点谱分布趋势确定带宽选取是否合适(使脉冲激励在所设带宽中能产生能量较好的冲击信号,并且在 4 倍带宽中能量有较好的衰减,则带宽选择较合适);并检查锤头选择是否合适,硬锤头激起的频带范围较宽,软锤头激起的频带较窄,如图 11-140 所示。

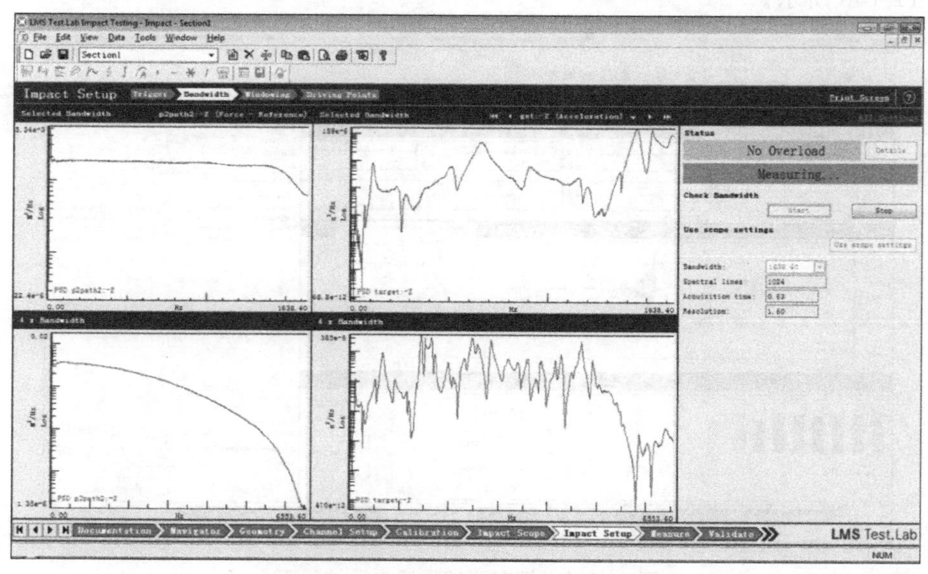

图 11-140　模态测试中带宽设置

加窗设置：因为模拟信号转换为数字信号的过程可能会有能量的泄露，所以需要对信号进行加窗以减小能量泄露对测试的影响。这里的加窗针对激励信号和影响信号。

驱动点设置：驱动点设置用于快捷测试一组驱动点，并把它一起显示和比较，以确定最佳激励点。

(6)测量：完成前述所有设置后，即可到测量界面进行锤击法模态测试，测量窗口如图 11-141 所示。

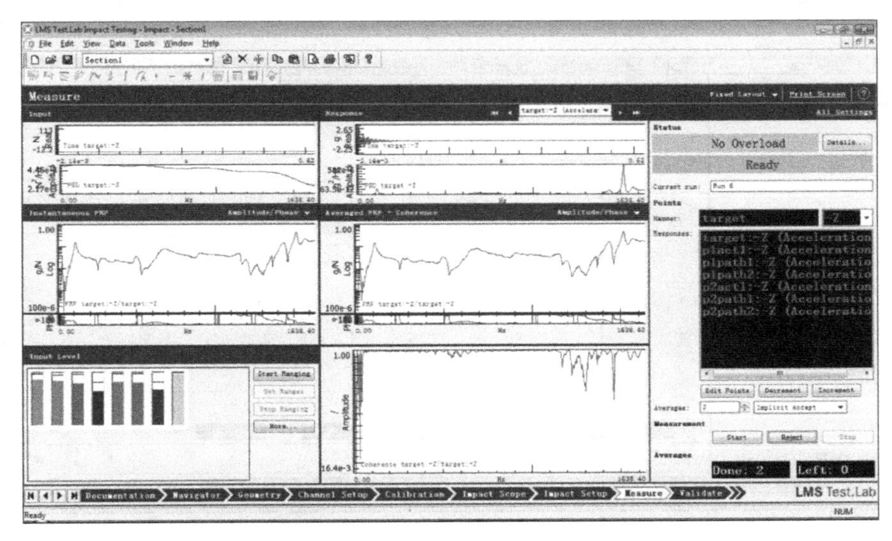

图 11-141　模态测试中测量界面

(7)模态分析：在得到模态测试的数据后，需要对原始数据进行分析，得到结构的动力学特性，模态分析流程如下。

模态测试数据选择：模态分析的第一步就是对测试得到的频响函数数据进行选择，可以按照操作者的意愿方便地选择需要的数据，剔除不需要的数据，如图 11-142 所示。

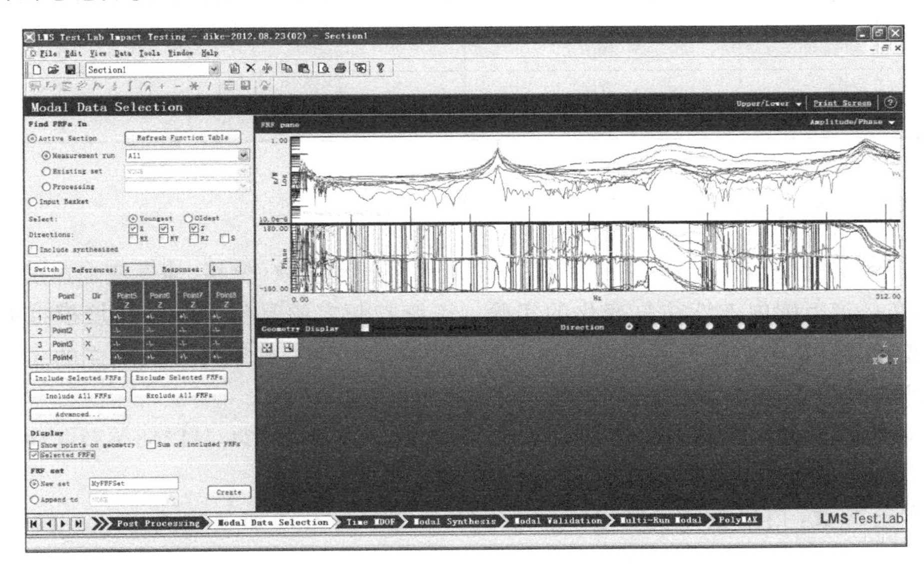

图 11-142　模态分析中数据选择界面

使用 PolyMAX 方法进行模态分析：当分析所需测试数据选择完毕后，即可进行模态分析。这里选择 LMS 公司提出的 PolyMAX 方法对模态极点进行识别。其中主要包括两步：选择带宽和选择极点。

在带宽选择界面中，操作者可以定义频带带宽。选择好带宽后，在频带带宽内选择极点中的稳定点，即选择带宽内的模态，如图 11-143 所示。

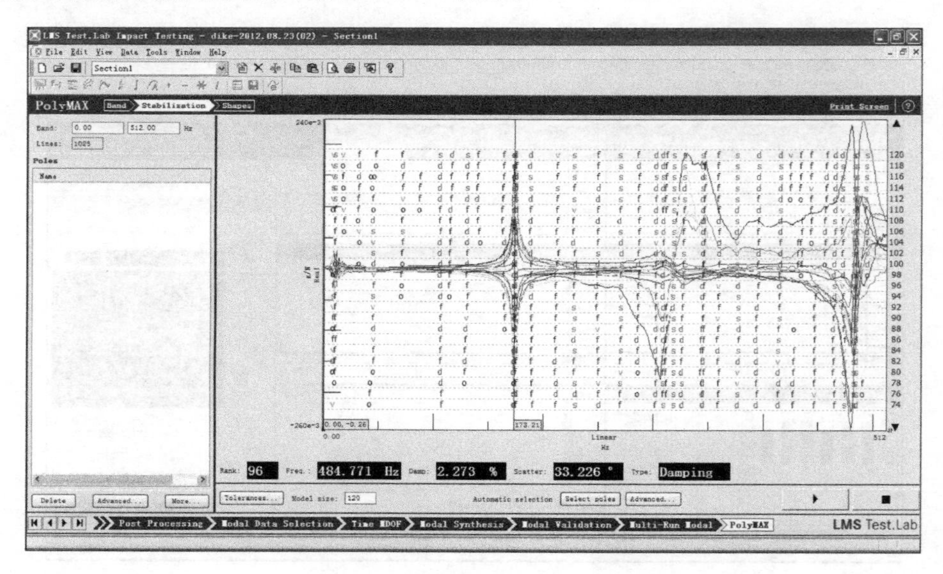

图 11-143　模态分析中极点选择界面

实验结果与仿真结果对比如表 11-9 所示，误差在 6%以内，验证了有限元分析的正确性。

表 11-9　电动转辙机底壳前 4 阶模态频率

阶次	实验测试结果/Hz	有限元仿真结果/Hz	误差/%
1	175	163	5.2
2	490	485	0.2
3	576	527	8.5
4	603	597	1.0

11.4.7　转辙机底壳的扫频实验

正弦扫频实验是指在实验过程中维持一个或两个振动参数(位移、速度或加速度)不变，而振动频率在一定范围内连续往复变化的实验。正弦扫频实验是作为振动环境模拟的实验方法，确定或者鉴别复杂试件及密封设备的主要谐振频率。为了确定转辙机底壳的主要谐振频率，并验证仿真结果，对转辙机底壳进行正弦扫频实验。

本次模态测试采用北京航天希尔测试技术有限公司 MPA3324/H1248A 型电动振动台进行，如图 11-144 所示。实验步骤如下。

(1)实验参数：扫描频率为 38Hz～1000Hz～38Hz；振动加速度为 7.5g；扫描速率为 1oct/min。

(2)振动方向：垂直振动。

图 11-144 电动振动台

(3)安装方式:将转辙机按实际使用状态固定在振动台上,如图 11-145 所示。

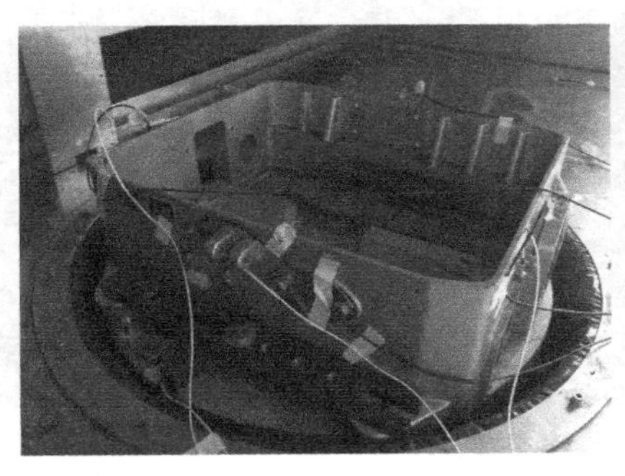

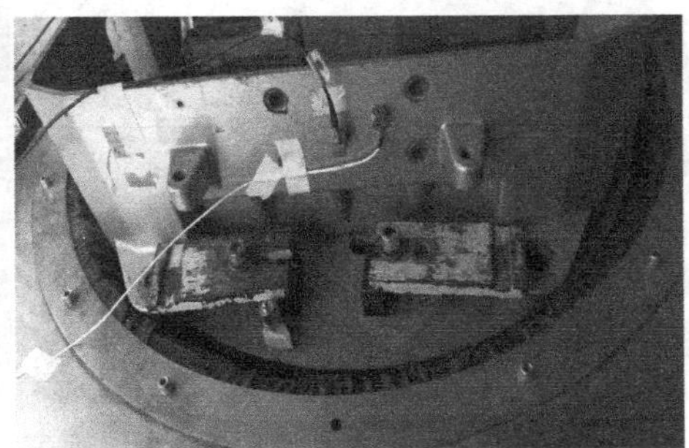

图 11-145 转辙机底壳固定方式

(4)传感器布置:本次实验共布置 4 个测试点和 2 个控制点。4 个测试点分别布置于底壳的 4 个侧面上,如图 11-146 所示;2 个控制点分别布置在底壳与振动台连接的对角处,如图 11-147 所示。

(5)共振点选择方法:按照 GB/T 25338.2—2010《铁路道岔转辙机第二部分:试验方法》中的规定:在振动频率范围内,以振动峰值的位移全振幅或加速度值最大的振动峰作为共振峰。四测试点振动测试信号如图 11-148 所示。

图 11-148 中横坐标均为频率,纵坐标均为幅值,且横纵坐标为对数坐标。由图 11-148 可得到振动测试信号中最大振动峰值点对应频率为 482.5Hz。由规定的共振点选择方法可得到,底壳在垂直振动中的最大谐振频率为 482.5Hz。有限元仿真与模态试验中分别得到 485Hz 与 490Hz 的模态频率,本次试验又一次验证了所得到的有限元仿真结果。

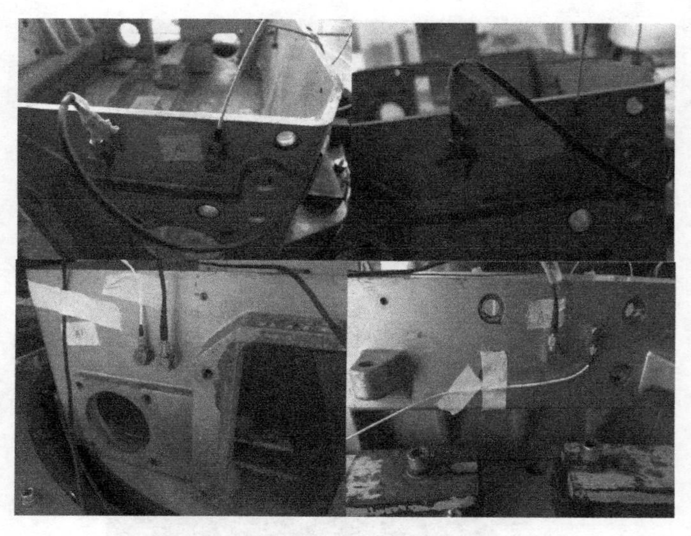

图 11-146　测试点传感器布置

图 11-147　控制点传感器布置

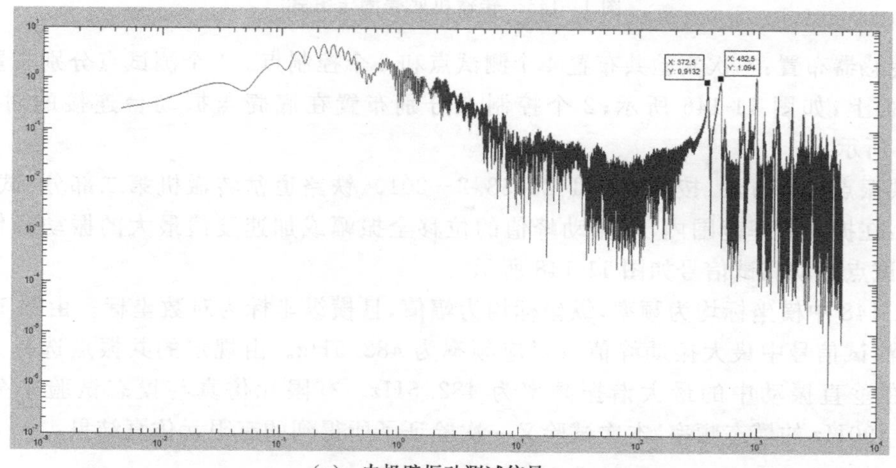

（a）　电机壁振动测试信号

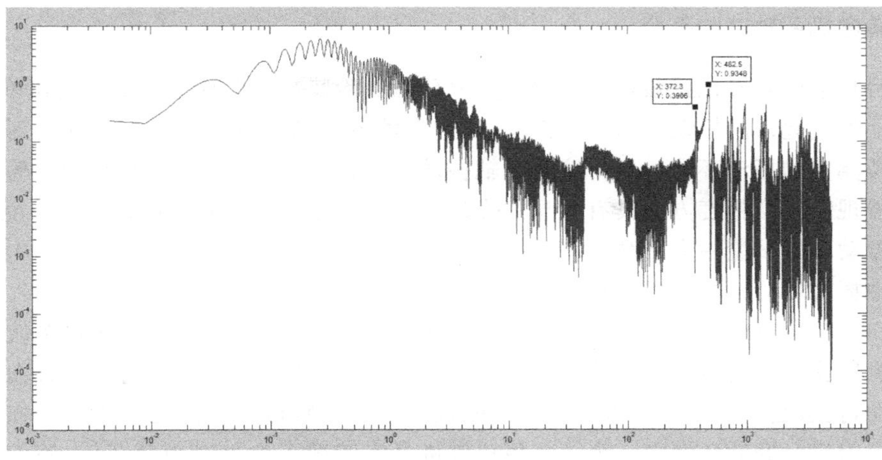

（b）前端壁振动测试信号

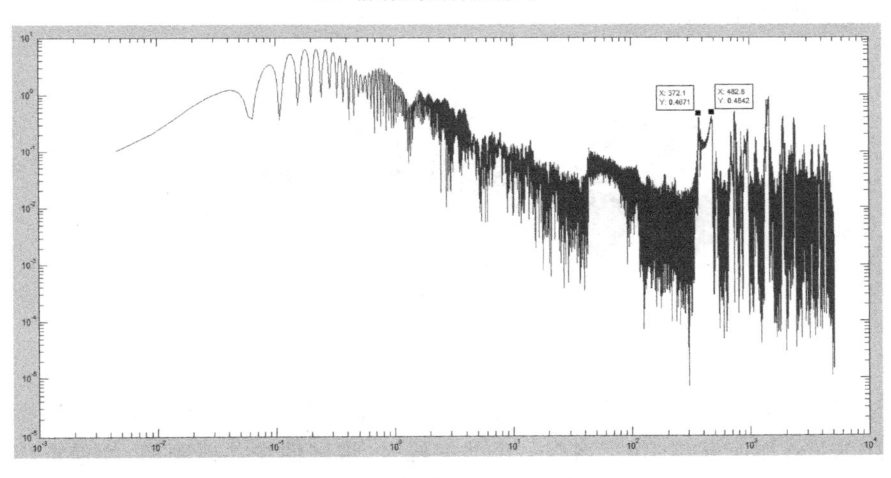

（c）后端壁振动测试信号

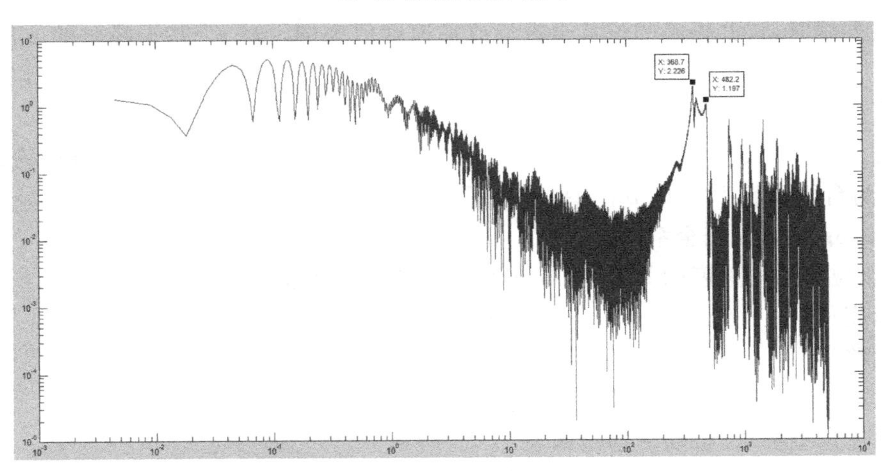

（d）电机壁对侧壁振动测试信号

图 11-148 电机四测试点振动测试信号

11.4.8 转辙机两轴试验平台

振动台是进行转辙机正弦扫频试验的重要环境试验装备。多轴振动试验是在单轴振动试验的基础上发展起来的振动环境试验方法，通过多轴多激励设备在多个方向同时对试件施加激励来模拟真实的振动环境。与传统的单轴振动环境试验相比，多轴振动环境试验在产品故障模式的复现和模拟精度方面具有明显的优越性。一些已按规范通过单轴振动环境试验的产品在多轴振动环境试验中会暴露出新的故障，而这些故障模式在实际的使用过程中也曾出现，这说明多轴振动环境试验可以更真实地模拟振动环境。

如图 11-149，由转辙机的工作原理可知，转辙机通过动作杆和托套与铁轨系统相连。通过对转辙机所受振动的传递路径分析可知，转辙机主要受到动作杆传递的水平方向上的冲击和随机振动，托板套传递的垂直方向上的随机振动，因此，转辙机实际处于水平方向和垂直方向同时作用的双向振动环境中。为了复现转辙机真实工况下的复合力学环境，我们基于多轴振动技术搭建了转辙机两轴试验平台。

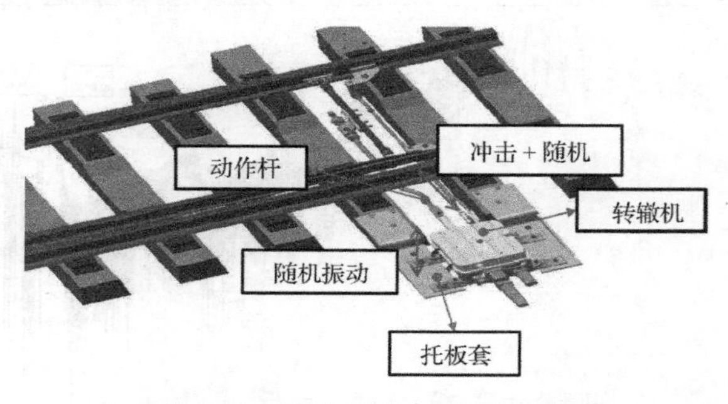

图 11-149 铁轨系统上的转辙机布置

铁标 GB/T25338.2-2010 对转辙机的正弦扫频试验进行了详细的规定。测试标准为频率范围：38－1000Hz；加速度：7.5g。当有一个共振峰时，将试件在共振频率、加速度值 10.5g 的条件下振动 15min，并将试件在振动频率 100Hz 下、加速度值 10.5g 的条件下振动 45min；有两个以上共振峰时，选共振峰的位移全振幅或加速度值大的，按一个共振峰时的方法试验；无共振峰时，将试件在振动频率 100Hz、加速度值 10.5g 的条件下振动 60min。基于以上铁路标准我们初步计算所选振动台的参数要求。

最大推力：$F=(m_1+m_2+m_3+m_4)\times A\times 1.5=65362.5\text{N}$，其中，$m_1$ 为试件质量 140kg；m_2 为台面质量 180kg；m_3 为振动台运动部件质量 85kg；m_4 为夹具质量 10kg；A 为加速度幅值 10.5g；1.5 为安全系数。

由速度、位移与加速度的关系，可得到其速度与位移指标。

最大速度 $$v=A/(2\pi f)=0.44\ \text{m/s}$$

最大位移 $$X=A/(2\pi f)^2=1.8\ \text{mm}$$

式中，v 为速度；A 为加速度；f 频率。

归纳上述选型要求，振动台选型如表 11-10 所示。

10 吨电动式振动台 ITS-100-500 参数如表 11-11 所示。构建两轴试验平台如图 11-150 所示。

表 11-10　振动台选型要求

指标名称	要求值	指标名称	要求值
频率范围	38～1000Hz	位移	1.8mm
推力	65362.5N	速度	0.44m/s

表 11-11　10 吨电动式振动台技术指标

指标名称	指标值	指标名称	指标值
频率范围	2～2500Hz	持续位移	76mm
正弦推力	10000kgf	冲击位移	76mm
随机推力	10000kgf	最大速度	2m/s
冲击推力	20000kgf	最大加速度	$981m/s^2$

图 11-150　转辙机两轴试验平台

参考文献

[1] Clough R W. The Finite Element Method in Plane Stress Analysis[C]. Proceedings of ASCE Conf Electron Computation:Pittsburg,PA,1960.

[2] Courant R. Variational methods for the solution of problems of equilibrium and vibrations[J]. Bulletin of the American Mathematical Society,1943,49 (1943):1-23.

[3] Turner M J. Stiffness and Deflection Analysis of Complex Structures[J]. Journal of Aerosol Science, 1956,23 (9):805-823.

[4] Clough R W. Original formulation of the finite element method[J]. Finite Elements in Analysis & Design, 1990,7 (2):89-101.

[5] Clough R W. Thoughts about the origin of the finite element method[J]. Computers & Structures,2001, 79 (22-25):2029-2030.

[6] Zienkiewicz O C,Cheung Y K. Finite elements in the Solution of field problems[J]. The Engineer,1965, (24):507-510.

[7] Zienkiewicz O C,Cheung Y K. The finite element method for analysis of elastic isotropic and orthotropic slabs[J]. Proceedings of the Institution of Civil Engineers,1964,28 (4):471-488.

[8] Oden J T. A general theory of finite elements. II. applications[J]. International Journal for Numerical Methods in Engineering,1969,1 (3):247-259.

[9] Taylor C,Hood P. A numerical solution of the Navier-Stokes equations using the finite element technique [J]. Computers & Fluids,1973,1 (1):73-100.

[10] Zienkiewicz O C,Cheung Y. The finite element method in Continuum and Structural Mechanics[M]. London:McGraw Hill,1967.

[11] Zienkiewicz O C,Taylor R L. The Finite Element Method:Solid Mechanics[M]. Butterworth-heinemann, 2000.

[12] Oden T. Some Historic Comments on Finite Elements[C]. Proceedings of the ACM Conference on History of Scientific and Numeric Computation,1987:125-130.

[13] Ergatoudis I,Irons B,Zienkiewicz O C. Curved,isoparametric,quadrilateral elements for finite element analysis[J]. International Journal of Solids and Structures,1968,4 (1):31-42.

[14] Bazeley G, Cheung Y K, Irons B M, et al. Triangular elements in plate bending conforming and nonconforming solutions[C]. Proceeding of the Conference on Matrix Methods in Structural Mechanics: Dayton Ohio:Wright Patterson Air Force Base,1965:547-576.

[15] Taylor R L,Sim J C,Zienkiewicz O C,et al. The patch test-a condition for assessing FEM convergence [J]. International Journal for Numerical Methods in Engineering,2010,22 (1):39-62.

[16] Babuška I,Rheinboldt W C. A-posteriori error estimates for the finite element method[J]. International Journal for Numerical Methods in Engineering,1978,12 (10):1597-1615.

[17] Babuška I,Rheinboldt W. Adaptive approaches and reliability estimations in finite element analysis[J]. Computer Methods in Applied Mechanics & Engineering,1979,17:519-540.

[18] Zienkiewicz O C, Zhu J Z. The superconvergent patch recovery (SPR) and adaptive finite element refinement[J]. Computer Methods in Applied Mechanics & Engineering,1992,101 (1):207-224.

[19] Zienkiewicz O C, Zhu J Z. The superconvergent patch recovery and a posteriori error estimates. Part 1: the recovery technique[J]. International Journal for Numerical Methods in Engineering, 1992, 33 (7): 1331-1364.
[20] 吴文俊. 数学机械化[M]. 北京:科学出版社,2003.
[21] 余德浩. 有限元、自然边界元与辛几何算法——冯康学派对计算数学发展的重要贡献[J]. 高等数学研究,2001,4 (4):5-10.
[22] 冯康. 论间断有限元的理论[J]. 计算数学,1979,1 (4):378-385.
[23] 冯康. 组合流形上的椭圆方程与组合弹性结构[J]. 计算数学,1979,1 (3):199-208.
[24] 石钟慈. 奇效的计算:大规模科学与工程计算的理论和方法[M]. 长沙:湖南科学技术出版社,1998.
[25] Firemen J. 优化航行器性能[J]. MSC Nastran 通讯,2011,10:1.
[26] Newmarker. EADS 采用 ABAQUS FEA 推动复合材料结构应用领域的发展[J]. 航空制造技术,2012,(6):48-49.
[27] Yeh K S, Zhang X J, Gopalakrishnan S, et al. Performance of the experimental HWRF in the 2008 Hurricane Season[J]. Natural Hazards, 2012, 63 (3): 1439-1449.
[28] 蔡力勋,卢岳川,何海鹰,等. 秦山二期反应堆压力容器出厂水压试验[J]. 核动力工程,2003,24 (3):207-210.
[29] 郭全全,张文芳,吴桂英. 中国国家大剧院结构地震分析[J]. 工程力学,2003,20 (2):43-48.
[30] 曾攀. 大跨度双向拉索悬索桥[P]. 中国. 国家发明专利,2000:19.
[31] Berzoy A, Mohamed A A S, Mohammed O. Impact of inter-turn short-circuit location on induction machines parameters through FE computations[J]. Ieee Transactions on Magnetics, 2017, 53 (6): 4.
[32] 栾茂田,田荣. 广义节点有限元法[J]. 计算力学学报,2000,17 (2):192-200.
[33] 龙驭球,辛克贵. 广义协调元[J]. 土木工程学报,1987,(1):3-16.
[34] 龙驭球. 新型有限元引论[M]. 北京:清华大学出版社,1992.
[35] 龙驭球,傅向荣. 基于解析试函数的广义协调四边形厚板元[J]. 工程力学,2002,19 (3):10-15.
[36] 傅向荣,龙驭球. 分区混合元法分析平面裂纹问题[J]. 工程力学,2001,18 (6):39-46.
[37] 陈永亮,岑松,姚振汉,等. 厚薄通用三角形三结点平板壳元 TSLT18[J]. 清华大学学报(自然科学版),2003,43 (8):1069-1073.
[38] 傅向荣,龙驭球,袁明武. 基于解析试函数的广义协调超基膜元[J]. 工程力学,2005,22 (3):1-4.
[39] 傅向荣,龙驭球. 解析试函数法分析平面切口问题[J]. 工程力学,2003,20 (4):33-38.
[40] 王丽,龙驭球,龙志飞. 采用面积坐标方法和形函数谱方法构造四边形薄板元[J]. 工程力学,2010,27 (8):1-4.
[41] 钟万勰,纪峥. 理性有限元[J]. 计算力学学报,1996,13 (1):1-8.
[42] 曾攀. 计算力学中的高精度数值分析新方法:复合单元法[J]. 中国科学:技术科学,2000,30 (1):39-46.
[43] 曾攀,梁无畏. 复杂结构振动分析的高精度单元建模技术[J]. 中国机械工程,2001,12 (9):1050-1053.
[44] 朱炳麒,陈学宏,韦彪. 理性有限元在多层层合板中的应用[J]. 水利水电科技进展,2008,3 (26):73-75.
[45] 张圣来,马玉玲. 拟协调元新算法[J]. 建筑技术开发,2008,35 (4):10-11.
[46] 朱炳麒,陈学宏. 理性 Timoshenko 梁单元及其应用[J]. 力学与实践,2008,30 (1):31-34.
[47] Tanaka S, Okada H, Okazawa S. A wavelet Galerkin method employing B-spline bases for solid mechanics problems without the use of a fictitious domain[J]. Computational Mechanics, 2012, 50 (1): 35-48.
[48] Antes H. Bicubic fundamental splines in plate bending[J]. International Journal for Numerical Methods in Engineering, 1974, 8 (3): 503-511.
[49] 石钟慈. 样条有限元[J]. 计算数学,1979,1 (1):50-72.
[50] 徐长发,冯勇. B 小波有限元方法及其数值稳定性分析(I)[J]. 华中理工大学学报,1996,(6):105-108.

[51] 黄义,韩建刚.薄板小波有限元理论及其应用[J].计算力学学报,2006,23 (1):76-80.

[52] Chen W H, Wu C W. A spline wavelets element method for frame structures vibration[J]. Computational Mechanics, 1995, 16 (1): 11-21.

[53] 沈鹏程.结构分析中的样条有限元法[M].北京:水利电力出版社,1992.

[54] 秦荣.结构力学的样条函数方法[M].广州:广西人民出版社,1985.

[55] 秦荣.计算结构力学[M].北京:科学出版社,2001.

[56] 秦荣.计算结构非线性力学[M].南宁:广西科学技术出版社,1999.

[57] Shen P C, Wang J G. Vibration analysis of flat shells by using B spline functions[J]. Computers & Structures, 1987, 25 (1): 1-10.

[58] Shen P C, Wang J G. Static analysis of cylindrical shells by using B spline functions[J]. Computers & Structures, 1987, 25 (6): 809-816.

[59] Shen P C, Wan J G. A semi-analytical method for static analysis of shallow shells[J]. Computers & Structures, 1989, 31 (5): 825-831.

[60] Shen P C, He P X, Su G. Stability analysis for plates using the multivariable spline element method[J]. Computers & Structures, 1992, 45 (5-6): 1073-1077.

[61] Shen P C, Kan H B. The multivariable spline element analysis for plate bending problems[J]. Computers & Structures, 1992, 40 (6): 1343-1349.

[62] Xiang J W, Chen X F, He Y M, et al. The construction of plane elastomechanics and Mindlin plate elements of B-spline wavelet on the interval[J]. Finite Elements in Analysis and Design, 2006, 42 (14-15): 1269-1280.

[63] Xiang J W, Chen X F, He Z J, et al. The construction of 1D wavelet finite elements for structural analysis [J]. Computational Mechanics, 2007, 40 (2): 325-339.

[64] Xiang J W, Chen D D, Chen X F, et al. A novel wavelet-based finite element method for the analysis of rotorbearing systems[J]. Finite Elements in Analysis & Design, 2009, 45 (12): 908-916.

[65] Dong H B, Chen X F, Li B, et al. Rotor crack detection based on high-precision modal parameter identification method and wavelet finite element model[J]. Mechanical Systems & Signal Processing, 2009, 23 (3): 869-883.

[66] Oke W A, Khulief Y A. Vibration analysis of composite pipes using the finite element method with B-spline wavelets[J]. Journal of Mechanical Science and Technology, 2016, 30 (2): 623-635.

[67] Han J G, Ren W X, Huang Y. A multivariable wavelet-based finite element method and its application to thick plates[J]. Finite Elements in Analysis & Design, 2005, 41 (9-10): 821-833.

[68] Zhang X W, Chen X F, He Z J, et al. The analysis shallow shells based on multivariable wavelet finite element method[J]. Acta Mechanica Solida Sinica, 2011, 24 (5): 450-460.

[69] Zhang X W, Chen X F, Yang Z B, et al. A stochastic wavelet finite element method for 1D and 2D structures analysis[J]. Shock & Vibration, 2014, 2014 (5): 167-170.

[70] Zuo H, Yang Z B, Chen X F, et al. Analysis of laminated composite plates using wavelet finite element method and higher-order plate theory[J]. Composite Structures, 2015, 131: 248-258.

[71] Xu Q, Chen J Y, Li J, et al. Study on spline wavelet finite-element method in multi-scale analysis for foundation[J]. Acta Mechanica Sinica, 2013, 29 (5): 699-708.

[72] Yang Z B, Chen X F, Li B, et al. Vibration analysis of curved shell using B-spline wavelet on the interval (BSWI) finite elements method and general shell theory[J]. Computer Modeling in Engineering & Sciences, 2012, 85 (2): 129-155.

[73] Yang Z B, Chen X F, He Y M, et al. The analysis of curved beam using B-spline wavelet on interval finite

element method[J]. Shock & Vibration,2014,2014 (3):67-75.

[74] Quak E, Weyrich N. Decomposition and reconstruction algorithms for spline wavelets on a bounded interval[J]. Applied & Computational Harmonic Analysis,1994,1 (3):217-231.

[75] 石根华.数值流形方法与非连续变形分析[M].北京:清华大学出版社,1997.

[76] 王芝银,李云鹏.数值流形方法及其研究进展[J].力学进展,2003,33 (2):261-266.

[77] 蔡永昌,廖林灿,张湘伟.高精度四节点四边形流形单元[J].应用力学学报,2001,18 (2):75-80.

[78] 张国新,赵妍,石根华.模拟岩石边坡倾倒破坏的数值流形法[J].岩土工程学报,2007,29 (6):800-805.

[79] 苏海东,谢小玲,陈琴.高阶数值流形方法在结构静力分析中的应用研究[J].长江科学院院报,2005,22 (5):74-77.

[80] 苏海东,黄玉盈.数值流形方法在流固耦合谐振分析中的应用[J].计算力学学报,2007,24 (6):823-828.

[81] Li S F, Liu W K. Meshfree and particle methods and their applications[J]. Applied Mechanics Reviews, 2002,55 (1):1-34.

[82] Belytschko T, Guo Y, Liu W K, et al. A unified stability analysis of meshless particle methods[J]. International Journal for Numerical Methods in Engineering,2000,48 (9):1359-1400.

[83] Colagrossi A, Landrini M. Numerical Simulation of Interfacial Flows by Smoothed Particle Hydrodynamics[J]. Journal of Computational Physics,2003,191 (2):448-475.

[84] Randles P W, Libersky L D. Smoothed particle hydrodynamics: some recent improvements and applications[J]. Computer Methods in Applied Mechanics & Engineering,1996,139 (1-4):375-408.

[85] Morris J P. Simulating surface tension with smoothed particle hydrodynamics[J]. International Journal for Numerical Methods in Fluids,2000,33 (3):333-353.

[86] Ashtiani B A, Farhadi L. A stable moving-particle semi-implicit method for free surface flows[J]. Fluid Dynamics Research,2006,38 (4):241-256.

[87] Idelsohn S R, Oñate E, Pin F D. A Lagrangian meshless finite element method applied to fluid-structure interaction problems[J]. Computers & Structures,2003,81 (8-11):655-671.

[88] Han Y Y, Koshizuka S, Oka Y. A particle-gridless hybrid method for incompressible flows[J]. International Journal for Numerical Methods in Fluids,1999,30 (4):407-424.

[89] Belytschko T, Krongauz Y, Organ D, et al. Meshless methods: an overview and recent developments[J]. Computer Methods in Applied Mechanics & Engineering,1996,139 (1-4):3-47.

[90] 曹国金,姜弘道.无单元法研究和应用现状及动态[J].力学进展,2002,32 (4):526-534.

[91] Nayroles B, Touzot G, Villon P. Generalizing the finite element method: diffuse approximation and diffuse elements[J]. Computational Mechanics,1992,10 (5):307-318.

[92] Belytschko T, Lu Y Y, Gu L. Element-free galerkin methods[J]. International Journal for Numerical Methods in Engineering,1994,37 (2):229-256.

[93] Liu G R, Gu Y T. A point interpolation method for two-dimensional solids[J]. International Journal for Numerical Methods in Engineering,2001,50 (4):937-951.

[94] Atluri S N, Zhu T. A new meshless local Petrov-Galerkin (MLPG) approach in computational mechanics [J]. Computational Mechanics,1998,22 (2):117-127.

[95] 刘天祥,刘更,朱均.无网格法的研究进展[J].机械工程学报,2002,38 (5):6-12.

[96] Duarte C A, Oden J T. Hp clouds-an hp meshless method[J]. Numerical Methods for Partial Differential Equations,1996,12 (6):673-706.

[97] Oden J T, Duarte C A M, Zienkiewicz O C. A new cloud-based hp finite element method[J]. Computer Methods in Applied Mechanics & Engineering,1998,153 (1-2):117-126.

[98] Mendonça P D T R, Barcellos C S D, Duarte A. Investigations on the hp-cloud method by solving

timoshenko beam problems[J]. Computational Mechanics,2000,25 (2):286-295.

[99] Garcia O,Fancello E A,de Barcellos C S,et al. hp-Clouds in Mindlin's thick plate model[J]. International Journal for Numerical Methods in Engineering,2000,47 (8):1381-1400.

[100] Duarte C A,Oden J T. An hp adaptive method using clouds[J]. Computmethods Applmechengrg,1996,(1-4):237-262.

[101] Oden J T,Duarte C A. Solution of singular problems using hp clouds[J]. Mathematics of Finite Elements and Applications,1996,9:35-54.

[102] Babuška I, Caloz G, Osborn J E. Special finite element methods for a class of second order elliptic problems with rough coefficients[J]. SIAM Journal on Numerical Analysis,1994,31 (4):945-981.

[103] Cottrell J A, Reali A, Bazilevs Y, et al. Isogeometric analysis of structural vibrations[J]. Computer Methods in Applied Mechanics & Engineering,2006,195 (41):5257-5296.

[104] Hughes T J R, Cottrell J A, Bazilevs Y. Isogeometric analysis: CAD, finite elements, NURBS, exact geometry and mesh refinement[J]. Computer Methods in Applied Mechanics & Engineering,2005,194 (39-41):4135-4195.

[105] Bazilevs Y,Calo V M,Cottrell J A,et al. Isogeometric analysis using T-splines[J]. Computer Methods in Applied Mechanics & Engineering,2010,199 (5-8):229-263.

[106] Bazilevs Y,Calo V M,Zhang Y,et al. Isogeometric fluid-structure interaction analysis with applications to arterial blood flow[J]. Computational Mechanics,2006,38 (4):310-322.

[107] Barker V. Some computational aspects of wavelets[J]. Informatics and Mathematical Modeling, Technical University of Denmark,Denmark,2001.

[108] Alpert B K. Wavelets and other bases for fast numerical linear algebra[C]. Wavelets: a Tutorial in Theory and Applications,1993:181-216.

[109] Ma J X,Xue J J,Yang S J,et al. A study of the construction and application of a daubechies wavelet-based beam element[J]. Finite Elements in Analysis & Design,2003,39 (10):965-975.

[110] Jaffard S, Laurençot P. Orthonormal wavelets, analysis of operators, and applications to numerical analysis[J]. Wavelets,1992:543-601.

[111] Culik K,Dube S. Implementing Daubechies wavelet transform with weighted finite automata[J]. Acta Informatica,1997,34 (5):347-366.

[112] Strang G. Wavelets and dilation equations:a brief introduction[J]. SIAM Review,1989,31 (4):614-627.

[113] Ko J,Kurdila A,Pilant M. A class of finite element methods based on orthonormal,compactly supported wavelets[J]. Computational Mechanics,1995,16 (4):235-244.

[114] Patton R D,Marks P C. One-dimensional finite elements based on the Daubechies family of wavelets[J]. Aiaa Journal,1996,34 (8):1696-1698.

[115] Chen X F,He Z J,Li B,et al. An efficient wavelet finite element method in fault prognosis of incipient crack[J]. Science China Technological Sciences,2006,49 (1):89-101.

[116] Chen X F,He Z J,Xiang J W,et al. A dynamic multiscale lifting computation method using Daubechies wavelet[J]. Journal of Computational & Applied Mathematics,2006,188 (2):228-245.

[117] Díaz L A,Martín M T,Vampa V. Daubechies wavelet beam and plate finite elements[J]. Finite Elements in Analysis & Design,2009,45 (3):200-209.

[118] Liu Y N, Qin F, Liu Y H, et al. The 2D large deformation analysis using daubechies wavelet[J]. Computational Mechanics,2010,45 (2):179-187.

[119] Wang Y M, Chen X F, He Z J. Daubechies wavelet finite element method and genetic algorithm for detection of pipe crack[J]. Nondestructive Testing & Evaluation,2011,26 (1):87-99.

[120] Zhao B. The application of wavelet finite element method on multiple cracks identification of gear pump gear[J]. Engineering with Computers, 2015, 31 (2): 281-288.

[121] Chen X F, Yang S J, Ma J X, et al. The construction of wavelet finite element and its application[J]. Finite Elements in Analysis & Design, 2004, 40 (5-6): 541-554.

[122] Sweldens W, Schröder P. Building your own wavelets at home[J]. Lecture Notes in Earth Sciences Berlin Springer Verlag, 1998, 90: 72-107.

[123] He Y M, Chen X F, Xiang J W, et al. Multiresolution analysis for finite element method using interpolating wavelet and lifting scheme[J]. Communications in Numerical Methods in Engineering, 2008, 24 (11): 1045-1066.

[124] He Y M, Chen X F, Xiang J W, et al. Adaptive multiresolution finite element method based on second generation wavelets[J]. Finite Elements in Analysis & Design, 2007, 43 (6): 566-579.

[125] Wang Y M, Wu Q, Fan Y Q. An adaptive finite element multiwavelet-based method for elastic plate problems[J]. International Journal for Multiscale Computational Engineering, 2014, 12 (3): 193-209.

[126] Wang Y M, Chen X F, He Z J. A second-generation wavelet-based finite element method for the solution of partial differential equations[J]. Applied Mathematics Letters, 2012, 25 (11): 1608-1613.

[127] Quraishi S M, Sandeep K. A second generation wavelet based finite elements on triangulations[J]. Computational Mechanics, 2011, 48 (2): 163-174.

[128] Warming R F, Beam R M. Discrete multiresolution analysis using hermite interpolation: biorthogonal multiwavelets[J]. Siam Journal on Scientific Computing, 2000, 22 (4): 1269-1317.

[129] Xiang J W, Long J Q, Jiang Z S. A numerical study using Hermitian cubic spline wavelets for the analysis of shafts[J]. Proceedings of the Institution of Mechanical Engineers, Part C: Journal of Mechanical Engineering Science, 2010, 224 (9): 1843-1851.

[130] Khulief Y A, El-Gebeily M A, Oke W A, et al. Modal frequencies of fiber-reinforced polymer pipes with wall-thinning using a wavelet-based finite element model[J]. Proceedings of the Institution of Mechanical Engineers, Part C: Journal of Mechanical Engineering Science, 2015, 229 (13): 2377-2386.

[131] Zhao B. Application of Hermitian wavelet finite element method on temperature field analysis of LNG tank under ultra-low temperature[J]. Journal of Thermal Analysis and Calorimetry, 2015, 121 (2): 721-727.

[132] Li B, Chen X F. Wavelet-based numerical analysis: a review and classification[J]. Finite Elements in Analysis & Design, 2014, 81 (4): 14-31.

[133] Han J G, Ren W X, Huang Y. A wavelet-based stochastic finite element method of thin plate bending [J]. Applied Mathematical Modelling, 2007, 31 (2): 181-193.

[134] Oruc Ö, Bulut F, Esen A. A haar wavelet-finite difference hybrid method for the numerical solution of the modified Burgers' equation[J]. Journal of Mathematical Chemistry, 2015, 53 (7): 1592-1607.

[135] Aslami M, Akimov P A. Wavelet-based finite element method for multilevel local plate analysis[J]. ThinWalledStructures, 2016, 98: 392-402.

[136] 何正嘉，陈雪峰. 小波有限元理论研究与工程应用的进展[J]. 机械工程学报，2005，41 (3)：1-11.

[137] Liu Y N, Liu Y, Cen Z. Daubechies wavelet meshless method for 2-D elastic problems[J]. Tsinghua Science and Technology, 2008, 13 (5): 605-608.

[138] Liu Y, Qin F, Liu Y, et al. A Daubechies wavelet-based method for elastic problems[J]. Engineering Analysis with Boundary Elements, 2010, 34 (2): 114-121.

[139] 魏战线. 高等数学基础——线性代数与解析几何[M]. 北京：高等教育出版社，2004.

[140] 欧阳洁，聂玉峰，车刚明，等. 数值分析[M]. 北京：高等教育出版社，2009.

[141] 周国标，宋宝瑞，谢建利. 数值计算[M]. 北京:高等教育出版社，2008.
[142] 樊铭渠. 计算方法[M]. 北京:中国矿业大学出版社，2006.
[143]李荣华，冯国忱. 微分方程数值解法. 北京:高等教育出版社，1996.
[144] 秦飞. 材料力学[M]. 北京:科学出版社，2012.
[145] 李人宪. 有限元法基础[M]. 北京:国防工业出版社，2006.
[146] 徐芝纶. 弹性力学[M]. 北京:高等教育出版社，1990.
[147] 张力，孟春玲，张扬. 有限元法及 ANSYS 程序应用基础[M]. 北京:科学出版社，2008.
[148] Yang Z B, Radzienski M, Kudela P, et al. Fourier spectral-based modal curvature analysis and its application to damage detection in beams[J]. Mechanical Systems and Signal Processing, 2017, 84: 763-781.
[149] Yang Z B, Radzienski M, Kudela P, et al. Two-dimensional modal curvature estimation via Fourier spectral method for damage detection[J]. Composite Structures, 2016, 148: 155-167.
[150] Yang Z B, Radzienski M, Kudela P, et al. Scale-wavenumber domain filtering method for curvature modal damage detection[J]. Composite Structures, 2016, 154: 396-409.
[151] Cao M S, Xu W, Ren W X, et al. A concept of complex-wavelet modal curvature for detecting multiple cracks in beams under noisy conditions[J]. Mechanical Systems and Signal Processing, 2016, 76: 555-575.
[152] Cao M, Xu W, Ostachowicz W, et al. Damage identification for beams in noisy conditions based on Teager energy operator-wavelet transform modal curvature[J]. Journal of Sound and Vibration, 2014, 333: 1543-1553.
[153] Cao M, Radzieński M, Xu W, et al. Identification of multiple damage in beams based on robust curvature mode shapes[J]. Mechanical Systems and Signal Processing, 2014, 46: 468-480.
[154] 曾攀，石伟，雷丽萍. 工程有限元方法[M]. 北京:科学出版社，2010.
[155] 王勖成. 有限单元法[M]. 北京:清华大学出版社，2003.
[156] Rao S S. The Finite Element Method in Engineering[M]. New York: Elsevier Science & Technology Books, 2004.
[157] 杨 W，布迪纳斯 R. 罗氏应力应变手册[M]. 岳珠峰，高行山，王峰会，等译. 北京:科学出版社，2005.
[158] 何正嘉，陈雪峰，李兵等. 小波有限元理论及其工程应用[M]. 北京:科学出版社，2006.
[159] Li B, Chen X F, He Z J. Detection of crack location and size in structures using wavelet finite element methods[J]. Journal of Sound and Vibration, 2005, 285(4-5): 767-782.
[160] Chen X, Yang Z, Zhang X, et al. Modeling of wave propagation in one-dimension structures using B-spline wavelet on interval finite element[J]. Finite Elements in Analysis and Design, 2012, 51: 1-9.
[161] Yang Z B, Chen X F, Xie Y, et al. Wave motion analysis and modeling for membrane structures via wavelet finite element method[J]. Applied Mathematical Modelling, 2016, 40(3): 2407-2420.
[162] 李兵，陈雪峰，卓颉. ANSYS 工程应用[M]. 北京:清华大学出版社，2010.